福井勝義

焼畑のむら

昭和45年、四国山村の記録

柊風舎

前頁：今も焼畑の残る椿山は、険しい四国山脈に囲まれた小さな村だ。何百もの石垣と石段の間に、30戸の家とコヤシ（常畑）がある。焼畑は周囲の雑木林と植林にはさまれて点在する

ヤマ焼きは神聖なものとされている。男が火つけ役で、炎があまり大きくならないように急な斜面を飛回る。危険な山は火の粉がよく見えるようにと夜間に行い、女がそれを見張る

冬の間は焼畑で作ったミツマタの皮はぎで忙しい。女性や年寄りが 作業小屋で、ミツマタの皮を 1 枚 1 枚ていねいにはがしていく。それでも 1 日 500 円にもならない。

10月に入るとソバやトウモロコシが実る。それを鳥獣に荒らされないように種々の工夫がされている。これはシュロの皮でつくった鳥形のおどし

この村にいつから人が住みついたかを語る資料は残っていない。村の中に古びた地蔵が立っていた

ヤマ焼きに先だち、火が余分に燃え広がらぬようにヒミチ（防火線）を作る。初午の日に汲んでおいた水をまいてから、山の上端で小さな火種をつくり、ナマグサ（雑魚）を添えてお祈りがはじまる

ナガセ（梅雨）になると作物も生長するが害虫も多くなる。旧暦5月20日には害虫の供養が行われ、太鼓と鉦をならして村中を歩く

村外の人と結婚することの少なかったこの村は、ほとんどがいとことの血縁で結ばれている。傾斜の強い山道を花嫁行列が行く

序にかえて

このたび、福井勝義さんの『焼畑のむら』が、関連論文「焼畑農耕の普遍性と進化」と合わせた形で四四年ぶりに復刊されるはこびになった。同書は発刊当時から、高知県の山村、椿山でおこなわれていた焼畑農耕の詳細な記録というだけでなく、むらの社会を生き生きと描いたすぐれた作品との評価をえてきた。しかし、惜しくも絶版になってしまい、後進の研究者から入手しがたいという声もあがっていた。

旧版のあとがきに記されているように一九六九（昭和四四）年に福井さんの主唱で京都大学焼畑研究会が結成され、椿山で四年間にわたる共同調査を実施することになった。文学部から参加した私をのぞき、メンバーの多くは農学部および探検部に所属していたが、なかには入学したばかりの一年生もふくまれていた。当時、大学は混乱状態にあり、キャンパスを飛び出して遠い四国の山村調査をすることは、今日の各大学で推奨されつつあるフィールド・スタディの先駆けと評価できよう。自費参加の学生たちの調査の趣旨を地元の役場や村のひとびとは快く受け入れてくださった。空き家を合宿の基地に借りて長期滞在が可能になり、焼畑の農作業に同行したり、人手の必要な火入れを手伝うこともあった。道普請など村の共同作業に参加し、先祖祭りなどの年中行事も見学し、寄合の席で焼酎を酌み交わすこともあった。

焼畑のあたらしい研究に取り組もうとする福井さんの意欲は満々で、調査に入る前の準備段階でC・フレイクやH・コンクリンなど東南アジアの焼畑研究の最新の成果を輪読した。これらは認識人類学の手法で、ひとびとの民俗分類を取り出そうとする、当時の文化人類学の先端的な研究方法であった。

リーダーの要請に若いメンバーもよく応えて、たとえば植生の調査データの提供の部分で伊東祐道君がはたした貢献は多大なものである。渡辺信君は火入れにより畑の地中温度の変化を測定するなど、斬新な研究に取り組んだ。嘉田（旧姓渡辺）由紀子さんによる村びとからの聞き取りデータも多くが本書に採用されている。こうした自主的な研究に取り組んだ学生たちのほとんどは、後年それぞれ研究の道を進んで多彩な分野で活躍している。

焼畑研究会の調査報告というかたちをとらず、本書をまとめあげたのはリーダーの腕力のたまものだった。その結果、「焼畑」という農業形式の精密な調査報告というだけでなく、焼畑をいとなむ村びとの生活を克明にえがくことに成功したといえよう。じつは、福井さんの念頭にあったのは今西錦司博士の『村と人間』（一九六二）であることは確かだ。むらびとの生活を知るために物質文化の調査を実施したあたりは、まさしく今西グループの手法をモデルにしている。福井さんの口癖に「今西さんといえども研究者としては対等」というのがあったが、椿山の報告で「村と人間」をこえたいという野心がみてとれる。福井さんが論文のコピーを所望したのをきっかけに、その後コンクリン博士と家族ぐるみの付き合いを実現したあたりも、若い研究者としての自負がみてとれる。

福井さんが二〇〇八（平成二〇）年四月に急逝されたのは、かえすがえす惜しまれることであった。京都大学を定年退職のあとも研究意欲は充溢しており、いくつもの課題を用意していたが、そのなかに若い日に取り組んだ焼畑の研究がふくまれていたことは間違いない。福井さんには、生前から研究資料をなんとか現地に還元したいという意向があり、自宅の書斎に焼畑研究グループが残したフィールドノート、モノクロやカラーの写真資料、録音テープの音声資料、統計資料や各種地図などを保管していた。それらの膨大な研究資料はすべて高知県立歴史民俗資料館に納められることになっている。なかには本書の佐藤廉也さんの解説でも触れられている「四国焼畑アンケート」がふくまれている。これらの資料を後進の研究者が利用していただければ幸いである。

今回の復刊もそうした作業の一環であったが、それにはまず椿山の現状はどうなっているかを確かめねばならない。椿山の属した池川町は町村合併の結果、仁淀川町に統合されている。山村振興策のために植林事業が進み、焼畑はもはやおこなわれなくなってしまった。さらに、一九七五（昭和五〇）年におそった台風がもたらした集中豪雨による土砂崩れをきっかけに、急激な人口減少を招いたという。かって五〇世帯ほどあった椿山は、いまでは一世帯にすぎない。

二〇一四（平成二六）年一一月、椿山を訪ねてみると、数軒の建物は倒壊していたとはいえ、むらは昔のたたずまいを色濃く残していた。むらの中央の氏仏堂は改修されてしっかりと建っていた。近くの家に現在ただひとりで暮らしている年配の女性の話では、週に一回ほど自家用車で買い物に行くので、生活に不自由はないそうだ。また当日、愛媛県の松山に移り住んでいるかつての村びとが、タクシーを飛ばして日帰りで墓参りに来ておられた。ほかにも郷里の家の維持に行き来する人もあるということである。氏仏堂の太鼓踊りも町の無形民俗文化財に指定され、年に五回も保存会によって奉納されて、観光客も集めている。こうした光景をみると、椿山がむらとして命脈が絶たれたなどということはできない。

『焼畑のむら』の出版の直後、日本の基層文化を記録する民族文化映像研究所の姫田忠義さんのチームが椿山の焼畑の映像記録に着手し、『椿山〜焼畑に生きる』（一九七七）を作成した。この映像記録を再編集されたものは、国立民族学博物館のビデオテークに収められている。「焼畑のむらの生業と変遷」「焼畑のむら和紙の原料ミツマタ作り」「豆腐づくり」「虫送りの行事」「先祖まつり」「焼畑農耕　自然のサイクルのたくみな利用」「焼畑の作物」のタイトルで一三〜一六分の七編を、入館者ならいつでも容易に視聴できる。

一九八〇年代、世界で地球環境問題に意識が高まり、熱帯森林の減少が騒がれる際に、焼畑が環境破壊の原因とされたことがあった。しかし、本書の解説でも説かれているように、それはまったくの誤解であり、じつは焼畑は自然に対する正確な認識にもとづく農法だったのである。二〇一五年に世界農業遺産として九州の高千穂郷・椎葉地方が認定された。伝統的な農業・農法によって育まれた文化や土地環境の保全と持続的な活用が評価されたものだが、まず筆頭にあげられたのが椎葉村に日本で唯一継続している焼畑が存在することだった。近年、各地で焼畑の再現がこころみられており、高知の焼畑による山起こしの会の事業は、まさしく椿山のある旧池川町でおこなわれている。総合地球環境学研究所の第一回焼畑サミット（二〇〇七年）も高知で開催された。今や椿山はいわば一種の聖地のようなあつかいも生じており、時代が伝統的農法の再発見に向かっているとき、本書の復刊は絶好のタイミングをとらえたといえよう。

赤阪 賢
京都府立大学名誉教授

焼畑のむら　昭和45年、四国山村の記録――目次

I　焼畑のむら

第一章　最終のむら

1　むらを選ぶ

四国山脈の最高峰石鎚山麓の南に小さなむらがある。奥深い山中にポツンと隔絶したむらである。家は、わずかしかないゆるやかな斜面にあつまり、その対岸には断崖のような険しい山がそびえたっている。

わたしが椿山《つばやま》を最初に知ったのは、一枚の二〇万分の一の地図でだった。

旅にでると、わたしたちはいろいろなむらや町にであう。車窓から外をながめていると、じつにたくさんのむらや町がすぎていく。そんなとき、ああここにも自分の育ったむらと似たようなところがあるなあ、と思うのである。目のまえをすぎるむらが、無性になつかしくなる。しかし、やがて、そこもまたみしらぬひとつの社会であり、別の世界なのだなという思いにとらわれて、ついさびしくなってしまう。

地図をみたとき、一枚の紙面から、じつにいろいろなことが想像される。そんなとき、わたしはいつも同じような疑問がわいてくる。そこに住んでいるひとびとは、どんな生活をし、どのような社会を形成しているのだろうか、ということである。海の近くにあって、漁業を営んでいるむらがあれば、一年のほとんどを山の作業に従事してすごすむらもある。

それらのむらの社会は、同じ人間、さらには同じ日本人が形成した社会ということで、共通しているところも当然少なくないだろう。だが、営んでいる生業や周囲の自然がちがっていることなどから、社会的にそれぞれ異なった特徴もみいだされるはずである。このようなある生業にむすびついた社会的な特徴をつかんでおけば、別のむらにであっても、同じ生業を営んでいるむらなら、その社会構造をだいたい予測することができるようになる。このことは、さまざまな社会を理解するうえで、たいへん重要なことである。

ここでは、日本にかぎって話をすすめよう。日本の景観は、単純に大きく三つにわけることができる。山・平野・海岸である。そこには、それぞれの自然条件に適した生産様式がみいだされる。たとえば、山間部なら焼畑、平野部なら稲作、海岸部なら漁業というように。これらの生産様式は、日本にはじつに古くからあった。そこで、それぞれの社会の特徴を把握しておくことは、日本文化の基礎構造を理解するうえで、じつに重要なことなのである。

ところが今日、むらといえば、「過疎」ということばにおきかえられるようになった。平野部のむらは、近郊都市の影響を直接うけ、地理的に離れた山間部や海岸部のむらは、いちじるしい人口減少を生じ、それぞれの伝統的な諸文化を失いつつある。

いまなお、周囲の自然に依存して生活し、伝統的な諸文化を残しているむらは、もうみられないものだろうか。かつてのむらをつちかってきた文化や社会の構造をみるのに、わたしたちは、すでに「遅れてきた青年」となってしまったのだろうか。わたしは、ほのかな期待を地理的に隔絶されている四国の山岳地帯によせたのだった。昭和四四年の春のことである。

京大探検部の仲間、伊東祐道君と話しあって、さきの目的をできるだけ満足させてくれるようなむらをさがした。まず、四国のチベットともよばれる石鎚山系と剣山山系の二〇万分の一の地図から、地理的に孤立しているむらをいくつか選びだした。ところが、これらのむらに現在どのくらいのひとがすんでいるのか、またどんな生業が営まれているのかわからない。案外、廃村になっているかもしれないのである。そこで、それぞれのむらが属している役場に簡単に問いあわせた。その結果にもとづいて、戸数が三〇戸ぐらい、そしてできるだけ自給作物で暮らしているむらを選びだした。戸数を問題にしたのは、実際に調査がしやすいという便宜上の理由である。たとえば、一〇〇戸も家があるむらだと、一軒一軒まわるだけでも、一〇〇日を費やすことになる。逆に、一〇戸くらいのむらだと、ひとつの社会としてみるには、あまりにも貧弱になってしまう。

椿山むら。今日なお焼畑に依存した生活を送っている。
日本最後の焼畑のむらとなるであろう。

わたしたちは、こうして条件にあいそうな三つのむらを選びだした。しかし、これらのむらが、どれほどわたしたちの期待をみたしてくれるのか、実際現地にいってみないことには、見当がつかない。わたしたちは、この三つのむらのうち、まず椿山を訪れようということになった。

まだ、桜の花が散らずに残っているころだった。高知駅から西へ急行で一時間。佐川という小さな駅につく。そこから国鉄バスにのりかえ、雄大な石鎚山系にむかった。一時間ほどで、椿山むらが行政的に属している池川町の役場のあ

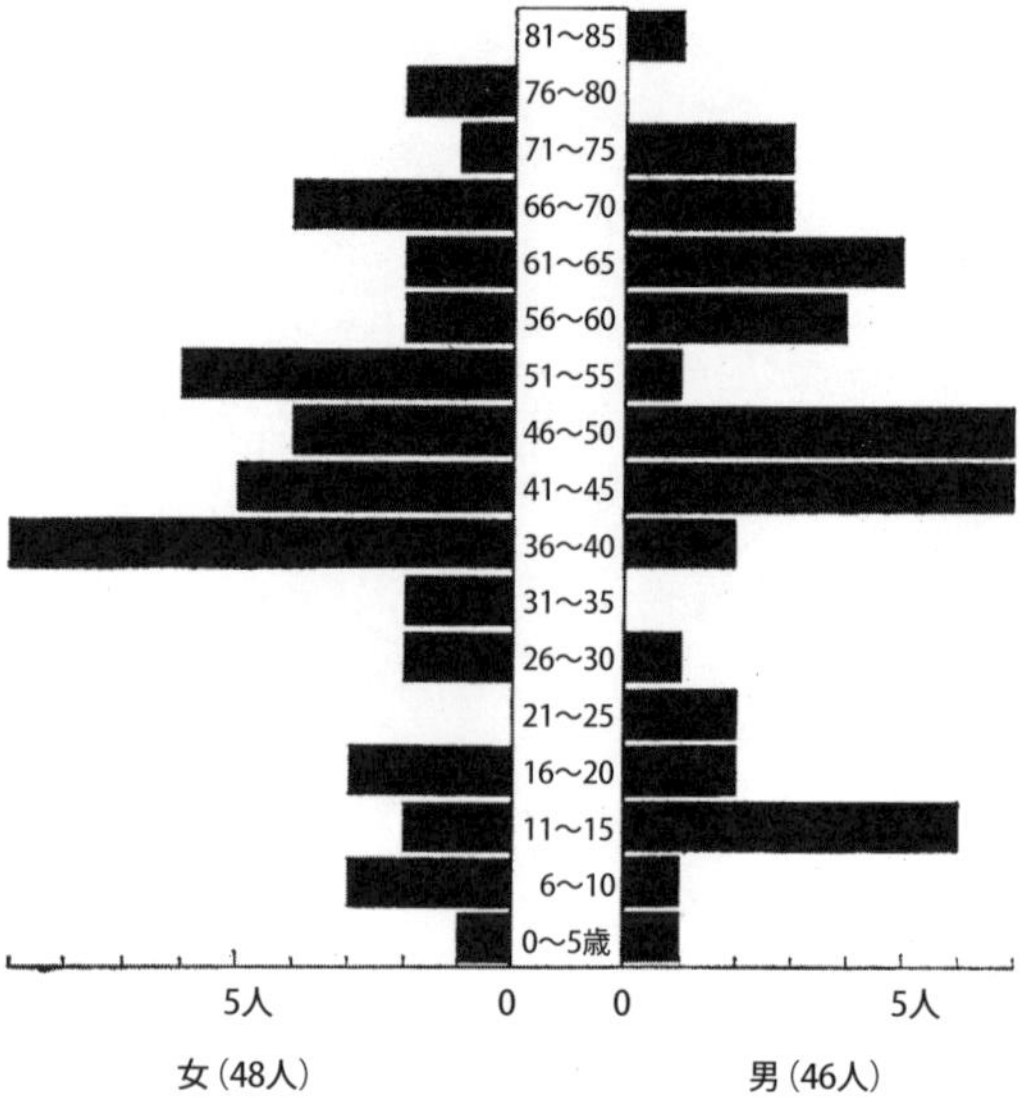

図1　椿山の人口構成（昭和45年）

るところについた。それからは役場の好意で、椿山の近くまで車で送ってもらう。ところが、しばらくいくと、これからあとの林道は狭くて危険だから、ということで降ろされてしまった。そこから、むらの中心までまだ六kmはある。小雨の中を歩きつづけて、仁淀川支流の土居川のまた支流ぞいを登りつめていく。四国山脈特有のきりたった山々がつらなり、谷は深くきれこんでいる。

やがて、岩肌がいく重にも露出した急な斜面が、眼前にあらわれた。重くたれた雲のきれまから、滝がいくつもみえる。水が白い束になって流れおちている。じつに深山幽谷の感をうける。

その対岸の比較的なだらかな山の斜面が、わたしたちのめざすむらだった。石垣で階段状に仕切られ、それぞれに猫の額ほどの狭い土地がみいだされる。まるでチベットの写真でもみているようだ。標高六〇〇～七〇〇m。戸数約三〇戸。人口およそ一〇〇人（図1）。急な斜面に一、〇〇〇段ぐらいもの石段がつづいている。一番下の方から、みあげると、上の方にある家が、まるで自分の頭上にあるような錯覚さえおこさせる。ここが椿山なのである。

わたしたちは、その夜泊めてもらった中西重貞さん（六五）の家で、このむらの話をいろいろ聞いた。「ここでは、焼畑をまだやっちょります。昔は、遠くの山でヒエをたくさんつくっちょりましたが、いまはヤナ

焼畑耕地。かなり急な斜面にも焼畑はつくられている。

ギ（ミツマタのことで紙幣の原料）が主で、ほかにムギ・アワ・ソバ・トウモロコシ・アズキ・ダイズなどです。ヤマは場所によって、春焼き・夏焼き・秋焼きと、一年間に三回焼きます。ここのひとたちは、ほとんど出かせぎにはいかん。ヤマの仕事が忙しいでの。昔は、作物をつくったあとはほってヤブ（雑木林）にしちょりましたが、いまはスギやヒノキをうえちょります」。

わたしたちは、心おどる気持ちだった。四国にやってきて、最初に訪れたむらだというのに、何という運のよさだろう。ここには、日本ではすでにほとんど消滅した、といわれていた焼畑が、いまも残っているのである。

そこで、わたしたちは、この椿山に予定をのばして四日間滞在したのち、徳島県の祖谷村にもいった。そのむらでは、七、八年前に焼畑はなくなり、むらびとは、いまやほとんど出かせぎにいってしまっていた。椿山を本格的に調査しようと決めたのは、この変容した祖谷村から京都に帰る汽車の中であった。

2　焼畑——稲作以前の文化

焼畑、それはかつて日本の各地の山村で、広くおこなわれていたじつに重要な生業であった。雑木林を伐りひらいて焼き、そのあとにヒエ・ソバ・ダイズ・サトイモなどの農作物を栽培する。施肥はまったくおこなわれず、土壌養分を自然に依存する。そして、栽培後数年たつと、その畑を放置する。十数年から三〇年くらいのち、雑木が大きくなると、ふたたび伐りひらいて焼き、畑として利用する。こうして、畑は数年ごとにつぎからつぎへ移動していくことになる。

したがって、このような焼畑農耕は、他の農耕ではみられないいくつかの特徴をもっている。新しい土地の選定・伐採・火入れ・長期間にわたる休閑、がそれである。このことは、稲作のような他の生産様式をもつ社会とは、異なった社会構造を規定することが考えられるのである。

焼畑農耕は、世界の各地域でみられ、いまなお重要な生産手段となっている。事実、今日地球上で焼畑に利用されている面積は、三、六〇〇万㎢にたっし、一億もの人口が、その生活を焼畑に依存している。(1)

このような焼畑農耕は、日本において、いつごろから存在したのであろうか。これまで一般に、日本の農耕のはじまりは、弥生時代における稲作に求められてきた。したがって、日本文化の基盤も、柳田国男の一連の研究にみられるように、つねに稲作の文化に求められてきた。

しかし、稲作以前の縄文時代にも、なんらかの農耕が、すでにおこなわれていたのではないか、という考えが、最近各分野からだされている。民族学者である岡正雄は、日本文化の基礎構造を、五つの異なった種族文化複合にわけ、稲作以前の農耕として、イモ栽培と焼畑農耕を想定している。(2)

考古学者のなかでも、縄文時代の農耕を、つよく主張しているひとがいる。藤森栄一もその一人である。かれは、八ケ岳山麓一帯の縄文時代中期の遺跡群の調査をおこなった結果、その文化の様相が、農耕文化的であることに注目した。そして、その遺跡が示す大集落からして、当時の生活を支えていたのは、狩猟・採集経済ではなく、おそらく焼畑農耕であったろう、と推定している。(3)

また、中尾佐助は、民族植物学の視点から、農耕の起源にかんし、独自な仮説を提唱している。すなわち日本は、中シナ・南シナからヒマラヤの南麓部にひろがるカシ・シイなどの照葉樹を主体とする、いわゆる照葉樹林地帯に位置づけられる。このような照葉樹林地帯に展開する文化複合は、本来焼畑農耕による雑穀栽培を中心とし、熱帯起源のサトイモ栽培を主とする根栽農耕とむすびついたものである。(4)

こうした考えは、焼畑研究で知られる地理学者の佐々木高明により受けいれられ、展開されている。かれは、これまでの考古学や、生態学・民俗学・比較民族学などの諸成果をふまえて、「稲作以前」に「照葉樹

(1) Conklin, H. C.: "Ecological Study of the Shifting Cultivation" *Current Anthropology*, Vol. 2, 1961.
(2) 岡正雄「日本文化の基礎構造」『日本民俗学大系』第二巻、平凡社、一九五八。
岡は、かれの提唱する、「民俗学＝民族学的方法と先史学的方法とを併用」して、つぎの五つの種族文化複合を想定している。なお、この五つの種族文化複合は、岡によれば、縄文中期以降、ほぼ時系列にそって展開する、とされている。
①母系的・秘密結社的・芋栽培——狩猟民文化
②母系的・陸稲栽培——狩猟民文化
③父系的・「ハラ」氏族的・畑作——狩猟民文化
④男性的・年齢階梯制的・水稲栽培——漁撈民文化
⑤父権的・「ウジ」氏族的・支配者文化
(3) 藤森栄一『縄文農耕』学生社、一九七〇。
(4) 中尾佐助「農業起源論」『自然——生態学的研究——』今西錦司博士還暦記念論文集I、中央公論社、一九六七。
同右『栽培植物と農耕の起源』岩波新書、一九六六。
上山春平（編）『照葉樹林文化』中公新書、一九六九。

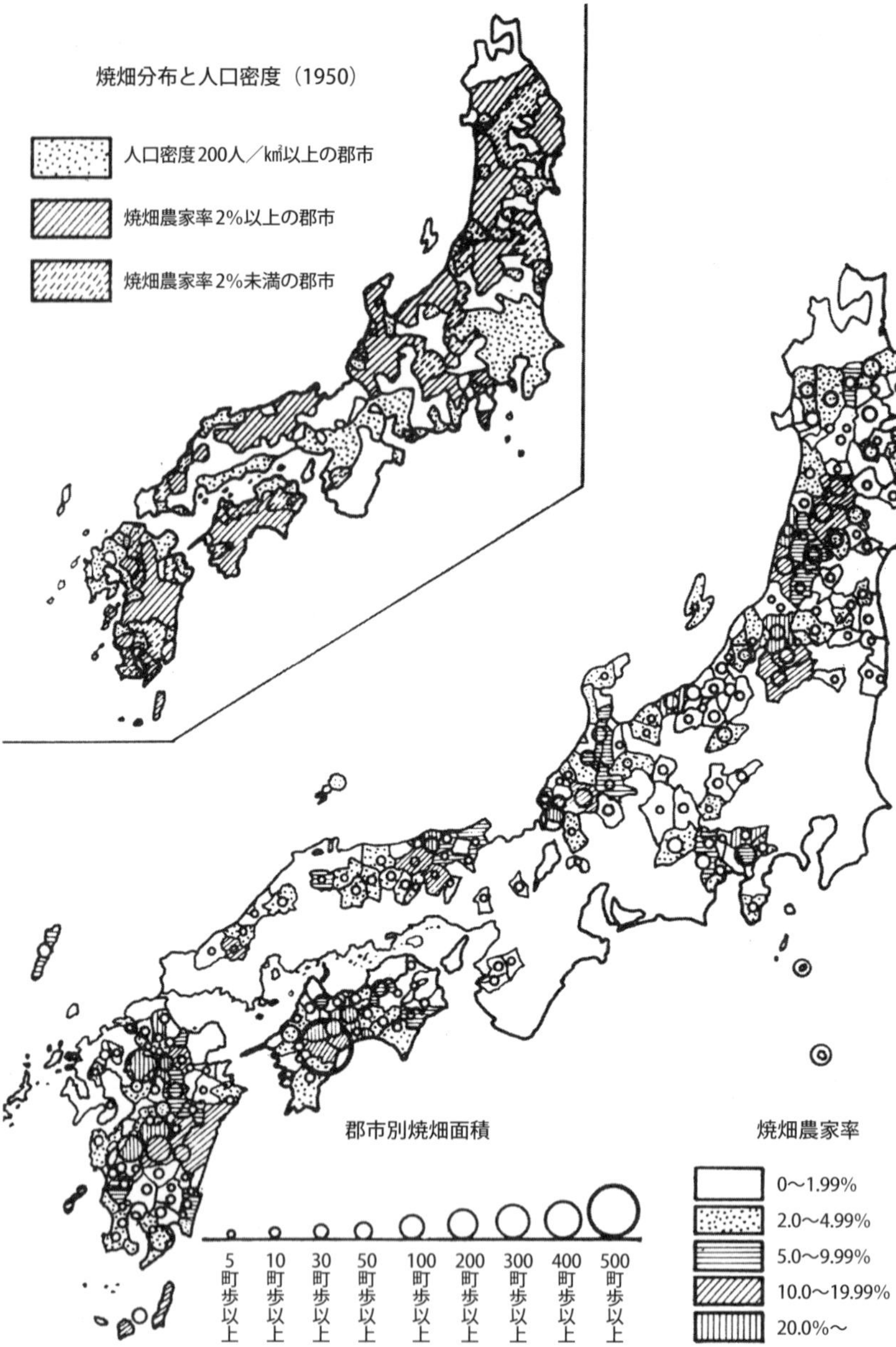

図2　日本における焼畑の分布（1950年）〔佐々木高明氏による〕

林焼畑農耕文化」と名づけられるような農耕文化が、存在していたにちがいない、と主張している。(5)

このように、日本文化の基底には、イモや雑穀栽培の焼畑農耕文化が存在し、南シナから東南アジアにいたる諸文化と、密接な関連をもっていると考えられる。そのことは、日本文化の原型、すなわちひとつの日本文化の原点が、この焼畑農耕に秘められていることを物語っているのである。

この古い歴史をもつ焼畑農耕は、かつて日本でじつに広くおこなわれていた。その面積は、二〇万*ha*をはるかにしのぐものと推定されている。が、しだいに減少していった。資料のたどれる昭和一一年には七万七、〇〇〇*ha*（農林省山林局「焼畑及切替畑ニ関スル調査」）、そして昭和二五年には一万*ha*（農林省「世界農業センサス一九五〇」）に減っている。(6)その後も衰微する一途をたどり、昭和三五年ごろを最後に、各地で急速にその姿を消していった。焼畑を営んでいたむらは、過疎の波をまっ先にかぶっていったところでもあった。

わたしは、昭和四五年から四六年にかけて、焼畑がもっとも多く残っていると思われる四国の山岳地域から、一、三〇〇集落ほど選んで、焼畑のアンケートを配布した。その結果、七〇〇集落（五四％）ほどから回収することができた。それらのアンケートを整理してみると、消滅したと思われていたにもかかわらず、まだかなりの焼畑が残っていることがわかった。焼畑面積にして約三五〇*ha*。焼畑を営んでいる農家はまだ五〇〇戸もあったのである。(7)

(5) 佐々木高明『稲作以前』NHKブックス、一九七一。

(6) 佐々木高明『日本の焼畑』古今書院、一九七二、参照。
日本の焼畑の統計的な記録は、昭和二五年の農業センサスを最後にきえていった。そのころの焼畑の実態をつぶさに記録し、分析したのは、佐々木高明であった。

(7) このアンケート調査には、高知県、愛媛県、徳島県の農林部および農林水産部の協力をえた。昭和四七年一〇月、このアンケートにもとづいて、四国の焼畑の残存地域についての実態調査をこころみた。この調査結果は、べつの機会にあらためて発表する予定である。
なお、一〇年前の昭和三五年、相馬正胤は、四国の山岳地域の焼畑のアンケートならびに実態調査をおこなっている。このときの調

その中で、もっとも焼畑面積の多い集落を調べてみると、なんと、わたしたちの調査していた椿山むらであった。椿山は、四国おそらくは日本中で、焼畑をもっとも多く残しているむらだったのである。

3　椿山というむら

椿山が歴史に登場してくるのは、かなり古いことである。すでに天正一八年（一五九〇）にあらわされた長曽我部の地検帳にその名がしるされている。

椿山は、吾川郡大川筋池川名《みよう》のひとつの村に属していた。地検帳には、「本田、三十町一反十二代五歩。伐畑（焼畑のこと）一〇二町三反二四代一歩。以上八、池川十二ヶ村の統計也。片岡左衛門給」とある。延宝五年（一六七七）、池川名は、一部の村を分離して池川郷となり、椿山など一二の村からなりたっていた。それぞれの村には名本《なもと》（庄屋にあたる）が、そして中心の土居村には池川郷大庄屋がおかれた。明治になってもいくつかの変遷をとげながら、大正二年池川町となり、その後他の村と合併し、昭和一八年現在の池川町[8]となった。

椿山というむらがいつごろ、どのようにして発祥したのか、知るすべはない。ただ、椿山には、根づよい平家の落人伝説があり、ひとつの旧跡にもなっている。寿永四年、壇の浦の戦いの後、安徳天皇および平家一族は、徳島県山城谷栗山の山中に潜んだが、源氏の追跡をおそれて、高知県香美郡そして土佐郡に移り、椿山にたどりついた。そして、この深山幽谷の地に三年ほどいた、というのである。

そのとき、安徳天皇にしたがって、椿山にやってきたという滝本軸之進[9]が、むらの氏神さんになっている。以下、椿山について記されている『吾川の古都』（伊藤猛吉著、明治四〇年）から、多少長くなるがよみやすく引用して、その伝えの様子をみてみよう。

「軸之進勅を奉じ、山間を抜渉してこの地にいたりしに、山高く樹木鬱茂して、人跡なし。これにくわうるに、山の大空に岩窟多くをもって、玉体を迎え奉りて守護すべく、また山水いたって美にして、川魚のはつらつなるもの多し。もって供御して、帝の御英気を養わせらるに適せりとなし。……（中略）

帝すこぶるに武術に御志厚く、鍛冶をおき、馬を養い、射撃を習わしめたり。カヂヤガ谷、コマドチ、弓《ユ》場《バ》等は、その趾なり。弓場は、西椿山にあり、世々軸之進の子孫の住みし所にして、その傍に、滝本神社あり。軸之進の墳墓につきて、社壇を設けたる者にして、村民はこれを椿山の大先祖となせり。また軸之進が屋敷のはるかの空なる山上にて、王助《オオタシ》といえる所ありて、ここに洞穴あり。樹木蒼々として、これをかばえり。これまた、緩急ある時、玉体をかくまい奉るに適せり。その深奥計るべからず。

椿山の地古は要害なるのみならず、土肥え米・粟・黍・稗・豆等に適せるゆえ、御安堵にましますこと三ヶ年なりし。が、一日川下の者、犬路をたどりたどり遙々と登りきたりいいけるよう、この山奥には人家なしと思いしに、過日の大水に椀流れ下りしゆえ、尋ね来たり。子等何の年よりこの地に住みしか、と。軸之進のいうよう、われは、猟師なるが三年前に路を迷いて、深くこの山中に入こみ、いまに住みおれり、と答え、川下の有様などくまなく尋ね、厚く礼して去らしめたり。あるいはいう、これを帰らしめば潜幸の事あらわれんとて、後より追っかけ、ノマズ谷といえる所にてこれを殺し、聖をあがめてその後を弔いたり。い

査結果が、昭和四五年のアンケート調査の際、たいへん参考になった。

（8） 相馬正胤「四国山岳地方における焼畑経営の地域構造」『愛媛大学紀要、第四部社会科学』四巻一号、一九六二、参照。

（9） 池川年代記刊行会『池川年代記』池川町、一九五三。

『吾川の古都』の著者伊藤猛吉は、本書執筆当時、椿山小学校の校長であった。ここには、椿山の平家落人伝説、当時の村の様子などが、克明に記録されている。

むらのお堂。ここには、平家の落人が残した箱が秘められている、とむらびとは強く信じている。

まの氏仏堂に祭れる若仏というは、この聖の事なりと。ここにおいて、知盛等これを危うしとなし、御嶽山の方へ落ち行き給わんことを請えり。帝これをききし給ふ。しかれども、ことごとく移転するは、かえって人の疑をこうむるもとなればとて、軸之進の忠節を思い、これをこの地にとめ、鎧と宝刀を賜いて後事をたくしたり。その子孫世々この地におり、数家にわかれ、すなわち、滝本・山中・峯本・中内（以上各六戸）・平野（五戸）・西平（四戸）・半場（三戸）・中西・中平・野地・梅木（以上各二戸）・南（一戸）の十二姓となりしが、村民はみなその裔なりといえり」

椿山のむらびとたちは、いまなお平家の落人であることを強く信じている。わたしたちが、京都からきたというと、むらの老婦は遠い昔を語るようにいうのであった。「世が世ならば、わたしたちも京都に住んでいたのに……」。このようなことばは、むらの若いひとからも、しばしば耳にする。

以上のことの真相は明らかでない。ただここで事実としていえることは、このような平家落人伝説が、むらびとに語りつがれて、むらの強い共通意識となって残り、むらをまとめるのに大きな役割をはたしてきたことである。

椿山の歴史を示すもうひとつの資料に、木地屋の「氏子駈帳」がある。これには、全国の木地屋の名前と、居場所が記録されている。木地屋というのは、ロクロを用いて、木の盆や椀など円型のくりものをつくる職業のひとびとのことだ。木地屋は、滋賀県の小椋村に惟喬親王（文徳天皇の第一皇子）がやってきて、ロクロをつくってむらびとに教えたことがはじまりだ、といわれている。したがって、木地屋は惟喬親王を職祖として、強い誇りをもっていた。そして奥深い山々を親王領と称し、自由に全国各地をわたり歩き、木を伐っていたのである。

わたしの手元にある「寛延四年（一七五一）氏子駈帳」(10)をみてみると、椿山にも木地屋がいたことがわかる。この文書には、それぞれ名前が記されている。かなり古いため戸籍からさぐることはできない。したがって、はたしていまの椿山の先祖とこれらの木地屋の間にかかわりがあったのか、さだかではない。しかし、むらびとは、このことを強く否定する。「木地屋とは、ぜんぜん関係がなかったね。結婚もしたことがなかった。木地屋は、ずっと奥の方にいた。祝い事があっても、よんだことはなかった。木地屋は、ちょっとちがうといいますよね。どこからはじまったか、しらんけんど」。むらの古老は、このように話すのだった。もし、むらびとがプライドの高いはずの木地屋の子孫なら、これほど木地屋とのかかわりを否定するだろうか。いろいろなむらびとの話から、現在の椿山のむらの家々と、木地屋とは直接のつながりはなかった、とわたしはみている。

---

(10) 杉本寿『木地師支配制度の研究』ミネルヴァ書房、一九七二など参照。杉本さんからは前掲書出版以前に「宝暦四年氏子駈帳」の四国地域のリストをおくっていただいた。ここに感謝の意を表したい。

その発祥はどうあれ、椿山というひとつのむらは、石鎚山麓の南に、一六世紀の末期には明らかに存在していた。そこで今日にいたるまで、むらびとは、焼畑という古くからの生産様式を支えにしながら、この奥深い山中に長い間生きてきたのである。

4　そのながれ

ここで、椿山の歴史的なながれに目を転じてみよう。

もっとも古い確かな資料は、さきにあげた「天正地検帳」である。長曽我部氏領国時代の椿山は、その重臣片岡左衛門の所領であった。奥深い小さなむらも、すでにこのころは大きな体制の中にくみこまれていたのである。

その当時のむらの戸数は七戸（図3）。そのほかに近隣の用居むらから出作りできていたと思われる家が、山の上の方に一戸ある。この一戸をのぞいた七戸は、いずれも現在と同じ屋敷地に家をかまえていたことが、弓場《イバ》とか中西ヤシキのような地名からわかる。すでにこの時代に、地理的にひとつのまとまったむらが形成されていたのである。

そのころのむらびとの生活は、わずかな常畑をのぞけば、まったく焼畑に依存していたようである（表1）。利用していた土地のじつに九一％が、切畑、つまり焼畑だったのである。ところが、その所有状況をみると、全焼畑面積のうち、じつに八五％（六町三反四畝）が、蔵進という一人の所有者に集中している。他のほとんどのむらびとは、まったく焼畑を所有していない。蔵進だけが、どうしてこのように広い土地を所有しているのか、あきらかではないが、みいだされる資料をもとにある程度推測が可能である。つまり、蔵進の先祖が、はじめて椿山に入ってきて、むらを形成するようになったのではないか、ということである。この草分け説の理由は三つある。ひとつは、蔵進のいた弓場という屋敷地は、いまでも一番屋敷といわれ、むらでもっとも古い、とされていること。二つには、イバグミ（クミについては第八章の「むらの展開」でのべる）の先祖さんである滝本軸之進が、むらの氏神さんにもなっていること。三つには、現在も弓場に残っている滝本家は、かつてかなり有力であったことなどである。(11)

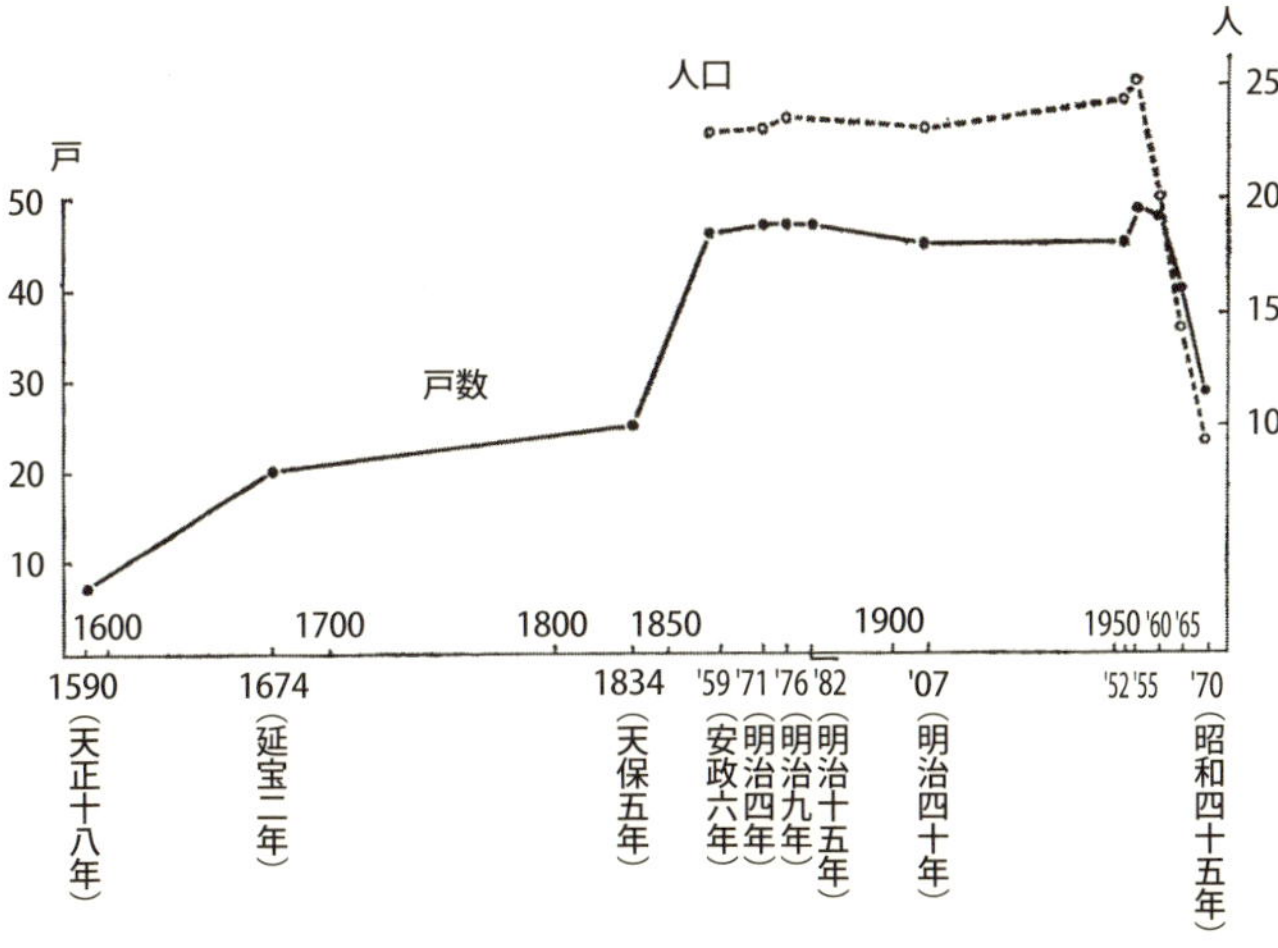

〔資料〕天正18年：「天正地検帳」　延宝2年：「池川・用居切畑御改指出帳」
天保5年：「池川村団地組帳」　安政6年：「池川年代記」　明治4年：「吾川の古都」
明治9年：「池川郷村誌」　明治15年：「神社明細帳」　明治40年：「吾川の古都」

図3　椿山むらの戸数と人口の変動

表1　椿山村地検帳登録地（天正18年）

地目	地積			
切畑	7町	4反	2畝	6歩
下畑			6	6
中屋敷			2	0
下屋敷		6	8	28
計	8町	1反	9畝	10歩

資料：「天正地検帳（長曽我部地検帳）」

他のむらびとは、この地主のもとに耕作権をえて、山を伐りひらいて焼畑をつくって生活を支えていたものと思われる。一枚の焼畑の面積が四反から四町五反にまでおよんでいることから、そのころの焼畑はかなり大規模につくられていたことがわかる。このことは、

（11）伊藤猛吉『吾川の古都』（明治四〇年）には、有力だった滝本家は衰えて、山中家が栄えた、とされている。藩政時代の名本《なもと》は、山中家であった。

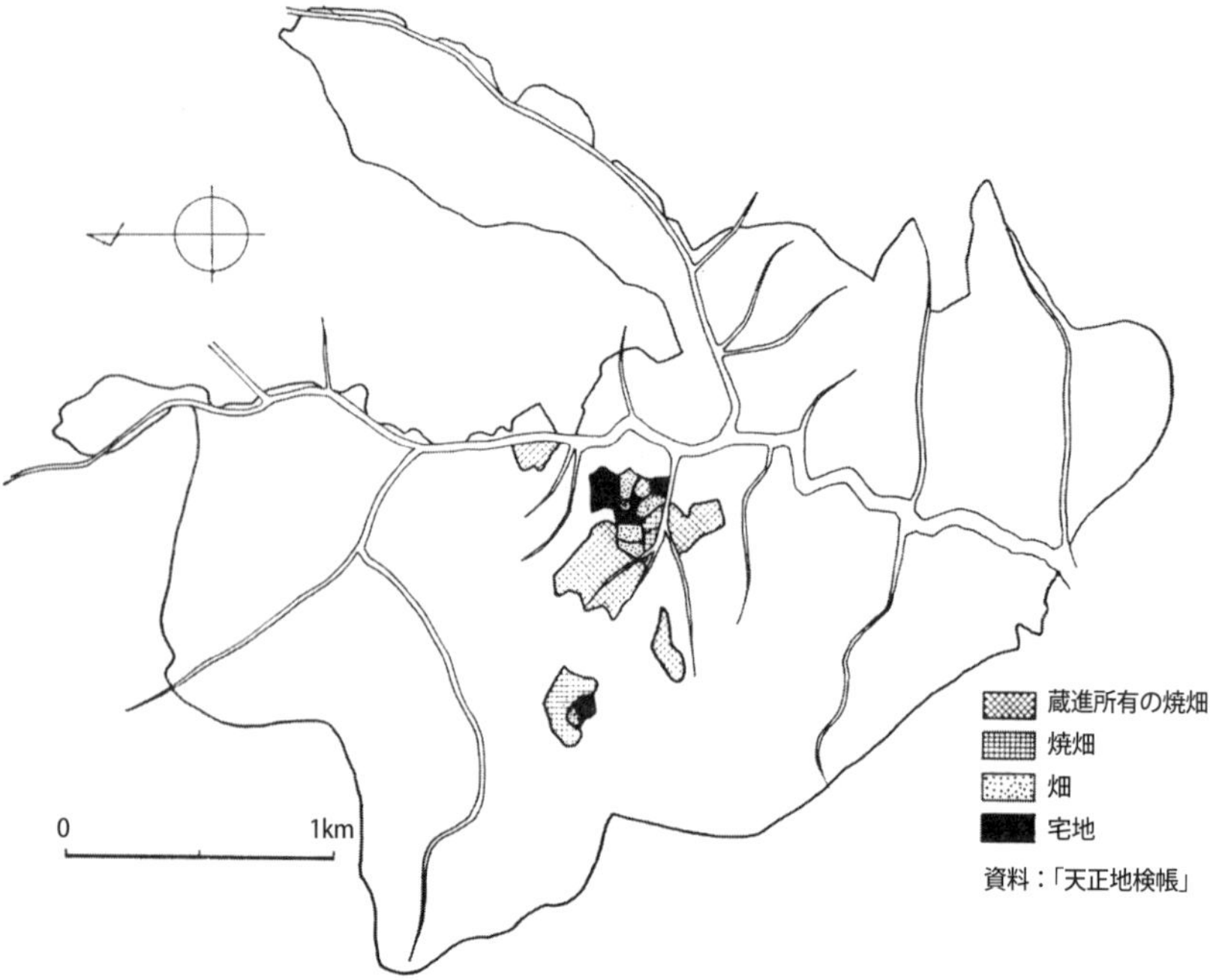

図4　16世紀末における椿山の焼畑の分布

一人の地主のもとにありながら、むらびとが共同でヤマ焼きをしていたことを物語っている。

さて、時代はやがて長曽我部氏から山内一豊に移る。慶長五年（一六〇〇）、池川村は直轄の地となり、延宝五年（一六七七）池川村の一部を分離して池川郷となった。そのひとつの村に椿山が位置づけられ、名本がおかれるようになった。

そのころの椿山の状態は、延宝二年（一六七四）の「池川・用居切畑ノ御改指出帳」[12]に記されている。椿山の戸数は二〇戸。たった八〇年の間に一三戸もふえている。焼畑の利用範囲も、天正年間のころよりおどろくほど広くなっている（図4・5）。ヒノウラ（むらの対岸の南にあるひとかたまりの山）をのぞけば、その範囲は明治以後の椿山とほとんどかわらない。むらのかたちは、このころにはかなりできあがっていたのである。

焼畑の所有面積の隔差も、天正年間にくらべればかなり少なくなってきている（図6）。が、かつての蔵進ほどではないが、ぬきんでて所有面積の多いものがやはりいる。かれは、この「指出帳」の代表者の一人に

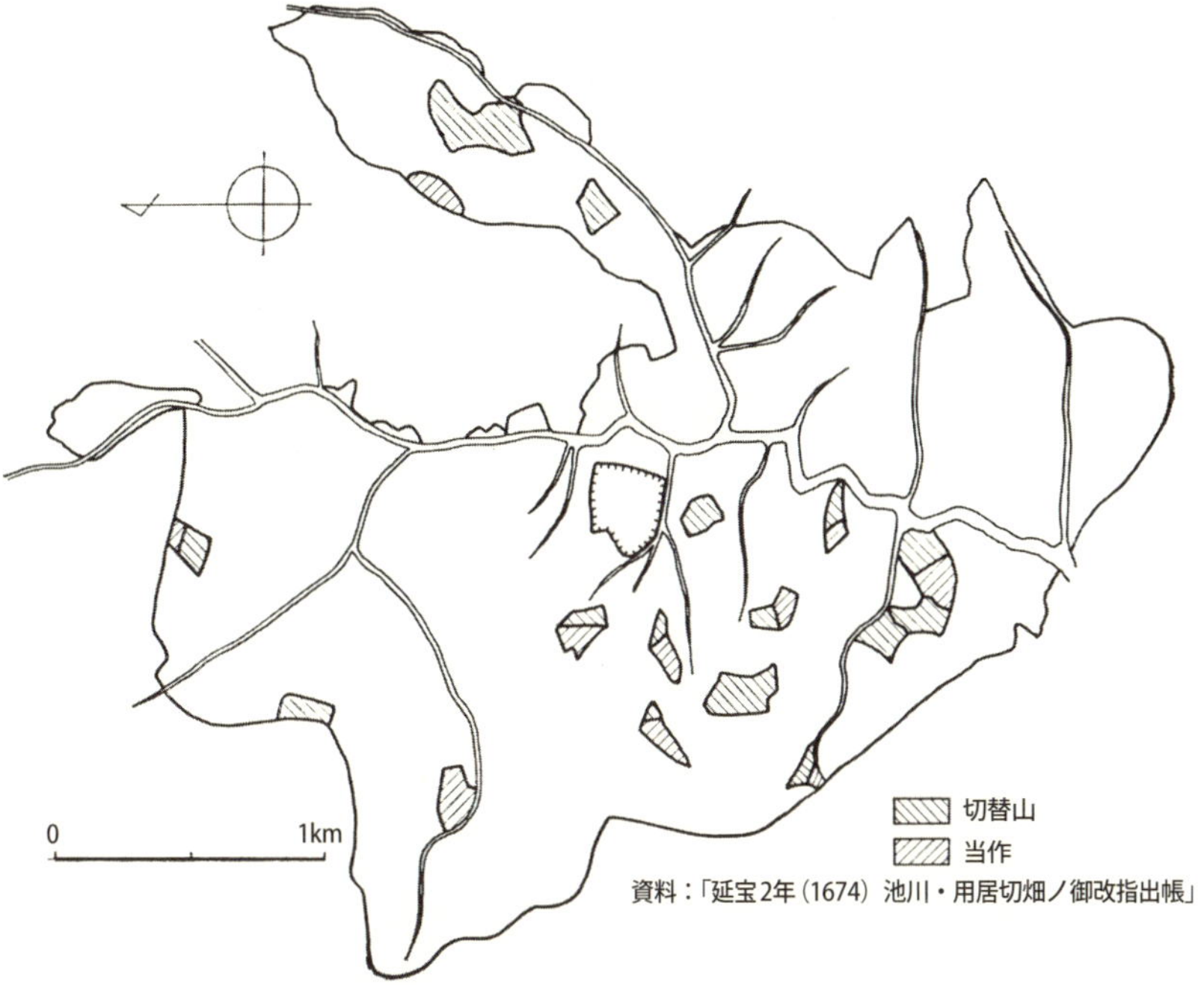

図 5　江戸初期における椿山の焼畑の分布

なっていることから、名本だったにちがいない。かれが所有している五反ほどの焼畑をのぞけば、残りの焼畑の規模は、天正年間に比較してかなり小規模になっている。多くても一枚の焼畑が二反ぐらいだ。しかし

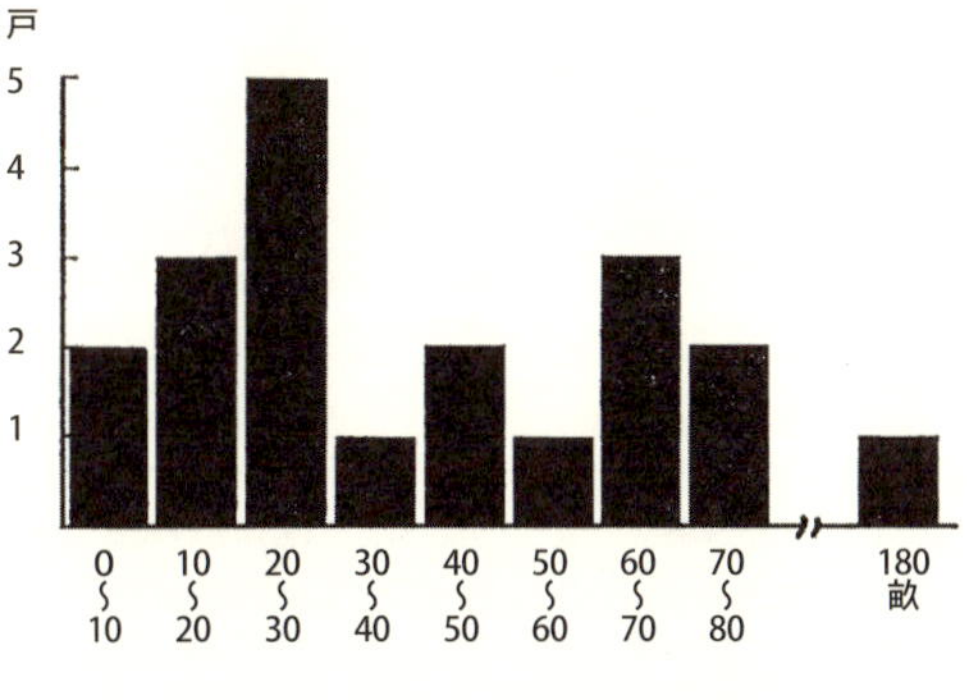

図 6　江戸初期における椿山の焼畑の所有状況

（12）「池川・用居切畑ノ御改指出帳」池川町所蔵。これは、『日本法制史資料』高知藩にも所収されているが、椿山のところは抜けている。

表２　江戸初期の椿山村の焼畑面積とその作物

作物名	面積	作付率
ヒエ	1町3反1畝	51%
アワ	7畝	3%
ソバ	3反6畝	14%
大豆	3反2畝	12%
小豆	5反	20%
焼畑栽培面積総計	2町5反6畝	100%
切替山面積総計	5町8反8畝12歩	
総計	8町4反4畝12歩	

資料：「延宝2年（1674）池川・用居切畑ノ御改指出帳」

これなら一家族で十分にあつかえる広さである。そして二軒とか三軒が土地を共有して焼畑をつくるようになってくる。利用する土地の範囲が増大することによって、人口の支持力が増し、むらは大きく成長した。天正年間ではほとんど土地をもたなかったむらびとも、この時期に入って、かなり自立してくるようになった。

そのころの椿山における焼畑の作物はヒエがもっとも多い（表2）。全栽培面積のじつに半分以上を占めているのである。むらびとの生活が、いかにヒエに依存していたものであったかがわかる。また、ヒエについでアズキ・ソバ・ダイズが栽培されており、アワはわずかである。記されている焼畑の栽培面積はかなり少ないが、実際はもっと多かったにちがいない。

こうして、一七世紀の終わりごろには、いまのむらに近い様相がすでにできあがっていたと思われる。この様相は、一九世紀の中ごろまでつづいた。天保五年（一八三四）の椿山は、二五戸。さきの延宝年間から一六〇年の間に、わずか五戸しかふえていない。これには、大きな天災がかなり影響していたにちがいない。この間に、全国的な大飢饉に四回も襲われている。延宝・享保・天明・天保の大飢饉である。ここでは、池川郷についてしることのできる天明と天保の大飢饉をみよう。「池川年代記」には、当時のたびかさなる凶作が克明に記録されている。その一部をわかりやすく引用する。

「明和四年（一七六七）六・七月、旱魃にて闇世なり。同八年六月、無名の毛が降る。長さ四寸ばかり、長短あり。赤きこと栗毛の如し。末少白く馬の毛によく似たものなり。地面はもとより木草の上にも降りかかるありさまなり。七月初めの雨が降ってやむ。

安永二年（一七七三）五月、ますます空は晴れ渡り、無上の旱魃にて、秋節すぎて雨が降る。諸作種なし、大悪世なり。

天明三年（一七八三）春・夏・秋・冬長雨が降りつづき、折々乾くといえども雨露の乾いたことなし。農人はいくら耕しても、雑草の枯れることなし。春・夏に仕付けたもろもろの作物は、雨にやかれ、草にまけ、ついに消失し、成育することとなし。秋のとりいれといえども、雨におされ、諸作を竿にかけ、納屋の軒下につり渡す。しかし、実があるといえども腐りはて手にかかるものなし。無上の悪世にて諸人秋春となく迷惑することかぎりなし。

天明四年春、諸物価高騰す。一升七分のコメが一匁五分に、三分五厘のキビが一匁五分に、三分のムギが一匁、二分のヒエが六分になる（ここでキビというのは、トウモロコシのことだ。すでにこのころ池川郷でトウモロコシが栽培されていたことがわかる）。

天明五・六年、旱魃にして大悪世なり。悪世にせまり困窮はなはだし。ここ数年悪世にて、食物を売買することもなし。とくに国政あらたまり、諸品残らず御口上、御用紙、御問屋たちに産物下値に買いとられ、いよいよ悪世にせめられる。天命つきたる困窮人は、朝起きて、妻子にお茶をわかしておくようにいい、銭をさげて家をでる。食物を買って与えんと出向いても、悪世にてただ一合もあらず。まわりまわって昼すぎに帰りみれば、妻子どもかたずをのんで待ちかねし、見る目もあわれなり。銭を投げだし、座敷に泣きくずれば、妻子ともに泣くばかり……」。

このように悪世にせめられた百姓たちは、ついに逃散という手段を用いるにいたった。天明五年には、平《ひら》紙《がみ》(13)の自由販売が禁止され、他国の商人の入山が差しどめになり、平紙買い入れ問屋が指定され、独占買い入れとなった。池川郷など近辺の三郷の名本たちは、大庄屋に訴願する（ここには椿山の名本弥兵衛も名をつらねている）が、なんらききいれられず、業を煮やした農民たちは、天明七年のはじめ、逃散を決行し、伊予の大宝寺を頼って、自分らの村をすてていった。その数は三郷あわせて六二一人にもなった、という。あわてた土佐藩郡奉行は、その筋の寺と交渉し、農民たちの訴えをようやく認めることにした。それで逃散一ヵ月後に、農民たちは帰郷した。

天明六年から寛政四年のわずか七年の間に、全国でじつに一二〇万もの人口が減少している。これは、このときの大飢饉の影響によるものと推測される。それは、奥深い小さな椿山にも、あてはまることであった。

それからおよそ五〇年たった天保の年に、ふたたび天災が襲ってきた。天保二年（一八三一）といえば、京都に大地震がおきた年だ。六月のはじめ、大雨が降り山崩れがおこった。それ以後晴天が続いたかと思うと、無上の全国的な旱魃となった。七月二八日に少々夕立にみまわれたが、大地が湿るまでいたらなかった。八月二五日になって雨が降りだした。郡奉行がみまわりをしたが、諸作物にはみのりがなかった。

天保四年、長い旱魃のため、作物のできが四分をわずかに上まわっただけになった。

天保五年、長い旱魃がつづき、作物のできは三分半だった。

天保六年の七月、大暴風雨にみまわれた。作物は壊滅。同じ年の春から、ウン疫が流行し、名野川筋はおおいにわずらう。しばしば祈禱をたのんだ。

天保八年、世上の大飢饉となった。村々の困窮は、このうえもなかった。大坂で乱をおこした大塩平八郎らの人相書が、池川郷にまわってきたのも、この年だった。

天保一〇年、旱魃のため、作物のできは七分。イモ（サトイモか、新しく導入されたサツマイモか不明。この年にはじめて記録されていることから、サツマイモがすでにこの頃栽培されるようになっており、そのサツマイモを記したものと思われる）はまったくできなかった。しかし、椿山村と寄合村は十分に作物ができた、という。椿山は、他村にくらべれば、かなり恵まれていたことがうかがわれる。

安政元年（一八五四）以来、作物はかつての七、八分ぐらいできるようになった。高い峰の山畑（焼畑）には、十分の収穫があった。トンコロリという病気が流行したけれども、山村の方には、わずかしかおよばなかったという。たいした悪病もない年がつづいた。

安政六年（一八五九）、椿山の戸数は四六戸になっている。大飢饉のあった天保の年よりわずか二五年で、じつに二一戸もふえているのである。いったい、これはどうしてだろうか。ひとつに、天災がなくなり、作物がよくとれるようになって、暮らしが楽になったことが考えられる。とくに奥深い山の比較的高いところにある椿山は、他の村にくらべて、作物がよくできたことが、さきの「年代記」からもうかがわれる。トウモロコシやサツマイモが焼畑に普及し、人口支持力がかなり高くなってきたことも戸数増加の大きな原因といえよう。他のひとつに、むらの再編成がこの時期におこなわれたことが考えられる。椿山の周辺の山々に、当時、他のむらから出作りにきていたということは、十分ありそうなことだ。そんな出作りの連中が、なんらかの圧力、たとえば土地所有の制約とかによって、ひとつのむらに統合されていったのではなかろうか。

ヒノウラ（むらの対岸の南にある山）は、四三株ある。延宝二年（一六七四）のころの焼畑の利用範囲をみたとき(14)、このヒノウラはまだ焼畑には利用されていなかった。ヒノウラを伐りひらいて、焼畑をつくるようになったのは、むらの戸数が四三戸になった比較的最近のことになる。まさに、この天保から安政の間のできごとだ

(13) 土佐紙のうち、藩の買い上げ紙である御《お》蔵紙《くらがみ》以外の、民間で自由に販売できる紙を、平紙といった。宝暦一〇年（一七六〇）、土佐藩で、平紙がみとめられ、山間部での製紙業がさかんになった。
(14) 前掲の「池川・用居切畑ノ御改指出帳」による。

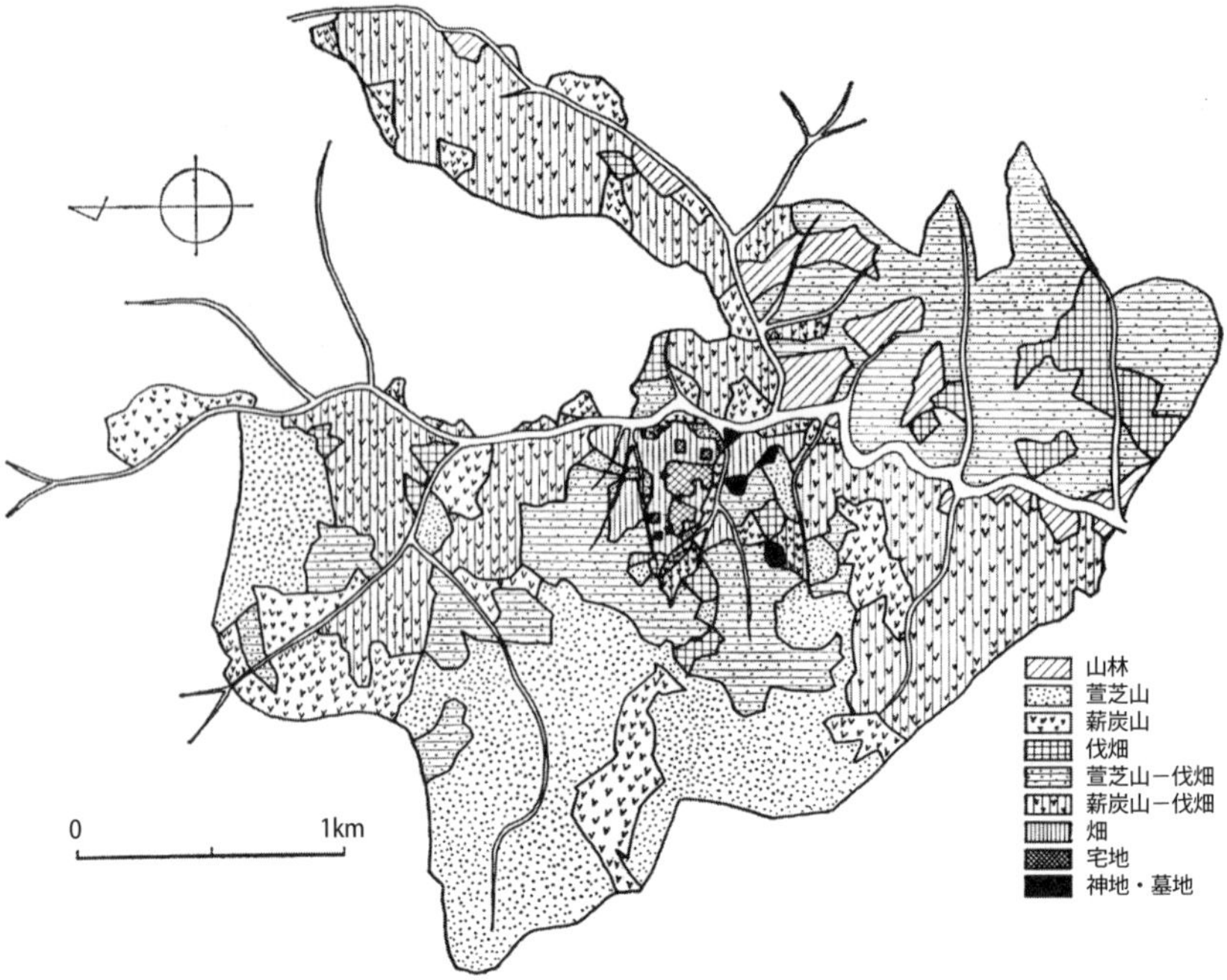

図７　明治初期おける椿山の土地利用

ったのである。

この安政年間より、昭和三〇年ごろまで、むらの戸数はつねに四六戸前後とかなり一定に保たれてきた。もちろん、その間、外部へでていった家もあるし、新しく分家してふえた家もある。そのような家の代謝がおこなわれたにもかかわらず、戸数はほとんどかわることがなかったのである。このことは、この時期が焼畑のむら、椿山のクライマックスであったことを物語っているものであろう。

椿山もさまざまな変遷の歴史をたどった。その大きな変化のひとつは、名本の廃止である。いまのむらびとの記憶にもまだ残っている。名本は、いまの学校のところに家があった。十何代も続いて山中八桑というひとが最後になった。土地のいい場所はほとんど名本が所有していた。この土地をヤクチといった。むらびとは、一年のうち何日間かを名本のために働く義務を背負わされていた。一方、名本からは、土地を一株ずつ分けてもらって、小作料を払わずにただで作らせてもらう、というような制度があった。村の古老の一人は、こうかたっている。

「名本というたら、顔がきいたもんだった。佐川の殿様が狩人にお出になるのに、お宿は名本様だった。ちょうちんをゆずりうけられて、佐川の殿様の屋敷に出入りが許された。

名本がおわって選挙で区長を選ぶようになったのは、明治二〇年頃のことだ。どこの名本もそうだったかしらんが、なかなかぜいたくをしていた。だが名本の制度がなくなると、すぐにひっくり返ってしもうた。名本だった八桑とつぎの弟は、官地（国有林）の木を盗んではもうけちょった。八桑兄弟は、手ぬぐいでほおかむりをしては、官地の木を盗み、滝のうしろの穴に隠していた、と。それがみつかり、とうとう投獄された。八桑は獄死した。弟の弥之助もそこで死ねば、兄弟とも獄死したということになる。そこで死ぬ一ヵ月前ぐらいにだして、なんとか家で死なせてもらうように、むらのひとは頼んだ。しかし、なかなかむずかしかった。やっと許しがでて、弥之助は担架で運ばれてきた。そして家で死ぬことができた。八桑の長男も下の方の小さな小屋でみじめな死にざまで終ってしもうた」

藩制時代、制度的につくられた名本も、いったん廃止がきまると、すぐに滅んでいってしまった。この名本の崩壊ひとつをとってみても、そこにはむらの特徴があらわれているように思われる。きびしい自然の中に生きてきた焼畑の社会の一面がここにうかがわれる。

5　むらを調べるということ

どこかへ旅にでたとする。いろいろなものが目に映る。同じ夕景色でも、ところによってそれは異なってみえる。それぞれの地に住んでいるひとびとは、かれらの生活のリズムの中で、その夕景色をどうみているのだろうか。

ある土地にとどまってみる。不思議な、ものめずらしいことにであう。なんとか、自分らの概念を通して理解しようとする。どうしても、納得のいかない点もでてくる。だが、たいていはしばらくすると、そのまま忘れ去ってしまう。あるいは、その場しのぎの適当な判断をくだして、とんでもない錯覚におちいってしまう。

かつてのヨーロッパのひとびとがそうだった。アフリカを旅したとき、かれらの文化では理解できない異様な光景が目に映った。そこで、自分らの文化に固執するあまり、そこに住んでいるアフリカのひとびとを、自分らの文化の恩恵にあずからない未開の野蛮人として軽べつした。

日本でも、似たような錯覚が、いつのまにか固定化してしまった。「西欧化」ということが、なによりも「近代化」をあらわすようになった。「近代化」は、われわれを幸福にすることのように思われた。「近代化」こそ、ぜひ達成されなければならないことだ、といわれてきた。

どこよりもさきがけて「西欧化」に洗礼されたのは、都市である。都市の住民は、地方のむらよりすすんでいることを誇った。と同時に、都市の眼は、古くからの伝統を維持している農山村の社会を、「近代化」に不つりあいな、遅れた社会だとみなした。都市の意見がまかりとおった。むらに住んでいるものたちは、自分らを無力に思わざるをえなくなった。自分の意見を主張しよう、というものは、なによりも都市にでていくことが先決だった。都市の夕景色は、むらの夕景色にくらべて魅力的に思えたのだろうか。むらから、ひとは減ってしまった。

むらに古くから生きつづけてきた伝統も、「近代化」の波にもろくも押し流されてしまうようになった。いろいろなひとが、むらのさまざまな伝統的諸文化を記録し、保存しようと懸命になった。その中心は、民俗学の先人たちだった。ぼう大な資料が、蓄積されてきた。がしかし、それらは、博物館の片すみで形骸化してはいないだろうか。いまのむらの文化も、いつの時代にかこうなってしまうのかもしれない。伝統というものを、その生活の中で積極的に生かしつづけることは、できないものだろうか。

一昨年の夏の日だった。民俗学専門の先生方が、この椿山むらにやってきた。東京のA大学の学生をおおぜいつれていた。学生の実習が、ひとつの目的でもあった。ちょうどむらでは、年中行事の夏の神祭をおこなう日にあたっていた。先生方は、むらの教育委員の文次さんを通じて、いろいろなことを尋ねた。さらに先生方は、池川町の文化保護財になっている「たいこ踊り」をみたいと頼んだ。しかし、神祭に「たいこ踊り」をやることは、むらびとには奇妙なことだった。けれど、せっかく東京からこられたのだからと、教育委員の文次さんは、むらびとに頼んだ。よし、そんなら踊ろう、ということになった。先生方は、写真をとった。そして、お礼としていくらかのおカネを渡して、むらを去った。そのとき、仲間の伊東君が調査に入って、住みこんでいた。文次さんは、かれにこうつぶやいた。「われわれも、とうとう見世物になったかネ、伊東さん」。

むらの神祭もみたし、たいこ踊りもみた。が、先生方や学生は、それで調査目的をはたしたことになるのだろうか。ほかにも予定があって、かれらは忙しかったのかもしれない。それならそれで、その日むらびとが、年中行事としておこなっていた神祭を観察するだけに、どうしてとどめなかったのだろう。神祭とは無縁な「たいこ踊り」をむらびとに踊らせ、観察していくことが、その時どれほど必要だったのだろうか。どだいむらびとの生活のリズムを無視したやり方だ、とわたしは伊東君の話を聞いて思った。どうしても観察したいのなら、あらためて出直せばよい。それだけの時間をかけるのはもったいない、というのなら、あきらめるべきである。むらびとの生活のリズムの中で、「たいこ踊り」をみてもらうことができたら、むらびとは、どんなに喜び誇りに思うことだろう。

「近代化」の波に押し流されていくむらの伝統的諸文化を記録し、保存していこうとすることは、なるほど重要なことにちがいない。しかし、もっと大切なことを忘れてはならない。それは、むらびとが、なんのためらいもなく、むしろ誇らしく、むらの伝統をかれらの生活のリズムの中で、保ち生かしていけるような精神的背景を、われわれの社会につちかうことである。そのためにもむらを研究するものには、いまのむらの生きている生活のリズムをより的確にとらえることが、なによりも重要だと思われる。

第二章　自然の把握

1　山を分類する

むらの対岸の山にのぼると、集落が一望のもとにみおろせる。椿山を訪れるたびに、わたしはよくこうして対岸の山から、むらを眺めた。そのつど、むらのイメージが異なってみえるのは、じつに不思議なことだった。

むらの家々は、すべてひとつのゆるやかな斜面によりあつまっている。そして、家からしだいに遠ざかるにつれ、土地の形態がうつりかわっている。むらびとの話を聞きながら調べていくと、このむらにおける土地の利用方法が、ここのながめから手にとるようにわかる（図8）。

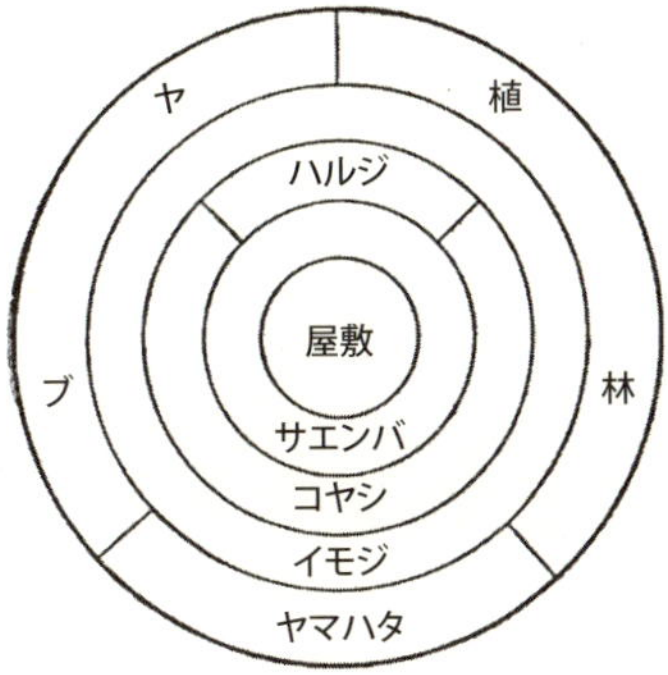

図8　椿山における土地利用（模式図）

屋敷のすぐ前あたりに、いくらか青々とみえるところが、サエンバである。おもに野菜をつくる。サエンバは屋敷のすぐそばにあるが、少し離れると、黄色く熟れたムギ畑が目に映る。ここはコヤシとよばれ、下肥えや堆肥をやる畑のことだ。ところが、地理的にコヤシと同じ位置にありながら、地肌をみせているところが点在している。ハルジとかアキジとかよばれているところである。ハルジというのは、冬の間ほっておいて草がはえたところを春に耕すことからきている。アキジは、冬の間空地にしておくことからきている。ハルジもアキジもよび名はちがうが、同じ内容をさしている。日当たりが悪く、コヤシよりも地力がおちる。

目をさらに山の方にうつすと、近くのヤブの間に点在している畑がある。ここはイモジとよんでいる。とくにイモをうえる畑のことだ。さらにイモジの外部の山には植林やヤブがある。その中にはさまれて、ヤマハタ（焼畑・伐畑）が散在しているのがみえる。むらびとは、こうして土地をさまざまに利用し、独特の名でよんでいるのである。

むらびとの山の認識のしかたは、これだけではない。もっともっとこまかい。かれらは、山のあちこちの特徴をじつによく把握し、ひとつひとつ特有なよび名で分類している。それらのよび名は、遠い昔からむらびとの生活の中にいまも生きつづけているのである。

「今年のヤマ焼きは、ヒウラウネだ」などと、むらびとはいう。ヒウラウネというよび名は、一五九〇年の「天正地検帳」にも記録されている。そのような山のよび名の意味は、いまでもかなり明らかにすることができる。「ヤグラバ」・「クロトコ」・「ヌタノモト」・「ニクノタキ」・「ヤマゴボウ」・「ゴミ」・「カドイシ」・「ホトケダニ」・「ネズキヤスバ」・「ナオスケツクリ」……。このような山のよび名が、台帳面積三五〇*ha*あまりのむらに、三五三もある。じつに多い。このことは、むらびとが周囲の山をどんなにこまかく分類しているかをおしえてくれる。

焼畑の社会の自然の認識のしかたをいくらかでもしることができたら、そう思ったわたしは、むらびとから、山のよび名の意味をそれぞれきいていくことにした。そこで、三人の古老にたずねた。中西重貞さん（六五）、昔のことをよくしっている平野フミヨさん（七四）、そして明治の末に、隣の伊予のむらに越えていった最長老の梅木弁吾さん（八六）である。

「『ヤグラバ』というのはね、昔、このむらでうんと赤痢がはやってね。そのころ、水車がむらにはなかったものよ。自分の家でヤグラというものをこしらえた。ウスへムギなどをいれちょいて、こっちで踏んだら、向こうでムギがつけるというもんでした。『病気は音につく』というて、病人がでたら、家ではぜったい音をたてられなかった。ヤグラを踏むと、ツンシ、ツンシと音がしますろう。そこで、あのウネをこえたところにもっていってヤグラを踏んだ。それで、ヤグラバというた」

地図をみると、集落から歩いて二〇～三〇分もかかるような小さな谷のところに、この「ヤグラバ」というところがある。

「『クロトコ』というのは、こういうことだ。カヤを刈ってはよく肥《こえ》にした。ところが、青いうちに刈ったら運ぶのに重いですろう。だから、大きな束にして、クイに重なるようにつみあげます。その外側は、カズラをまわして三ヵ所を縛っておく。こんなつみ方をクロといいます。秋、カヤの穂がでた時分に刈って、その翌年の春、雪のとけたころに軽うなっちょるのを運ぶんじゃ。そのクロをつむところを、クロトコという。あちこちのヤマにクロをつんだけど、あそこをとくにクロトコというたんですろう」

「『ヌタノモト』というのは、水がわきでてジルイ（湿った）ところがあるからいうたんでしょう。そんなところは、シシ（イノシシ）が、ヌタをよくといだといいます。シシというものは、水をみつけたらかならず背をするもんですと。それをヌタをとぐといった。サンショの木のトゲでもシシはよう身をすった」

この「ヌタ」というのは比較的ひろい地域で用いられているようである。『分類山村語彙』（柳田国男・倉田一郎共編）[1]には、こうかかれている。「『ニタ』、山腹の湿地に猪が自ら凹所を設け水を湛へた処をいふ。猪は夜来て、この水を飲み、全身を浸して泥をぬり、近傍の樹木にて身をこする也。故にニタに注意すれば、猪の棲息するや否やを知り得べし（「後狩詞記」）。此語は弘く九州に行はれ、東国はヌタ又はノタといふが普通であるが、奥州にゆくと再びニタという地名が多い。ガラニタという語もある。乃ち涸ニタである」。

「『ニクノタキ』というところがある。昔ニクを追うたら、大きなタキをこけてとれることが多かったらしいね。ニクというもんがおったらしい。イノシシともちがう。ニクの角が、うちらの蔵の鍵につけてあった。マタギが、そのニクを追うた」

ニクというのは、カモシカのことだ。ニクとよぶのは、四国の中央山地から紀州・吉野のほか、信遠の境なども含まれている（『分類山村語彙』）。

「『ヤマゴボウ』という場所には、ヤマゴボウがうんとある。ヤマゴボウというのは、薬だ。腫《は》れの薬。腎臓なんかで、身体が腫れますろう。その水をとるのに、ヤマゴボウが一番よい」

「『ゴミ』というたら、うんと狭いところをはいっていくところをいう」

「『カドイシ』には、それこそ大きな石があった。白のまじった石をこちらでは、カドイシという。昔は火うちで火をだして、タバコをのんだということがありますろう。あの石は、かならず白いカドイシでなくてはならなかった」

火うち石をカド石とよぶのは、全国各地にみいだされるようである。(2)

「『ナオスケツクリ』というのは、どうせナオスケというものが、そこをひらいて（焼畑を）つくったもんでしょうね」

このようなよび名は、各地の焼畑地域にみいだされる。『地名の研究』（柳田国男著）(3)には、こうのべてある。「従って、第二に考へなければならぬことは、命名の目的の複雑さと云ふことである。一例を言ふなら同じ一つの谷川の落合でも、猟の為に其附近に出掛ける位の者であれば、之に川合とか川俣とか云ふ簡単な名を附けて置けば宜しい。数の観念が之に加はっても、一の沢二ノ俣と云ふやうな名で済まして置くのである。又もう少し観察力が細かく成った所で、其辺の草木に注意して三本松とかウルイ沢位の名を附けて置けば十分である。それが今一段と進んで、其辺で炭を焼く、石灰を焼くとか云ふ段になるとそれでは済まないので、或は炭焼沢であるとか灰谷であるとか七之助竃であるとか云ふを附ける。次で権兵衛なるものが来て、切替畑を作るやうなると、権兵衛切、権爺作り、権ヶ薮などの名が起ろう」。

「『ホトケダニ』は、そこで子供を捨てたんでコトケダニじゃということをきいたことがあります。子供をよう太らさずに、流すか捨てるかしたんでしょう。道路の上に、お大師さまのお堂がありますでしょう。そのお堂を上へはいったところの辺をホトケダニというが、それはコトケダニということじゃ」

「『ネズキヤスバ』というのは、俊作さんのヤナギ（ミツマタ）の蒸し場の上にある。ネズキというのは、モチになるネズキという木のことです。ヤスバは休むところをいいます。それで、ネズキヤスバというたんです」

ここに、むらびとの山にたいするよび名からほんの一〇例をあげてきた。これだけでもずい分説明が長くなった。しかし、山のよび名そのものにむらびとの自然にたいする認識がうかがわれると同時に、かれらの生活がきわめてふかく山とかかわってきたことにおどろかされるのである。

このような見かたから、むらびとの山にたいするよび名を、さらに系統的に調べていこう。よび名には、

（1）柳田国男・倉田一郎（共編）『分類山村語彙』大日本山林会、一九三二。
（2）民俗学研究所（編）『綜合民俗語彙』第一巻、平凡社、一九七〇。
（3）柳田国男「地名の研究」『定本柳田国男集』第二〇巻、筑摩書房、一九七〇。

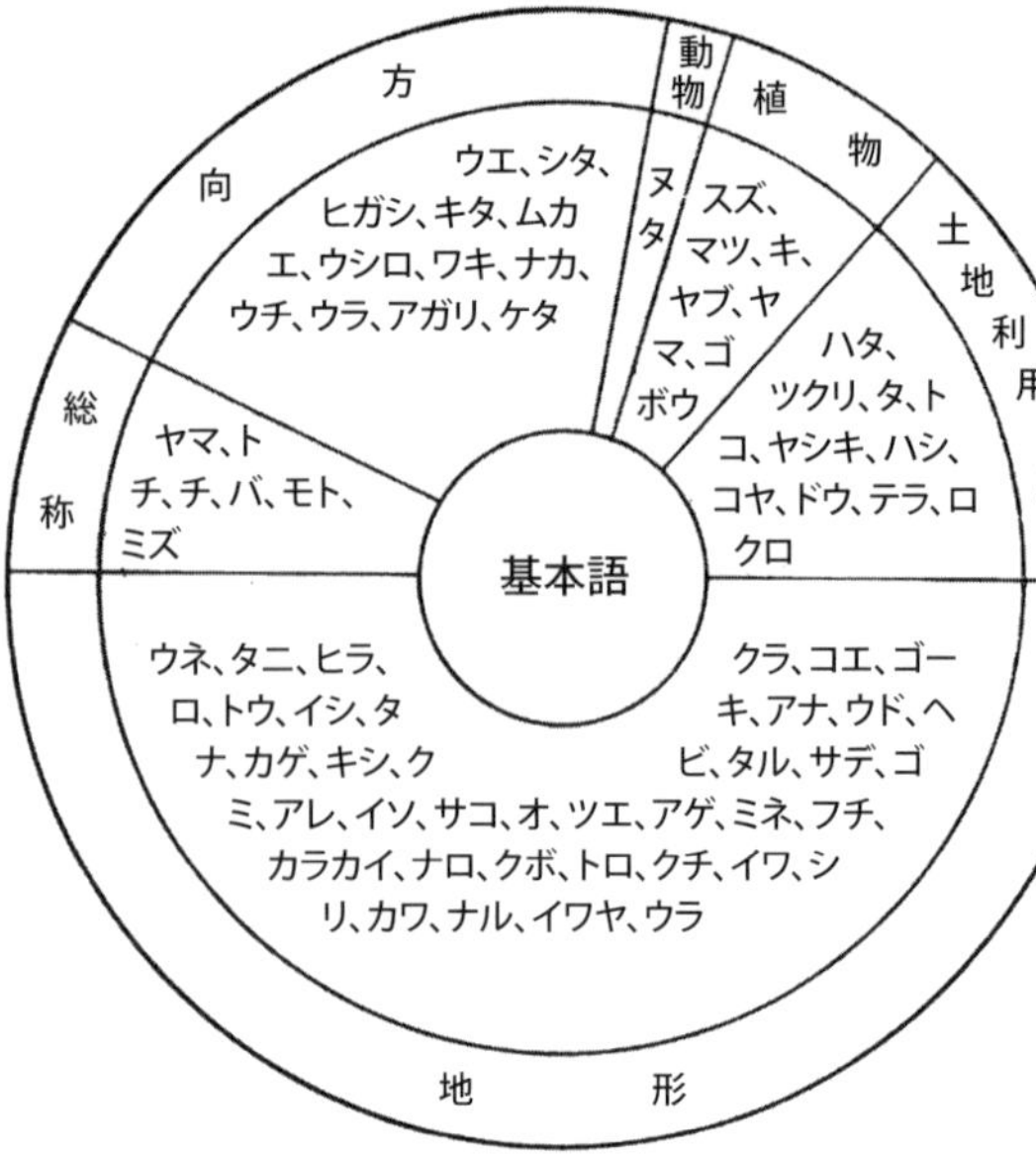

図9　椿山における山の基本語

「カゲ」のようにひとつのことばからなりたっている単語と、「ヒウラウネ」のように二語以上からなりたっている複合語がある。椿山における全部の山のよび名三五三についてみると、複合語の占める割合がじつに九割にもなる。つまり、山にたいするよび名のほとんどが、二語以上が結びついた複合語からなりたっていることになる。

複合語は、A＋Bのように二語からなりたっている一次複合語と、A＋(B＋C)、または(A＋B)＋Cのような配列をもった三語からなる二次複合語に大きくわけられる[4]。さきの「ヒウラウネ」というのは、「ヒ(日)」と「ウラ(ミネまたはウネを境にしたいずれかの面)」が結びついた「ヒウラ(日のあたる側)」と、そのあとに対象そのものをあらわしている「ウネ」がむすびついて、二次複合語を形成したものである。(A＋B)＋Cの例である。「西ホウノキウネ」というのは、「西」の「ホウノキ(植物名)、ウネ」に分解することができるから、A＋(B＋C)の例になる。さきにあげた「ヤグラバ」・「クロトコ」・「カゲウラ」などは、いずれもA＋Bという形からなる一次複合語である。

一次複合語にせよ、二次複合語にせよ、対象を基本的に示しているのは、最後尾にきた「ウネ」・「バ」・「トコ」・「ウラ」などである。これを基本語とよんで、その前にある語を、基本語を形容していることから形容語とよぶことにしよう。

基本語をとりだして分類すると、図9のようになる。基本語はあわせて七〇にしかならない。その半分は地形をあらわす語いで占められている。これをみると、むらびとが地形に関して、いかにこまかく認識しているかをしることができる。ついで、方向・高低をあらわす語いが、一七%ほどある。三番目が、ハタ・トコなどの土地利用や、コヤ・ロクロなどの造物に関するものである。もっとも少ないのは、動物にかかわるものでわずか一例しかない。

つぎに、それぞれの基本語にどのような形容語がむすびついて複合語が構成されているのか調べてみよう。

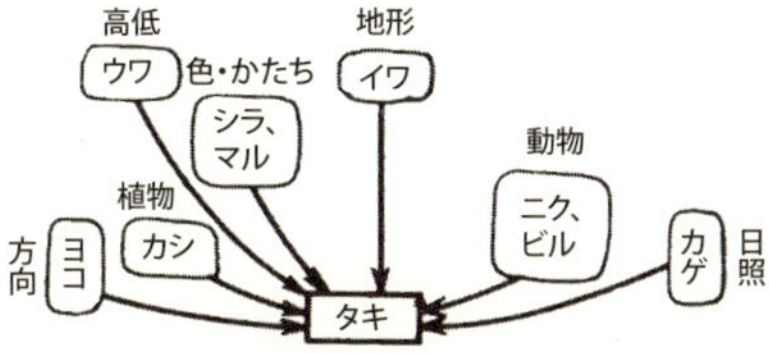

図10　タキを基本語とした複合語の構造

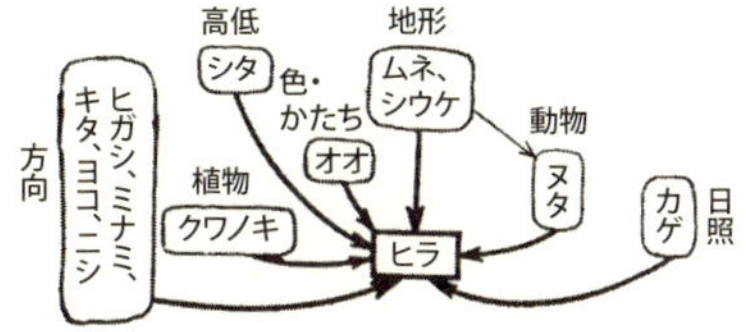

図11　ヒラを基本語とした複合語の構造

「タキ」を基本語とするものを、三五三の山のよび名の中からひろっていくと、「ウワダキ」・「ヨコダキ」・「カゲダキ」・「ニクノタキ」・「ビルダキ」・「カシノタキ」・「シラタキ」・「マルタキ」などの一次複合語があった。これは図10に示されている。形容語は、それぞれ高低（ウワ）・方向（ヨコ）・日照（カゲ）・動物（ニク・ビル）・植物（カシ）・色、かたち（シラ・マル）に分類され、中心の基本語にむかっている。むらびとが、タキをどのような特徴でとらえているかを、一目でしることができる。

ついで、「ヒラ（平らな場所）」を基本語とする山のよ

（4）安田稔（編）『新言語学辞典』研究社、一九七一。

び名についても同じようにあらわしてみよう（図11）。さきの「タキ」を基本語とする複合語の構造とたいへんよく似ている。小さな実線は、二次複合語の存在を示している。矢印は配列の順序である。ここでは「シウケヌタノヒラ」にあたる。「シウケ（水がよくでて湿った所）」と「ヌタ」の「ヒラ」に分かれるから、A＋（B＋C）の二次複合語である。

つぎに、「トウ（峠）」を基本語とする複合語にはどんなものがあるだろう（図12）。これには、方向・日照・色、かたちに関する形容語がぬけている。そして、「オス」とか「ミヤ」のような生活にかかわるものがあらわれている。「オス」とは、竹をわってあんだオリに餌を置いて、動物が中に入って餌をひっぱると入口がしまるようにした仕かけをいう。一種の狩猟である。ここでは、二次複合語の「カミオスノトウ」を形成している。

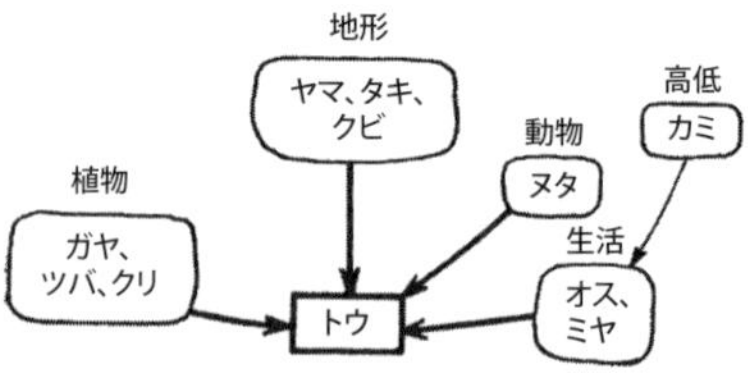

図 12　トウを基本語とした複合語の構造

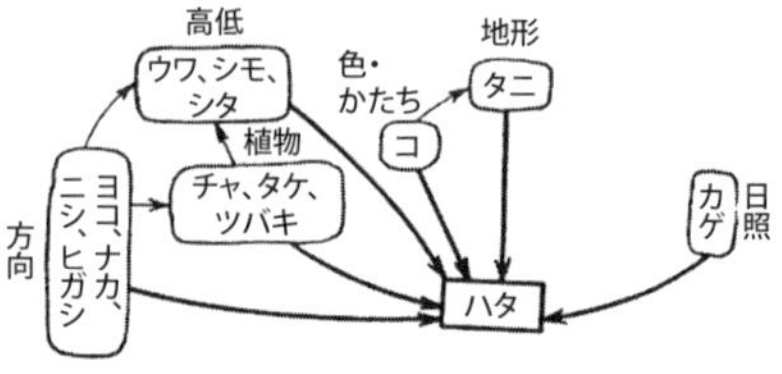

図 13　ハタを基本語とした複合語の構造

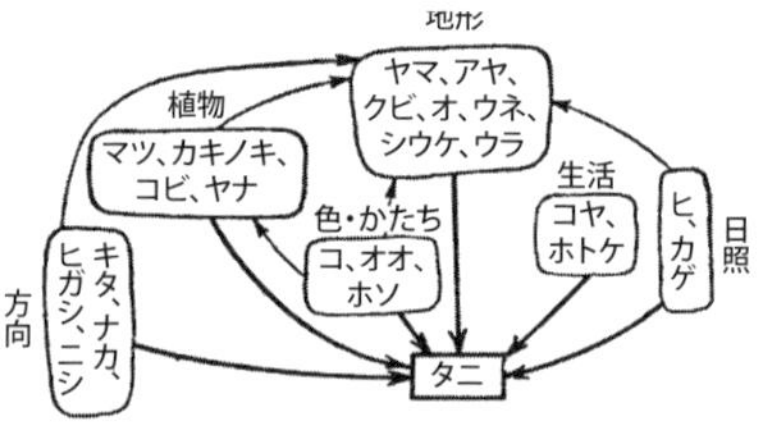

図 14　タニを基本語とした複合語の構造

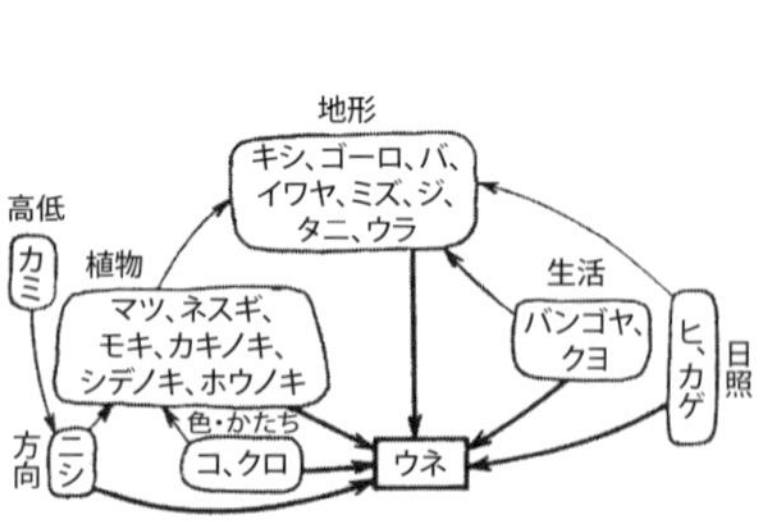

図 15　ウネを基本語とした複合語の構造

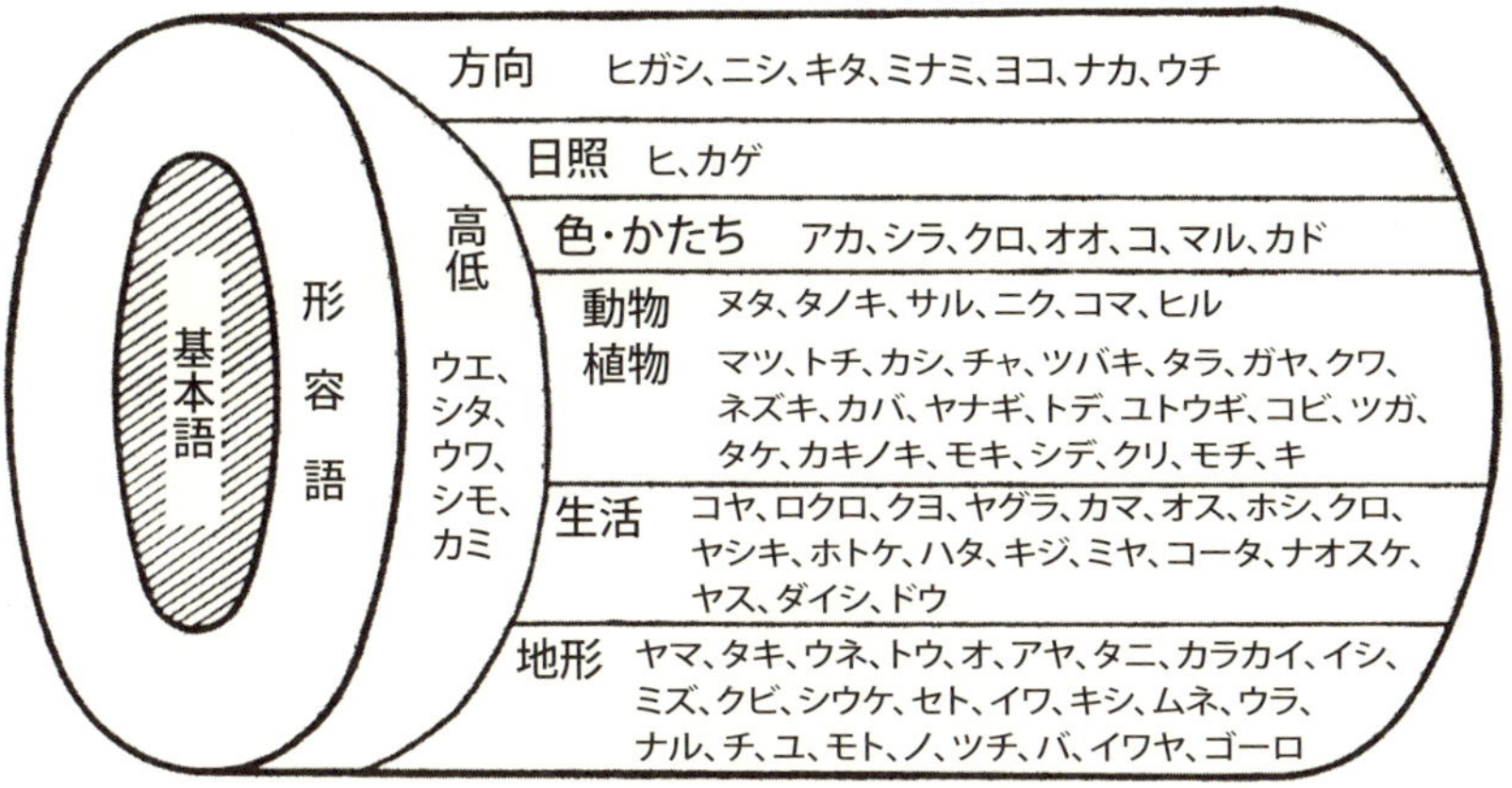

図16　椿山における山の形容語

自然に人間の手を加えてつくった「ハタ（畑）」を基本語とするよび名では、動物に関する形容語がなくなっている（図13）。そして、「ヒガシチャバタ」とか「ニシウワバタ」のように、二次複合語が多い。さらに、「タニ」や「ウネ」を基本語とするよび名になると、もっと複雑な構造になってくる（図14・15）。

以上、いくつかの基本語を例にとりあげて、山のよび名の構造をみてきた。興味ぶかいことのひとつは、「タキ」・「ヒラ」といった基本語が、それ自身単独に山のよび名として用いられることはない、ということである。かならず、さまざまな形容語とむすびついた複合語を形成している。このことからも、むらびとが山にたいしていかにこまやかな認識をしているか、ということがうかがえるのである。

図16は、むらびとが山のよび名に用いているさまざまな形容語を分類してまとめたものだ。これらの形容語は、基本語とむすびついて、一次複合語、あるいは二次複合語となる。意味の不明なものをのぞけば、すべて、方向・高低・日照・色、かたち・動物・植物・生活・地形にわ

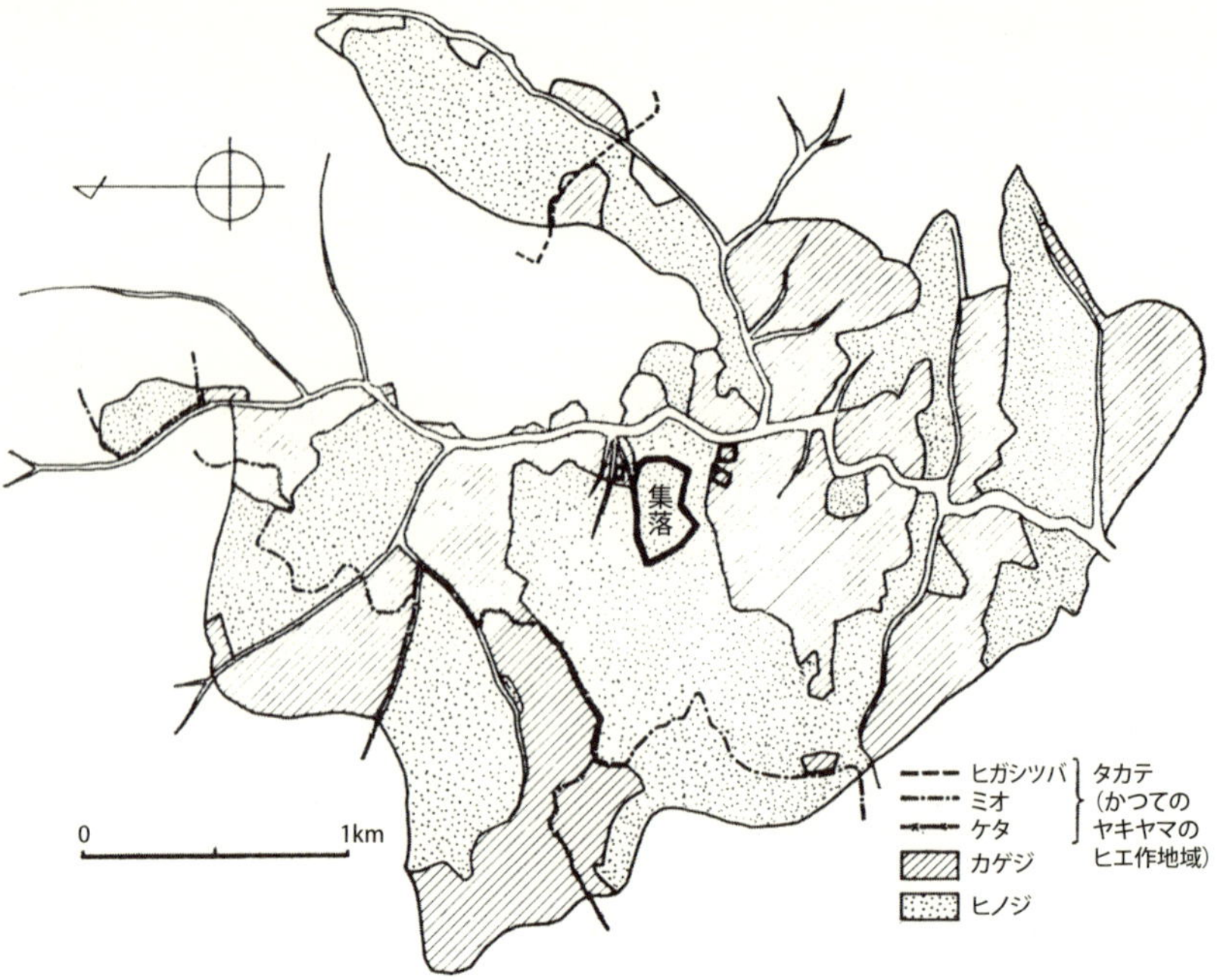

図 17　椿山のタカテ・ヒノジ・カゲジの地理的分布

けることができる。これでみると、地形・植物・生活に関する語いが多く、動物は少ない。

方向・高低そして日照の形容語も種類のうえでは少ないが、これらがむすびついた複合語は、山のよび名全体の四割にもたっしている。

実際、むらびとの話をきいていると、「ヒノジ」とか「カゲジ」ということばがしばしばでてくる。「ヒノジ」とは、よく日のあたるところだ。冬でもよく日のあたることが大きな目安となっている。逆に、冬にはまったく陰になってしまう土地を「カゲジ」とよんでいる。つまり、「ヒノジ」と「カゲジ」は、日照時間の長短を基準として、土地を大きく二分しているよび名である。このことは当然のことながら、その土地がどちらの方向にあるか、ということと対応している。むらびとは、どんな小さな場所でも、そこが「ヒノジ」なのか「カゲジ」なのか、じつによく認知しているのである。たとえば、「クロトコ」は「ヒノジ」である、とか、「ヤグラバ」は「カゲジ」だ、というように使う。

また、「ミオを三倍もろうても、コーマエの方がよい」と昔からいわれる。「コーマエ」は近くにあって低い山のことである。逆に「ミオ」とは、遠くて全体に高い山をさしている。いわゆる「タカテ」である「ミオ」に相当する山を「ケタヤマ」とよぶこともある。また、集落のまわりにあるような「コーマエ」をたんに「チカヤマ」ともいう。ここで重要なことは、むらびとが高度によって山を大きく二つに分類していることである。

このヒノジ／カゲジ、そしてタカテ（ミオ・ケタヤマ）／チカヤマ（コーマエ）こそ、むらびとが山を分けるときに使うもっとも基本的な対立概念といえる。これが、焼畑という生業とじつに密接に結びついて、むらびとの生活に生かされているのである。

2　分類は生きている

長い間、焼畑をいとなんできたむらびとは、このヤマ(5)なら作物はどんなものがよくできるか、そして、どんな栽培方法をもちいれば収穫が少しでもふえるか、つねに関心をいだいてきた。むらびとの土壌の説明をきいていると、その認識のふかさにおどろかされるのである。

「山のくぼみのところは『サコ』といって、土壌も深いし、水分もあるから、どんな作物でもよくできる。水のよくでるところは、『ジルショ』とよんで、フキやワサビがよくとれる。『コダニ』は水がたまらずに流れていくから、ワサビには最適じゃ。

(5)　ここで使うヤマとは、地形を意味する広い概念のいわゆる山ではない。焼畑として伐りひらいてきた、ひとつひとつの土地をさしており、ヤキヤマとかヤマハタとよぶむらびとの概念からきたものである。

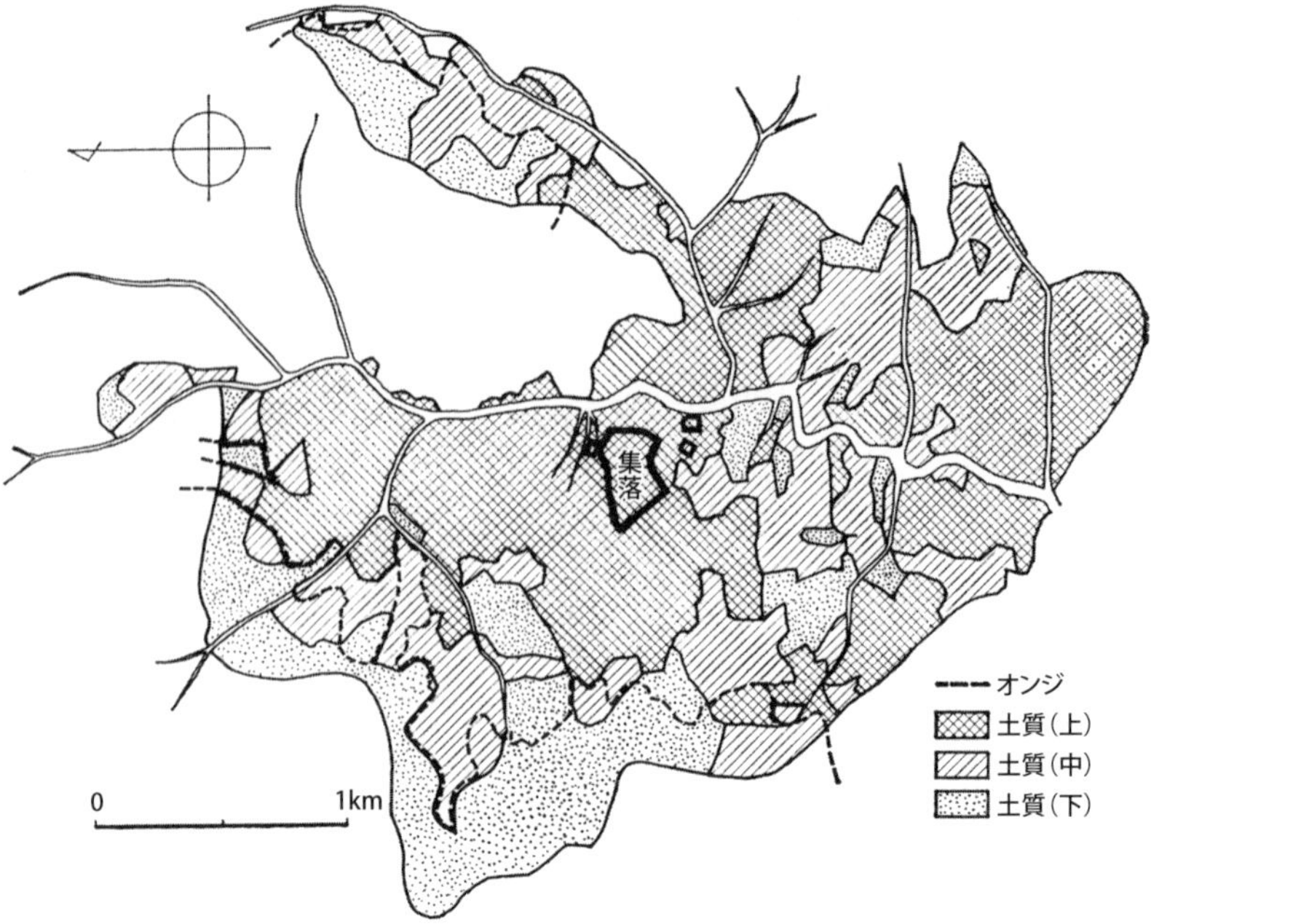

図18　椿山におけるむらびとの土壌のよしあしの区分

『ウネ』は土が悪い。ヤナギ（ミツマタ）もカジ（コウゾ）もできん。ヒエ・アワ・ダイズ・アズキぐらいならできるが、ソバ・ムギ・キビ（トウモロコシ）はできん。『スカイ』というのは『イワヤ』のように岩があつまっている土地のことじゃ。ゴツゴツしていて作物をつくるのはたいへんだが、よくとれることはとれる。一般に、岩の多いところは土質がよいと昔からいうた。『スカ』は、石の上にちょっと土があるところ。ヤナギでもなんでもようできる。

　土質は大きく二つにわけられるがね。『マッチ』と『オンジ』とここらではよんでいる。

『マッチ』というのは、土壌に水分が多く、粘り気がある。小石が多く、どんな作物でもよくとれる。雨が降りつづいたら、よくかたまる。七〇〇m以下のヤマに多い。

『オンジ』は地に締まりみがない。にぎってみたらわかるがね。軽くて火山灰土みたいじゃ。七〇〇m以上のとくにケタヤマによくでてくる。『オンジ』に長い間触れていると、手が荒れてアカギレができる。土が

表3　むらびとの認識する土壌のよしあしと植物の相関

土　壌	植　物
上	クズ・ツヅラ（アオツヅラフジ）・アケビ・ウツゲ（ウツギ）・ヤマグワ・クワナ（フサザクラ）・コーカギ（ネムノキ）・カシワギ（アカメガシワ）・タニアザミ・フキ・イタドリ
中	ハリメギ（ハンノキ）・クロモジ・チョウメン（エゴノキ）・カズラ・フジ
下	ナラ・ヤカラメ（タニウツギ）・ネズキ・カシ・クロモジ・カッコウギ（サワフタギ）・ササ・ササユリ・センムリ（センブリ）・ジシバリ

手のしわにしみこんで、たわしでこすってもなかなかおちん。雨が降ってもかたまらん。マツナ（ツクシ）やシレイ（ヒガンバナ）もはえん。そのかわりササユリやセンムリ（センブリ）がよくはえるようになる。ヤナギのできは『マツチ』とぜんぜんくらべものにならんくらい悪い。

土地の悪い尾根筋では、『フスマ』がよくできる。『フスマ』というのは、根が網目のようにはって、カサカサになっているところじゃ。マツタケのはえるようなところでは、『フスマ』が深さ三〇cm以上にもなる。よく燃えるから、そんなところへヤマ焼きのときの火が移ったら、始末におえん。地下の方で、どんどん火がひろがっていく。『アカドロ』というたら、腐植のまざっていない赤土のことじゃ。作物をつくるのに悪い。『カマドロ』というのは、粘土質が多くて、土釜をつくるときに使うネズミ色した土だ。ツエ（崖くずれしたところ）に多い。このちかくでは、お宮のそばにある」。さらにむらびとは、土壌のよしあしをそこにはえている植物によってみわけている（表3）。

「クズ・ツヅラ・ウツゲのはえているところは、土質がよく、焼畑としては最高じゃ。ナラの木やセンムリのはえるところは、最低だね。『アカツチ』や『オンジ』は、土質のよくないところだが、そこには、ネズキ・チョウメン・ヤカラメのような木がはえる。それとササがよくはえて、ササワラ（原）になる。『アカドロ』には、シダ類・ナラ・ウツナラ・ヤカラメ・ネズキが多い。ツバキ・カシ・マツがはえるのも、たいてい『アカドロ』だ。反対に『マツチ』には、ウツゲやズイノキ・コウカギ・ヒシャゲのような木がはえていて、土質は

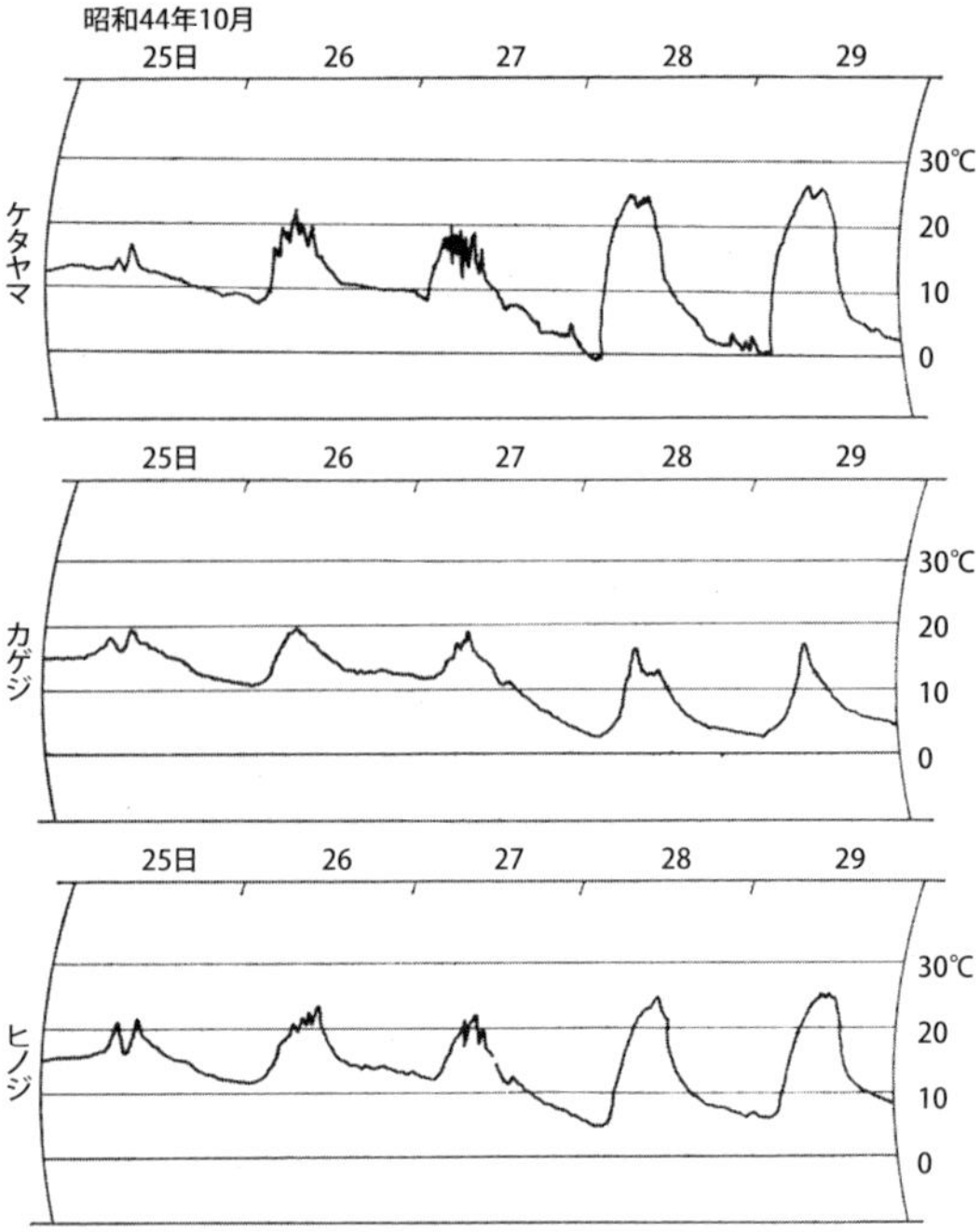

図19 ケタヤマ（タカテ）・カゲジ・ヒノジの秋の温度変化
（昭和44年10月25～29日）

まちがいない」

さらに、むらびとは、季節風と植物の相関についても教えてくれた。

「クワナやチョウメンがまっすぐに成長しているところは、冬に風があたらないところだ。そんなところでヒノジじゃったら、ムギをつくるのに一番よい」

このように、さまざまな自然条件を把握することによって、それぞれの作物にあった焼畑適地をむらびとは選んできた。今日では、食料はよそからいくらでも手に入るが、昔はそういうわけにいかなかった。ほとんどのものは、自分のところでつくったもので融通した。だから、土質が悪くてもそれ相応の作物を選択して、つくっていかなければならなかった。それは、ヤマの条件に応じたこまやかな輪作形態をうみだす結果になった。

その輪作形態は、どのヤマでも同じというわけではない。椿山では、ヤマをきりひらいて焼き、いろいろな作物をつぎつぎに栽培して、数年後耕作を放棄するまでのあいだを、「ヒトケ」とよぶ。この「ヒトケ」の内容がちがっているのである。この輪作形態のちがいには、ひとつの原理がはたらいている。山の分類でみられたもっとも基本的なヒノジ／カゲジ、そして、チカヤマ（コーマエ）／タカテ（ミオ・ケタヤマ）という

ケタヤマ。秋早くから霜が降り、春遅くまで雪が残る。

対立概念がそうである。

「ヒノジ」とは、すでにのべたように、日のあたる土地のことであり、「カゲジ」とは、日陰の地である。この日照を基準とする対立概念は、「チカヤマ（コーマエ）」、つまり集落に近いヤマにおいて、とくにはっきり区別されている。しかし、「タカテ（ミオ・ケタヤマ）」つまり、嶺に近い、高い山になると、この対立概念はしだいに意味をもたなくなってしまう。「タカテ」のうち、とくに「ケタヤマ」とよばれる伊予との境の方になると、日照の長短というちがいよりむしろ、高さからくる年間の気温変化という要素が優先してくる。つまり、「ケタヤマ」は、「ヒノジ」でも「カゲジ」でも気温が下がり、秋早くから霜が降りはじめ、春遅くまで雪が残っている。

こうして、図20に示されているように、三つのことなった輪作形態が、「チカヤマ」における「ヒノジ」と「カゲジ」、および「タカテ」においてみいだされるのである。

しかし、「タカテ」の焼畑は現在はほとんどみいだされなくなった。かつての「タカテ」における焼畑の輪作について、むらの古老はこう語ってくれた。

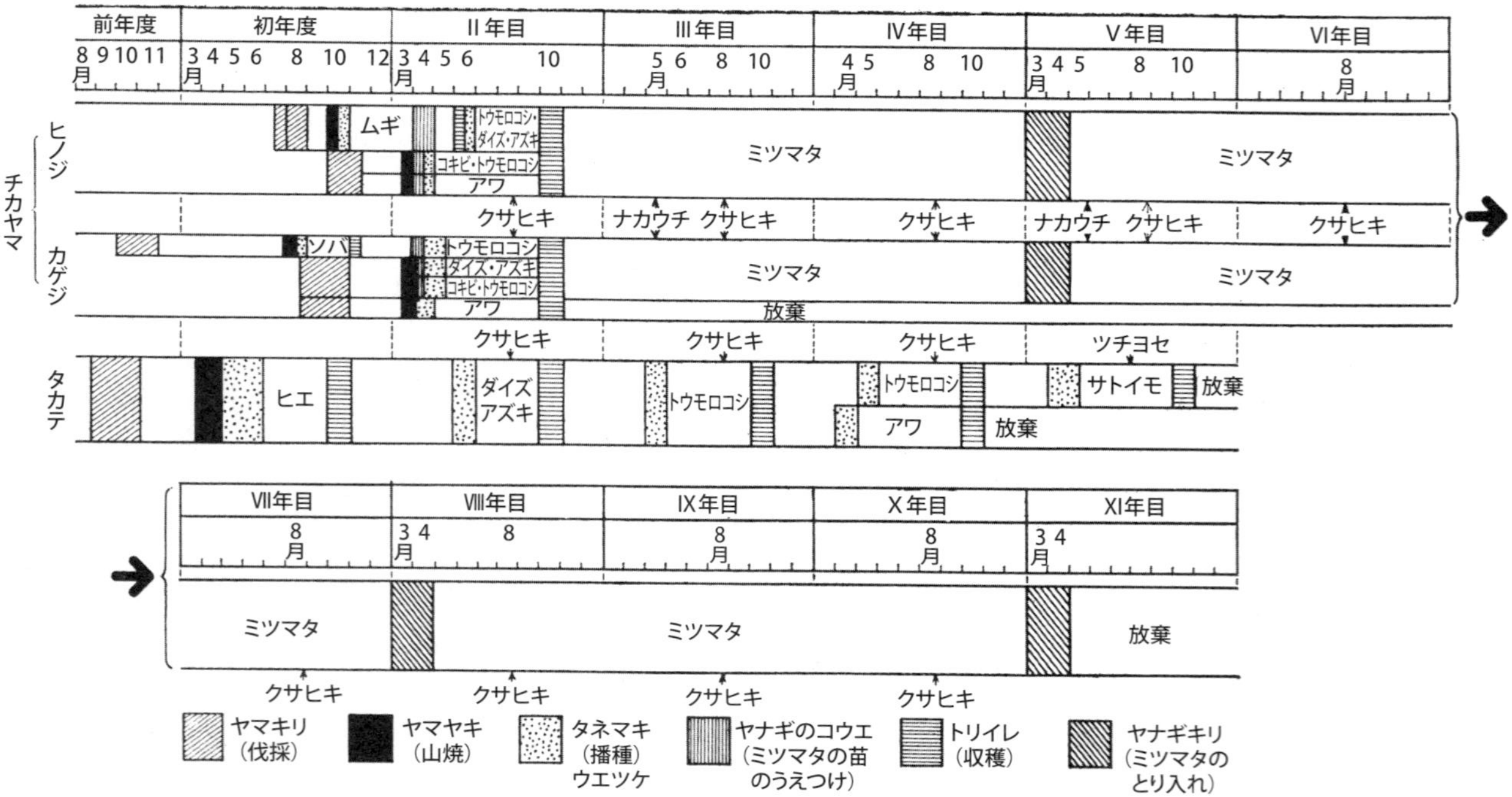

図 20　椿山における焼畑の 3 つの輪作形態

「ヒエをなによりも先につくった。一回ヒエをまいて、そのあとはダイズかアズキをまいて、そのあとにキビをまいた。ダイズやアズキをまいちょったら、葉がおちてうんと跡地がこえますがね。いまのように肥料がないですろう。あんまり地がないところには、キビをうえてもようできん。

一年でキビをやめたり、二年ばうえたり、ええとこじゃったら、三年ばキビをつくっちょった。そのあとは、石のないところじゃったら、たいていサトイモをうえた。ツルノコというおイモで、オオイモともよんだ。ツルノコは、ヤマでつくるのが一番おいしい。いまでは、ヤマへうえてもシシ（イノシシ）が掘るからいけん。けど、昔はそんなことはない。広いことうえましたぜ。わたしが最初の子供をうんだころ、父や母と一緒にイモを掘ったが、一枚の畑で二三貫もとれた。そればたくさんイモをつくっちょった。それで、イモを煮ん日はなかった。毎日のように食べた。アワをまいたら、あとの作物ができんほど地がむずかしくなる。だから、アワをまくのは、ヤブにするときじゃ」

「タカテ」では、春三月末から四月いっぱいにかけて、ヤマを焼いた。このように春にヤマ焼きをおこなうことを、「ハルヤキ」とよんでいる。焼いた跡の畑のことを、椿山では「ヤキヤマ」とよんでいる。「タカテ」とくに「ケタヤマ」の「ヤキヤマ」には、まずかならずヒエをつくったのである。

「ヒエをつくるのに、わしらなんぼ難儀したかもしれん。ヒエは『ケタヤマ』でないとつくれんけんの。『チカヤマ』じゃ、できんけんの」

「オオケタ」になると、早生種である「ワサヒエ」をとくにまいたという。

「チカヤマ」の「ヒノジ」の大半は、「アキヤキ」である。夏にヤマキリをしておいて、一〇月上旬あるいは中旬ごろに焼く。その跡のヤキヤマには、ムギをまく。ハダカムギが主だがコムギもいくらかまいた。まいた後は、鍬で土をかきまぜる。こうして、翌年の春まで、そのままにしておく。秋にムギをまいて年を越した畑は、「ニジリ」とよばれる。

春になって、他のヤマにさきがけて、植物の芽がふきだすのは、「ヒノジ」である。方向としては、東および南向き。「カゲジ」にはまだ雪がたくさん残っているのに、「ヒノジ」はとっくにとけてしまっている。「春一番先に芽がでるのは、ノウシロタズという草だ。オオミバラともいうて、アザミの一種じゃね。その葉をあぶってもんで、切り傷にまいておくと、よう効く。実をしぼっても使う」

この三・四月ごろ、ヤナギノコ（ミツマタの苗）を「ニジリ」のムギの間に移植する。六月にムギを刈りとって、そのあとにトウモロコシ・ダイズあるいはアズキをまく。八月ごろクサヒキ（除草）をほどこし、一〇月には収穫をする。つぎの年からは、ミツマタが大きくなるから、なにも栽培しない。ミツマタは、三年に一度のわりで伐る。「ヒノジ」のミツマタは、皮が厚くよいのがとれるという。そしてだいたいこのヤナギキリを、三回おこなったら、放棄して、あとはヤブにした。

「ヒノジ」でも、土質が悪かったり、集落から離れすぎているようなところでは、「アキヤキ」はせず、「ハルヤキ」をおこなう。一〇月ごろから葉のすっかり落ちるころまでに、ヤマキリをしておいて、翌年の三・四月に「ハルヤキ」をする。まずミツマタの苗をうえつけ、その中に、トウモロコシやコキビ、またはアワをまいた。コキビは、ヒエ・アワとちがって、薄くまいた。翌年の「コナ」には、なにもまかず、ミツマタ畑にした。

ソバは、土質のよしあしにあまり関係がない。だから、「ヒノジ」でも「カゲジ」でも「タカテ」でもよい。しかし、「ヒノジ」ではムギをつくっているし、「タカテ」は遠いから、必然的に、「チカヤマ」の「カゲジ」が多くなった。こんな条件のときは、「ナツヤキ」にする。夏は周囲の樹木が青々としているので、延焼の恐れがない。ヤマキリは、前年の秋か、焼く一ヵ月前にしておく。ヤマキリからヤマ焼きまでの期間が、長

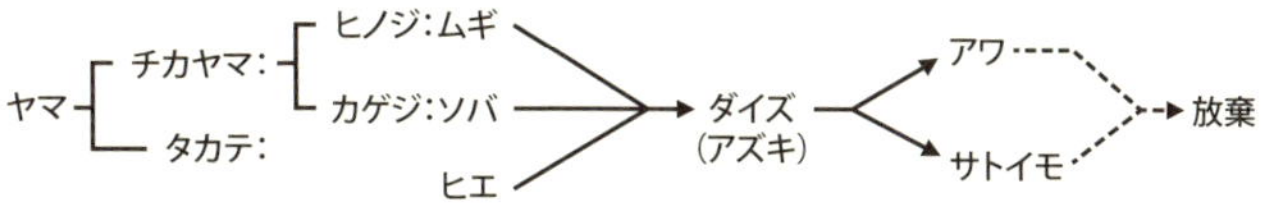

図21　椿山における伝統的焼畑輪作形態（模式図）

ければ長いほど、ソバの収穫が多かったという。ソバを収穫した跡のヤマを「ケズリ」とよんだ。翌年、その「ケズリ」に、トウモロコシ・ダイズまたはアズキをまいた。ソバをまかない「カゲジ」には、秋にヤマキリをして、翌年の春の「ハルヤキ」後、コキビ・トウモロコシ、またはアワをまいた。アワをまいたあとは放棄したが、他はミツマタをうえつけた。

ところで、ミツマタが導入される明治の中期以前、「ヒノジ」や「カゲジ」に関してどのような輪作の形態がとられていたのかさだかではない。が、しかし、これまでのべてきた土地利用の原理からすれば、つぎのように想定される。「ヒノジ」の多くは「アキヤキ」にして、最初にムギを栽培し、「カゲジ」の多くは「ナツヤキ」にして、ソバをまいた。そしてつぎには、ダイズかアズキをまいていた。そのあとは、とくに地力のおちていないところを別にすれば、アワやサトイモを栽培して、放棄したものと思われる。また、「ケタヤマ」を中心とする「タカテ」のヤキヤマには、ひろくヒエを栽培していたのである（図21）。

以上みてきたように、高度差、つまり年間の最低気温にもとづいた「タカテ」と「チカヤマ」、そして地形のちがいからくる、とくに冬の日照時間の長短によって分類した「ヒノジ」と「カゲジ」が、焼畑の輪作形態にふかく結びついていた。この二つの対立概念は、焼畑農耕社会において、きわめて重要な自然の把握であったにちがいない。そして、さらにこまかい地形・土壌・植物などの相互関係を認知することによって、むらびとは、周囲のきびしい自然に適応してきたのである。

3　山の信仰

むらびとの山の認知は、超自然界にもおよんでいる。そのような山にたいする信仰は、焼畑の生活などと深くかかわりあい、むらびとのあいだで生きている。

「昔、お今朝《けさ》というて、ようヤマで泊まって働くひとがおりました」。戸籍でみると、文政六年（一八二三）生まれとなっている。話してくれた古老の四代前の戸主の妻になる。

「そのひとは、なんにもないところでも一人で平気じゃったと。それば、仕事にうちこんでいた。ヒガシツバにアゲというところがありますろう。お今朝は、そこのヤマの小屋でようき泊まった。さびしゅうさえなければ、泊まった方がましですわね。遠く離れたヤマまで、毎朝弁当をこしらえていかなければなりませんから。それに、お今朝はおサカナでもあったときには、小屋にどっさりもっていって、ヤマで食べたということです。家のもんの前では、そんなに食べられませんから。

そんなふうにしてアゲで泊まっちょった。ところが、ある夜中のこと、お今朝は手首をぎっちり握られたと。朝起きてみると、手首が黒くなっちょった。それからというものは、お今朝はヤマでひとつも泊まらんようになった。なぜかわからんが、そういうことは、昔ようあったものよ。山の神様かもしれません。女がヤマでぎっちり泊まるもんじゃあないという戒めじゃったかもしれません。山の神さんは女の神さんというから、女のひとがヤマで泊まるのを嫌ったんですろう」

山の神は、山に宿る神として、日本の山岳地域でひろく信仰の対象となっている。生業のちがいによって、その性格もいくらか異なっているようである。たとえば、狩人の間では、山の神を男神とし、滋賀県の木

山の神様の祀ってあるシズミヤマ。

地屋地方などでは、夫婦神とみなしている。(6) しかし、椿山にもみられるように、山の神さんを女性神と考えているところが多い。稲作を主とする農耕民の間では、山の神は春に里におりて田の神となり、秋収穫がおわるとふたたび山に帰ると、一般に信じられている。

椿山では、山の神の祀ってある場所を、「シズミヤマ」または「イラズ」とよんでいる。「シズミヤマ」とは、その昔大洪水があり、二つの谷にはさまれたこのヤマが沈んだことからきた名である。「イラズ」とは、女人禁制ということだ。

「昔、よそからきたオナゴのひとがあった。イラズさんのことをしらんで、その森に薪をひろいにいっていた。すると、妙なオニのようなものがでてきて、そのオナゴをつかまえ、西に投げようか、東に投げようか、というた。そうして、ふっとばされたんじゃと。いまでも、女のひとは入られん。わたしらも

(6) 柳田国男監修『民俗学辞典』東京堂、一九五一。

いってみたいと思うけど……」

椿山では、毎年正月七日に山の神様にお参りする。そのとき、ミツマタの木に一〇粒ほどのコメをつつんだ紙をつけた「ヘエ」というのをもっていく。その晩は七草がゆをつくって食べる。山の神様のお参りにわたしもむらの古老である中西重貞さんに同行したことがある。シズミヤマのその場所にはすでにたくさんの「ヘエ」がたっていた。そこの木の枝には二つの小さな竹筒がぶらさがっていた。マタギ（猟師）のもってきた御酒だという。

ヤマの老木には、たいてい山の神さんが宿っている。そんな木は、ヤマの神さんのオシミがかかっているといわれる。ニシゲタというヤマにある大きなウツナラの木は、オシミの木である。また、ナバタというところにあるトチの木もそうだった。ところが、ある山師が、その木を伐り倒してしまった。するとその山師はその場で死んでしまったという。

「安芸郡の方からきていたひとじゃった。ふつうよそから山師が入っても、そのトチの木はよう伐らないもんじゃった。伐るのが妙にいやだといっていた。が、そのひとは、伐ってしもうた。伐ったとき、その大木の下敷きになって死んでしもうた。その木は、山の神さんが、晩にやってきて泊まられるところじゃったらしいと。目に見えるんじゃないから、そんなことないといえばないけれど、そういいますね」

あちこちのヤマに、オシミのかかった木がある。

「山の神さんの木かどうかわからんようになった老木もある。うえが平べったい木やホウキのような木を伐ったらいかんといいます。けど、そんな木やオシミのかかった木も伐らねばならんときがある。そのときには、前もって山の神さんにお頼みする。『このヤマをひらきますから、オシミの木があっても許してくださいませ』といって、大きな石やなんかに酒とメシを供える。生木にあげたら、その木がまた伐られんようになるから、石が一番よい。どこの石でもかまわん。家の中でお頼みするときは、神棚に供える。ヤマキリのとき残す木は、山の神さんとは関係ない。ただ伐りにくかった場合に残しておくだけだ。あとで、薪やトメ（焼畑の足場）にする木に使っちょる。ヤマ焼きのときは、おジャコをあげてお祈りする。けど、あとの仕事でヤマの神さんに頼むようなことはない。

林業をするひとは、一年に一、二度、月の二〇日に集まって、山の神さんを祀っています。毎月祀るひともある。山の神さんに仕事の無事をお祈りして、お酒をすえて祝う。たいてい仕事場の近くに山の神さんを祀っちょるようだ。

マタギになると、やりかたも変わってくる。対岸のヒガシツバでシシがとれたら、アゲのところで鉄砲を空にむけて四、五発うつ。そして、そこからシズミヤマに祀ってある山の神さんに祈る。むらの上の方のヤマでとれたら、ダバ（むらのすぐ上にあるヤマ）で同じようにする。帰ってから、シシの片耳をもってシズミヤマにお参りします」

椿山には、山の神とは別に、ここは伐りひらいてはならない、というヤマがある。それを「クセジ」とよんでいる。「クセジ」を伐りひらいたりすると、かならず不幸がもたらされるという。この信仰は、各地の山岳地域にひろくみられる。(7)

明治の中頃、椿山から伊予に越えていった中西福嘉さんは、その土地をクセジだとしらずに買って焼畑にした。それ以後、福嘉さんはもちろん、その家族にも不幸がたえなかったという。そこのクセジは、かつての戦いの場所であり、亡霊がさまよっていたということである。

(7) 民俗学研究所（編）『綜合日本民俗語彙』第二巻、平凡社、一九七〇。

椿山には、三つのクセジがある。むらびとはそこを焼畑として伐りひらくことは避けてきた。

「イソの下のところにクセジがあります。あれは、高野聖とよんでいる。よそのひとにはいわんがええ、ということだけけんど……。昔、高野聖が、上等の衣類を売りにきたといいます。用がすんで、帰ろうとした。そしたら、あるひとが追っていって殺して、もっちょるものをとってやろうと思ったらしいですね。けど、聖が許してくれ、とあんまり頼むもんだから、ええ切らんといって、家にもどってきた。すると、その女房が『オヤジよ、ひよしい（弱気すぎる）じゃないか。おれじゃったら』というたらしい。そして、炊事するときに使うサイト（包丁）をふって、『わしだったら、これで殺る』といったと。オヤジは、また追っかけていった。そして、椿山の境にあるノマズダニのところで聖に追いついた。そこにはえちょる大きなシイの木の下に追いこんで、きり殺した、ということです。その刀を洗ったのが、ノマズダニじゃった。そこでは、なんぼ水を飲みとうても絶対に飲まれんようになった。よそからきたひとが、しらずにノマズダニの水を飲んだら、口に大きなトックリみたいなものがぶらさがった、という話です。それから死んだ聖をイソの下にある大きなフチにもっていった。そこをヒジリブチといいますがね。そこへもっていって沈めたけど、大水がでたときに流れるけに、下のものにわかると思って、その上のヤマにひきあげて、いけたんじゃそうな。それが聖の墓ということじゃね。その辺がクセジになっています。

それからのち、ノマズ谷の大きなカシとシイのある木のところで祀ったが許してもらえず、お堂で若仏さんとして祀ることになった。その縁日の旧七月五日には、仕事をせずに休む。その日仕事をすると、ケガをするといいますがね」

二つ目のクセジは、シロンコとよばれているところである。

「シロンコは、ナルゴ川をのぼりつめたところにあります。そこを、なぜシロンコというかとね。昔は、シロコの油をとるといって、ちっとも血の気のない子供をおどかした。シロコの子供は、こわくて逃げちょった、ということだがね。椿山にもシロコが逃げてきて、奥のヤマに隠れちょったと。そのシロコが死んで墓にしたところを、シロンコといいます」

さらにもうひとつのクセジであるワルジのいわれはこうである。

「昔は、シキをうちあいしたということです。シキをうつというのは、祈ったりして相手を負かしたりすることとです。どんなりっぱなひとでも、シキをうたれたら、ひとつもいかんようになるということじゃ。シキはワルジのところでうちあいをしたから、あそこはクセジだ、と昔からいうたんです」

最近、そのワルジの木をいじったということで、大きな病気をしたという話がある。

「大きなカシの木だったらしいがね。そこのヤマは、常忠さんがもっていた。二年ほど前、山師がきて、材木をだすときに使うツルの柄にしたいから、あのカシの木を売ってくれんか、というて常忠さんのところにきた。すると、常忠さんは『わしは売る気になれん』というたと。そしたら、その山師は『そういうなら、盗まれてもしょうがあるまい』というた。『そうよ、わしがしらんように盗まれりゃ、しょうがない』。常忠さんは、こう山師に答えてその場は別れたと。

山師は、一杯飲んでその木を盗みにいった。常忠さんは知らんことになっちょるが、なにか受けとっちょったにかわらんね。常忠さんはそれからまもなく病気になった。わたしらそんなことが原因だとは思わんけんど、そんな噂をするひとがあるかもしれんね」

このような山にたいする信仰は、いまでも椿山には、根強く残っている。これには、毎年ハルギトウ(春祈禱)などにやってきては、むらびとの不幸を占う祈禱師の果たしてきた役割を無視することはできない。しかし、もともときびしい自然にかこまれた、不安定な焼畑のむらには、ひとつの社会的な適応として、そうした文化を温存し、また培養していく大きな素地があった、といえるのである。

4 タロハチ

タロハチは、「チカヤマ」のヒノジに属しているヤマである。このヤマのよび名について、「どうせ、タロハチというものがひらいてつくったもんでしょうね」と、古老は推測する。むらの対岸にあるひとかたまりのヤマを、むらびとはヒノウラとよんでいる。タロハチは、そのヒノウラの南にある。斜面は南を向き、典型的なヒノジである。ヒノウラは、かつてむらの共有地だった。しかし、昭和三二年、焼畑の跡に植林したことをきっかけに、交換分合がおこなわれ、私有地となった。むらびとは、これをヒノウラの永代分けとよんでいる。

タロハチは、図22のようにこまかく区切られ、その一枚一枚の焼畑群からなっている。このタロハチは、現在三人によって所有されている。上から、中内清則・平野光繁・西平くまさんである。

中内清則さん（五三）は、あわせて三・三*ha*ほどのヤマをこのタロハチにもっている。

例として、Nの焼畑について、その利用のしかたをみていこう。ここの実測面積は一三*a*である。

「ここは、四一年の八・九月にヤマキリした。タロハチは、カズラが多いので、それが木におどりついてとても役がいった。一五人役ばかかっちょる。高い木にはヒシャゲ・コウカギ、そのつぎくらいの高い木には、ズイノキ・ウツゲがあった。まあ、土質はええほうじゃ。

一〇月中旬頃、妻のイトコ（妻の父の妹の長男）の秀吉と二人でヤマ焼きをやった。焼くまえに二mぐらいの幅に、鍬で新しい土をまくっておいて、ヒミチ（防火線）をつくった。朝のうちに焼いて、メシを食った

タロハチ。

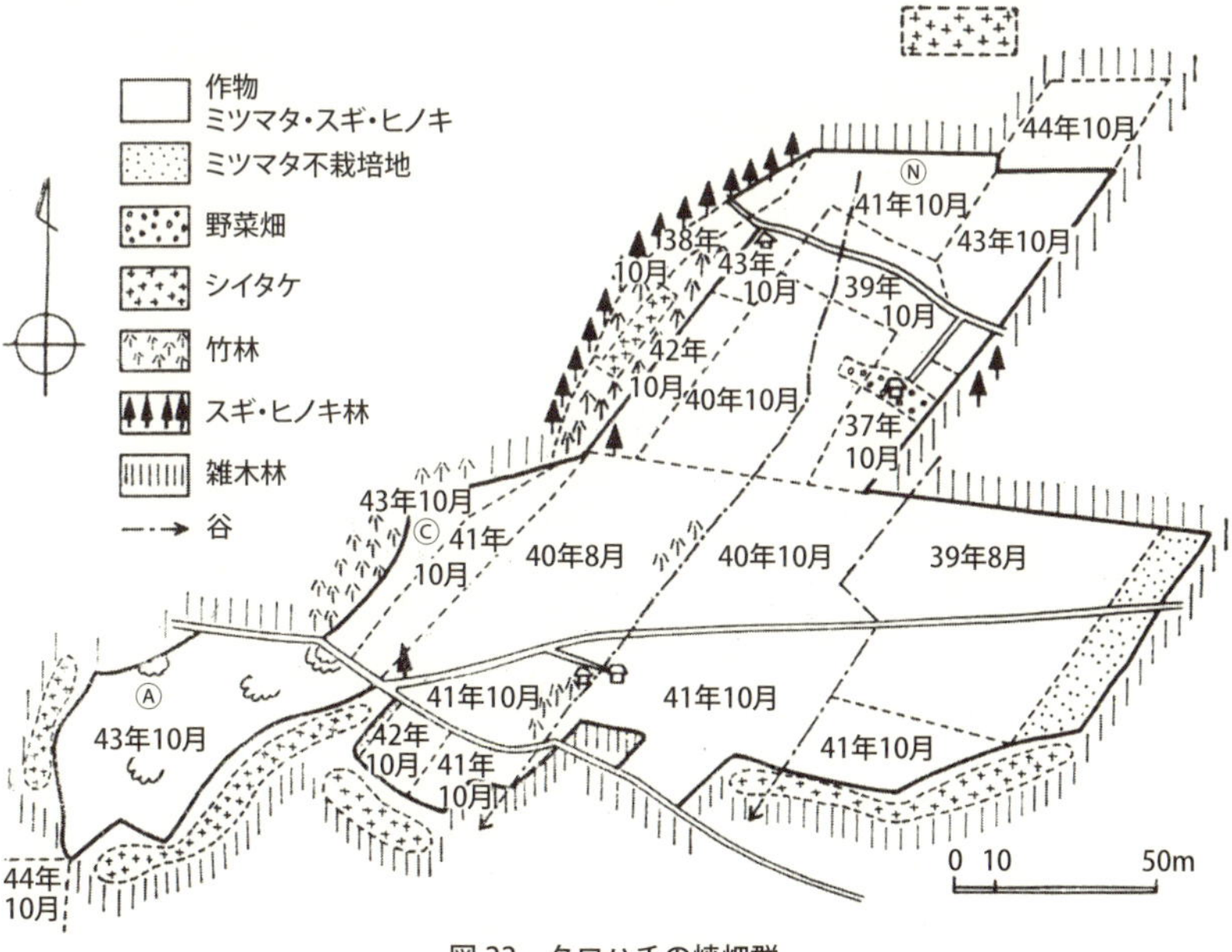

図 22　タロハチの焼畑群
（年月はヤマ焼きの時期をあらわしている）

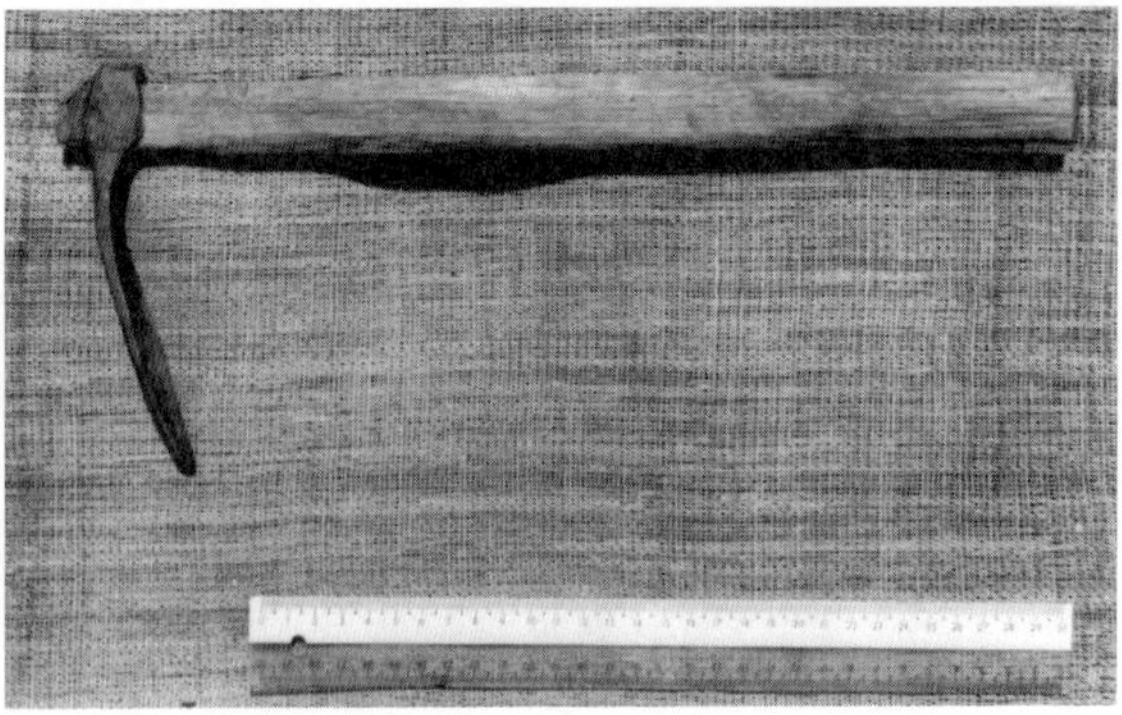

ツルクワ。焼畑の作物の植え付けには欠くことの出来ない道具。焼畑に使う鍬は一般に刃がせまく、短いのが特徴的。

のは一時頃じゃった。百姓で一番つらいのは、このヤマ焼きだね。火がでると命がけじゃけん。万一火がでたときは、迎え火をだして消す。ここは、乾燥してもいなかったので、そんなに危険なことはなかった。

燃え残ったコズ（木クズ）は、ヤマ焼きの四、五日あとに焼いた。こっちでは、コズ焼きというがね。コズ焼きに三人役（三人分の労働力）ばかかっちょる。そのあとは、地ごしらえじゃ。土砂が流れにくいように、また足場にもなるようにトメギをおく。傾斜がひどいので、こうしておかんと畑にできん（傾斜は三五〜四五度）。

そのあとに、ハダカムギを六〜七升まいた。わしが五日間くらいいっちょる。

翌四二年の三・四月に、妻がヤナギを五、〇〇〇本くらいうえちょる。妻は、勝手なときにいくもんだから、一人役をきめるのはむずかしい。一人役で一、〇〇〇〜一、二〇〇本うえれば、五人役はかかっちょるがね。

六月中旬のナガセ（梅雨）に入るまでに、ハダカムギを刈った。下から一五cmば残して刈る。ウサギが食っていたため、ヒウジといって、二番目のエダがでちょった。ムギ刈りには、七人役はかかっちょる。一石（一八〇ℓ）ほどとれた。昔はカヤで束ねていたが、いまでは下から稲ワラをもってきて、それで束ねる。束ねるものを、この辺ではネソという。イナキ（稲木）にかけて乾燥させておいたムギは一ワずつ焼く。こうして焼いておくと、虫がつかなくなる。落ちた穂は、あつめて南京袋にいれて、もって帰ってカラサワ（殻竿。打殻用のサオ）でたたいて種もみする。

ムギ焼き。

ヤナギのひとムシ。ミツマタを束ねて、大きな釜の上にのせて蒸し柔らかくしてから皮をはぐ。1回で蒸すことのできる量をひとムシとよぶ。

ムギ刈リが終わってから、アズキとダイズをまいた。ダイズだけをまきたかったが、ウサギが食ってしまう。そこでダイズをアズキとまぜてまいちょったら、ウサギが選別に迷うて食わんと思ったんだが、結局、ウサギは選別して食ってしまった。アズキ七合、ダイズ五合。妻があとを鍬でうって、五人役。そのすぐあとキビ（トウモロコシ）ウエをした。一升三合ぐらい。三粒ずつ一m間隔にうえる。八月には、キビノナカウチというて、キビのもとに土をよせてやる。わしが二人役ばかかってやった。九月には、わしが一日ほどクサヒキをした。

一〇月中旬、妻がアズキとダイズをひいて、イナキにかける。こっちでは、アンコヒキ・ダイズヒキという。三人役。それぞれ一斗とれた。一〇月下旬には、キビトリ（トウモロコシの刈りとり）をした。六斗ほどとれた。その翌年の四月には、主にスギを三〇〇本うえた。ヒノキはちょこちょこ。一人役ですむ。五月には、ヤナギノナカウチをわしが三人役。八月にはクサヒキをした。またつぎの年（昭和四四年）の八月にクサヒキをして、翌四五年の三月中旬にウイギリ（ミツマタをはじめてきること）をした。そのカワをはいで蒸して、四人役はかかっちょる。蒸すのは五回だ。一ムシで、シラカワが二、三貫とれる。シラカワ一貫でだいたい一、七〇〇円くらい。まあ、一三貫とれたとしたら、二万二、〇〇〇円ほどじゃね」

つぎに、平野光繁さん（四二）の焼畑をみていこう。「このヤマは、昭和三〇年に、西平くまさんと一緒に一〇万円だして半場京子さんから買ったものだ」と光繁さんはいう。あわせて、一・五*ha*。隣のサザレというヤマも一部はいっていたので、のちに、サザレを西平くまさんの所有にして、タロハチの下左半分は、すべて光繁さんのものになった。そして右半分も、昭和三八年に野地道子さんから一五万

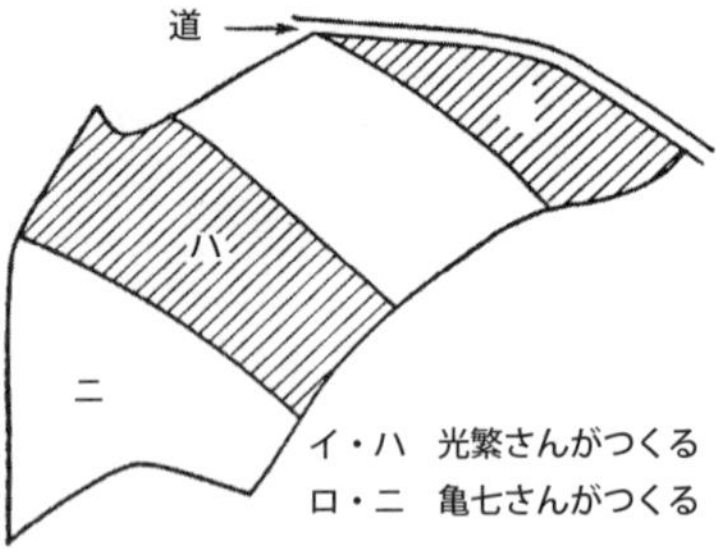

図23　焼畑をクジ引きでこのように平等に分けて耕作する

円で買った。

光繁さん夫婦は、最近焼畑にしたAについて、その利用のしかたを語ってくれた。面積約三五a。

「このヤマは、四三年の八月にきった。主に、タケ、それにコウカギ・ヒシャゲ・シャカケの木があった。わし一人で、一三人役ばかかっちょる。その後、半分ほど中西亀七（妹の夫）に貸した。けど小作料はとらん。ヤナギをつくらせて、キノコの手入れをしてもらう。

一〇月一〇日頃、ヤマ焼きした。亀七夫婦とわしら二人。それに西平くまさんの親娘がきた。上のくまさんのヤマ（図22のC）も一緒に焼いたから。そのとき、火が畑の外にまで延焼したが、ムネがあったので、火はあまりひろがらなかった。ムネの向こうは湿っていたから。

亀七の畑とは半々になるようクジで分けた（図23）。このイのところに、ハダカムギを五升ほどまいた。翌四四年一月、硫安を半俵（一五kg）まいた。二月末から三月にかけて、ヤナギノコウエをした。雪の降る頃だったが、根さえ凍らん程度だったらよい。イとハで一万本ほどうえた。三月末に木ノコウエした。ムギが大きくなってくるから、木ノコは早くうえなくてはならん。主にスギだが、ヒノキもボツボツうえた。イ・ロ・ハ・ニの畑全部に、六〇〇〜七〇〇本うえた。一反あたりだいたい二〇〇本のわりでうえた。

日記をみると、ムギカリをしたのは、六月一〇日じゃね。わしら二人で四人役もかかった。ひどいところじゃけん、労役がかかった。コヤシでムギをつくったら、一升まいて一俵あるちゅうが、このヤマだったらその半分の収量じゃね。

六月二〇日から末にかけて、アズキをまいちょいて、アワをまいた。アワは土の悪いところにできる。ここは竹土で、地がかたいから、キビはうえられん。まいたアワが一合。まくのは、妻の一人役。そのあとをうつのは、六人役かかった。押岡の妻を日役で一日雇った。日当八〇〇円。

表4　焼畑における作物の播種量に対する収量の割合
（昭和38年〜44年のタロハチにおける栽培）

	収量／播種量	
	幅	平均
ム　ギ	6〜30 倍	18 倍
ソ　バ	3〜27	14
ア　ワ	20〜167	81
トウモロコシ	33〜60	46
ダ イ ズ	13〜24	19
ア ズ キ	6〜50	19

七月下旬、クサヒキをした。竹があるけん、妻が六人役もかかった。一〇月中旬、アワ刈りとアンコ（アズキ）ヒキをした。アズキは一斗五升とれた。アズキは彼岸うちに咲いたらアズキになるが、それよりあとはアズキにならん、と昔からいうた。日照りが続くと、早く花が咲かず、出来が悪い。アワは二斗あったが、モミをとって種だけにすると、実際はその半分の一斗になってしまう。一〇月末、クサヒキをした。ここは竹がよくでてくるから、四、五人役ばかかっちょる。翌四五年五月にナカウチをして、七月末にクサヒキをした」

むらびとのヤマの利用の方法は、ヤマのこまかい特徴によってさまざまである。だが、タロハチにみられるようなヒノジでは、一般に秋にヤマ焼きをおこない、そしてムギをまず栽培している。作物の栽培に要する労働量は、地形や植物の種類などによって、大きく変わっている。また、収量の変化もたいへん大きい。ムギに関してみれば、収量が播種量の六倍の年もあれば、三〇倍になる年もある。昭和三八年のように、長雨が降りつづいてムギが腐ってしまったため、刈らずに放った、という年もある。このタロハチに栽培された作物を中心に、播種量にたいする収量の割合をみてみると、同じヤマでもこのように大きなちがいがみられるのである（表4）。焼畑の生産性がいかに不安定なものかを示している。このことは、焼畑の社会の経済的基盤のもろさにもなっている。

「長雨がつづいたから……」、「ウサギが食ってしまったから……」、「竹が多くて、地がかたかったから……」など、さまざまな要因によって、収量は容易に変動する。むらびとは、そうした要因を長い歴史的な過程の中で、こまかく認識し対処しようとしてきたのである。

5　生態のリズム

自然にまったく依存してきた焼畑農耕は、自然にもっともよく適応した生産様式といえる。したがってそこには、自然に働きかける人間の側と、それを受けとめ反応していく自然の側とのあいだに、均衡のとれた

わずかに残存しているモミ・ツガの天然林。かつては椿山周辺の多くの山は、このような植生によっておおわれていたと考えられる。

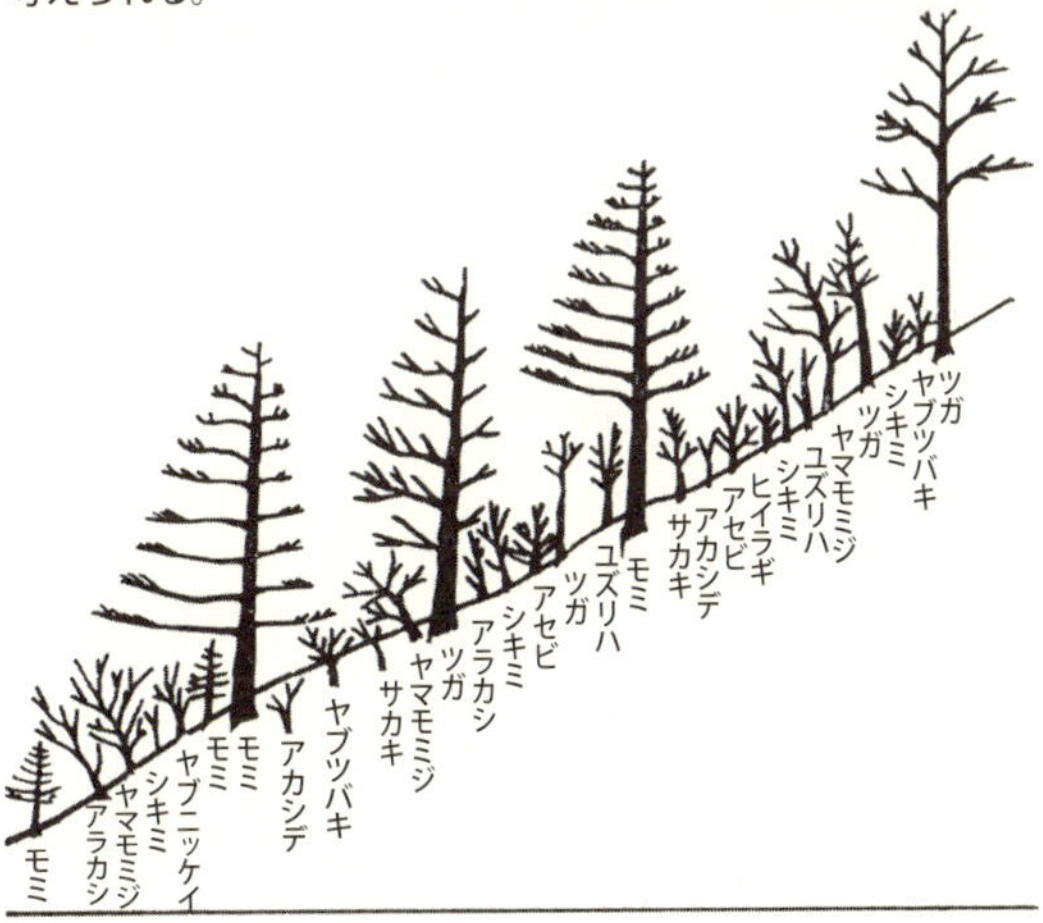

図 24　椿山におけるトネ（天然林）の断面図
（伊東祐道氏の資料から作成）

（8）和田豊州「四国の天然林植生」高知営林局、一九六一。

リズムが存在しているはずである。こうした人間と自然の相互作用からうまれるリズムを〝生態のリズム〟とよぼう。焼畑とは、まさにこの生態のリズムのうえにたって、はじめて成立している生産様式なのである。

椿山では、一度も焼畑にしたことのない天然林のことを「トネ」とよんでいる。「トネ」はむらに数ヵ所残っている。そのひとつが、むらの対岸の奥にある五色の滝とよばれる大きな滝の周辺の森である。このあたりは、標高八〇〇m。そこでは、高いモミやツガが群生しており、高さ二〇〜三〇m、胸高直径四〇〜八〇cmにおよんでいる（図24）。集落周辺の山々は、かつておそらくこのようなモミ・ツガを中心とした天然林によっておおわれていたと考えられる。こうした植生は、モミ・ツガ群系[8]とよばれ、四国の山岳地帯の標高七〇〇mから一、〇〇〇mの広い面積にわたってみいだされるのである。

椿山は、下のむらとの境界のもっとも低い標高三〇〇mから愛媛県境の尾根筋の標高一、四〇〇mまでの間に位置している。低い地帯ではシイ・カシの常緑広葉樹を主とするシイ群系、また一、〇〇〇m以上の高い地帯では温帯固有のブナその他の落葉広葉樹が優占するブナ群系からなりたっている。したがって、椿山は、モミ・ツガ群系を中心として、シイ群系からブナ群系への移行地帯ということができる。

むらびとは、いつかの時代にこうした多様な植物相からなる「トネ」（天然林）を焼畑にしてきた。その結果、ほとんどの山は「トネ」から「ヤブ」（二次林）になってしまった。長い間、ヤブを伐りひらいて焼畑をつくっては、作物を栽培し、数年ののちには放棄して、またヤブにするという一連のサイクルをくりかえしてきたのである。

ヤマ焼きには、三・四月のハルヤキ、八月のナツヤキ、一〇・一一月のアキヤキがあった。この三つの火入れの時期は、すでにのべたように三つの対立概念（タカテ・ヒノジ・カゲジ）によって大きく分けられていた。さらに、その土地の植生・土質などの条件によってもいくらか異なっている。たとえば、「フスマ」（地中で根がクモの巣のようにはっているところ）のあるような土質では、火がひろがる危険性があるので、あまり乾燥しないうちに火入れをおこなう。そんなところは、ナツヤキかアキヤキにした。または同じハルヤキでも、時期をずらして周囲の木々が新緑になる五・六月に焼くこともある。谷と尾根では、朝と夕方の風向きが異なっているから、時間的な配慮も必要である。

ヤマ焼きで重要なことは、危険のないように、しかもどこもまんべんなく焼くことである。冬に葉の落ちないカシ・シイ・マツ・スギ・ヒノキ・ネズキ・ヤカラメなどは、たいへん燃えやすい。逆に、ウツゲ・ヤマグワ・ヤマヤナギ・カジ（コウゾ）・フノリなどは燃えにくいという。一般にタカテの木は成長率が悪く油が少ないから、燃えにくいようだ。しかし、タカテには通常スズ（ササ）が繁茂しているので、それがヤマ焼きにたいへん役立っている。

燃え残ったコズ（木くず）は、ヤマ焼き後の天気のよい日を選んで、あつめて燃やす。これをコズヤキとよんでいる。そのあとは、灰が数cmにもなることがある。

ヤマ焼き後、なにも栽培せずに長

手入れをしない焼畑は、すぐさま雑草にやられてしまう。ワラビが多いのが目につく。

カヤワラ。

コヤブ。たった数年でカヤワラからウツギなどが優占するコヤブに移行する。

オオヤブ。放棄して20年くらいたつとこのようなオオヤブに移りかわる。このころ、ふたたび伐りひらいて焼畑にする。

くおくと、地がサレルといってむらびとは、この状態をできるだけ避けるようにする。サレルとヤマ焼きの効果がなくなり、作物の出来はよくないという。したがって、ヤマ焼き後は、数日以内に播種をしなければならない。このアクマキは、地がサレていないので、作物の出来がたいへんよいという。

　作物を栽培すると、むらびとは除草にひじょうな労力をかける。急傾斜の焼畑を念入りにナカウチしたりクサヒキをする。カマツカ（ツユクサ）のように、たんにクサヒキしただけでは枯れない草もある。六、七年前ごろから、ワタリグサ（ベニバナボロギク）という帰化植物が焼畑にはびこるようにもなった。ヤナギ（ミツマタ）をはじめて刈りとる四年目の春頃には、カリヤスを筆頭にさまざまな草がはえてくる。草がおい茂ったこの状態を、フケルとよび、最後に、白い花のヒメジオンがはえるようになると、ヤナギは終わりだ、という。ヒメジオンは、焼畑が古くなり地力が衰えたヤマになるほど、たくさんはえる雑草で、これがみられるようになると耕作を放棄して、焼畑のヒトケ（耕作期間）は終わることになる。

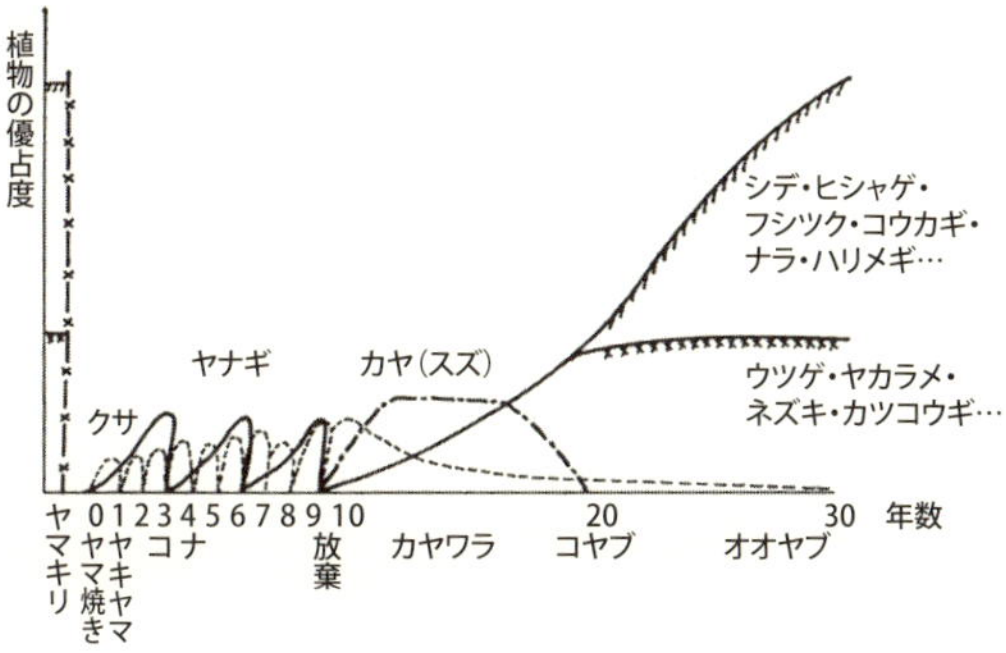

図25　むらびとのみたヤマの植生の遷移

放棄すると、チカヤマではカヤがはびこる。カヤの群生しているヤマを、むらびとはカヤワラとよんでいる。カヤワラには、ワラビやイタドリのほかに、バラやアグラギの芽がでてくる。むらびとは、サルトリイバラ・カラタチ・タラのようにトゲのある木を総称してバラとよんでいる。また、根元のところではひとつの幹のようにかたまってはえていながら、上の方ではいくつもの幹にわかれている木のことをアグラギとよぶ。ウツゲ・ネズキカツコウギなどがそうである。やがて、カヤの群生にかわって、こうしたウツゲなどのアグラギやカズラ類が繁茂しだすと、木の枝にカズラがからまった、むらびとのいうオドッサになる。このような状態をコヤブとよぶ。その後、年とともにシデ・ヒシャゲ・コウカギ・フシツクなど比較的高木になる木々が成長して、コヤブはオオヤブにうつりかわるのである。

一方、嶺に近いタカテでは、焼畑を放棄すると、カヤではなく、スズ（ササ）がはびこる。スズは丈が二m以上にもなるタカスズと、腰ぐらいの高さになるネスズの二つに大きくわけられている。それもやがて、ヤカラメやチョウメンなどの木々にとってかわられる。タカテにはえる木は、チカヤマにくらべ、かなり成長率が低い。したがって、休閑期間が、チカヤマよりも長くなってくる。少しでもこの休閑期間を短くしたいときは、ハリメギ（ハンノキ）をうえる。この木をう

（9）このように、ハンノキを焼畑の休閑地に移植する慣習は、各地域でもみられる。宮本常一・中尾佐助・佐々木高明・端信行・福井勝義・石毛直道（司会）「座談会　焼畑の文化」『季刊人類学』四巻二号、社会思想社、一九七三。

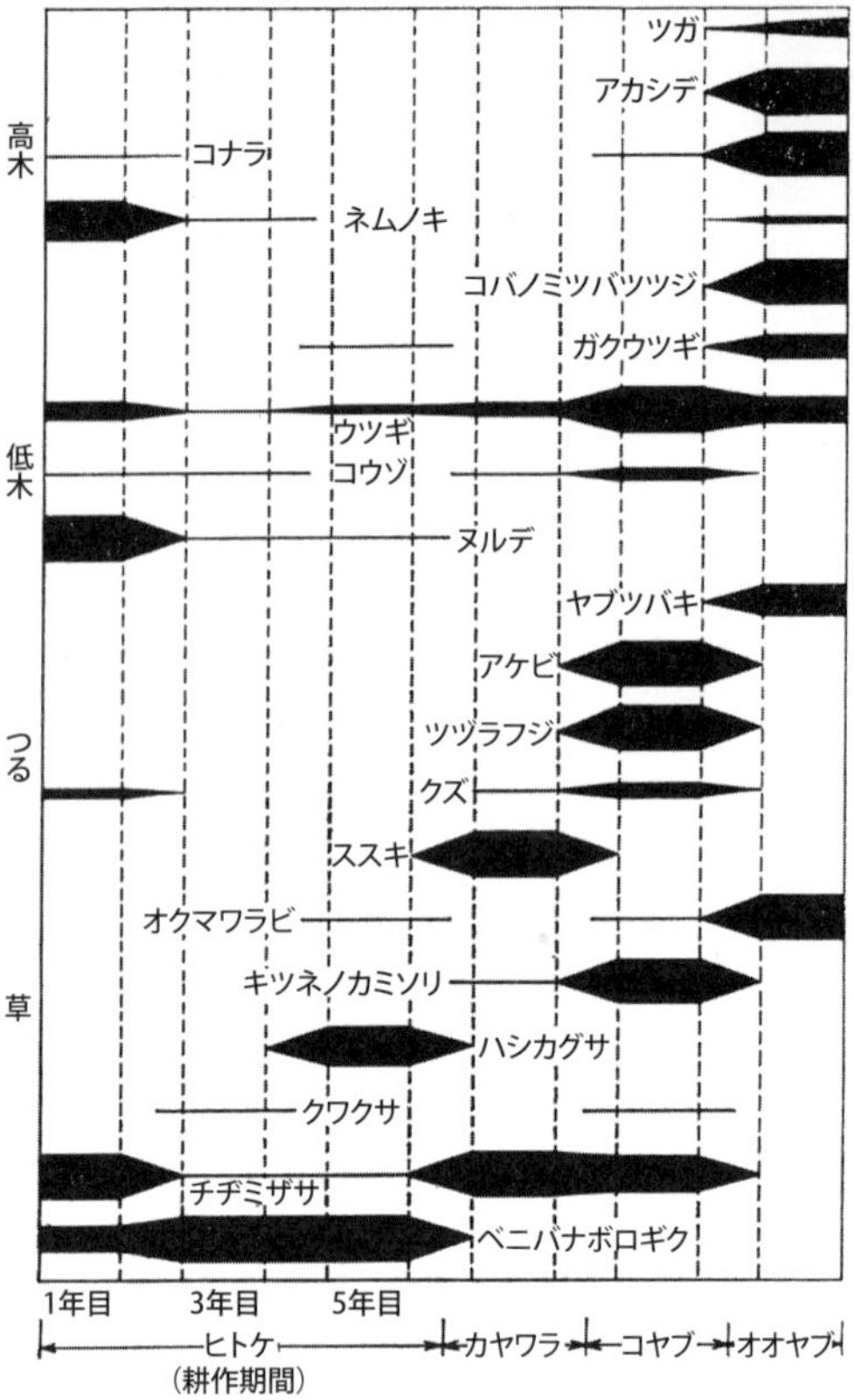

図26　カゲジ（イソ）の焼畑サイクルにみられる植生の遷移
（帯の幅は、優占度をあらわす。伊東祐道氏の資料から作成）

えると、地が肥えるといってよく移植した。ツエヌケ（崖くずれの場所）にたくさんはえているハリメギの苗をとってきて、耕作を放棄したあとのヤマに、まるで植林するときのように移植した(9)。こうして、少しでも早くふたたび焼畑をつくる時をまった。このハリメギをうえたヤブは、ウエマチとよばれて他のヤブと区別されていた。

以上のように、むらびとは、ヤマを伐りひらいて焼き、さまざまな作物を栽培したあと放棄して、ヤブにする。そして、ヤブが大きくなると、ふたたび伐りひらいては焼畑にしてきた。このような一連のサイクルを、むらびとは図25のように植生の移りかわりによって区別している。

放棄後のヤマは、つぎの焼畑に使用されるまで、二〇～三〇年ほっておかれる。これはどうしてだろうか。「ヤブが若いと、木の根が地を縛って硬くなっちょる。株をほりおこすのに骨がおれるね」。長くほっておけばおくほど、地が柔らかくなり、耕作しやすくなるという理由である。これは、土壌中の有機物層と、根茎を繁殖の手段とする多年生草本が大きくかかわっている。

「五〜一〇年くらいのヤブを、焼畑にすると雑草がたくさんはえてくる。ほって二〜三年ばのヤブを焼いたことがあるが、雑草ははえるし、作物の出来もようなかった。ヤブの木が太ったほど、焼畑にしたとき雑草がはえん」。休閑期間を長くする二つめの理由は雑草の問題だ。除草にきわめて大きな労力をさかれるむらびとにとって、この雑草の多少はじつに重要なことなのである。

年の経過をおって焼畑の植生の遷移を調べていくと、耕作一年目の焼畑では比較的少なかった草本が、耕作がすすみ、いわゆるコナ（地力がおとろえた、三、四年目の焼畑）になるにつれて、しだいにふえてくる。他方、落葉生の木本は逆に減っている。

耕作を放棄すると、多年生草本は急増するが、一年生草本は減少していく。そして、オオヤブになるころには、一年生草本は消滅し、多年生草本もきわめて少なくなっている。むらびとのいうカヤワラやコヤブのときに、ヤマを伐りひらいて焼畑にしたら、根をはりめぐらしたたくさんの多年生草本の処理に手をやいて

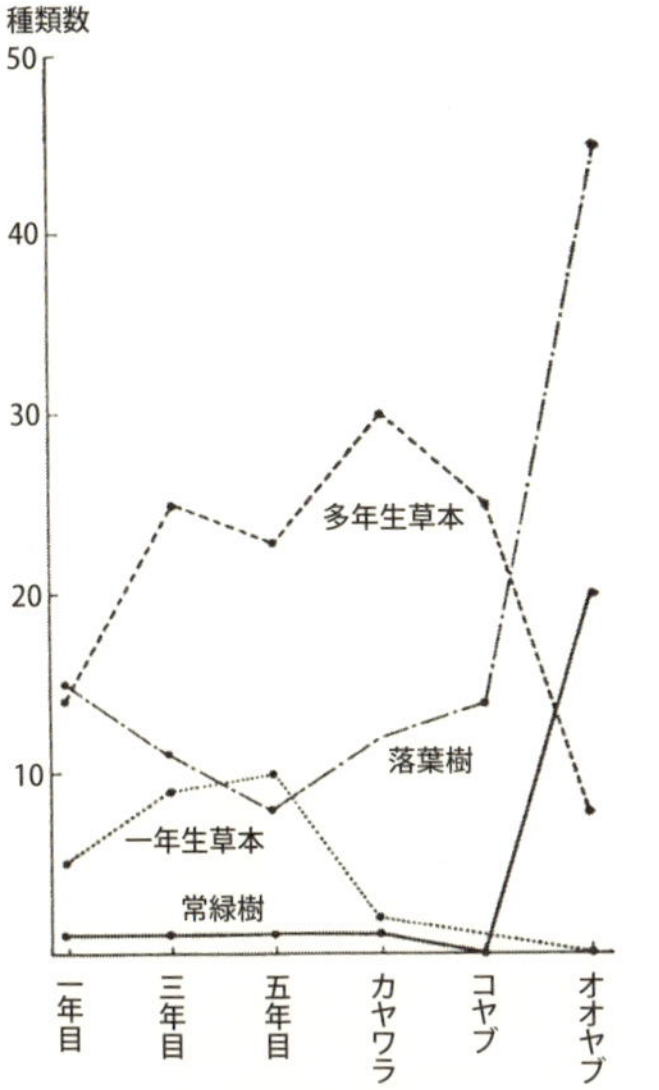

図 27　椿山の焼畑サイクルにみられる植物の種類数の変化
（伊東祐道氏の資料から作成）

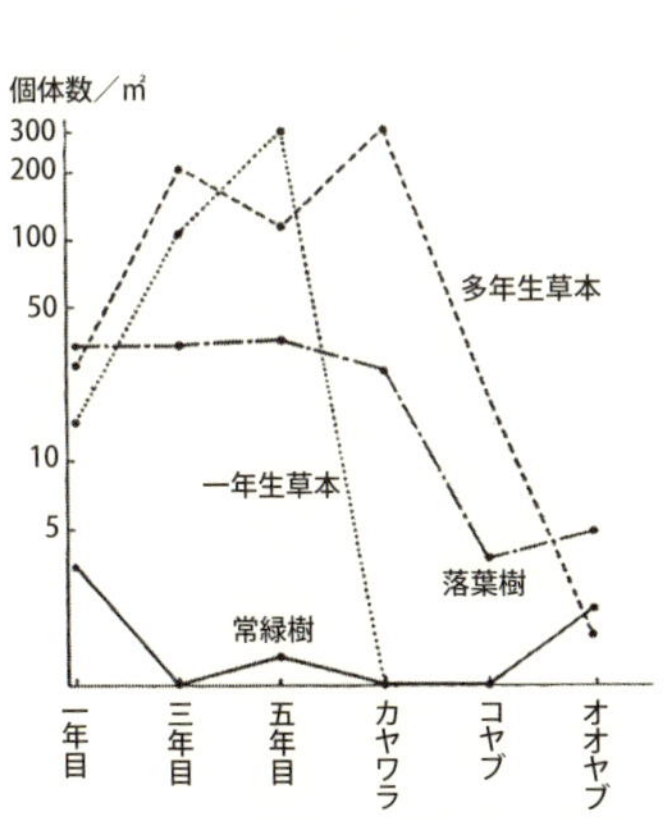

図 28　椿山の焼畑サイクルにみられる単位面積あたりの植物の個体数の変化
（伊東祐道氏の資料から作成）

しまうことだろう。ヤマの休閑とは、こうした自然のリズムである植生の遷移にまかせて、雑草をできるだけ排除することを意味しているのである。

「それに、ほったあとすぐにナイで（伐りひらいて）も、なにもできん。コヤシがのうなってしまっている。地が回復しちょらんから、出来が悪い。二〇～三〇年ぐらいたたんと、ようできん。木の葉が年々おちて地味がこえるんじゃ。昔からつくったことのないトネは、土質が悪くても、焼いてしつけたらようできる。長くおくほど、地が回復して新しくなり、アラジとなる。かならず三〇年で伐る、ということはないが、だいたい二〇～三〇年で伐るね」

長い休閑期間を必要とする三つめの理由に、むらびとは土地の回復をあげている。それには、連作によって生じるいや地化現象（同一地に、連作をするとき、作物の生育がわるくなること）を避けるという意味も含まれているが、むらびとに、よりはっきりと認識されているのは、木の葉、根の腐植にともなう土壌養分の回復である。

長期間の休閑にともなう土壌養分の回復は、森林の生態系における炭素や窒素の循環のリズムと、たいへんうまく一致している。土壌中に有機成分が蓄積する量は、植物の葉や根の腐植によって生じる供給量と、その分解量との差によってきまる。森林が極相にいたるまでは、供給量が分解量をうわまわって、土壌中の有機成分の蓄積量は、増加する傾向がある。(10) しかし、植物の遷移が進行し、やがて最終段階の極相林になると、供給量と分解量のバランスがとれて、ある一定以上増加しなくなる。

ここで、さきの焼畑にみられる植生の遷移をあらわした図26をふりかえって、むらびとのいうオオヤブの段階の植生をみてみよう。そこには、アカシデやコナラのような落葉樹が多く占めている高木層に、極相林の指標植物のひとつであるツガがすがたをあらわしている。モミやアラカシのようなやはり極相林を形成する常緑樹は、まだここにはみいだされないが、図24および図25にみられるように、オオヤブ段階の常緑樹の増加は、その個体数においても種類数においても、めざましいものがある。

このことから、むらびとがふたたび伐りひらく直前のオオヤブとは、極相林の一歩手前の極相林とよぶことができる。この状態になると、さきにのべたように、土壌中の有機成分の量は、あまりふえなくなりほぼ一定の量を保つようになる。極相林になるまでヤブをほっておいても、土壌中の有機成分は、以前のように高い率で増加することはない。極相林になるまでまてば、それよりいくらか土壌は肥えてくるかもしれないが、そうなると今度は、大きな木々を伐採するのにそうとうの労力を費やさなければならなくなる。むらびとは、いくら土地が肥えていてもそのような極相林を焼畑にするのを好まない。しかも、極相林になるまでヤブをほっておけば、かなりの年月が経過する。限られた土地のなかでこうしたことは、とてもできないことなのである。つまり、土壌中の有機成分の最大限の蓄積量、および伐採に関する最小限の労力、そして焼畑の一連のサイクルにともなう土地の循環の最大限の効率、以上の要素がうまくかさなったオオヤブの時期こそ、焼畑にするのにもっともふさわしい状態だといえるのである。

以上で、むらびとがどうして二〇〜三〇年もヤブをほっておくのか、という理由がほぼ明らかになったと思われる。

それでは、そもそもむらびとは、いったいなぜヤマを焼くのだろうか。

「火をいれんと手がつけられん。うんと地がきれいになって、仕事がしやすくなる。これが一番だね」。伐りたおした木や枝が足の踏み場もないほど地面にあったら、どうすることもできない。だから、焼いて一掃

(10) 堤利夫「森林の成立および皆伐が土壌の二・三の性質におよぼす影響について(一)」『京都大学演習林報』第三四号、一九五三。

ヤマ伐りしたあとは、木や枝が足の踏み場もないほど散在している。これを一掃することが、ヤマ焼きのもっとも大きな理由である。

してしまい、木くずのないきれいな畑にすること。このごく単純なことが、むらびとにとってヤマ焼きのもっとも大きな理由である。

「よう焼けたら草がはえなくなるね。草や木の種が焼けてなくなってしまうからじゃ」。草や木の種子が焼けて、畑にしたときはえなくなるということもあげられる。この雑草の多少は、すでにみてきたように休閑期間の長さに大きく関係しており、適当な休閑期間をとれば、雑草はかなり減らすことができる。しかし、ヤマ焼きによって、地中の上層部に残っている種子や根茎を焼却してしまうことも重要なことなのである。

「それから、ただ焼くだけではだめだね。焼くまえに〝地をむす〟ということが大切だ。早目にヤマキリして、雨が降って日があたればよい。そうすると、いままで生きていた木の小さな根は腐ってしまう。ウツときにも土が柔らかくなっていて、作物がよくできる。八〜九月の葉の繁っているころヤマキリして、あくる年の三月ごろ焼くのが一番よくできる。作物は焼かんとできん。一部焼けなかったところは、出来が悪かった。きっと灰がコヤシになるんじゃろうね」

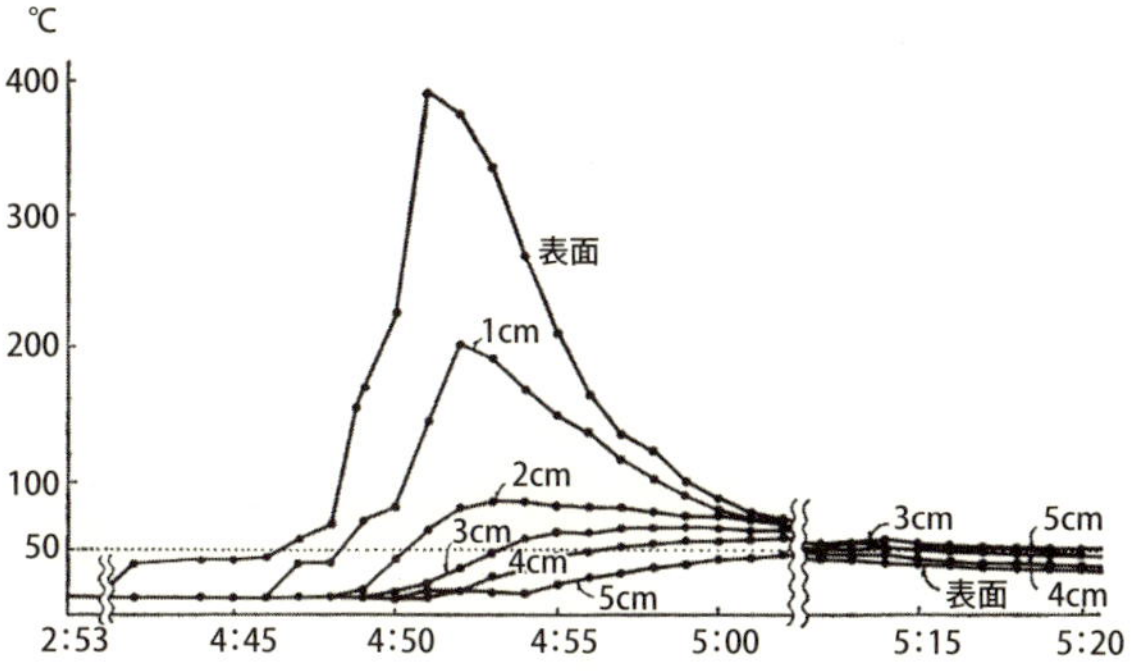

図29　ヤマ焼きによる土壌の温度変化
（熱電対温度計により、深さ0.1.2.3.4.5cm の地点で測定。
オオツエ（標高500m、東向き、傾斜42度）昭和45年ハルヤキ。
渡辺信氏による）

むらびとにヤマ焼きの理由をきいてみると、灰の効果をまず最初にとりあげて答えるひとはたいへん少ない。一般に、焼畑といえば、木や枝を焼いた灰がなにより重要な意味をもっていて、その灰が数年間の作物栽培の肥料になっている、と考えがちだ。が、むらびとの話からそのことを期待するのは無理なようである。(11)

ここで、ヤマ焼きによって、土壌中に実際どのような変化がおこるのか、みてみよう。

まず、図29は、ヤマ焼きの際の地中の温度をあらわしたものである。火が通過するときに、地表面の温度は急激に上昇している。地表から二cmの深さまでの温度は、地表面と同じような傾向を示しながら上昇するが、五cmの深さになると、表面よりかなり遅れて、ゆっくり上昇している。地表面は、摂氏四〇〇度ほどの高温にもなるが、(12)地下五cmでは、せいぜい五〇度ぐらいにとどまってしまう。しかし、温度のさがり方は遅く、火入れ後約三〇分ほどたったあとも、約五〇度を保ちつ

(11) 佐々木高明は、すでにヤマ焼きのもっとも大きな理由として、木や枝の一掃をあげる一方、従来主張されたほどのヤマ焼きによる灰の効果を疑問視している。佐々木高明『稲作以前』ＮＨＫブックス、一九七一。

(12) 沢村東平は、ヤマ焼きのときの地表面の温度が、摂氏七八度程度くらいにしか達しない、としている。沢村東平「焼畑農業の開墾方式――焼畑農業経営方式の研究（その三）――」『開拓研究』二巻二号、一九四九。沢村が、どのような方法で測定したかは明らかではないが、今回の調査の結果では、もっとも焼けのわるかったところで、摂氏一〇〇度前後であった。通常の状態で焼けたところは、たいてい摂氏三〇〇度はこえている。したがって、沢村による、火入れの際の温度変化の数値は、一般にどの程度適用できるか、きわめて疑わしい。

づけ、地表面の温度よりいくらか高い状態にある。この傾向は、同じようにして別なヤマ焼きの際に測ったときも変わらない。五cmより深いところにある種子や根茎はまず焼かれる心配はない。一年目の焼畑にみられる多年生の植物のほとんどは、こうして生き残ったものだと思われる。そして、地下一〇cmになると、火入れによる温度変化はほとんどみられないようになる。地上部の燃える木や枝の量によって、いくらかのちがいはでてくるが、いずれにしても熱が地中に伝わるのは、せいぜい一〇cmの深さまでとみてよいようだ。

だが、地上の比較的小さい枝や葉は、完全に焼きつくされてしまう。そして、それより大きな枝や燃え残った木くずも、ヤマ焼き後におこなうコズ焼きによって、きれいに焼きはらわれてしまうのである。焼けあとには、薪や止め木用にとっておいた幹だけが残る。灰は、数cmの厚さで地表をおおっているところもあるが、ほとんどの場所には、ほんのわずかしか残らない。

さて、ヤマ焼きによって、土壌養分にはどのような変化がみられるだろうか。炭素や窒素は、火入れ前よりもあとでわずかながら増してきている（図30・31）。これは急激な熱変化によって微生物の交代がおこり、あらたな微生物が増大し、活発な動きを示すようになった、いわゆる部分殺菌効果と深い関連性をもっているからだと思われる。

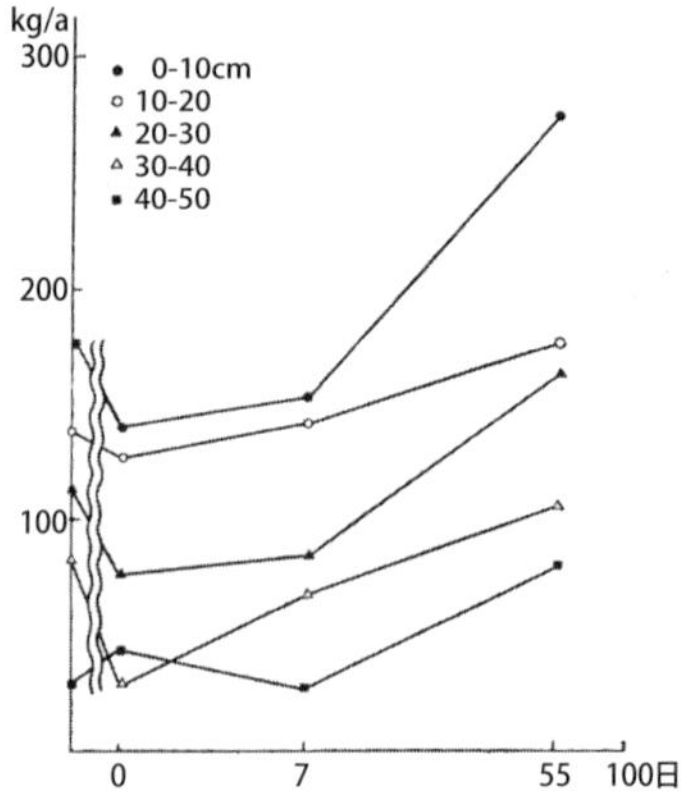

図30　ヤマ焼き後における土壌中の炭素量の変化（渡辺信氏による）

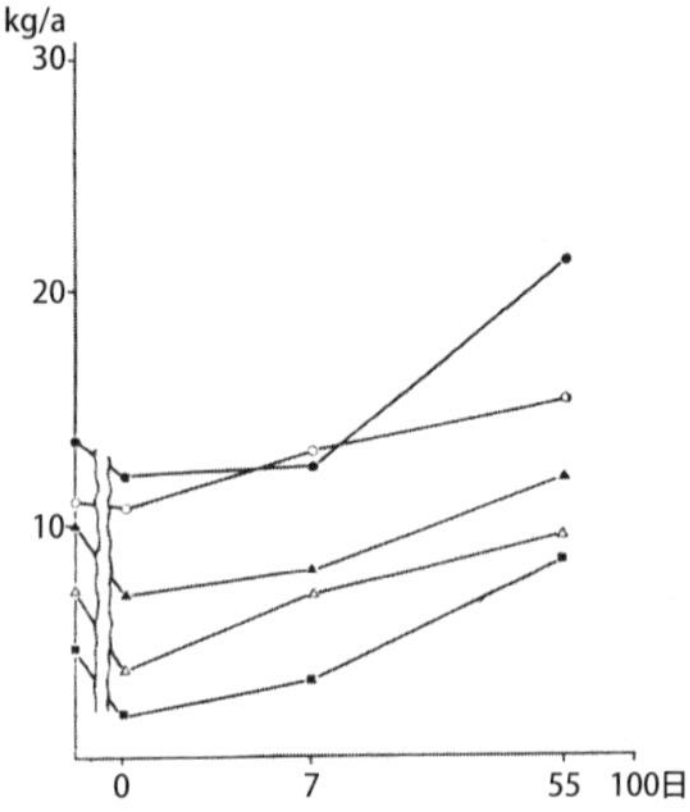

図31　ヤマ焼きにおける土壌中の窒素量の変化（渡辺信氏による）

ところで、問題の灰の効果についてはどうだろうか。灰が、焼畑作物の肥料として、いくらか役だっていることはたしかである。だが、ヤマ焼きで地上部に残る灰の量は、予想外に少ない。あとのコズ焼きではかなり残るが、ほんの小さな面積にすぎない。結局、ヤキヤマ全体からみたらごくわずかの灰しか残っていないといえるのである。もともと土壌には、かなりの量のカルシウムなどのミネラルが含有されている。ヤマ焼きによって灰がくわわっても、作物にどれほど有効な働きをするのか、たいへん疑問である。なんらかの

昭和 32 年のイソ（右側）とタロハチ（左側）。この時期は一面ヤブでおおわれている（航空写真より）。

およそ 10 年たった昭和 43 年には、イソとタロハチは伐りひらかれて大きな焼畑群にかわっている（航空写真より）。

効果を否定しないまでも、灰分が作物の収量を全面的に支えているということは、まず考えられない。

ヤマ焼きによって生じる土壌中の変化をあきらかにすることは、容易ではない。だが、微生物の働きにまで、ほりさげて考えていく必要があるようだ。おそらく、地上部の激的な高温変化によって、微生物相にいちじるしい代謝がおこり、有機物を植物が吸収できるように分解する微生物や、空中の窒素を固定する微生物が増加することによって、ヤマ焼き後しだいに炭素や窒素などがふえていくものと思われる。

「焼いて数年ばで、どうしてほってしまうのか、と。そりゃあ自然に作物ができんようになる。ヤナギ（ミツマタ）も枯れてしまう。焼いたすぐあとのアラジでは、キビ（トウモロコシ）一升まいたら五斗もとれるが、三年目のコナになったら、二斗ばしかできん。植え賃がでんようになって、ひきあいにならん。コナにまいたキビは、アラジのハンサク（半作）だというて、収穫が半分ぐらいになる。ヒエの場合でも、穂が小さいのしかとれんようになる。ヤマの傾斜が急だから、土が流れてしまうんじゃろう。それに第一、コナになると、雑草がはえてどうにもならん。雑草が手におえなくなったら、もうやめだね」

耕作をはじめると、いままでヤブで落葉が供給されていた土壌は、有機物をえる支えを失ってしまうことになる。他方、有機物は作物の養分として吸収され、刻々減っていく。そればかりではない。むらびとも指摘しているように、ヤマが急傾斜なため、雨の降るたびに、土壌養分は流失してしまう。地力がなくなり、やせていくのは、目にみえてあきらかである。

ところが、雑草は焼畑が古くなるにつれて繁茂してくる。さきの焼畑サイクルにみられる植物の種類数と個体数の変化を調べた図（図27・28）を、ふたたびみてみよう。雑草の種類数は、三年目の畑では、一年目の約二倍になっているにすぎないが、単位面積あたりの個体数は、七〜八倍にまでふえている。五年目の畑になると、一年生草本がとりわけ急増し、一年目のなんと二一倍にもなっているのである。こうまで雑草にはびこられては、むらびともお手あげだ。ミツマタの木ならともかく、一年生草本の作物を栽培するのに、こんなに優勢になってくる雑草には、歯がたたなくなる。(13)

二〇～三〇年間もヤマを休ませて、わずか数年間作物を栽培しただけで放棄してしまうのには、こんな理由があったのである。ヤマを伐りひらいて焼き、人間の手でヤマを管理し、植物社会を支配しつづけようとするが、時とともに移っていく自然の変化にうち勝てないことをしると、あっさり放棄してしまう。そして、また自然が安定した状態をとりもどすようになるまで、二〇年でも三〇年でもむらびとは待つのである。周囲の自然を決して破壊することなく、自らの生活を長い間維持してきた、焼畑の論理がここにみいだされるように思われる。

自分が幼少のころ親が焼いたヤマを、三〇代の働き盛りになって、自分の手で伐りひらいて焼く、そして、三度目のヤマ焼きをみるのは、すでに六〇もすぎた隠居の齢である。「同じ土地のヤマ焼きを三度みれば、ひとの一生は終わってしまうね」とむらびとはいう。

焼畑のむらには、自然と人間のあいだにかわされた生態のリズムが、いまも生きつづけているのである。

(13) 佐々木高明は、焼畑の放棄のもっとも大きな理由に、雑草の繁茂をあげている。佐々木高明『稲作以前』NHKブックス、一九七一。

第三章　焼畑のくらし

1　ヤマキリ

焼畑の作業は、ヤマキリからはじまる。

ヤブ（雑木）のしげり具合から、焼畑に伐りひらくヤマを選ぶ。平野光繁さん（四一）は、その年（昭和四四年）イチノスというヤマを選んだ。以前このヤマを焼いたのは、光繁さんが子供のころだった。はっきり覚えてはいないが、もう三〇年以上も前のことだ、と光繁さんはいう。

「きょうは、イチノスへヤマキリにいくぞ」。八月一一日の朝八時ごろ、光繁さんはわたしたちの泊まっている家まで、わざわざよびにきてくれた。これから何年間もの焼畑の作業を考えて、ヤマキリというものはしなくてはならん、とむらびとから教えてもらったことがある。が、イロリのもとできいているだけでは、よくわからない。わたしたちは、ぜひヤマキリを観察したい、とかねてから光繁さんに頼んでいたのだった。

すぐに準備して、光繁さんのあとを追う。いったん下の川までおりて、橋をわたり、対岸の山をのぼっていく。このあたり全体の山をヒノウラとよんでいる。出発した家のところと同じ高さまでのぼるのに、一汗流す。光繁さんは、さらにのぼっていく。モミ・ツガの原生林の残っている国有林の近くまでいく。家をでてから、一時間。ようやく目的地であるイチノスの出小屋についた。

すぐに光繁さんは近くの谷におりて、水をくんでくる。小屋においてあった乾燥した大きな松の根をナタでけずって、その木くずをタキギの下におく。木くずに火をつける。木くずは、またたくまに燃えてタキギに火が移っていく。松の油を使ったむらびとの知恵である。すぐにお湯がわいた。

さあ、アサメシだ。自宅では起きた直後にすでに朝食をとっているから、アサメシはその日の二度目の食

松の根はこうしてけずりとって火つけ用に使う。

出小屋で食べるアサメシ。

これから伐りひらくオオヤブ。

事であるが、こう呼んでいる。用意してきた弁当をたべる。メシだけでは、カークロシイ（物足りない）からといって、光繁さん夫婦は、ジャガイモ・コンコ・カタクリ・モチなどを食べる。コンコというのは、トウモロコシの粉に砂糖をいれ、お湯をそそぎながら、かきまぜて食べるものである。じつにゆっくり、楽しそうに食べる。こんな夫婦の姿をみていると、山に生きることがしぜんとうらやましくなってくる。食事をおえた光繁さんは、ナタ、カマなどをとぐ。いよいよ、仕事がはじまる。すでに、一一時をまわっていた。

今年伐りひらく予定のヤマは、このイチノスで二〇*a*ほどある。「これからぼつぼつきりだして、九月いっぱいはかかる。おわるのに、二〇人役もあったらいいね」と光繁さんは、作業の日程をくむ。

光繁さんは、ヤマのまず右下からきりはじめる。右ききなら、こうして右から左へと、ヤブをきっていくのが便利だ、と教えてくれる。一度一五mくらい離れた左端まできると、また右端までもどって、左の方へきりすすんでいく。こうして、しだいに上の方へ上っていく。その翌日は、そこからさらに左の方へとすすんでいく。そして、ヤマの下部から上部へとヤマキリの作業をすすめていくのである。

ヤマの上下の傾斜は、三七度。横の傾斜が一七度。椿山の焼畑では、平均的な傾斜である。

ジグサヒキ（地草引き）が、ヤマキリの作業の中で最初におこなわれる。ふつう、女性がこのジグサヒキをする。妻の久江さんが、手ばやく草をひいていく。根からひきぬかなくてはならない。クズやカヤがあるときは、ツルという刃のせまい鍬でそれらの根を掘っておく。

光繁さんは、ジグサヒキが終わったところから、手さばきよくヤブを伐りひらいていく。光繁さんのヤマキリをみていると、一定の順序がある。まず、木の周囲のカズラ類をかたづける。ついで、木の下枝をおとす。周囲を整理しておいて、木の幹の下から五〇cmほどのところをきる。光繁さんのノコを使って木を伐る速度はどのくらいなのか、測ってみた。二六年生のモミジ（最大直径一二cm）が、わずか二〇秒で倒れた。昔は、

↑　ヤマキリは、まず木の周囲のカズラ類をとりのぞくことからはじまる。

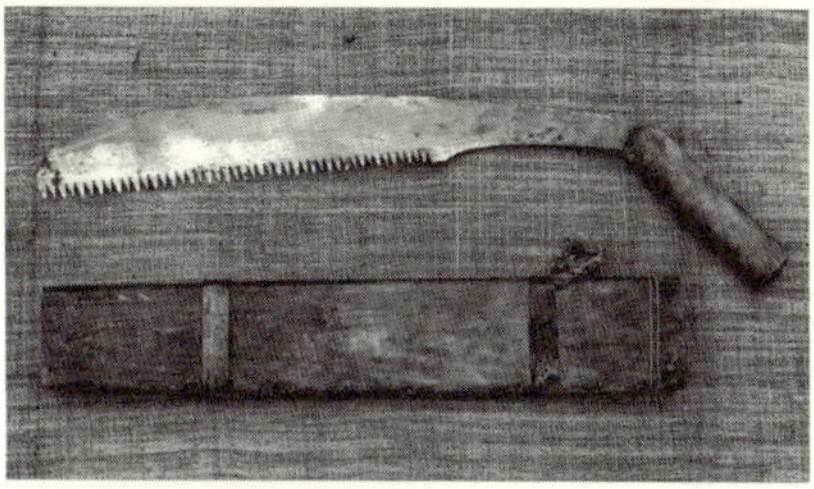

↑　ヤマキリに使うノコ。

ヤマ全体の地形を考え、そして焼畑にしたとき作業がしやすいようにするため、１本１本木の種類や大きさを判断しながらきっていく。

木をきるのにノコを使うと笑われた。大きな木は、すべて斧できった、という。倒れた木の枝についているカズラをきりおとし、先枝を一mぐらいの長さにきりながら、しだいに木の太い部分にも手を入れていく。

このこつが、なかなか大切である。光繁さんは、こうして手際よくきっては、草や枝を一定の方向につみ重ねていく。これをモエバとよんでいる。ヤマ焼きの際に、燃えやすくしたものだ。モエバの一番下に、比較的太い枝や幹をおく。その上に、小枝や葉をおく。一番上は、草だ。草を下におくと腐ってしまうからだ。さらに、つぎのモエバに炎が移りやすいように、モエバの右端を上に配置する。

ヤマキリには、ヤブとのあいだに約束ごとのようなものがある。とくに大きくなった木は、根元からはきらない。きるのに多大な労力を要するし、かりにその労力を費やしてきったとしても、木は予定のモエバよりずっと下の方までとんでいってしまう。こんな大きな木に遭遇したときには、その木にのぼって枝だけをきりおとしておく。このような木のことを、むらびとはオロシギとよんでいる。オロシギは、あとで別の使い道がある。たとえば、大きな栗の木は、オロシギにして外側を腐らしてしまう。あとまで残った栗の幹の芯を、出小屋をつくるときに使うのである。適当でなければ、薪にする。

タラの木は、幹から無数のトゲがでているから、作業するのにじゃまになる。だからといって、根元からきったら、また芽がでてくる。そこで、オロシギにして、たち枯らしにしてしまう。

ヤマ焼きをしたあとのオロシギは、焦げて腐りにくくなる。それをきって、トメギにすることがよくある。トメギというのは、焼いて畑にしたとき、土砂の流出を防ぐのに、またのちの焼畑の作業に足の踏み場として使用する木のことをいう。直径一〇cm以上で、比較的まっすぐな木ならばよい。腐りにくい栗の木が望ましい。トメギをヤマの傾斜面に垂直におくためには、ささえる木が必要だ。この木をカクイギとよんでいる。ヤマキリをしていて、このあたりにカクイギが必要だと思うと、木のきり方をかえなければならない。

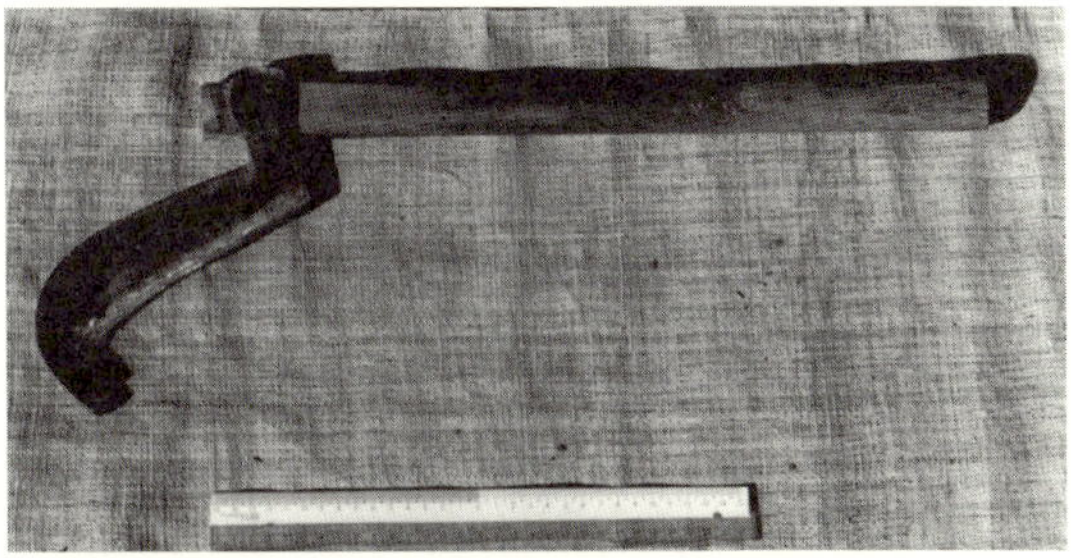

エガマ。小枝やカズラ類をきるときに使う。

ウケギリできった木の断面。左半分がノコを使った部分。年輪からヤブの齢が推測できる。

つまり、根元から一mぐらい上のところをきるのである。このような高さできるのを、チュウギリとよんでいる。カクイギは、いろんなことに使える。ヤマキリのときつくったモエバが、下にずりおちないように止める働きもする。また、収穫したアワやアズキなどを、このカクイギの先端のところにかけておいて乾燥させるのにも使う。

木のきり方にも、いろいろな種類がある。むらびとは、それらにひとつひとつ名前をつけて区別している。

ヨチル　地面から高いところで、小枝やカズラなどをきること。

スケギリ　横になっている木を下からきること。コウゾなどきりにくい木に、スケギリを使う。二〇年ぐらいたったコウゾは、直径一二cmにもなるから、きるのに難儀するという。

タマズメ　横になっている木を上下の両方から、ノコできること。

アワセギリ　たっている木を地面から同じ高さのところで、両側からノコできっていく。

ゲタハカセ　たっている木を段ちがいにして、両側からきること。ある方向に木を倒そうと思えば、その方の側の幹の根元をすこしだけきっておく。ついで、その反対の側から最初にきった位置より、やや高いところからきっていく。このゲタハカセできると、きったところの断面が『のかたちになる。これをヤリとよんでいる。ゲタハカセできると、材が裂けないようになるのが特徴だ。

ウケギリ　きっていると、ノコを木の間にはさむことがよくある。そんなとき、その反対側を斧などできること。また、ある方向に倒そうとする場合、その側を斧できっておくこと。

昼すぎ、光繁さん夫婦はヤマキリをひとまずおえた。オヤツの時間である。オヤツというのは、午後二時頃にとる食事のことだ。アサメシのとき残しておいた弁当の半分と、コンコやイモなど食べる。すくなくとも一時間は休む。それから夕方の五時すぎまで働く。したがって、一日の正味の労働時間は、およそ五時間になる。

午前一一時から午後二時まで、光繁さん夫婦はどのくらいの面積にあたるヤブをきったのだろうか。計算すると、一時間で四五㎡になる。すると、一日五時間の労働として、きり開くヤブの面積は、一人あたり約一aになる。この年、光繁さん夫婦がヤマキリする予定の面積二〇aは、したがって二〇人役でおえられることになる。おどろいたことに、この数値は、ヤマキリする前に光繁さんが話していたのとまったく一致するのである。

出小屋でオヤツを食べながら、光繁さんはさらにヤマキリのシステムについて語ってくれた。「秋（一〇月下旬頃）にヤマを焼くなら、九月いっぱいには、ヤブをきっておかなければならん。また、春（三月下旬から四月中旬）に焼く場合には、前年の木の葉がおちないうち（一〇月中旬頃）には、きっておかねばならん。そりゃ葉が木についている方がよく燃えるけん。ヤマキリとヤマ焼きとのあいだはできるだけ長くした方がいい。ヤマをきって、雨が降り日があたると、だんだん土がやわらこうになる。ヤマキリして一〇日目ぐらいでヤマ焼きをしたのでは、根が腐っていないけん、土がかたくて、鍬がよう土にはいらん。ヤマをきった跡を長いあいだほっておくと、作物がよくとれるね」。

こうして、伐採後期間をおいて、根を腐らせ、土をやわらかくすることを〝地をむす〟という。かつてヒエやアワなどの作物を中心に焼畑をつくっているときには、地をむすということが、たいへん重要なことだった。最近では焼畑の跡の植林をいそぐから、あまり地をむすということもなくなった。

「ヤマキリのとき、サルトリイバラ・カラタチ・タラノキ・バラなどトゲのある木があると、とても難儀するね。ネジキという木はかたいし、そのうえアグラ（根元のところで数本かたまってはえている状態のこと）がでているから、きるのに骨がおれらあ」。こう説明すると、光繁さん夫婦は腰をあげて、ふたたびヤマキリの仕事にとりかかった。

2 ヤマの事故

椿山のひとびとは、一年のほとんどをヤマの作業ですごす。岩の露出した険しい斜面でじつに巧みに働く。しかし、ちょっとしたはずみが命とりにならないともかぎらない。むらびとは、ヤマの特徴をよくつかんで、慎重に仕事をすすめていく。毎日のようにヤマで働いても、けがが少ないのは、山の神様が守ってくれるおかげだ、とむらびとは山の神への感謝も忘れない。

だが、ヤマの事故は少しずつでもおこっている。人口動態戸籍受付帳の死因欄に記されている〝頭蓋底骨折〟や〝右大腿骨骨折〟はヤマの事故を思わせるものである。

働いているむらびとをみていると、楽しそうに仕事をしていながら、つねに死との緊張関係をもっているように感じられる。それは、ヤマで生きているむらびとにとって、ひとつの宿命とも思われる。ヤマから夫の帰りが遅ければ、もしや、と妻は夫の事故を心配する。夫婦とも、ヤマの仕事に精通しているから、妻はひとり家に残っていても、その日の夫のヤマの作業を頭に浮かべることができる。ところが、予定の時間に夫が帰ってこなかったりするときがある。そんなとき、妻は、暗い山道を灯りをもって夫を迎えにいくのである。

わたしたちのとまっていた家の上に、平野和政さん（五〇）の家があった。和政さんの家は、四人家族だ。昭和四五年の盆前に、和政さんの父親は八一歳でこの世を去った。父親は、儀之助さんといい、亡くなる前日までヤマ仕事をしていた。植物にくわしく、わたしたちによく植物のよび名や使いみちを教えてくれた。儀之助じいさんが死んで、五〇日目のおまつりがあった。奈良で働いていた和政さんの次男も帰ってきていた。

五〇日祭をおえると、その翌日から和政さんは、ひとりでヤマ仕事にでかけた。むらの対岸のヒノウラにあるカマトコというところで、ヤマキリの仕事が残っていたからである。和政さんは、小さいころ石をたたいているうち、石の粉を眼にいれ、右眼をつぶしてしまっている。だから、ずっと片眼でヤマの仕事をしてきた。慣れてしまったから、さして不自由な思いをしたことはなかった。いつものように巧みに、木をきってはモエバをつくっていた。

椿山の空が、そろそろ薄ぐらくなるころだった。もう少しきって帰ろうと、枝をきり払っていた。突然、その枝が、左眼に強くはねかえった。ものすごい痛みを感じたが、しばらくしたらなんともないようになった。仕事をつづけようと思って、ナタをにぎった。すると、きろうと思っている枝がかすんできて、やがて眼前が白くなっていった。とうとう、なんにもみえなくなってしまった。もう仕事をあきらめて、手さぐりしながら出小屋にたどりついた。

しばらく休んでいるとかすかにみえるようになった。できたら暗くなるまえに帰ろうと思って歩こうとした。ところがちょっとでも動くと、また眼前が白くなってしまう。そのまま小屋で横になった。すでに真暗になっていた。いくら通いなれているヤマ道でも、暗くなると危険である。かつて夜道を帰って、谷に落ちて死んだひともいる。だから、灯りがないかぎり、むらびとは歩くのをやめて、その場で家族が迎えにくるのを待つことにしている（帰る時間を考えて、ヤマの作業をおえるから、そんなことはめったにないことだが）。和政さんは、小屋にとどまって、妻が迎えにきてくれるのをまつことにした。

夜の八時ちかくになった。妻の登美子さんは息子の和樹君と下の川まで様子をみにおりていった。夫の帰る気配はなかった。対岸の険しくそびえたった山が、星のあかりのもとにうっすら浮かび、むらの方に今にも倒れてくるように思えた。それが、不吉な予感をかりたてた。

急いでいったん家に帰り、地下足袋をはき、ヤマ行きの服装にきがえた。むらびとに、主人がまだ帰ってこないので、一緒に捜しにいってくれるよう頼んだ。だれもが心配してきてくれた。登美子さんは、捜しにいく途中、息子にいいきかせた。「どこで、どうなっていることやらわからん。とうちゃんにもしものことがあっても覚悟せよ」。

一行は、和政さんを捜しながら、カマトコから五〇〇mほど手前にあるタロハチの尾根筋を越えた。すると、突然たき火のにおいがプーンとしてきた。むらびとはみな急に気がほぐれた。

和政さんは、それから二ヵ月間病院に通った。とうとうその秋のヤマの作業はすべて休んでしまった。その冬、和政さんは、イロリ端で焼酎をのみながら、ヤマの事故の恐ろしさをしみじみ述懐した。

ヤマの作業をしていて、いつどんな事故にであわないともかぎらない。このことはむらびとの生活を一層不安定にさせるとともに、むらの社会を大きく規制してきた。

3　ヤマ焼き

ヤマ焼きは、焼畑のなかでもっとも重要かつ神聖な作業である。

「きょうは、ヤマを焼くぞ」。朝八時ごろ、滝本庄作さん（五〇）が、呼びにきてくれた。「きょうは、天気もよいし、風もあまりない。ちょうどヤマを焼くのには手頃じゃ。ちょっと乾燥しすぎているかもしれん」。庄作さんは、ヤマの方にむかってこういった。

ヤマを焼く日は、たいへんむずかしい。まず、暦で三隣亡つまり日の悪い日は避けなければならない。つぎに適当に乾燥していること。乾燥しすぎていると、山火事のおそれがある。逆に湿っていると、十分に焼けない。ヤマ焼きで、焼け残った木くずほど始末に困るものはない。第三に風のないこと。

簡単な条件のようであるが、いざヤマを焼くとなると、これらの条件が一致した日というものは、そうあるものではない。だから、その日の朝にならないと、焼くかどうか最終的にはきまらない。ヤマを焼く予定で出かけても、風向きが悪くなれば中止となる。

わたしたちは、これまで、このヤマ焼きの日を待ちに待っていたのである。さっそく、調査用具を準備して、庄作さんのあとを追って山に登っていった。ゆっくりした足どりである。むらから約四〇分。タロハチとよばれる土地である。このタロハチは、よく日があたり乾燥している。燃えやすいカヤやワラビが多い。また、そのヤマの上方には、スギ・ヒノキの植林がある。きわめて危険な場所である。「こういうヤマは七月頃焼くべきだ。今頃焼くのは冒険だ」と庄作さんはいった。

（上） 防火のためのヒミチつくり。
（右） ヤマ焼きのたけなわ。

火種にむかって祈るオタノミ。

（上）ヤマ焼きの最終段階。
（左）コズ焼き、燃え残ったコズ（木くず）は集め、天気のよい日を選んでもう一度焼く。
（右）ジゴシラエ。焼きおえると、作物が栽培できるように石や木を整理する。

（上）トメづくり。ヤマキリのとき小さく切らずに残しておいた太い木は、土砂が流れないように、また足場になるように横において固定する。
（下）ゴートづくり。石ころはあつめて、小さな石垣をきずく。作物をつくるとき邪魔になる石を整理することができ、土砂の流出を防ぐ。

ジゴシラエのおわった焼畑。新しいヤマハタの完成である。

作物を栽培すると、荒涼とした感じはなくなり青々とした畑になる。

タロハチには、庄作さんのイトコで、奥さんのオイでもある山中源助さんが、すでにきていた。やがて庄作さんの奥さん、妹とその主人である中内常忠さんもやってきた。焼畑の作業の中で、このヤマ焼きだけとくに手伝いあう。これを、イイイレまたはイイナシという。いわゆるユイとよばれる共同労働である。

焼く場所は、去年の秋に伐採した木や枝が燃えやすいように並べられている。まず、火が燃えひろがらないように、焼畑の周囲の枯れ葉や枯れ枝をきれいにとりのぞく。防火のためのヒミチをこしらえるのである。いままでヤブでひどかったところが、公園のように整理されてしまう。ヒミチには、年始めの初午《はつうま》の日にとっておいた水をまく。この水をまけば、それまで吹いていた風もやみ、安全に焼けるという。一度ヒミチをつくったら、その中のヤマでは、つばをはいたり、小便をしたりしてはいけない。

午後五時四五分。いよいよ火入れである。枯れ葉をあつめ、その上にジャコ（小魚）をおく。紙きれに火をつける。こうして火種ができる。庄作さんは、その火種にむかって手をあわせて〝オタノミ〟の祈りをくりかえす。

「タダイマヨリ、コノヤマヲヤキマス。ヤマノカミサマ、ジジンサマ、ドウゾオマモリクダサイ。アキバサマ、ハツウマサマ、ドウゾオマモリクダサイ。ハンデニゲルモノ（ヘビのこと）ハ、ハンデニゲテクダサイ。トンデニゲルモノ（虫のこと）ハ、トンデニゲテクダサイ」。ぱん、ぱんとかしわ手をうつ。

火種に枯れ葉や枯れ枝をのせて火を大きくし、竹を三本くらいあわせたタイマツをつくる。ヤマに燃えやすいように並べられた枯れ枝に火をつけていく。必ず上端から火をつけていかねばならない。火の列が三日月形になるように、火入れをすれば、炎は外にでず安全である。三人の男が火入れ役だ。

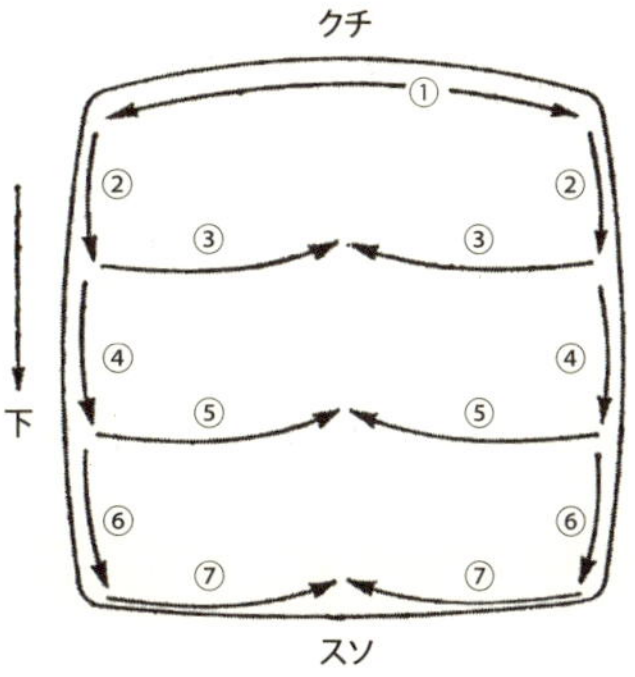

図32　火入れの順序

炎を小さくたもち、しかもまんべんなく焼く、これが火入れのコツだ。枝の多い急な斜面を自在に動き、火勢を調節する。二人の女性は、上端のヒミチで火の番をするが、下から煙があがってくるから、じつにけむい。しかし、火の粉がちょっとでもおちると、とんでいって消す。「家をでるまえに、ちゃんと氏神さんにたのんでおいた。安全に焼ければ、明日はコメをもってお礼参りをする」。庄作さんの奥さんは、火のこわさで、興奮している。

しだいに日が暮れていく。炎は赤々と燃え、ときには五mにものぼる。燃える竹の音が、パーンパーンと山にこだまする。やがて、日はすっかり暮れて、炎と、ときおり火に近づく人影がみえるだけとなる。こういう危険なヤマは、夜焼きをするほうがよい。火の粉が散るのがはっきりみえるからである。

火入れからすでに約三時間経過した。ヤマ焼きは終る。だが、残り火がみえなくなるまで番をする。ときどき、火の粉がヒミチの外にとんで、燃えることがあるからである。そんな時には、早速水をかけて消す。どうやら一〇時頃になって、残り火もみえなくなった。もう山火事の心配はない。ようやく帰途につきはじめた。暗い山道から遠くのむらの灯りが点々と眺められる。

その夜、ヤマ焼きを手伝ったものは、滝本さんの家にあつまり、ヤマの無事を祝い、酒を飲んだ。ケチガンとよばれる。あるじの庄作さんは帰るとすぐ山の神様、秋葉様、初午様に、杯にいっぱいずつ酒をささげ、お礼をした。庄作さんの得意の鶏雑炊をごちそうになるうち、さっきまでの疲れは忘れてしまう。こうしていろりを囲んで、ケチガンは夜遅くまで続く。わたしたちが庄作さんの家から帰ったのは、すでに明けがたも近かった。

4　虫供養

梅雨のことを、この地方ではナガセという。ナガセになると、焼畑の作物に虫がつくようになる。とくにヒエにはよくついた。ヒエが三〇cmぐらいになったころである。むらびとは、この虫をヨトウムシとよんでいる。最初はひどく小さいが、成長すると二cmぐらいになるという。これが大量に発生するとたいへんなことになる。ヒエの中のスジばかりをたちまちにして食い荒らしてしまう。ヒエは、収穫できないほどいためつけられる。

古老（七四）は、子供のころを思いだして語ってくれた。「なぜかしらないが、昔から、虫は音につくといった。わたしが五つぐらいのときだった。母について、ヤマにヒエの草とりの手伝いにいった。なんとヒエには虫がどっさりついちょった。すぐに、坊さんに頼んで鉦をチンチンついて供養をはじめてもらいました。すると、虫がサアサア音をたてて、一方のほうばかり逃げていった。それは奇妙なもんじゃった。虫がついても、こうして供養するとたいてい一回で逃げてしまいました。逃げるばかりでもなかった。鳥がきて、それらの虫を食ってしまうこともありましたぞよ」。

いまは、ヒエをつくらなくなった。が、年一度は、かならず虫供養をおこなう。旧五月二〇日である。この日は、斎藤別当実盛の縁日にあたるという。これにはいわれがある。実盛が敵におわれて、田んぼの中で捕えられた。殺されるとき、イネの虫になって食い枯らしてやる、といってから亡くなった。それ以後、その虫が発生して、イネを枯らすようになったのである。虫供養は、実盛の霊を慰めることからはじまった、という。

むらにはイネがない。かわりにヒエに虫がついたので、その虫を追い払うために虫供養をするようになった。この虫供養の日は、精進しなくてはならない。なまぐさいもの（魚肉類）を食べてはいけない。供養日から三日のあいだ肥くみをしてはならない。

当日の昼まえ、むらびとは、むらの中心にあるお堂にあつまった。まず酒を盃で三杯ひやでのむ。そして、実盛様に心経をとなえる。お祈りが終わると、七人の踊り子たちが、お堂の前でタイコと鉦をたたきながら踊りはじめた。

このタイコ踊りのリーダーは、半場徳弥さんである。明治四〇年うまれ。八年ぐらいまえ亡くなった中内寿吉さんのあとをついだ。そのまえのリーダーは、徳弥さんの祖父がやっていた。祖父の代は、むらで有数の山持ちだった。屋敷も大きかった。カネに困ったときはこの家に行けばよい、といったほどだった。ところが、父が道楽者で、つぎつぎに山を売っては、伊予の商人から着物を買った。とうとう屋敷まで売ってしまうことになった。そして、むらから少しはずれた谷間の安い土地に家をたてた。徳弥さんに残された財産は、この家と家の近くにある猫の額ほどの常畑だった。だから徳弥さんは苦労をしてきた。ひとの家に傭われたり、小作ばかりしてきた。とうとう嫁も、もらわなかった。だが、むらの精神的な面では立場が異なっていた。信心深い徳弥さんは、むらの行事の統率者である。むらの踊り子たちは、徳弥さんの指揮のもとに調子をそろえる。四年まえ、このタイコ踊りは、町から無形文化財に指定され、昨年はテレビ放映された。徳弥さんは、タイコ踊りが世にでたことを思うと、うれしくてたまらない。

タイコ踊りは、年に五回ある。この虫供養を皮切りに、氏仏供養（旧暦七月三日）、若仏供養（同七月四日）、お盆（同七月一四日）、それに先祖祭（同八月五日）である。行事によって、歌の種類、順序が決まっている。

虫供養のとき、お堂で踊る歌は、まず〝念仏踊り〟そのつぎが〝あつもり踊り〟である。

「南無阿弥陀仏」と書いた旗を先頭に、タイコや鉦をたたきながらむら中をねり歩く。

いざ踊ろ、いざ踊ろ
なんまいだ　なんまいだ
なまみだぶよ　なまみだ（三回くりかえす）
トコトンテン　トコトンテン
（ここまでを三回くりかえす）
念仏踊りは　それまでよ

大きなタイコを腹にかかえて「トーント・トーント・トーント・トントントン……」とたたく。リーダーの徳弥さんは、美しいのどでさらにうたいつづける。

あつもりが　あつもりが
武蔵の国の　くまがいが
青葉の笛を　かけおいて
ひとや踊れ　ひとや踊れ
コメさん　コメさん　コメコメさんどう
トコトンテントン

しのびの踊り。むらの下にある川で最後の踊りをおどり、それまで“音についてきた”虫を川に流してしまう。

その笛を　その笛を
もどせかえせて　まねかれた
あつもり踊りは　ひとや踊れ　ひとや踊れ

あつもりさまの　おご神所
今度のかたきは　一ガ谷
あつもり踊りは　ひとや踊れ　ひとや踊れ

あつもりさまの　おござ舟
阿波の西まで　はてくれた
あつもり踊りは　それまでよ

これを踊りおえると、「南無阿弥陀仏」と書いた旗を先頭にタイコや鉦をたたきながら、むら中をねり歩く。そのとき、ゾウリ片方とめいめいが木でつくった太刀をもって歩く。それらは、実盛が敵につかまるとき落としたといわれるゾウリの片方と腰にさしていた刀をなぞらえたものである。

むらの上まできてしまうと、今度は横に一列に並んで踊りはじめる。このときは、〝伊勢の踊り〟〝お踊り〟〝やその踊り〟以外なら、どんな踊りでもよいという。踊りおわると、ふたたびタイコと鉦をときどきたたきながら、むらの下にある川におりていく。

橋の上で、最後の踊りをする。これは〝しのびの踊り〟とよばれる。

おれにしのばば　細谷川にてお待ちあれ
もしかも誰よと　ひと問わば
魚つりよと　お答えあれ
おんどるよ　しのび踊りをおんどるよ

まだもしのばば　御門の外にお待ちあれ
もしかも誰よと　ひと問わば
ご門の番じゃと　お答えあれ
おんどるよ　しのび踊りをおんどるよ

いままで音についてきた虫を、このしのびの踊りで、袋小路においやってしまうのだ。踊りおわると、もっていた旗、ゾウリ、太刀を川に役げこんで流す。いままで音についてきた虫は、それらと一緒に流れてしまう。川からむらにもどるときは、できるだけ音をたてないようにする。音をたてたら、川に流れたはずの虫がまたもどってくるからである。

お堂では、むらの当番がケチガンの準備をして待っている。区長さんをよんでくる。区長は、酒一升もってやってくる。わたしも酒を提供した。行事のときは、区長とならんで徳弥さんが中心人物である。徳弥さんのもとに盃があつまる。やがて、徳弥さんは得意の小諸馬子唄をうたいはじめた。

踊り子たちは、こうして夜遅くまで飲んで、虫を送ったケチガンをにぎわうのである。

5　雨乞い

梅雨がおわるとひでりがつづく。長いあいだつづくと、焼畑の作物が枯れてしまうようになる。そんなとき、むらびとは雨乞いをした。

「いまでしたら、カネさえあれば、よそから食物が買えますろう。けんど昔はそれができませなんだ。むらでとれたものに頼っていくしか仕方がなかったんです」。古老は自給自足時代の椿山を思いだして、こう語ってくれるのだった。

「おてんとうさまはもらいにくいが、雨はもらいやすい、と昔からいいました。ひでりがつづいて、いよいよ雨乞いをしなければ、というときには、どうするかむらの総会にかけました。むら中の心が一致しないと、いくら雨乞いをしても雨をもらえないといわれていたからです。みなが一致して雨乞いをしようということになると、むらの氏神さまにお願いしました。お宮の前に畳を敷いて、むら中のものがお祈りしました。二晩で心経を一万回もとなえ、三日目にクジをひいて、雨のふる日を占いました。それから、お宮の前でタイコ踊りをおどったもんです。雨も、音につくといわれたからです。

むらの氏神さまになんぼ頼んでも、雨がもらえそうにないときには、隣のむらの安居にいきました。安居には、オオタビさんという滝があって、ここには水の神の竜王がすんでいる、といわれてました。あちこちから雨をもらいにきたもんです。五、六年前、大きなひでりがあったときは、県知事もここにきて雨乞いをされた、ということです。ここでご祈禱するひとには、雨がついていく。そのひとの通っていくあとを追って雨がふっていく。昔からそういいましたけど、げにまっことそうじゃけん」

雨乞いと逆に、長雨がつづきすぎて、おてんとうさまにでてきてほしいときがある。四月ごろふる長雨のことを、この地方ではヤマクロガラセという。このヤマクロガラセが長くつづくと、焼畑をつくろうにもつくれなかった。ヤマ焼きができないからだ。ヤマキリをして乾燥させておいても、長いヤマクロガラセにあうと、どうしても火がよくまわらない。そのヤマ一面に、コズ（焼け残った木や枝）が残って、あとあとまで始末に困ったのである。

そんなとき、おてんとうさまにでてもらうようにお祈りをした。オヒヨリモウシという。雨を神に預けて、おてんとうさまにでてもらうのである。雨乞いのときと同じように、むらの神社の前にむら中のものがあつまってお祈りをした。このときは、タイコ踊りはおどらない。音には雨がつくといわれていたからだ。

四、五年前ヤマクロガラセが長くつづいたことがあった。ヤマを焼くことができないむらびとは、町へいって重油を買ってきた。そして、木や枝をかさねたモエバに重油をそそいでヤマ焼きをした。重油の手に入らなかった昔は、ヤマクロガラセが長くつづき、お祈りしてもおてんとうさまをもらえなければ、作物をつくろうにもつくる場所がなかったのである。ここに焼畑は、水田などよりもじつにきびしい自然の制裁をうけてきたことがうかがわれる。一面原始的・粗放的ともいわれる焼畑は、自然にたいして容易に影響をうける、じつに繊細な生産様式なのである。

6　アワ刈りの日

椿山の山々が紅色に染まるころ、焼畑の作物は実をつけ、穂を重くたらすようになる。ヒエ・アワ・ダイズ・アズキなど春にまいた作物の収穫がはじまる。そんな秋のたけなわ、むらびとの家に泊めてもらい焼畑の生活を観察した。これは、一〇月中旬のむらびとの一日である。

平野光繁さんの家は、五人家族である。小学生の女の子二人、光繁さん夫婦、そして光繁さんの母、幾代さん（八一）である。幾代さんはもう体が弱く、一日中イロリ端と床のあいだをゆききしている。平野夫婦は、生活を質素にして、よく働く。むら中でなかなかの評判である。

椿山の朝は、ニワトリの鳴き声とともにはじまる。秋たけなわの椿山の朝は、うすもやがかかり、ほんのり明るく、冷気が身体中にしみわたってくる。妻の久江さんはニワトリの声をきくや起きあがった。五時半である。さっそく食事の準備をはじめる。コメをといで電気炊飯器にスイッチを入れる。野菜をきってみそ汁の支度。これでオキジヤ（朝食）の準備はおわる。台所や居間周辺を掃除して、洗濯機をまわす。六時半、光繁さんが起きてくるまでに久江さんの朝の仕事は、ひととおりおわる。

椿山では、起きてまもなくとる食事のことをオキジヤとよんでいる。あたたかいゴハンにみそ汁だけ。このオキジヤを食べるのは、二人の娘である。光繁さん夫婦は、ヤマの仕事場についてから食べることにしている。そのほうがずっとおいしいからだという。だが、オキジヤのみそ汁の中身も、なかなか豊富でうまそうだ。ジャコ（小魚）、フシコ（カツオブシ）、野菜、それに卵まではいっている。

二人の娘は小学校にいった。光繁さんは身じたくをすませて、ヒノキの実とりにでかける。一時間も谷川をさかのぼって、大きいヒノキの群生している国有林にいかねばならない。久江さんはきょう、アワ刈りをする予定だ。

主人がでかけたあとも、久江さんには家の仕事がまだ残っている。老母にオキジヤを運んだり、ニワトリやハトに餌を与えているうちに九時がちかくなった。

そろそろ自分のヤマ行きの身じたくをしなければ。きょうアワ刈りするのは対岸のタロハチという焼畑だ。

弁当をいれた網袋を背負い、腰に巻きつけたひもにカマをさした。このひもは、夕方ヤマからもどってくるときに、収穫したアワや薪を背負うのに使うのである。作業着はブラウスとモンペ。そのうえに、かっぽう着をつける。足は、地下足袋と脚絆。

久江さんは家をでた。でかけるまえにヤマで食べるナスとピーマンをサエンバ（菜園）からもいでいく。目的のタロハチまで一時間はかかるだろう。むらの林道をくだり、川を渡って対岸の山をのぼりつづける。タロハチにつくまでに、ひと汗もふた汗もかいてしまった。やっと出小屋についたときは、もう一〇時をまわっている。さあ、すぐにアサメシのしたくだ。ヤナギ（ミツマタ）の枯れ枝をたきつけに、火をつける。空の一升びんをもって、谷川へ水をくみにいく。そして出小屋の自在カギで、ヤカンの高さを調節しながら湯をわかす。いつもとほとんどかわらないアサメシの準備である。

ヒキワリメシ　ムギとコメを半々の割合で炊いてつくる。

ミソ汁　椀にフシコ（カツオブシ）とミソを入れ、熱湯をそそぐ。家をでるときサエンバでとってきたナスを焼き、その皮をむいてミソ汁の中に入れる。

ピーマンのむし焼き　やはりサエンバでとってきたピーマンの中をくりぬいて、ミソとカツオブシをいれ、火でじかに焼く。

ツケモノ　家からもってきたアオナの塩漬け。

コンコ　ハッタイコに砂糖をくわえ、湯でねる。

カタクリ　カタクリ粉に砂糖をくわえ、湯でねって食べる。

ヤキキビ　出小屋のまわりにうえつけておいたトウモロコシをとってきて、焼く。

蒸したカライモ　家からもってきた。

家のすぐ近くにあるサエンバ。
野菜は主にここでつくる。

黄色く熟した焼畑のアワ。

このうち、コンコ・カタクリ・ヤキキビ・蒸したカライモは、いわばデザートのようにして食べる。ときどき、カンヅメや干し魚を町から買ってくる。が、ヤマで食べる食事のほとんどは自給生産だ。遠くの山々をながめながら、夫婦で語りあってとる食事はほんとうにうまい。だが、きょうは久江さん一人である。

アワ刈りをはじめようと腰をあげたときは、すでに一一時にちかかった。この春焼いた焼畑には、アワが黄色く熟していた。アワは、三〇cmほどのびたヤナギ、それよりわずかに小さいスギやヒノキと混植されていた。

アワ刈りは、焼畑の斜面の下からはじめる。左端から右へときっていく。これという理由はないが、実際やってみるとなかなかよい手順なのである。アワの穂の三〇cmほど下の茎をきる。穂刈りだ。柄の長いカマを右手にもって、一本ずつきっていく。きりとったアワの穂を左手にもちきれなくなると、一束としてたばねる。アワのような作物の刈りいれには、〝トモネン〟

という束ね方を用いる。つまり、束ねるアワの茎の長さを数本だけ、やや長めに切っておく。その長い茎で、穂を束ねるひものかわりにするやり方である。

束ねたアワの穂は、カクイギ（ヤマ焼きのとき一mぐらいの高さにきり残しておいた木）にかけておく。こうしておけば、少しでも早く乾燥するし、まとめて集める時も便利である。急斜面で、一時間も仕事をつづけていると、腰が痛くなった。一〇分休む。

休んだら、再びアワ刈りをはじめる。さらに一時間も刈ると、二〇aほどの焼畑のアワを全部刈りおえてしまった。アワの穂束があわせて一八ワ。「これを籾にしたら、二斗五升（四五ℓ）はとれる」と、久江さんは、収量をはじきだした。しかし、籾殻をとって実際食べる粒にすると、その半分の二三ℓくらいになってしまう。したがって、一aあたりとれるアワの純収量は、およそ一ℓだ。いまでは、ほとんどアワモチにして食べる。アワモチにモチゴメをまぜたら、粘りがでて一層おいしくなる。

出小屋にもどってくつろぐ。カマドの残り火をおこして、お茶やミソ汁をつくる。ニバンチャという。食事の内容はさきのアサメシとまったく同じである。

ニバンチャがおわると、午後の仕事に移

アワ刈りがおわると、カクイギにかけて干しておいたアワをあつめ、近くのイナキにかけなおして乾燥させる。

る。時計はちょうど二時をさしていた。今度はワラビの刈りとりだ。栽培を放棄して二、三年たったタロハチの焼畑には、大きいワラビが群生している。茎の太さが鉛筆ぐらい、高さは一mもある。根本から一本一本きりとっていく。それを乾燥させたものは、シダワラとよばれている。シダワラは、イモ類の貯蔵に使う。冬の間、寒さをさけて、サトイモやサツマイモを土中に埋めて貯蔵するのである。その際イモと土の間にシダワラをしきつめておくと、イモが腐りにくく長持ちする。

ハヤトウリ。椿山ではイソドウリとよび、むらのほとんどの家で栽培されている。味は淡泊だが、柔らかくみずみずしい。

焼畑の傾斜は三五度。しかもクズなどつる性の植物がからまって、ワラビ刈りはとても難儀する。二時間ほどワラビ刈りをした。大きなワラビの束が六ワになった。それを乾燥させるために小屋の周囲にひろげる。

時間はまだある。日が暮れかかる五時すぎまで、出小屋のまわりの草引きをする。いよいよ帰るころになると、久江さんは、ヤブからシイタケをビニール袋につめてきた。そこは、焼畑にしないでヤブのまま、シイタケを栽培しているのである。

近くのヤマで働いていた中西重貞さんや山中正太さんと一緒の帰り道だ。アワやシイタケの荷が重い。しばらくはゆるやかな下り坂なので比較的楽である。が、林道をでると、そこから二〇分ぐらいむらの石段をのぼっていかなくてはならない。

家にたどりついたのは、六時だった。休む暇もなく、久江さんは、バンメシの準備をする。ニワトリやハトにも餌を与えなくてはならない。風呂だけは、娘たちがわかしておいてくれた。六時半、光繁さんがヒノキの実とりから帰ってきた。さあ、一家そろっての、バンメシだ。

ヒキワリメシ　朝炊いておいたもの。お茶をかけて食べる。ゴハンをたくのは、通常朝だけである。

ニモノ　インドウリ（ハヤトウリ）とシイタケを油でいため、砂糖と醤油とジャコ（小魚）をくわえて煮たもの。

ツケモノ　タイサイ（シャクシ菜）の浅漬け。

ミソとジャコ。

バンメシにつくのが、焼酎か酒。たいていのむらびとは、酒よりも焼酎を好む。しかし、光繁さんは、どうもその逆のようだ。久江さんも相伴する。バンメシは、イロリをかこんで一家団らんのときだ。アワ刈りのこと。ヒノキの実とりのこと。子供たちの学校でのことなど、いろいろな話がでて、笑いがたえない。

食事がすむと、娘たちは、宿題をするため部屋にひっこむ。光繁さんはテレビにしがみつく。久江さんは、さっさと食事のあとかたづけをしてから、テレビの前にすわり、繕いものなどをはじめる。

むらの女性をみていると、毎日忙しそうに働いている。女性のする仕事は、ほんとうに多い。ところが彼女たちは、じつに楽しそうに働いている。「そりゃあ、しんどいけれども身体を動かしているときが、一番楽しいもんよ」。久江さんは、さも愉快そうに笑うのだった。夜も一〇時になった。光繁さんたちは、眠りはじめていた。

7 むらの五穀

「むらでは、昔からつくってきたものいっさいを五穀といいます。モミジというのは、モミジのように照る木じゃ、という。五穀もそげなもんじゃ」。むらの古老は、五穀のことをこのように定義している。

椿山で昔からつくってきたものには、ヒエ・アワ・ソバ・ムギ・タカキビ（モロコシ）・コキビ（キビ）・ダイズ・アズキ・タイモ（サトイモ）などがある。むらびとの食生活は、ほとんどこれらの作物によって占められていた。とくに、ヒエは、もっとも代表的な作物であり、明治初期には、他のどの作物より多くつくられていた。(1) なかでも椿山では、ワサビエ（早生のヒエ）をよくつくった。芒のない品種でヒノジ・カゲジ・ケタヤマ（高度の高いヤマをさす）のいずれにも生育した。ケタヤマには、ムギなどの作物ができないので、ヒエをよくつくった。焼いた年の五月ごろ、種をまいた。

ナガセ（梅雨）になると、ヨトウムシ（夜盗虫）がヒエの葉を食ってしまうことがあった。ヨトウムシは、土用に北風が吹くとよく発生した。ヨトウムシがわいた畑には、二、三人あつまって、虫送りをした。さっと逃げるときもあれば、いくら虫送りをしても逃げないときがあった、という。

ヒエは、脱穀してツツ（殼）をとると、長持ちのする作物だ。いまでも、何俵ものヒエをときおり干して、大事に貯蔵している。しかし、最近ではほとんどつくらなくなった。出小屋のまわりに四、五本のヒエが、無造作にはえているのをみかけるぐらいである。

アワには、メシアワとモチアワの二種類があり、大きく区別されていた。モチアワはさらにこまかく分かれていた。一番遅れて熟すアワを、シチリキとよんでいた。低いヤマであるチカヤマだけに生育した。逆に、もっとも早く熟れるのが、アカアワである。穂が小さく赤味がかっていた。二番目に成熟の早いのが、ヒゲモチである。穂が長く、ヒゲ（芒）がたくさんついている品種で、熟すと黄色くなった。三番目は、ネコデという品種だった。穂は太く短く、猫の足のような形をしている。「アワには、ほんにたくさんの種類がありました」と、古老は話す。

アワの畑には、アワとじつによく似た雑草がはえていた。これをエビコとよんでいる。エノコログサのことだ。アワとエビコを、成熟しないうちに区別することは、たいへんむずかしい。種子の大小で区別するという。栽培のアワが多少大きかった。

ハタケウチ。正月二日、家からみて“あき方”の方角にあるコヤシ（常畑）を選んで、畑を少し耕し、しめ飾りをたてダイズをまく、こうしてその年の五穀豊饒を願う。

椿山で昔から栽培していたムギには、二種類あった。芒のないボウズコムギと、芒の長いゲラムギ（オオムギ）だった。これらのムギは、チカヤマの日のよくあたるヒノジやコヤシ（家の周囲の常畑）で、よく栽培された。

ソバは一種類しかなかった、ソバは、ムギができないようなカゲジでもよくできた。霜のおりる一〇月いっぱいまでには、収穫しておかねばならないから、種をまく時期は、遅くても八月二〇日ごろまで、という。

（1）前掲の『池川郷村誌』（池川町所蔵）による。

「タカキビは、五穀の王様じゃけん、どうしてもつくるもんじゃ、と昔からいいます」。古老は、こう教えてくれた。タカキビというのは、モロコシのことで、中国のいわゆるコウリャンである。タカキビは、焼畑には栽培せず、すべてコヤシでつくる。四月下旬、苗床に種をまいて、五月末か六月にかけて、苗の先端をきって移植する。そして、一〇月ごろ収穫する。タカキビは、モチにして食べた。モチゴメをくわえなくても、粘り気のある赤いモチができる。

「コキビのモチは、うんとおいしいのができます。けんど、コキビはつくりにくい」。コキビというのは、

いまではモチアワにモチゴメをまぜてモチをつくる。

表5　明治初期の池川郷の農業

	作物	椿山村	大野村	竹ノ谷村
作物生産量（明治十二年）		石 斗 升	石 斗 升	石 斗 升
	米		4. 0. 4	35. 3. 1
	ヒ エ	48. 8. 0	7. 5. 0	6. 5. 0
	トウモロコシ	36. 8. 4	70. 0. 4	118. 4. 5
	ソ バ	5. 7. 2	7. 8. 0	3. 6. 3
	ア ワ	1. 1. 0	1. 2. 0	2. 4. 0
	大 麦	7. 8. 4	3. 5	22. 0. 7
	小 麦		5. 5	2. 2. 6
	裸 麦		12. 3. 0	15. 4. 6
	大 豆	1. 1. 6	1. 0. 1	1. 3. 8
	小 豆			
	菜 種	2.5		1. 3. 0
	サツマイモ		1300貫	3500貫
	番 茶	800斥	530斥	
	麻	40斥	43斥	158斥
	タバコ	42斥	75斥	200斥
	楮	150貫	950貫	3000貫
耕地面積（明治十四年）	田	0.9反	15.3反	57.8反
	畑	93.2	109.4	235.4
	伐 畑	121.9	134.6	273.0
	山 林	3.357.0	2.118.4	2.520.1
	計	3,573.0	2,377.7	3,086.3
戸 数		47戸	45戸	85戸
一戸あたりの土地面積		76.0反／戸	52.8反／戸	36.3反／戸

山 地←――――――――→平 野 部

資料：「池川郷村誌」

ムギのとり入れ。

↑　五穀の王様といわれるタカキビ（モロコシ）。

←　タカキビは移植して栽培する。

明治以降、キビ（トウモロコシ）はむらびとの食生活に大きな役割を果たしてきた。

いわゆるキビのことだ。(2) 稲の穂の形をしているが、種子がたいへん小さい。コキビは、タカキビとは対照的に、ほとんど焼畑で栽培した。しかし、小鳥が好んで食べてしまうので、収量はあまりなかった。ウノミといって群れになってやってきて、あっという間に食べつくしてしまう、という。ところが、サルはコキビをこわがった。サルがコキビの穂を手にすると、実がザラザラと動くので、虫と錯覚して食べなかったらしい。コキビもモチにして食べる。高度の高いケタヤマ以外なら、ヒノジでもカゲジでも生育する。が、ムギがうえてある畑はさけて栽培した。ヒエやアワは、種を地面に厚くまくが、コキビはナガセのころ、薄くまくものだという。いまではコキビも、わずかにつくっているにすぎない。

古くから栽培してきた五穀に、新しい作物が近世になってくわわった。キビ（トウモロコシ）とカライモ（サツマイモ）という新大陸原産の栽培植物であった。延宝二年（一六七四）の「池川・用居切畑ノ御改指出帳」には、キビもカライモもまだ登場していない。ところが、明治一五年の『池川郷村誌』によれば、すでに大量に栽培されていることが記されている。生産性の高いこれらの作物は、隔絶されたこの椿山にも、いつのころにか浸透していったようである。

キビは、どこでもよくできた。「まえは、よくつくっちょりました。一二間のイナキ（干し場）全部にキビをかけたこともあります。一間に二四ツリの割でかけられます。今年は、ほんの五ツリしかつくっちょらん。二斗ぐらいなもんです」。計算してみると、キビの最盛期には、一軒で一二石もつくっていたことになる。

むらびとの食生活は、このキビとカライモの栽培のおかげで、ずいぶんうるおった。こうして自給自足の経済にゆとりができたことは、あらたにおしよせてきた資本主義経済の波を受けとめる大きな素地となった。

8　ヒエメシ

「土佐でコメ食うは、神事か盆か、親の法事か正月か」。昔、伊予のひとたちは、山のむこうの土佐のことを、こう歌った。

なるほど、コメを食べることなど、このむらではめったになかった。自給自足の焼畑では、イネをつくらなかったからだ。驚いたことに、わたしがこのむらを訪れるようになったつい最近まで、コメはむらびとの口にあまり入らなかったのである。

七〇に近い古老は、むらの食生活の移りかわりを、こまかく語ってくれた。

「わたしらの若い時分、主食といえば、キビ（トウモロコシ）とヒエをまぜたものでした。そのつぎが、カライモ（サツマイモ）。そのほか、ヒエやキビだけのもの、キビとすり割ったムギをまぜたもの、ムギとアズキをまぜた赤飯があった。コメはほんのわずかで、盆、正月に一斗（約一八ℓ）ずつ下から買って食べるだけだった。それも、コメだけ食べるなど、思いもよらぬことだった。コメはほんのひとにぎりぐらい、キビ・ヒエをまぜて食べた。弁当は、ヒエ・キビ・アワが主だった。

ヒエは、メシだけに使った。ところが、ヒエを食べられるようなメシにするには、なかなか骨が折れた。

四斗（七二ℓ）を一俵としたもんだった。ヤマで脱穀して、一俵ずつとってきた。大きな釜に一斗か一斗四、五升ぐらいの水をいれて沸かす。そこへ、俵からヒエを少しずつ移しいれる。ひと粒でも湿らないヒエつぶ

（2）椿山では、普通いわれているキビ（*Panicum miliaceum, L.*）をコキビとよんでいる。そして、トウモロコシのことをキビとよんでいる。

がないように、カマジャクシといって大きなシャモジでかきまぜた。それで何回も何回もまぜて、全部のヒエメシがよく湿るようにした。それから、ふたをぎっちりして火をたいた。蒸すと、ヒエのツツ（殻）がひらいて中身がでてくる。湯が少なくなったとき、ふたをとってむらす。そして、釜からムシロに移しかえて、日によくあてる。からりと乾いたものを水車などにかける。これでやっと、ヒエのコメができあがる。なかなかめんどいことだ。なまでついたコメは白いが、殻がとても簡単にはげるものではない。よく蒸して干してつくとすぐにはげるが、コメは黄色がかってしまう。

キビは、コメぐらいの大きさに割って食べた。ムギは、つくり方も悪かったから、よっぴき（夜通し）たかなければ、ご飯にならなかった。

夕食のおかずには、よく手打ちそばをつくった。このへんでは、ソバがよくとれた。それを粉にし、ねっておいて、毎晩大きなナベにいっぱいつくって食べた。そのソバを翌朝ぬくめかえすと、味がしみておいしかった。みそ汁にナッパ、ダイコンなどを入れ、それに打ったソバをちょっとゆでてもおいしかった。そのほかは、自分でつくった野菜をたくか、売りにきた干し魚をときどき買うくらいだった。

タイモ（サトイモ）もよく食べた。タイモには、いろいろ種類があった。ヤマへうえるのをツルノコまたはオオイモといった。昔は、かならずといってよいほどヤマでうえた。家に近い、肥をくむコヤシ（常畑）には、イセイモ・マイモ・シマイモをうえた。ほかによそからとってきて、うえるものもあるが、この土地にもとからあったイモといったら、これだけだった。ツルノコが一番おいしかった。味がちがう。

わたしらが若い時分は、シシ（イノシシ）はあまりおらだった。けどその昔は、シシがよく掘った。ヤマにうえるとシシが食って、なんにもとれだったという。いまは、ツルノコもコヤシにうえるようになった。最近、家の近くまでシシがでてくるようだ。イセイモというのは、もともと近くのコヤシにうえる。茎をみたら区別できる。茎の根もとに割れたところがある。その割れたところに、赤いえりのようなものがかかっている。それがイセイモの特徴だ。マイモといったら、その茎全体がアズキ色のように赤い。シマイモというのは、やたらと大きくなる。全体があおい（濃い緑色）。シマイモは、タイモの王様だから、ぼつぼつでもいいからかならずうえるもんだ、と昔からいった。シマイモの子はうんと太い。子イモの背中にある親イモは、苦くて食べれない。シマイモの場合、親イモは捨ててしまう。

タイモのことを、別名クキイモという。ここらでは、タイモといわずに、むしろクキイモという。その茎をとって、皮をはいで干す。そして食べたら存外おいしい。ただ、ツルノコの茎だけはおいしくない。

神祭のときは、むらの一軒ずつから、トウフ・イモ・酒をいくらかずつ出さなくてはならない。それを宮さんに集める。ヌタをこしらえて、煮たイモをつけ焼きにする。お宮にくる太夫さんは、トウフの田楽と、タイモの串焼きを一番楽しんでくる、と昔はいったものよ」

当時、外部から入ってくる食物は、伊予から山越えしてくる商人の運ぶ塩と干し魚ぐらいだった、という。食生活は、山の産物で一応足りていたのである。動物性タンパク質は、川でわずかにとれるアマゴやウナギ、それにウサギやイノシシなどにすぎなかった。

このような自給自足の食生活は、昭和三〇年近くまで、あまり変わることなくつづいた。

「コメがぽつぽつ入ってくるようになって、ヒエはしだいに少なくなった。昭和三〇年ごろよく食べたものは、キビとムギをまぜたものだった。そのつぎが、カライモ。三番目が、キビ・ムギ・コメをまぜたものだった。ムギメシもよく食べるようになった。でも、その割合は、ムギ六分にコメ四分だった。おかずも昔とあまりかわりなかったが、魚がちょっとはふえてきた」

昭和四〇年、コメがやっと上位を占めるようになった。キビは主食の座から、ほとんど姿を消してしまった。

「そのころ、ムギメシを一番よく食べた。そのつぎはカライモだった。オカズでは、塩クジラをよく食べた。また、カツオなどの新鮮な魚が食べられるようになった。カンヅメも手に入った」

さて、現在では、カライモもほとんど食べなくなった。ムギが二分混じっている程度のムギメシが多くなった。

ある日、むらびとからヒエを一ℓぐらいもらったことがある。わたしたちは、さっそくコメとヒエをまぜて、ヒエメシをつくってみた。ところが、できあがってみると粘り気がない。パサパサしておいしくなかった。調理のせいもあろうが、食欲がでなかった。翌朝、残ったヒエメシを焼き飯にして食べてみた。すると意外においしかった。おかわりをしたほどである。

ヒエを食べていたことは、もはや遠い昔のことになった。欲しいものは、なんでもすぐに手に入れることができるようになった。それでも、昔つくったヒエを何十俵となく貯蔵している家がある、ということである。

9 山の幸

「昔は、よう食ったもんだ。ヤマノイモがこのへんでようとれるきに、ひとつみつけちゃろう」。峯本善蔵さん（六〇）は、ヤマキリの手を休め、ツル（細長い刃の鍬）をもってヤブの中へ入っていった。

「このへんは、ウツゲやクズがたくさんはえているから、土地がよう肥えちょる。ヤマノイモというのは、こんな土のええところによくはえる」

善蔵さんは、クモの巣のようなヤブをかきわけながら、ヤマノイモのつるをさがしはじめた。アオヒキ（ヘクソカズラ）とまちがいやすいが、ムカゴ（ヤマノイモなどの葉のつけ根に生ずる珠芽）の形で区別することができる。ヤマノイモのムカゴの方がずっと大きい。ところが、トコロ（ヒメドコロ）とヤマノイモは、地上部だけでは区別できないほど、よく似ている。イノシシまで、ヤマノイモとかんちがいして、トコロを掘るという。善蔵さんは、植物の分類についてこまかく説明しながら、ウツギの枝にからまっているつるをさがしだした。そうとう大きいツルでないと、根は小さくて、掘りがいがない。

善蔵さんは、大きいつるをみつけだして、根もとを掘りはじめる。岩と小石がゴロゴロしていて、容易に掘れない。このヤマはとくに岩が多い。むらびとは、ここをイワヤとよんでいる。五分ほどすると、三〇cmほど掘れた。つるの先端に、やっとイモらしい部分がでてきた。イモの周囲から注意深く掘っていく。ところが掘りだしてみると、たいして大きいイモではなかった。根が大きくなる過程で、岩にはばまれ、右へ左へと分岐してしまったのである。善蔵さんは、もっと大きいヤマノイモをさがして、ヤブをかきわけて奥へ入っていった。

その日とれたヤマノイモのうち数本をもらって、すりおろした。が、洗い足りなかったのか、砂でジャリジャリするのには、閉口した。むらびとは、すりイモにするほか、イモを焼いて、酢や醤油につけて食べる。ムカゴも、すりつぶして食用にする。

自然の災害にさらされやすい焼畑を営むひとびとにとって、野生の植物はきわめて貴重な救荒食になる。ふだんは、それを山の幸として、しばしば利用してきた。

椿山では、茎や根のでんぷんをよく利用している。ヤマで食事のあとによく食べるカタクリは、もともと自給食であった。町からカタクリ粉を買うようになったのは、かなり最近のことである。カタクリがとれる植物には、クズ・ワラビ・イバル（ウバユリ）があった。新しいものとして、ジャガイモからもカタクリをつくった。

焼畑を放棄すると、カヤが繁茂するようになる。そのままほっておくと、やがてクズがはえてくる。土質のよいところでは、畑一面クズにおおわれてしまう。このクズの根から、大量にでんぷんがとれる。秋から冬にかけて、クズの根を掘って、水でよく洗い、ウスでつく。それを布にいれてしぼると、灰白色の汁がでてくる。桶の中に貯めておいてやると、沈殿してくる。沈殿しおわったら、上澄み液をとりのぞく。こうして二、三回くりかえし、アクをぬいてやる。それをまた布でしぼって、陽に干す。これがカタクリとなる。焼畑のあとに繁茂するクズは、重要なでんぷん供給源となるばかりか、葉を家畜の飼料や肥料に、また茎をロープなどに用いるのである。

イバル（ウバユリ）もまた、土質のよいところにしかはえない。春、どの植物にも先がけて芽をだし、白く縁どられた花をつける。この根から、クズと同じ方法でアクをぬき、カタクリをとる。

ワラビは、焼畑とじつによく結びついている。焼畑にはうるさいほどワラビがはえてくる。この根茎からでんぷんをとって、カタクリにする。ワラビは、若葉もまた食用になる。干しておいて、ゆでたり、油でいためたり、煮こみに使ったりする。春、ワラビの若芽をたくさんとっておいて、塩をたっぷりいれて漬けておく。一、二日間、川の水でさらして、塩をぬき、食べる。

シレイ（ヒガンバナ）も、焼畑によくはえる。ところが、シレイは食用にするには、なかなか骨が折れる。毒抜きをしなければならない。イモ（鱗茎）には、アルカロイドが含まれており、有毒だからである。イモをたくさんとって、釜で半日ぐらいたく。それをウスでついて、こす。さらに、布でしぼって、一日ほど水にさらす。それをナベにいれて、蒸したり、アズキと一緒にたいて食用にする。昭和のはじめごろまでシレイをよく食べた、という。

茎や葉を食用にする野生植物も多い。これらは、ふつう塩漬けにして、貯蔵しておく。

むらの周囲の山々は、谷が深い。ちょっと奥に入ると、大きなワサビが群生している。三、四月に白い花をさかせる。しかし椿山では、ワサビおろしのきいた料理を味わうことはめったにない。根も葉や茎と同様、塩漬けにする。

イタドリは、山野のいたるところにはえる多年性草本である。四月から五月にかけて、若い茎がでてくる。できるだけその新芽をとってきて、カワをはいで干しておく。それもやはり塩漬けにする。一、二日間水でさらして、塩ぬきしてから食用にする。油でいためたり、煮ものに使う。こうして食用にする植物には、他にフキ・ミョウガ・ゼンマイ・タケノコなどがある。

とってきたものをそのまま酢ミソあえ、酢のもの、吸い物に使う植物がある。そのひとつがタラノキである。高さ六mほどになる潅木で、幹や小枝にするどいトゲがたくさんついている。五月から六月、このトゲがまだ痛くならない新芽をとってきて、食べる。ウドも同じような食べかたをする。ウドはタラノキの時期がおわったころから、食べられるようになる。

そのほか、〝ナ〟のついた植物はだいたい食用になる。トチナ（オトコエシ）もそのひとつだ。四月頃、若い葉をとってきて、ゆでてから油でいためる。ノビル・セリ・ツクシ・ヨモギなども、もちろん食用にする。むらびとは、周囲の野生植物をできるかぎり山の幸として、あるいは救荒食物として利用してきた。ところが、たいへん興味ぶかいことに、木の実はほとんど食べない。中部地方でひんぱんに利用されてきたトチの実やナラの実（ドングリ）など、椿山においては、まったく食用にしないのである。[3] トチやナラの木が、椿山に生育していないというわけではない。しかし、古老などにいくら尋ねてみても、トチの実やドングリ

（3）松山利夫は、中部地方で食用されてきたドングリやトチの実の利用方法をこまかく記載し、分類している。松山利夫「トチノミとドングリ――堅果類の加工方法に関する事例研究――」『季刊人類学』第三巻二号、社会思想社、一九七二。

ミツマタの苗。コヤシ（常畑）に種子をまいて苗をつくる。

ミツマタの移植。翌年の3・4月にコヤシで育てた苗（ヤナギの子）を焼畑に移植する。ヤナギのコウエとよんでいる。

焼畑のミツマタ。かつては自給作物のあとにミツマタを作ったが、いまではトウモロコシやダイズ（アズキ）と混植する。

大きなつぼみをつけて春をまつミツマタ。焼畑にうえて４年目の春、根元からきりとる。これをウイギリとよぶ。

ミツマタの花、４月になると、焼畑はミツマタの花で黄色に染まる。この花は、良質な肥料として使用される。

↑　二番ギリ。ウイギリの後は、3 年目ごとにきる。二番ギリ、三番ギリ……とよんでいる。

←　きりとったミツマタは、束ねて釜の上にのせ、大きなタルをかぶせて十分蒸す。ヤナギムシとよぶ。

↓　ヤナギの皮はぎ。蒸したミツマタの皮は柔らかくなりはがれやすい。はいだ皮は乾燥させ、冬がくるまで貯蔵しておく。

↑　ヤナギトオシ。焼畑の作業のない冬に貯蔵しておいたミツマタの皮をとりだして、水に浸し黒っぽい表皮をとりのぞく。

ヤナギの皮ぼし。黒っぽい表皮をきれいにとりのぞいたものはシロカワとよばれる。乾燥させて製品として仲買人に売り渡す。

ヤナギヘグリ。昼ヤナギトオシをしたミツマタの残っている表皮をとりのぞく。冬の夜は、おおかたこのヤナギヘグリで費やされる。

は食べたことがない、という。椿山だけではなく、隣の面河村でも、それらの実は利用されていなかった。このあたりでは、木の実にくらべて、根茎類のでんぷんの比重がはるかに大きいのである。

クズは、焼畑放棄後の植生のうつりかわりの一段階に登場してくる。そして、繁茂するから、容易にたくさんの収穫を得ることができる。かつて、その利用度はかなり高かったにちがいない。むらびとは、長い経験から、焼畑の植生の遷移にきわめて密接に結びついた植物から、でんぷんを多量にとることを学んだ。このことは、焼畑農耕文化をさぐるうえで、じつに興味ぶかいことのように思われる。

10 ミツマタ

四月の焼畑は、ミツマタの花で一面に黄色くなる。

ミツマタは、ジンチョウゲ科に属し、落葉性の潅木である。枝が規則的に三叉状にわかれることから、ミツマタ(三椏・三股)とよばれる。だが、この地方では、ほかのよび名が一般的だ。〝ヤナギ〟という。木がたいへんしなやかだからである。樹皮はひじょうに強く、手でひっぱってもとても切れない。この樹皮が、長いあいだむらびとの貴重な現金収入となってきた。コウゾとともに和紙の主要な原料であり、さらに紙幣の原料としても用いられている。

「わしのおかあが若いころ、このむらにヤナギがはいってきました」。明治二九年生まれの古老は、こう語った。記録によれば、ミツマタが高知県で本格的に栽培されたのは、明治二一年である。静岡県では、江戸中期の天明年間から、製紙用に栽培されていたという。そのミツマタの種子が高知県に導入され、数年ののちには四国山脈の奥深いむらのすみずみまでゆきわたった(4)。

「九〇年ほど前は、だいたいお茶やコウゾでやっていたらしい。鎖国時代には、コウゾで障子紙をすいた。それを、山越えして伊予の新居浜までもっていき、塩と交換した。下へいく道ができるまでは、もっぱら山越えで、伊予とのゆききが多かったもんよ」

コウゾやお茶は、ミツマタよりずっと古くからあった。いつごろから、このむらで栽培されるようになったかは、さだかでない。もともと年貢用として栽培された特産物であった。地方資料には、荘園領主への名主からの雑年貢の品目のひとつとしてあげられている。また、「池川郷村誌」によれば、明治初期の椿山の商品作物は、麻・茶・葉煙草・コウゾである。山でとれるイノシシやシカなども現金収入だった。

しかし、コウゾやお茶の生産量は、わずかだった。それぞれ一戸あたり一〇kgほどにすぎなかった。逆に、ヒエの生産量は池川町のうちでも椿山がもっとも多く、一戸あたり一石をこえていた。これらのことから、ミツマタの普及する明治二〇年代までは、ほとんど自給自足の生活がいとなまれていたことがうかがわれる。商品作物から得られる現金収入は、納税のほか、塩などわずかな生活必需品の入手の役割をはたしていたにすぎなかったようである。

ミツマタがひろまりだした当時、ミツマタは有毒だ、という噂がながれた。木のかっこうが一見かわっているし、樹皮を蒸すとき異様なにおいがするから、その噂は真実のごとくひろまった。がそれは、上層部の役人からの一方的な奨励にたいして、耕作農民が示した抵抗のデマだった、といわれている。

コウゾとくらべてミツマタには、すぐれた点がいくつかある。たとえば、奥深い山にも生育し、紙の原料として良質である。樹皮をとるのに利用できる木の寿命がコウゾの約三倍長い。しかも、コウゾの三倍の収

（4）高知県和紙協同組合連合会（編）『土佐紙業史』一九五六。

穫をあげることができる。鳥獣や強風暴雨など自然の害をうけにくいこともある。これらは、「三椏《みつまた》十徳」として奨励された。

ミツマタは、資本主義経済の波にのって、椿山にもおよんできた。むらびとの現金収入への欲求は、決して低くはなかった。従来のヒエを中心とする自給自足の焼畑にみられた輪作体系の中に、ミツマタはうまく組みこまれていった。

「明治末から大正にかけてだと思うが、そりゃ椿山周辺一面がヤナギ畑だった」という。事実、このころは、全国において、ミツマタ栽培の最盛期だった。栽培する土地は、むらの山だけでは足りなかった。隣の伊予の山まででかけ、あたって（土地を借りて）ミツマタをつくった。そして、明治の末むらびとは、伊予の山を五〇〇*ha*ほど買ったのである。

「このむらは、きわめてミツマタに適すといえども、その売り立て金は貯蓄し、その他の産物をもって生計をなすに足れりという。じつに近郷まれなる富村ゆえ、僻遠の地なれども、近年商人処々方々より入り込み多く、貨付け帰るを競争せり」。明治四〇年、このむらについて書かれた「吾川の古都」には、こう説明されている。むらびとが、屋根をカワラぶきにしはじめたのも、このころのことだ。

「シロは売って着物を買う。ヤケは売ってイワシを買う。ナセは売って塩を買う」。そのころのむらびとは、よくこういった。シロとは、ミツマタの樹皮のもっとも良質のところだ。このシロが普通の販売の対象となる。ヤケとは、そのシロカワに赤い筋が入っているものをいう。値段は、シロの1/3ぐらい。ナセは、シロとクロ皮の中間にあるものをいう。いまでは売れなくなったが、昔はチリ紙用に使った。このようにミツマタは、従来のむらの自給生活にとって、いわば余剰の商品作物であった。トウモロコシ・サツマイモが食糧の救済なら、ミツマタはむらびとの経済の安定を支えたのである。

だが、ミツマタの値が大暴落したことがあった。「大正一〇年ごろだったと思うが、ヤナギの値が下がった。浜口雄幸の金解禁のあとじゃったろうか」。中内幾雄さん（六七）はこう語った。大正九年、シロカワ一〇貫（三七・五kg）あたり四八円二〇銭もしたミツマタは、一一年には、一七円三〇銭に下がっている。大正九年におこった全国的な経済恐慌のあらわれである。その後、一時は値があがったが、金解禁のあと、さらに一一円五〇銭にまで下がった。以後ミツマタの価格は安定しなかった。しだいにミツマタの生産は、全国的に衰退していった。(5)

今日では、全国のミツマタの栽培面積は、最盛期だった大正のはじめの二割弱に減ってしまった。しかし、周囲から孤立して、なお自給自足的生活を強く残していた椿山は、このようなミツマタの価格の変動にもかかわらず、他の地域ほど大きな打撃をうけることはなかった。高知県のミツマタ栽培面積は、つねに全国一位を保ち、いまでも全国の四割ちかくを占めている。そして、高知県のうち、池川町の比重がもっとも大きい。しかも、池川町のうちでは、この椿山むらがひときわ目立っている。町のおよそ二割の栽培面積を占めているのである。(6) 椿山は、ミツマタ生産のうえで、たいへん重要な位置にあることがわかる。

「京都あたりでは、一〇〇円紙幣はなくなって、硬貨にかわったというが、ほんとうかね」とむらびとがたずねたことがある。「そうです」と答えると、いかにもさびしそうだった。高知駅におり立つと、一〇〇円紙幣が多い。高知県では、硬貨反対運動もおこったという。ミツマタを生産するむらびとにとって、硬貨は、とりわけ冷たく、重たいものであったにちがいない。

(5) ミツマタの価格変動は、高知県紙業課によってまとめられた統計による。
(6) ミツマタの栽培面積に関しては、昭和四四年度の農林省、高知県、池川町の統計を参照した。

11　酒売りの話——伊予との交易

「昔はたいていのものが、伊予から入ってきました」。むらびとはよくこういった。

土佐に属していながらも、交易はおもに伊予とのあいだでおこなわれていたのである。伊予との関係は交易ばかりではなかった。椿山のひとびとは、伊予の山を借りて耕作し、明治のおわりごろからは、数家族が移住もしていった。そして伊予のひととの婚姻関係を結ぶようになった。ここでいう伊予とは、多くの場合、石鎚山のふもと面河村のことである。

わたしは、椿山むらの調査がだいぶすすんだころ、伊予との関係に興味をもつようになった。とくに、明治末のむらびとの伊予への移住についてくわしく知りたかった。移住していったほんとうの原因はなんだったのだろう。また伊予への移住で、あらたに形成されたむらは、どのように展開していったのだろうか……。

昭和四五年の五月頃、わたしは面河村にしばらく滞在した。むらの中心地である渋草というところに泊まった。そしてそこで、以前椿山によく出入りしたというかつての酒売りをしった。

そのひとは中川音五郎といい、今では七五歳になる老人である。宿から近いところに、小さな雑貨屋をひらいている。老人が語る椿山の思い出話は、いわば外側からの眼であり、当時の椿山むらの別の一面がうかがえて、なかなか興味ぶかいものがある。

「椿山へ行ったのは、大正から昭和にかけての一〇年間くらいだった。こっちの酒を送りこんでおいては、集金にいった。その当時、椿山は、軌道がぬけて道ができたところだった。わしが椿山にゆきだしたのは、その道ができて何年もせぬうちだった。それまでは、道というようなものはなかった。馬も牛も、役畜の通るような道ではなかった。

まあ、行ってみてびっくりした。こんなところへよく道がぬけているな、と思った。あんな、こうのぞいたって岩ばっかりなのに。幅が一mぐらいのところにレールが敷いてあって、営林署のトロッコが通っていた。一足ちがったら、命がないところだけん、あそこはこわいところよ。そのレールを敷いたきわぎりしか、歩けんのじゃけんな。

椿山の家は、険しいところにあった。段々になっていて、ひとすじに屋地をこしらえては、またその上ひとすじに屋地をこしらえる、というようにしてあった。下の家の軒ぐらいまで、石垣があるんだけんな。一番てっぺんから小便をふったら、下までとぶようなところよ、椿山はな。あのころは、四〇戸もあったと思う。みんな五人、六人家族だった。ほう、もう一〇〇人ぐらいにへってしまった、と。

わしがいったころは、まだ板の屋根がだいぶんあったが、カワラぶきになるところだった。木を割って、その割り板を使っていく。板の上に、大きな石がいっぱいのせてあった。雨が漏って、ある日わしもえらい目におうたことがある。林道をいきつめたところから、むらの方へ上ったところに、宿屋があった。小谷グミのひとがしていた。

明治のはじめまで、あそこにひとがおることはしらだった。明治になって戸籍ができて、はじめて人間のいることがわかってきた。平家の落人の集団家族じゃけん。あそこからは、名剣がでたり、文福茶釜がでたりした、ということだ。ムカデ丸という名刀があったが、絶えてしもうたとな。そのムカデ丸をもっている家に病人がでたら、ムカデがでてしょうがなかった、という。家が名刀にまけて、ムカデがでてくるのよ。家が欲になったから、ムカデがでるようになった、とむらのものはいっちょった。山中佐太郎さんところにあったんじゃ。

椿山は、酒をかなり飲むところだった。飲み助が、だいぶいた。そりゃ、強い奴がおったな。白い酒じゃない。いまの酒といっしょよ。酒は、土佐の池川からもだいぶん上りよったけん、こっちと競争だったけんな。まえもって味みの酒をもっていって、こんならええというのでとってもらったんだ。競争相手は、池川町のひとだった。二人ほどいた。面河では、酒屋を株式会社にしていた。五〇〇石くらいつくりよった。土佐のひとは、だいぶん株をもってくれていた。椿山にもあったね。平野作弥・半場政市・峯本福弥さんなんか、株をもっちょったね。

酒はだいたい現金で売っていた。ミツマタなんかをとるひともいた。土地（池川町）のものは、なんでもとって帰りよった。遠方（伊予）からきたものは、やっぱり現金だった。酒一斗もっていって売ったって、三円か四円だった。コメ一升買うても、二〇銭や三〇銭のときだったけんな。椿山は、カネまわりがよかった。現金をもっていることでは、このあたりでは一番じゃった。わしがいきよった時分、いつでも二〇〇円や三〇〇円のカネがあるのは、椿山だけだった。なぜかというと、あそこはミツマタをかなりつくっていた。下の方では、カイコやったり、カミソ（コウゾ）やったりしよった。が、椿山はミツマタきりだった。それに、コメというものは、あまり食わんだった。ヒエメシやキビ（トウモロコシ）だった。それで、カネまわりがよかったんだ。

わしが酒を売って歩いたのは、土佐は池川、こっちはこの面河村内だった。わしは酒だけだった。椿山へいくときは、サレノという峠を越えて土佐の瓜生野へいった。瓜生野から椿山までは、馬車の通れる道があった。そのころは、ミツマタをつくったら土佐へだしたほうが、値がちいとええんでな。サレノ峠をこえて瓜生野へぬける道はにぎやかじゃった。瓜生野にはいろんな問屋があった。そこのひとが馬車をひいて、永代まで酒を運んでくれた。車といっても、鉄の輪の車だけんな。永代からは、椿山のひとが馬車でむかえにきちょった。そうじゃ、西平国弥さんよ。そのひとに引かせて、わしはついていった。むらまで行くと、各家から酒をとりにきた。

塩や魚が伊予から入ったのは、わしらよりまえのことだ。こっちから川の子を通って、高台越えして椿山に行った。塩や魚は背負ってばかりじゃったけんな、高台越えができた。川の子には、椿山のひとがだいぶんきちょらあよ。伊予のひとよりよけいおるぐらいじゃ。あのころは、伊予のひとがだいぶん貧乏して、土佐のひとに地を売った。

ここらも昔は、馬が通るような小さい道だった。道路がついてから、四〇年ぐらいになる。それまでは、久万町にいくのも歩いていった。逓送人といって集配人がいた。こちらを夕方でて、久万に行き、郵便などもって朝こちらへもどってきた。不便なもんじゃった。ブエモン（なまもの）なんか食うようなもんではなかった。

そんなことだから、面河は山奥じゃった。椿山と同じだ。山越えをしてきた土佐のひともこっち（伊予）も同じじゃった。椿山のひとは、面河の若山のひととだいぶん縁組みしておらや。いまでもやっぱり、土佐と縁組みしよるひとがある。

土地のものは、木地屋だけをきらう。木地屋とは縁組みがないな。木地屋は、清和天皇の子孫とかで、やっぱし頭が高かった。それに、ほかの平民が木地屋を嫌う。木地屋には、ナリ（ライ病）が多かった。それで嫌った。わしが子供の時分に、木地屋の多い笠形というところは、ずいぶんナリがあった。山の八合目から上は、木地屋ならどこ伐ってとってもよかった。だから、木地屋の入っているのは、山の奥じゃわい。

椿山は、そんなことがなかった。椿山は、平家の落人ということで名がとおっていた。椿山は人間のええところだった。カネのことは、いついつきてくれといえば、かならずこしらえていた。あそこは、きれいにしちょった……。

小さな雑貨商いでも、こうして仕事しているうちは、身体にええけど。これをやめて、ずっとしこんでしまったら、もうだめだね。わしは子供は一〇人ある。六男四女。子供がいうのに、両親はこうして働かさしておかないと、いかんというね」

12 ヒノキの実とり

ヒノキの実とりは、意外と大きな現金収入になる。多いときは、一日に一万円をこえる。一〇月中旬、ヒノキの実が成熟するころになると、むらびとは総出でこの仕事に懸命となる。この時期ばかりは、焼畑の作業もついおろそかになりがちだ。

むらの小学校の遠足で、このヒノキの実とりを見学に行くことになった。山で囲まれたせまい空も、とりわけ深くすみきって、とても大きくみえる日だった。子供たちもうれしくてたまらない。まず校庭に整列して、校長先生の話をきく、全校生徒一〇人。いよいよ出発だ。

行き先は、むらの川をずっとさかのぼった国有林である。ここで、子供たちの父さんや母さんが、ヒノキの実をとっている。

一年生から順番に一列になって、むらの中をぬけ、山道に入る。弁当とお菓子をいれたナップザックや手さげかばんは、小さい肩に少しも苦にならない。山に慣れない先生の弁当箱をもってあげる生徒もいる。

ときどき、イタズラ好きの上級生が列からはみでて、あっちこっちの尾根に走っては、なにかとってくる。

付き添いは、校長先生と男の古屋先生。もう一人の女先生は、こなかった。三〇分も歩くと、五〇をすぎた校長先生は、汗びっしょり。列からずいぶん遅れてしまった。「先生、ガンバレや！」あちこちから、声援がとぶ。六歳になる明子ちゃんも、この日の遠足についてきた。一人で身軽に山の急斜面を登ってしまう。むらでは二、三歳のころから、むら中の何百という石段をのぼったりおりたり、しぜんにきたえられている。明子ちゃんにとって山歩きはなんでもない、慣れたものなのだ。

広いダーゴ（尾根の鞍部）の焼畑についた。ミツマタのあいだに、収穫をまっているトウモロコシやダイズがみえる。ここからの眺望はよい。むら中の家が眼下にみおろされる。

さらに奥に行ったバンゴヤでひと休み。国有林もそろそろまぢかだ。上級生の男の子たちが携帯用スピーカーで、国有林の方へむかって叫ぶ。「本日は晴天なり、本日は晴天なり、かあちゃん元気にやっていますか。ぼくたちは、ただいまバンゴヤに着きました」。一年生の女の子竹代ちゃんがかわる。「おかあちゃーん、たけよがきたよおー」。だが、むこうの山から「よおー」という声がこだまするだけだ。まだ、だいぶ距離がある。

ヒノキの実とり。

子供たちの足どりが早くなる。もうすぐ働いている父さん母さんのところへいける。マルノの下を通って、スギ・ヒノキがうっそうと繁る国有林の中に入ったのは、バンゴヤで休んでから、一時間たってからである。古谷先生が、昼食の号令をかけた。滝つぼ付近で弁当を広げる。母さんが、仕事にいく前つくってくれたものだ。ノリ巻きやイナリずしのごちそうが入っていた。早々に食べてしまった男の子たちは、谷川でアマゴとりをはじめた。六年生の克己君がまもなく一匹つかまえた。ほかの生徒は、せきをとめてつかまえようとしている。やがて、十数匹のアマゴが捕えられた。

さて、いよいよヒノキの実とりの現場に直行する。ふだん足を踏み入れない場所だから、小石や泥がおちてくる。それでも子供たちは林の中を元気に歩く。「かあちゃーん。ぼく、けんくんだよー」健介君は、五年生である。以前、両親と一緒にヒノキの実とりにきたことがある。そのときのことを作文に書いた。

「ひの木の実とり」

ぼくは、きのうひの木の実とりに行きました。ひの木の実というのは、ひの木のはっぱの先に、丸い形になっているものです。朝方、タイコサデの少し上の所に行きました。

そこは、場所の悪い所でしたが、道が近い所がいいのでそこにしました。ぼくはおとうちゃんとおかあちゃんと三人で行きました。

はじめに、少し高いく（所のこと）で実のよけいある木を見つけて、それからべん当を木にかけて、ひの木の実をとりはじめました。

おとうちゃんは、ぼくの手をまわしたくらいの木へ上ることにしました。そしてはしごを持ってきていたので、はしごを木にひっつけて、かんこをもってゆっくり上っていきました。おかあちゃんが、「けんの上る木を見つけてや」といいました。が、おとうちゃんは、「めっそうええ木はないぞ」といいました。そしたらおかあちゃんは、「きのう見つけちょったけ、その木へあがれや」といいました。ぼくは、「うん」とい

ヒノキの実を広げて乾燥させる。

いました。おかあちゃんが、「はしごを持ってきちゃおう」といいました。そしてはしごを持ってきてくれたので、木にひっつけて上ろうとしたら、「けん、落ちたらいかんぞ。落ちたらなんぼとっちょったち、なんちゃならんだ」とおかあちゃんがしつこくいいました。それで、ぼくはゆっくり上ることにしました。目にものがはいったので、下を向いて目をこすってのけました。

かんこをひっかけちゃのけ、ひっかけちゃのけして、だんだんてっぺんに近づいていきました。下を見ると目まいがしそうなくらい高く、のぼっていました。そこで少しこしをかけて休みました。そこらへんの景色を見たら、コブトリが赤くなっていました。ひの木の先を見たら、実がいっぱいなって、てっぺんが曲がっていました。少し上ってそこで枝をおりはじめました。

枝にすわって、木にしがみついて、そして枝にかんこをひっかけて、枝を持ってきては、枝をおって、ひっかけてはおって、それを何回もくりかえしました。

だんだん下になると、枝をこっちへ持ってくることができませんので、先におった枝をおろしもって、ゆらして落としました。おった枝がなくなったので、もとの方へかんこをひっかけておりました。かんこをひっかける枝がなくなったので、おかあちゃん、こっちへはしごを持ってきてや」といったら、おかあちゃんは、「うんうん、もっていちゃおう」といいました。

ぼくは、おかあちゃんがもってくるのを待って、すぐ下におりました。

子供たちは、それぞれの父さん、母さんに出会って、あれこれ話をする。親もよろこんで手を休めて話のやりとりをする。だが、長いおしゃべりは邪魔だ。夜、また家でゆっくりあえるから。

帰りは、歌を歌ったり、ふざけあってひきかえす。一〇人ほどだから、ひとりが昼寝しようと横になるものなら、だれもがその辺でゴロリとなる。自然は子供たちを、思いのままにさせている。学校に着いたのは夕方だった。学校では、女先生がおしるこを作って待っていてくれた。楽しい遠足の一日だった。

毎年この時期になると、営林署からヒノキの実の注文がくる。その実から植林にする苗を育てることが、営林署の目的である。ヒノキは、材質がよく、カナダや南洋から輸入する木材に劣らない。ところが、ヒノキの実が豊富にとれるような山奥は、過疎化がもっともすすんでいるところだ。椿山のようにむらをあげて、ヒノキの実とりをするむらはすくなくなってしまった。出稼ぎにほとんどいかない椿山では、一家総出でヒノキの実とりにいく。男のいない家では、娘が高いヒノキにのぼる。まさに、命がけの仕事だ。が、むらびとは、慣れたものである。一日六〇kgの実をとったひともいる。年によっては、生実一kgあたり二〇〇円もするから、一日に一万円以上の収入になる。わずか半月ほどの労働で、一七万円も手にいれたひともある。そのような大金を手にいれたくても、老婆ひとり暮らしの家ではどうしようもない。そんなひとは、みんながとってきたヒノキの実を乾燥させる仕事を分担する。ツボ（前庭）で二〇日間、ヒノキの実を干すと、中から黒い種子がとびだしてくる。ひとりあたり三万五、〇〇〇円の収入になる。

焼畑という生業とは別に、このような現金収入の道が、むらにいくつかある。営林署の仕事には、さきのヒノキの実とりのほかに、植林の伐採・測量・境界づくりなど。また別に業者からの請負作業がある。業者がむらびとからひとかたまりの植林を買うと、その伐採から車道までの搬出をむらびとに請け負わせるのである。そのほか、砂防工事や林道工事の土方仕事がある。土方仕事は、山をほとんどもたないむらびとが、おもに従事している。日当も請負作業にくらべると、たいへん安い。椿山では、日当二、〇〇〇円以下なら、女や年寄りの仕事ときまっている。山持ちの男は、一日四、〇〇〇円以上カネがはいる見込みがなければ、焼畑の作業をして、植林化をすすめていく。わたしの初任給が五万円ほどだとむらびとに話したら、「ここらへんでは、オナゴ衆のとるカネじゃね」といって一笑されてしまった。

この奥深い椿山でも、現金収入の道は多様になってきている。多くのむらびとは、自分の焼畑の生活にてらしあわせながら、主体的に現金収入の道を選んでいる。

13 ヒノウラのひとまえ

焼畑の基盤は土地だ。そして、長い間むらの焼畑を支えてきたのは、〝ヒノウラのひとまえ〟だった。ヤブを伐りひらいて焼き、作物を数年間つづけて栽培し、その後放棄してしまう。かなりの土地がなくては、焼畑だけでは食べてゆけない。椿山のように、水田はまったくなく、常畑がわずかしかみられないむらでは、日常の食物をどうしても焼畑に依存していかなければならなかった。計算してみると、五人家族で少なくとも一五〜二〇*ha*の広さの土地がなければ、焼畑を生業として暮らしていくことはできない(7)。

椿山には、もともと焼畑と密接に結びついた独自の土地制度があった。各家がヤブを伐りひらき、焼畑をつくるのに使用することのできる土地には、二つの種類があった。ひとつは、クミジとよばれるものである。すなわち数戸からなるクミ（後述）が、一緒になって所有している土地である。作物を栽培している間だけは、

(7) 一家族あたり必要な焼畑経営面積は、すでに佐々木高明によって算出されている。佐々木高明『熱帯の焼畑』古今書院、一九七〇、参照。

その栽培にたずさわっている家が所有するが、放棄すると、クミ全体のものにもどってしまうのである。

他のひとつは、椿山全部の家が共有している土地である。この土地を〝ヒノウラの四三カブ〟といった。かつて椿山には四三戸の独立した家があり、それぞれの家がヒノウラに一カブずつもっていた。この各戸に分配した権利を〝ヒノウラのひとまえ〟とよんでいた。その年焼くのに適当なヤブをこまかく分割し、くじで四三戸にわける。それを各戸が伐りひらく。ヤマ焼きのときは、みんなで一緒におこなう。そのころのヤマ焼きの規模はとても大きかったという。ヤマ焼き後は、共同作業はなく、各戸で別々に作物栽培をする。そして数年たって、作物ができなくなり放棄すると、ふたたびむら全体の共有の土地となる。

このような土地所有のシステムは、土地割替制とよばれる。薩南諸島や沖縄には、こうした土地割替制がつい最近までみられた(8)。焼畑の土地制度とは、まさしくこの土地割替制ではなかったろうか(9)。割替制による土地の平等分配は、焼畑農耕社会の大きな原理であり、その社会構造を規制するきわめて重要な要素であった、といえよう。

だが、この焼畑農耕社会に根ざした土地制度も、商品作物や植林の浸透とともにくずれさった。むらの古老は、そのなりゆきを目のあたりにしてきた。そして、この〝ヒノウラのひとまえ〟の変遷を語ってくれた。ヒノウラとは、むらの対岸の山全体をさすことばである。実測面積が約一六〇*ha*ある。

「〝ヒノウラのひとまえ〟をつくっていきよらんと、椿山では生活できていけんという条件だったにかわりません。台風がきても、このヒノウラだけは作がとれたけに。それで、ヒノウラはひとまえだけ、ふたまえはもたれんし、また売りもせられん。そういう規約だったにかわりません。ヒノウラを売ったり、買うたりしはじめたんは、イバグミが他人に借金をしてしようがないから、ヒノウラをわたすことになってからじゃね。イバグミの島太郎、その弟の熊次と繁弘の兄弟三人は、山中亀太郎にだいぶん迷惑をかけた。亀太郎の姉が熊次の女房にいってたばかりに、亀太郎は滝本グミの面倒みることになった。それじゃ亀太郎が気の毒だと、わたしの父と山中源助の祖父が助けてやったこともありました。イバグミの三兄弟は伊予の商人にもカネを借りちょりました。そのため、あるだけの土地を売ってしまった。それでも、借金に足らんだったにかわりません。明治四〇年そこそこになっていたんじゃろうね。それからというもの、ヒノウラ四三カブは動きだしました。けどヒノウラは食の場じゃけん、作物をつくらんようになるということはなかった。他が植林されてもヒノウラだけは、なかなか植林するいうことはできじゃった」

ところが、共有地だったヒノウラを個人にわけることになった。永代わけといった。昭和三二年のことである。

「いまでは、光繁さんらは、ヒノウラのカブを九つか十ももっちょる。このむらで光繁さんが一番たくさんもっちょるね。いまに光繁さんは、ヒノウラの半分のカブを集めると人はいいます」

かつてのむらの共有地は完全に私有地化していった。そして植林化がすすんだ。焼畑の消滅は、まさにこの土地割替制の崩壊と並行しておこったのである。

14 ヒノウラの植林

ヒノウラを植林することは、椿山にとってじつに大きなできごとだった。むらびとは、いろいろな意味で、

（8） 早川孝太郎『日本古代村落の研究——黒島——』文一路社、一九四一。
鳥越浩之「焼畑村落の土地制度と村落構造——鹿児島県大島郡川辺十島——」『民俗学評論』第七巻、大塚民俗学会、一九七一。

（9） 佐々木高明は、土地割替制が日本の焼畑の元来の土地制度であったことを、すでに示唆している。
佐々木高明『日本の焼畑』古今書院、一九七二、の「第Ⅳ章　わが国の焼畑経営方式の地域的類型」参照。

ひとつの重要な転換期を迎えた。

「ヒノウラだけは、つくって食べていかないかんけん、なかなか植林するということはできじゃった。椿山で百姓して生きてゆくのだったら、ヒノウラのひとまえをつくっていかんことにゃ食べていけんという、まあ昔のひとの遺言みたいなものがありました。ヒノウラは、夏風のあたらんところです。たいていの年に、シケ、台風がきますろう。夏の台風は、おき風といいます。ヒノウラだけはおき風をよけるというて、なかなか値うちがありました。ヒノウラに食べるものをしこんじょいたら、もしやシケがきても、安全でした。いまじゃったら、どこからでも食糧が買えるから、そんな心配するにおよばんけど」

このヒノウラも、ついには植林することになった。このときは、ひとつの革命的な事件がおこった。滝本庄作さんが区長のときである。庄作さんは、土地所有の規模からいうと、むらできわだった方ではない。が、物質文化のうえではきわめて豊かである。調味料の種類数は、むらでもっとも多い。テレビ・自動車などの所持数にしても、むらでは四番目に位置している。外来の文化にたいして、きわめて感受性の高い持ち主といえる。このことは、庄作さんのほかの行動にもしばしばあらわれてくる。二人の娘を中学から高知に下宿させて、大学まで進学させたことも、そのひとつだ。椿山では女の子が大学までいくのは、まったく異例のことだから。むらに農道をつける際に、もっとも強力におしすすめたひとでもある。いわゆる進歩派なのかもしれない。

むらびとの中には、庄作さんのことを「むこうをみる目がある」とほめるひともあれば「手におえないやつ」と悪口をたたくひともある。庄作さんのこのような性分が、ヒノウラを植林するきっかけをつくった。

庄作さんが区長になった昭和三〇年のことである。世の中はかわってきている。焼畑でいつまでも雑穀をつくっていたのでは、とり残されてしまう。いままで重要な商品作物だったミツマタだけに頼っても、値は

かつては自給作物をつくっていたコヤシ（常畑）も、いまではスギ・ヒノキの苗床に使われていることが多い。

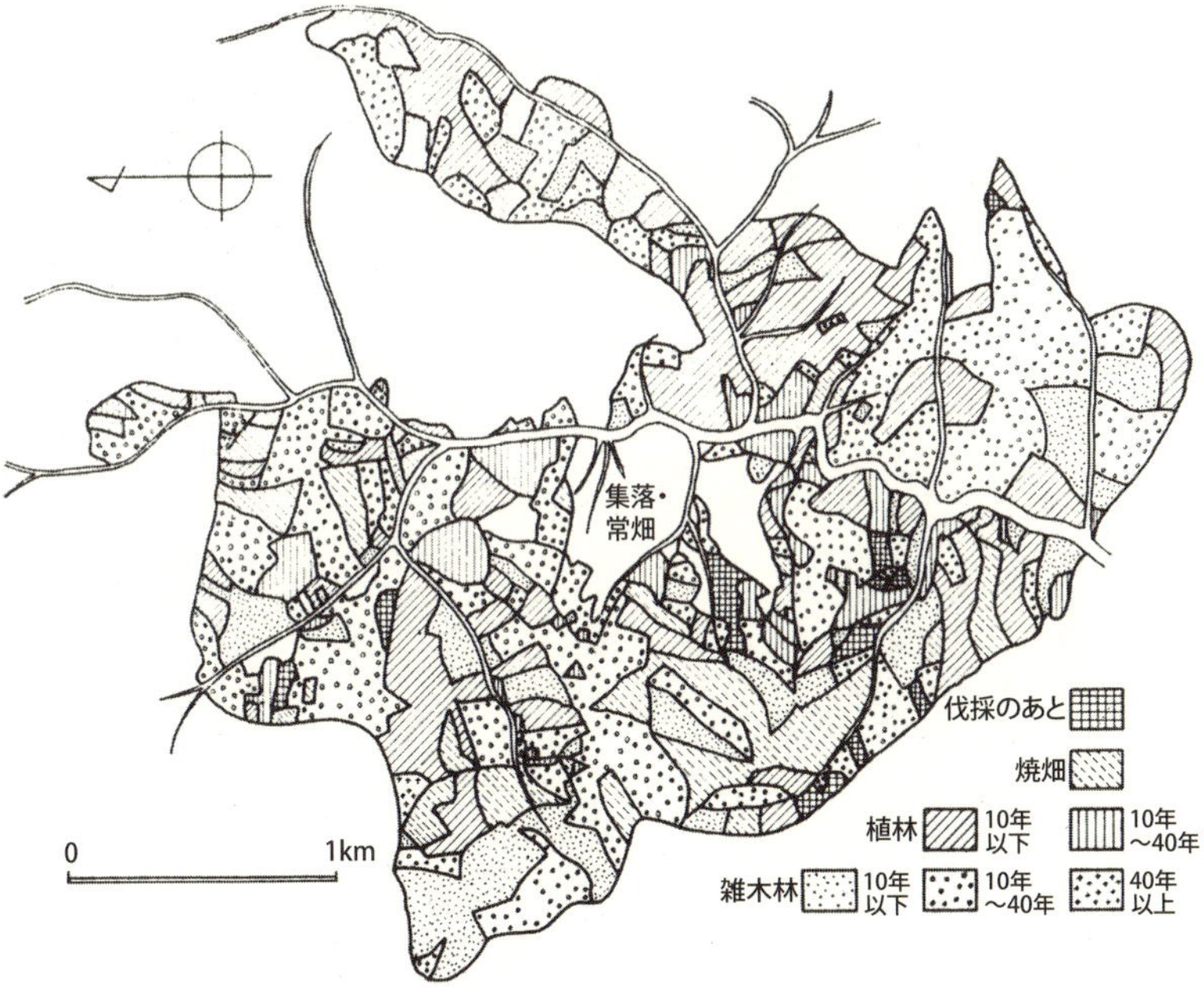

図 33　昭和 35 年における椿山の土地利用図

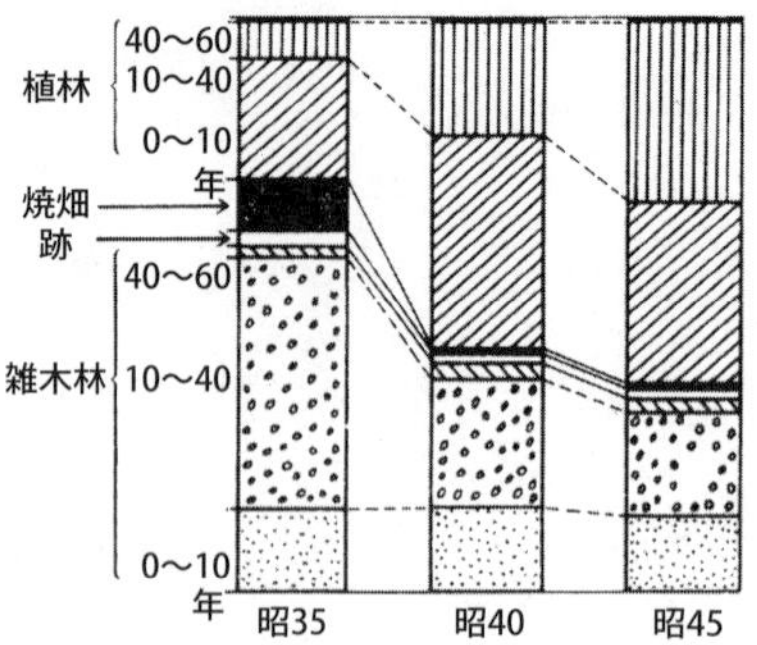

図34　最近10年間（昭35〜昭45）における
椿山の土地利用の変遷

さがるばかりだし、将来性がない。かれは、むらの幹部四人と思いきって作戦をたてた。それは、いままで食の場として残しておいたヒノウラに、スギの植林をすることだった。

ヒノウラの一カブにカドイシとよばれている土地がある。このカドイシは、その当時、峯本善蔵さんと小谷典生さんが一緒になって焼畑をつくっていた。そして自給用作物とミツマタをうえていた。二人ともあまり土地をもたないひとたちである。庄作さんは、この二人の説得にあたった。「うまくだましたもんだ」ともむらびとはいう。つまり、善蔵さんには、典生さんが焼畑のあとを植林してもよいといっているから、協力してくれるように頼んだ。典生さんには、逆に善蔵さんがいっているようにいって頼んだ。お互いに、相手がそういうなら、と庄作さんの意見をのむことにした。そして区長の庄作さんとむらの幹部四人は、とうとうそのカドイシの焼畑あとに、スギをうえるようにしたのである。もちろん、むらの中には強く反対するひともあった。ヒノウラを植林してしまったら、食えなくなってしまう、という理由だった。

植林してしまうと、もう順番にヤマを焼いていくことができなくなった。以前のように、むらで共有してヒノウラを維持していくことはむずかしくなった。従来なら、焼畑をつくっているうちは、個人のものだが、ひとたび放棄してしまうと、しぜんとむらの共有地になった。だが、焼畑のあとにスギ・ヒノキをうえたらどうなるのだろうか。共有地になるべきところに、個人の財産が貯えられることになる。結果は明白だった。ヒノウラは分割されて私有地になった。こうして、ヒノウラの永代分けがおこなわれたのである。以前に一カブもっていたものは、一カブ分の広さの土地を所有することになった。土地の選択は、むらの慣習であるくじ引きによった。

その後、むらびとは競うように、このヒノウラにスギ・ヒノキをうえるようになった。自給自足の焼畑時代の最後のとりでも、こうして崩壊していった。

15　焼畑の運命

かつてのヤブは、いまやスギ・ヒノキの植林になっていった。たいして値うちのなかったヤマが、どえらい貯蓄の場になった。

「一本のスギは、一年に一〇〇円ずつ大きくなる」と、むらびとは誇らしそうに話す。利息を計算すると、一*ha*に少なくとも二、〇〇〇本は植えてあるから、一*ha*のスギ林をもっていれば、一年に二〇万円にもなる。二〇*ha*のスギ林なら、なんと毎年四〇〇万円の利息が手にはいることになる。売るのに手頃な三〇年生になると、タキギしかとれなかった従来のヤブにくらべて、とてつもない大金が入るのである。もちろん、相場の変動がある。毎年やってくる台風で倒れるものもある。それにしても、あの焼畑時代の生産性の比ではない。

植林がはじまったばかりの頃は、自給作物とミツマタの収穫が終るのを待って、四、五年目に植林をおこなっていた。しかし、時が移るとともに、植林の時期が早くなった。今から五、六年まえには、焼いてから一年間は自給作物とミツマタをつくり、それから植林をするようになった。しかし、いまはちがう。焼いたらなによりもさきに植林する。夏や秋に焼いたヤマだったら、春の植林の準備のために、一時的に作物をうえるにすぎない。かれらは、もはや焼畑の作物には期待していない。秋にまいたムギをひっくりかえしダメにしてまでも、植林をする。

こうして、ここ一〇年間（昭和三五年〜昭和四五年）に、約二四〇*ha*もの山が植林されている。これまでの椿山全体の植林が約四八〇*ha*だから、この一〇年間にその半分の面積が植林されたことになる。

むら全体で一年間に植林する面積は、平均二四*ha*である。少なくとも椿山に山をもっている家を含めて、約三〇戸ある。すると、一戸あたりの一年間の植林面積は、〇・八*ha*になる。これは、実労働数二〜三人の家族が一年間に伐りひらいて焼畑にし、植林できる平均的な面積であろう。むらびとの話からしても、一年間に一*ha*もの焼畑は、あとに必要な労働の負担が大きすぎることからいって、たいへんむずかしいようだ。この毎年の植林面積は従来おこなっていた一家族あたりの一年間の焼畑面積と、そうちがうものではないだろう。

さて、まだ植林しないで残っているヤブは二八〇*ha*ほどある。この中には崖や岩が多くて植林に不適当な（むらびとは、土譲のあるところはどんなに険しくても焼畑にしてきたが）場所、また山の神のよりしろ（依代）やクセジなど、昔から伐りひらくことのできない伝承的な土地をのぞいたら、およそ二〇〇*ha*ほどの山が植林可能地として残っている。この一〇年間の植林化の速度でいくなら、一〇年後の昭和五五年には、椿山の山の九〇％までが、植林になってしまう。

おそらくこの頃には、すでにヤマ焼きをみることはできないだろう。周囲が全部植林になってくると、とても危険で火入れはできなくなる。その頃には、火入れを用いない方法、すなわち段刈りによらなければならない。段刈りとは、伐り倒した木々を、山の斜面にそって段々畑のように並べ、その木々の間に植林していくというやり方である。この方法によれば、伐採後土砂の流れる心配がないし、木々が腐って肥料の役目をはたしてくれる。近年、営林署がすすめており、このむらでもすでに、焼畑に適さない土地にはこの方法を用いている。したがって、ヤマ焼きをして作物をうえつけるような焼畑は、もっと早い時期にみられなくなるであろう。

一〇年後椿山を再び訪れて、焼畑をさがしだすことは、もはやできないかもしれない。なんとかさがしだしても、きわめて小規模な菜園的なものにすぎないだろう。むらに残って年老いたひとびとが、懐古的にポツリ、ポツリと小さなヤブを伐り、ひっそりと火入れをしている姿が想像される。この光景は、日本中の消滅しつつある焼畑のむらで、すでにみいだされてきた姿である。

第四章　生活の分析

1　山の面積

むらびとが長い間焼畑というかなり粗放な生産様式を維持してきたもっとも大きな要因は、単純なようだが、むらびとが焼畑を営むだけの十分な土地を維持してきたことである。

「このむらのものは、いくらカネに困っても、よそのものに土地を売るようなことはしませんでした。できるだけ、むらのものに売ってきました」。むらの古老は、こう話してくれた。自分たちの暮らしの支えは、なによりも土地である。そして、土地を手離したら、どのような運命をたどることになるのか、むらびとは長い経験から身をもって学んできた。

明治初期からの土地台帳をひもといてみると、むらの土地をよそものに渡した記録はほとんどみられないのである。じつに驚くべきむらのおきてを、かいまみることができる。

したがって、むらびとの生活は、なによりも所有している山の規模に大きく左右される。ここでは、むらびとがそれぞれどのくらいの山を持っているのか、具体的にのべていきたい。

むらびとの所有する山の面積をしるには、三つの方法がある。

ひとつは、むらびとに直接尋ねてみることだ。しかし、すべてのむらびとが正直に正確な面積を答えてくれるとは限らない。なかには、口を濁してしまうひともいる。だから、この方法は問題がある。

二つには、役場に保管されている土地台帳から、各むらびとの所有面積を算出するやり方である。これは、明治の初期に調査された面積が基盤になっている。もともと、クミとむらの共有地だったむらの山は、各戸に配分され、ひとつひとつこまかく台帳に記載された。むらびとから体系的に税金をとりたてるためだった。ところが、この台帳面積は、じつに大まかなものだ。水田や里に近い山の面積は、比較的正確に記してあるが、山奥にはいるにつれ、実際の面積よりかなり小さくなっている。

三つには、森林原簿による方法である。この特徴は、きわめて実測面積にちかいことである。県は、植林した土地にたいして、いくらかの補助をする。年間一haも植林されると、かなりの補助をださねばならない。そこで、県の側は、実際の面積を測量し、それぞれの土地利用をこまかに記載しておくのである。

わたしは、以上の三つの方法で、むらびとの山の所有面積をそれぞれ算出してみたが、ここでは、もっとも実際の面積に近い森林原簿の数値を採用した。

焼畑をつくって、自給自足的な生活をしていくためには、かなりの土地がなくてはならない。一家族を五人とすれば、どのくらいの土地があれば食べていけたのだろうか。焼畑のサイクル（栽培・休閑期間）、およびそれぞれの作物の単位面積あたりの収量などから計算すると、少なくとも一五haは必要だ。この計算値をむらびとに尋ねてみると、「なるほど、そのとおりじゃ」、しばらく考えたすえ答えがはねかえってきた。

椿山の土地は、森林原簿の実測面積で、およそ七〇〇haある（土地台帳の面積では、その半分の三五〇haにすぎない）。明治九年の記録によれば、椿山には、四七戸、二三五人が住んでいた。土地面積に照らしながら、計算してみると、一人あたり三ha、平均して五人家族一戸あたりでは一五haの土地があった、ということになる。つまり、驚いたことに、明治初期の一家族（五人）あたりの平均土地所有面積は、さきに計算した理論値とまったく一致している。このことから、明治初期の椿山は、土地と人口がきわめて均衡のとれた状態にあったことがうかがわれる。その当時が、焼畑のむらのクライマックスだったのかもしれない。椿山とたいへんよく似た地理的条件をもち、長いあいだ生業を焼畑に依存してきたむらが、近隣にある。その岩柄むらの明治初期の一家族（五人）あたりの土地所有面積を計算してみると、平均してやはり一五*ha*になる。ところが、少し平野部に下って、水田のいくらか多い地域にいくと、一家族あたりの土地面積は小さくなってくる。水田は、焼畑よりずっと集約的であるから、この傾向はごく当然のことといえよう。

明治初期の土地台帳をひもといてみると、各家の所有している土地面積はかなり等しい。経済的な階層がほとんどなかったことがわかる。ところが、現在の椿山はどうであろうか。各家ごとの土地所有面積は、じつに変異にとんでいる。その差はたいへん大きい。現在もっともたくさん所有している中西新助さんの家は、明治初期には一五*ha*だった。逆に、現在まったく山林をもたず、日雇いで生計をたてている半場徳弥さんの家は、明治初期には、さきの中西家とほとんどかわらない一四*ha*の土地を所有していた。この一例をみても、小さなむらの経済的な階層に、かなりの変遷があったことがうかがわれる。バクチで山を担保にしたもの、酒に山をつぎこんだもの、着道楽に借金を重ねていったもの、家々の歴史をたどってみると、山を失っていった原因は、こんな単純なことにしばしばもとめられるのであった。

さてここでは、現在の土地所有面積に焦点をあわせていきたい。図35は、山の所有面積を示したものである（宅地や常畑などの面積は、相対的にみればわずかであるので、省略した）。この山の所有面積のちがいから、椿山の二八戸の家は、大きく三つのグループに分けられる。焼畑という生業だけでは、自給自足的な生活を営ん

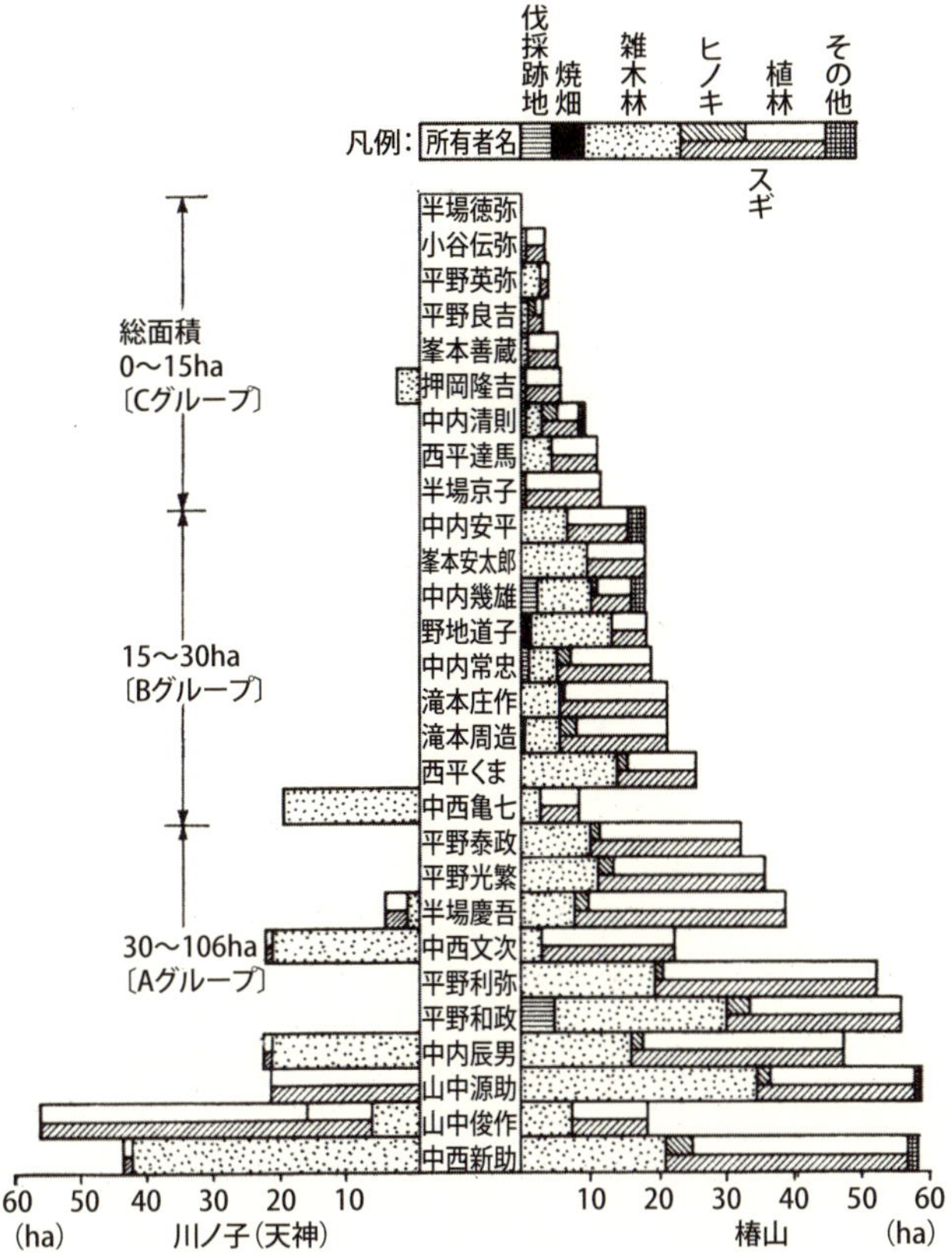

図35　戸別ごとの土地所有・土地利用面積

でいくことのできない、Cグループ。このグループの所有面積は、どの家も一五*ha*以下である。つぎに、自給自足的な生活には一応こと足りるが、経済的な余裕はあまりない、Bグループ。一五～に三〇*ha*の山を所有する。最後に、自給自足的な生活はもちろん、あらたな事業に投資する能力ももっている、三〇*ha*以上の広大な山を所有するAグループ。

Cグループでは、自分の所有している山に依存しているだけでは、とうてい生計をたてていくことはできない。したがって、別な仕事に生業をもとめなくてはならない。かれらの多くは、もっている山のほとんどをすでに植林化してしまっている。だから、ミツマタから得られる現金収入も限られている。植林化のすすんでいる家ほど、日雇いなどの賃労働に多くの時間をさいている。

Bグループのものは、元来、山だけでやっていける。賃労働でも日当の高い、伐採・請負などならするが、率の悪い日雇いなどは避ける。残っているヤブをきりひらき、焼畑にしてミツマタをつくり、植林化をすすめた方が得策と考えているからである。ところが、Aグループのものは、自分の山の仕事にほとんど専念する。そして時間的な余裕があるとき、率のよい賃労働にときおりでかけていく。かなりの資本を貯え、あらたな事業をこころみようとするのは、このグループである。

むらびとの生活は、なによりもまず、自分のもっている山の面積によって、大きく規制されている。そして植林化などの割合などによって、労働配分は決まってくる。

2　家計簿からみるもの

「むらのものは、なんでこんなに毎日ヤマにいって働くんじゃろう」。むらの若い中西新助さん（二七）にとって、これは素朴な疑問だった。「オジの慶吾さんは、ヤマにいって働いているのが楽しいからだ、というんだが、どうじゃろう」。

このむらで長い間暮らしていると、慶吾さんのいったこともなるほど、と思ってしまう。ヤマで働いているむらびとの姿は、じつにいきいきしている。いくらきびしい汗水をたらす仕事をしていても、そこにはむらびとが自らつくりあげたリズムが感じられる。

険しいヤマで働くむらびとの写真をみて、なんと悲愴なことだ、などと判断してしまうのは、いかにも〝みる側の論理〟でしかないように思われる。だがこのような論理が、農山村を悲惨なイメージにおいこみ、一方的な都会指向型をうえつけてきたのである。

消費生活も、「生産のリズム」と基本的には同じ立場にたって理解されるべきである。生活水準をあらわす項目をとりだして、都会と比較し、どれくらいの隔差があるか、などと詮索することは、おかしい。家計費をみていく場合も注意をようする。ここで、わたしがこころみようとしているのは、都会との比較ではない。むらびとの生活のリズムの中から、その自然・社会にたいする適応性や、あらたな指向性をさぐることである。それを分析するのに、家計費はもっとも手短な資料といえよう。

とはいっても、いざむらびとに家計費のことを尋ねてみると、心よく答えてくれるひとばかりとはかぎらない。家計費をおしえたら、収入までしられてしまう。税務署に関係してないか、と心配して口をにごすひともいる。もっとも、わたしはすでにむらに長くいたから、この理由はたいしたものではなかった。家計費をみられたら、山の生活の内部までのぞかれるような気がする。そんな恥ずかしいことはやめてくれ、という理由がほとんどだった。家計費をみせることを拒んだ家は、二八戸のうち六戸である。むらのいわゆる知識層の中に多くみられた。

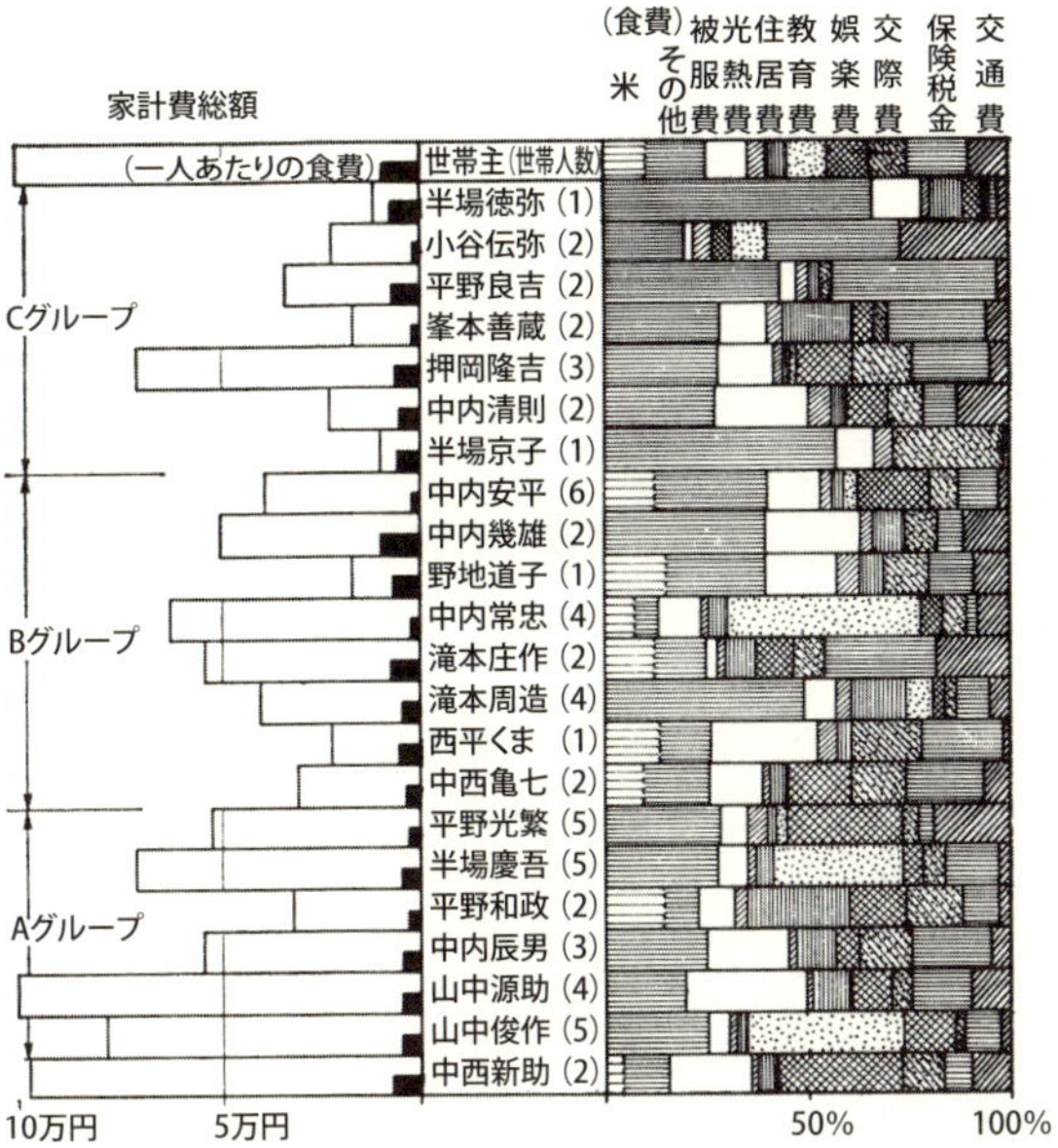

図36　家計費とその内訳

家計費についてきくことのできた二二戸を、さきにみてきた土地所有面積のA・B・C三つのグループに照らして、家計費の総額とその内訳をあらわすと、図36のようになる。

まず、一ヵ月の家計費の総額についてみてみよう。三〇*ha*以上の山をもつAグループ（七戸）は、平均して七万円になる。五万円以下の家はAグループに一戸しかない。そして、Bグループ（八戸）は、平均して四万円。一五ha以下の山をもつCグループ（七戸）は、二万七、〇〇〇円になる。Cグループで、Bグループの平均の額である四万円を越えた家は、一軒しかなかった。この家は、一ヵ月の総額がじつに七万円にもなるが、物質文化のうえでもCグループでは例外的な位置を占めている。このわずかな例外をのぞくなら、家計費の総額のちがいは、各戸の山の所有面積の大小に対応しているのである。

つぎに、家計費の内訳についてみてみよう。一人あたりの一ヵ月の食費は、三、〇〇〇円から一万円までまちまちで、山の所有面積のグループ分けとの対応は、まったくみられない。このむらでは、自給用につくっている作物や、山の幸が豊富にあるから、食費にあまりかけなくても、まずまずの食事をとることができる。たとえば、Bグループの中内常忠さんの家をあげてみよう。高知で下宿生活を送っている高校生の娘さんをのぞくと、三人で暮らしている。一日の主食は、コメ五合（一二〇円）とムギ五合（二七円）に決まっており、いつも同じ出費である。魚や調味料などの副食費に、一日平均およそ一三〇円かかる。一ヵ月の食費はあわせて八、〇〇〇円弱にすぎない。だからといって、乏しい献立だというのではない。ある日のヨウメシ（夕飯）は、ムギゴハンに、サトイモ・シイタケ・ジャコ・マクワウリの煮もの。ジャコとミソ、それにお茶だった。ここでカネをだして買わなければならないのは、ムギとコメ以外は、ジャコといくらかの調味料だけである。

娯楽費の多くは、酒代についやされる。Aグループの平野光繁さんのところは、ステレオの月賦が大きな比重を占めている。ついで、Aグループのトップに位置する中西新助さんは、まだ独身の青年で、高知にいる恋人とのデートがかさむため、娯楽費が多くなっている。このほかの家では、娯楽費のほとんどは酒代である。たとえば、Bグループの滝本庄作さんの家では、毎晩夫婦で晩酌している。だから、一ヵ月に焼酎四升と酒三升は必要である。山で汗水流して帰って飲む酒は、じつに格別だ。むらびとは、夜はたいてい酒を飲みながら談笑してすごす。むらでは酒が、欠くことのできない娯楽の役割をはたしている。

また、むらでは交際費がかかる。比較的多いほうの平野光繁さんを例にとってみると、昭和四五年の一年間に、光繁さんの父の出身地（下の大崎）で一回、そしてむらの中で二回の葬式と法事があった。また三組の結婚式があった。これらの香典やお祝いを一ヵ月に平均すると、三、五〇〇円になる。そのほか、むらの中でだれかが病気になったり、けがをしたりすれば、見舞いにいく。だから、むらびとはわれながらあきれ顔でこういう。「交際費はバカにならん。けっこういるぞよ」。しかし、このつきあいの微妙なやりとりが、むらではじつに重要なこととされている。もし自分になにか事があれば、むらびとはいつでもかけつけてくれる。そういったお互いに見守りあっているありがたさを、しらずしらず認めているのである。

以上のべてきた出費は、古くからどうしても必要なものであった。それとは別に、家計費の中に、むらびとのあらたな指向性を示している、と思われるものがある。すなわち、子供の教育費および貯蓄と保険費である。

家計費を教育費にかなりさいている家が三軒ある。Aグループの山中俊作さん、半場慶吾さん、それにBグループの中内常忠さんの家である。いずれにも、高知市で下宿生活を送っている高校生の子供がある。むらには、ほかにも二人の高校生がいるが、その家からは家計費をみせてもらえなかった。しかし、この三例をみただけでも、教育にいかに多くの費用をさいているかがよくわかる。たとえば、中内常忠さんの場合には、月に三万円以上も教育費にあてている。じつに家計費全体の半分を占めているのである。

むらびとのほとんどの最終学歴は、尋常小学校か高等小学である。山で生きていくのに、学校で習うこともあるまい、といった考えが最近まであったようだ。高校までいくようになったのは、昭和二〇年生まれの子供たちからである。むらびとの中には、子供たちが中学校に入ると、高知に家を建てて、椿山から一時的に高知へ籍を移してでも、学校にいかせるようなひともでてきた。むらびとは、いまでは子供により高等な教育をうけさせるために、できるかぎりに手段を使う。そして、子供を山に縛ることはせずに、十分な教育をうけさせ、その将来を本人の自由にまかせるのである。

家計費の中で尋ねにくいのは、貯金と保険費であると思っていた。わたしは、もともとそこまできくつもりはなかった。

ところが、保険については、むらびとの方から口を開いてくれた。それをきっかけに、むら全体からすんなりときくことができた。それをまとめてみると、むらびとは意外に多額の保険をかけていることがわかった。

たとえば、Aグループの中内辰男さんは、生命保険に年七万円かけている。Bグループの滝本庄作さんは、年に一七万円もかけている。Cグループでは、家計費全体からして保険の占める率がきわめて多い。たとえば、押岡隆吉さんが、年一六万七、〇〇〇円、平野良吉さんが一五万円、小谷伝弥さんが一〇万円である。平野良吉さんの場合には、保険金の占める割合が、家計費全体のじつに四〇%をこえている。驚くべきことである。

Cグループがとりわけこのように多額の保険をかけているのは、いったいどうしてだろうか。このわけは、つぎのように説明できる。三〇*ha*以上もの広い山をもっているAグループのひとなら、万一事故にであっても、大きくなった植林を売れば、始末ができる。現在の植林が、大きな保証になっているのである。かれらは、保険をかけるより、あらたに若い植林を買ったり、山を買うほうが得だと考えている。

が、Cグループではそれができない。いくらかの植林があっても、ちょっとでも大きな事故にであうものなら、それを売ってもまにあわない。苦労してうえた植林を、まだ大きくならないのに売ってしまわなければならない。押岡隆吉さんは、昭和四五年に交通事故をおこした。先方の車にのっていた三人に大けがをさせてしまった。さいわいけがをした人が、親類の知人だったので、六〇万円ほどの治療費を払うだけですんだ。が、隆吉さんはずいぶん困ったあげく、もっていた伊予の雑木山（台帳面積三・五*ha*）を売ってしまった。昭和四六年の台帳には、わずか〇・〇五*ha*しか残っていなかった。隆吉さんは、このことでめっきりやせてしまった。

むらびとが遭遇する事故は、交通事故ばかりではない。毎日働いている山仕事、土木工事（平野良吉さん）、それから大工仕事（小谷伝弥さん）も油断がならない。山で生活しながら、その万一の事故を山で補償することのできないむらびとは、保険に頼らざるをえないのである。

3　調味料のあらわすこと

さきに、家計費の配分から、山に生きるむらびとの適応性と指向性をさぐってみた。

その中で、食料費についてもいくらかふれてきた。このむらでは、コメをのぞけば自給作物が多いから、食料費そのものが直接食生活を反映しているということはできない。つまり、食料費がわずかでも、われわれが想像する以上の内容のものを口にすることができるのである。それでは、むらびとの食生活を分析するうえで、もっとも適切な基準となるのは何であろうか。

ここで『村と人間』(1)という本を思いおこしてみよう。これは、戦後まもないころ、今西錦司博士らが大和平野の近郊農村を社会人類学的にとりあつかったユニークな著書である。その中で「調味料の豊富さと食生

（1）　今西錦司『村と人間』新評論社、一九五二。

活の近代化」という項目が一〇頁にわたってのべられている。そこには、調味料について、つぎのように記されている。

「それ（調味料）は、食物そのものではないかもしれぬ。しかしそれは、原料においては同一の食物を、いろいろなちがった味をもった料理にかえることができる。たとえ農村の食生活に、その原料からくる農村的規格があろうとも、その規格の範囲内で、その料理に変化を与え、これを豊富化するものが、調味料である。したがって、調味料の豊富さということは、地域的あるいは地理的な規格をはずして、その料理の豊富さということにつながり、それはまた生活様式としてみた食生活の、内容の豊富さを現している、という一般論に通ずるのである……」

ここでのべる調味料も、このような立場からとりあつかった。のみならず、さまざまな調味料をつうじて、

むらびとの食生活に欠かせないジャコ（小魚）とクジラ。高知の市場から安く仕入れてきて分配する。

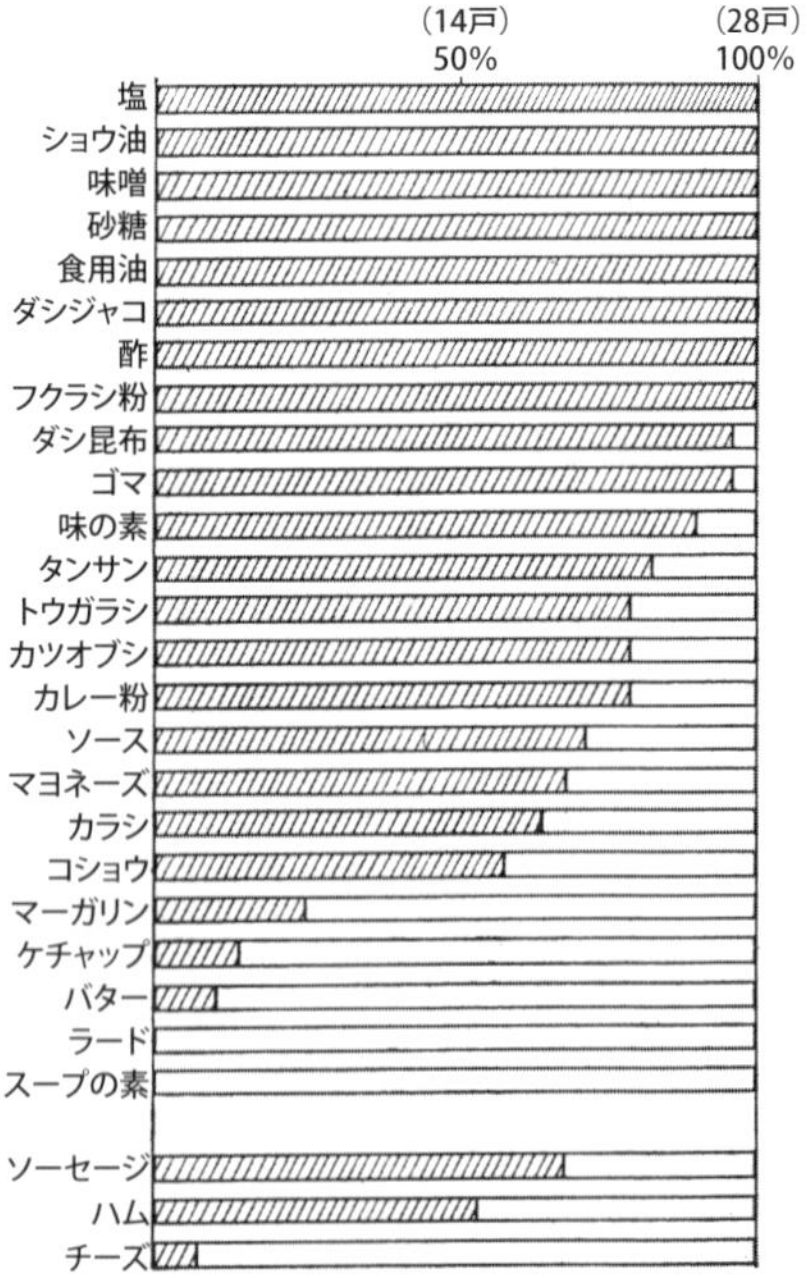

図37　調味料の種類と使用率

むらびとの生活の指向性を探っていきたい。

図37は、ききとりした二四種類の調味料と、その使用率をあらわしたものである。このうち、八種類の調味料は、全戸にゆきわたっている。つまり、塩・しょうゆ・味噌・砂糖・食用油・だしじゃこ・酢・ふくらし粉である。また一戸をのぞいたら全戸にあるものが、だし昆布とゴマである。以上の一〇種の調味料は、いまのむらの食生活ときわめて密接に結びついている、とみなしてよいだろう。

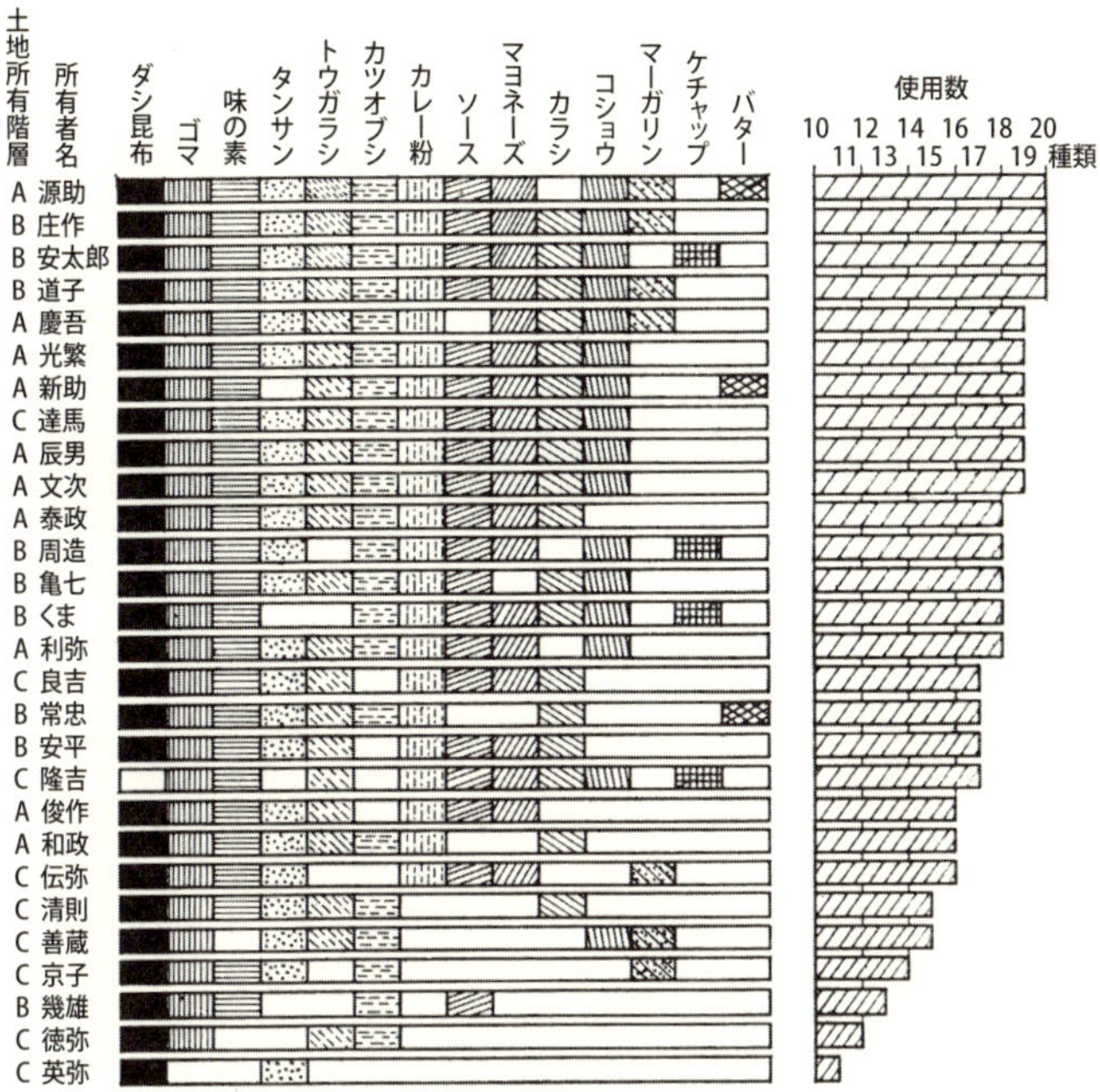

図38　土地所有階層と調味料の使用内容
（注：全戸にゆきわたっている8種の調味料は、はぶいてある）

　そのほかの調味料の使用率は、図に示されているとおりだ。ラードとスープの素はどこの家でもまったくみられない。ラードをしっているむらびとは、ひとりもいなかった。スープの素について尋ねても、むらびとの多くはそんなものがあることをしらなかった。スープの味ぐらい、自分で味つけすればいいではないか、という様子だった。調味料ではないが、そのほかソーセージ・ハム・チーズについても尋ねてみた。チーズを食べる家が二戸にすぎなかったのにくらべ、ソーセージやハムは半分以上の家で使用していた。チーズの特殊なにおいが、むらびとにどうも抵抗があるらしい。
　つぎに、調味料の種類内容と、すでにのべた山の所有面積にもとづく経済的な階層を比較してみよう（図38）。種類数が一八〜二〇という豊富な家のうちわけは、経済的基盤の安定していたAグループが六〇%、中間のBグループが三〇%、下層のCグループはわずか一〇%であった。しかもここに属するCグループの家には、特殊な事情がある。ひとつは、むらでおこなわれる料理講習などにすすんで参加する娘さんのいる家である。

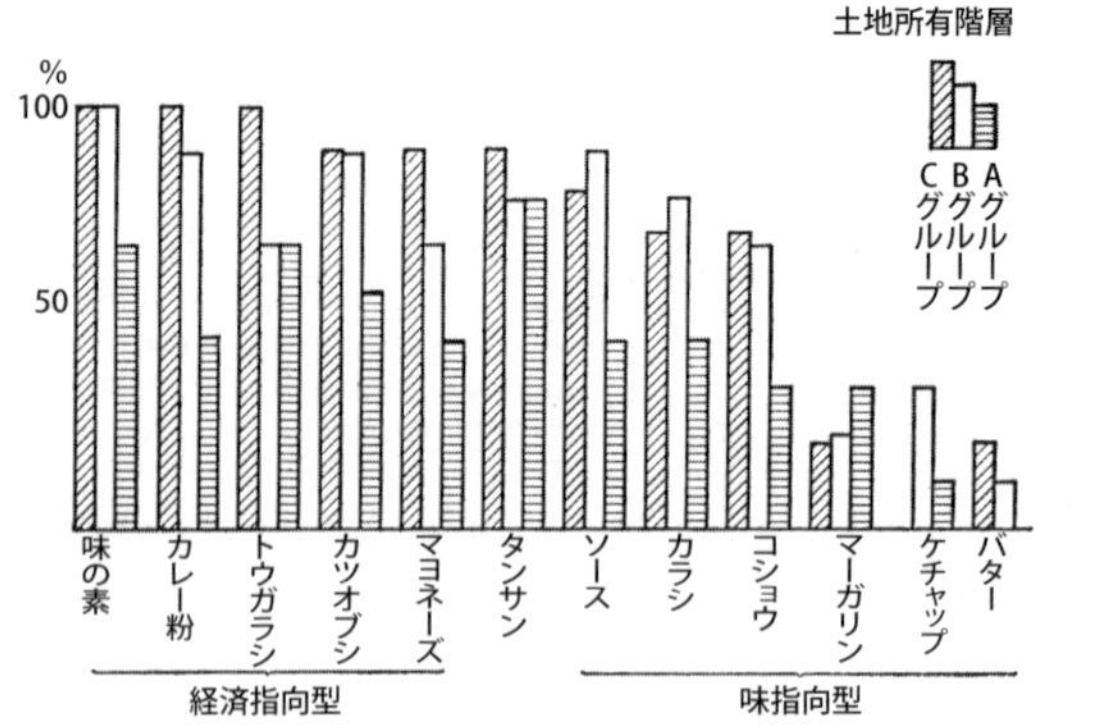

図39　調味料の種類と土地所有階層別の出現率
（注：必需調味料10種とまったく用いられていない調味料2種をはぶく）

調味料は、料理の担い手である主婦、および娘さんの経験にかなり作用されてくる、という一例である。もうひとつは、長男が松山にでていって、水田農業を営んでいる家がある。したがって、コメ代はいらないから、それだけ食生活のうえで、調味料を含む副食に、ゆとりがあると考えられる。これらの特別な事情をのぞけば、調味料の豊富さは、経済的な階層とかなり対応している。

　つぎに、一六〜一八という調味料の種類数がある家のうちわけは、上層のAグループが三三%、Bグループが四二%、Cグループが二五%である。ここには、経済的階層に特別なかたよりはみられない。Cグループの二五%というのは、夫婦ともにその現金収入を賃労働（土方・請負の山仕事・大工）にたよっている家である。かれらは、食生活のうえで、かなり豊かさをもとめていることがうかがわれる。この指向性は、他の面についてもあてはまる。

　調味料の種類数が一一〜一六しかない家のうち、経済的には中間のグループが一七％で、残りはすべて下層のCグループである。このBグループの家は、のちにのべる物質文化のうえでも数が乏しく、質素かつ保守的な生活を送っている。

調味料の豊富さは、食生活の豊富さをものがたっていることは、『村と人間』の引用にのべられたとおりである。そして、それはある程度、経済的基盤と対応している。しかし、職業の種類さらには料理の担い手である主婦や娘の経験などの要因によって、いくらかの変異が生じてくる。

さて、調味料のなかでも、ある程度の経済的な余裕があれば、買ってそなえておきたいタイプの調味料と、いくら買える能力があっても、むらびとの味覚にあまりなじまないタイプの調味料がある。たとえば、後者のタイプを、むらびとはこう表現する。「いやあ、うちのものはどうも嫌いでね。買っておいても使わんのよ」。こういうタイプの調味料を、味指向型と一応よぶことにしよう。それにくらべ、経済的余裕があればそなえておきたい、という前者のタイプの調味料を経済指向型とよんで区別する。

経済指向型の代表は、味の素である（図39）。味の素は、A・Bグループとも全部の家がもっているのに、下層のCグループで三三％の家はもっていない。これはできれば買いたいが、節約していると思われる。

さらに、新しく導入されたもののうちこの型を示すのは、カレー粉とマヨネーズである。いずれも、上層のAグループのほとんどの家がそなえているのに、下層のグループでそなえている家は半分にもみたない。

これらとは、対照的な味指向型の代表が、トマト・ケチャップである。Aグループでそなえている家はまったくないのに、Bグループで三三％、Cグループで一一％の家がそなえている。そのほか、むらびとの食生活にはまだなじんでいないが、今後浸透していくと思われるタイプがある。たとえば、ソース・コショウ・カラシである。この三種の調味料は、相対的に上層のAグループより、Bグループの方が多い傾向にある。つまり、味指向型の調味料は、経済的階層の上部のクラスというより、中位のクラスにいちはやく開発され、浸透していきやすいのかもしれない。このことは、むらの文化変化に、中位クラスがかかわりやすい、というひとつのメカニズムをあらわしているといえよう。

4 物質文化

調味料が、食生活を分析するうえでの基準ならば、テレビや電気洗濯機などの物質文化は、すまいの内容をあらわす指標になる。

そこで、比較的最近になって外部から導入されたいくつかの物質文化をとりあげて、別な角度から、むらびとの適応性や指向性をさぐっていくことにしよう。このようなテーマをあつかうには、いろいろな角度からみていくことが、なによりも大切だ。

ここでとりあげた物質文化は、ステレオ・カメラのような娯楽・慰安につながるもの、電気コタツや掃除機のように直接住居につながるもの、電気冷蔵庫・炊飯器のような台所用品、電気アイロン・洗濯機のように衣類につながるもの、そしてラジオ・テレビ・自動車などの交通・通信に関係するものである。

まず、これらの物質文化が、いつごろからこのむらに導入されるようになったのかみていこう（図40）。昭和三〇年から四〇年にかけて、ずいぶんさかんである。むらが大きな変革期を迎えたことがわかる。昭和三五年ごろ「三種の神器」といわれていたテレビ・オートバイ・電気洗濯機は、このむらでも急速にのびている。

この時期には、燃料革命もおこっている。近くの山にいけば、いくらでも手軽に燃料を調達することができるこのむらで、プロパンガスが急速に浸透しているのである。これにともなって、一連の新しい台所用品が登場してくる。電気冷蔵庫・電気炊飯器、さらにはガス湯沸器まではいってきている。とりわけ、電気冷

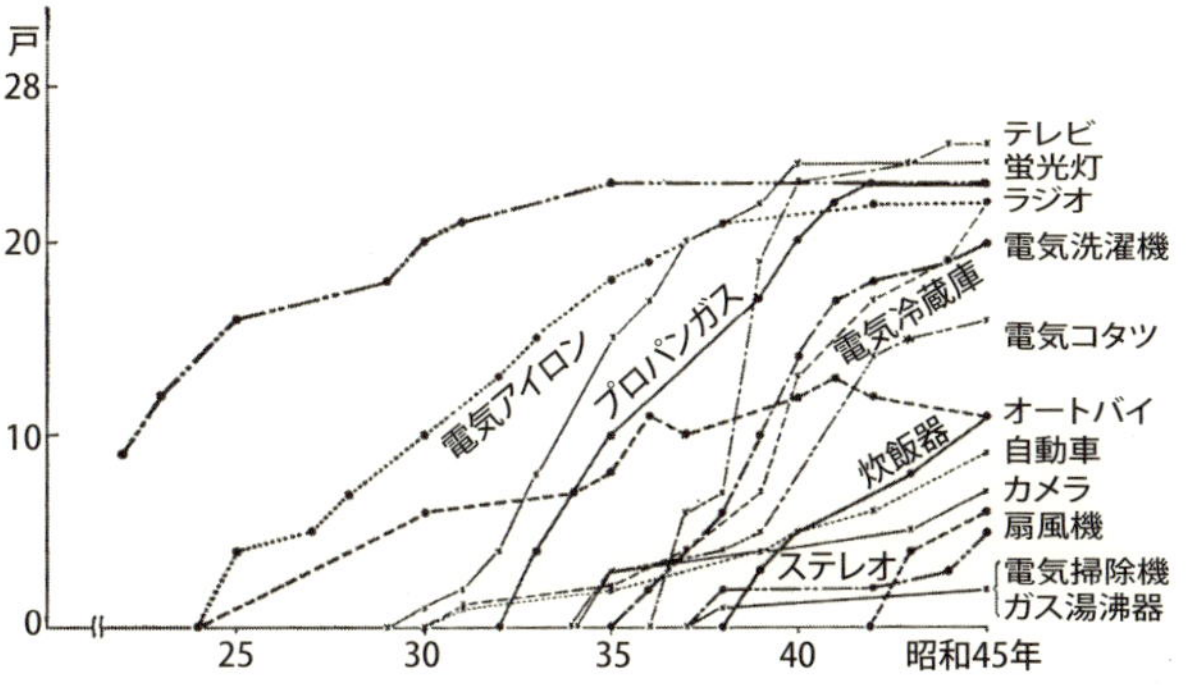

図40　物質文化の普及度

蔵庫は、むらびとの食生活を大きく変える役割を果たした。かつてこのむらで日常摂取することができた動物性タンパク質は、干魚ぐらいだった。ところが、いまでは鮮魚や鮮肉が食膳にならぶようになった。むらでまとまって、たくさんの肉を買いだめすることがある。むらで豚を買って、屠殺場で殺してもらう。すると、たいへん安い値で大量の肉をえることができる。こうして、いつでも肉を食べることができるようになった。いまでは、八〇％もの家に電気冷蔵庫がそなえつけられている。

電気コタツも、いまではむらの半分以上にゆきわたっている。ところが、むらびとは、それを日常生活では使っていない。お客用に揃えてあるだけである。居間には、イロリ（ストーブ）があるから、かれら自体の生活にとってあまり用のないものだ。扇風機も、比較的涼しいこのむらでは、せいぜいお客用である。

自動車やオートバイは、現在むらに住んでいるひとが、使用しているものに限ってあらわした。町にでている子供たちの使っているのを加えれば、かなりの台数になる。車を買った家は、それまでもっていたオートバイを売っている。だから同じ家で、車とオートバイの両方を所有していることはない。そのどちらかをもっている。むらで生活していても、ひんぱんに高知・松山の方面にでかけていくことができるようになった。

昭和四五年には、一三戸の家に電話がついた。それまでは、共有の公衆電話があった。だれからか電話があると、マイクでむら中によびだす。一番上の方の家では、五〇〇段以上もの石段を降りていかなければならなかった。コミュニケーションのプライバシーを保つことはできなかった。どこのだれだれから電話があったということは、そのつどむら中に知れわたってしまう。むらの日常的な雰囲気の中では、これだけのことから、電話のだいたいの内容まで察しがつくものである。したがって、各家の情報は、むらの共通のものといってもよかった。そのような状況において、公衆電話が家単位の電話に移った。このことは、情報交換を、むら全体からそれぞれの親密なグループ、さらには家ごとに分散させてしまうようになった。むらを社会的に変革する大きな要因になった。

以上のべてきた物質文化は、比較的すみやかに普及していった、といえる。ところで、むらの生活になかなか浸透しにくいと思われるものがある。カメラ・石油コンロ・扇風機・ステレオ・電気掃除機・ガス湯沸器などがそうである。こんなものは、むらの生活にとって、あってもなくてもどうということはない。じじつ、この中に買ってから、一度も使ったことがないものもあった。カメラもそのひとつだ。また、高いステレオをそなえておきながら、そのとりあつかい方を知らない家もあった。ただ、もっているだけで、それはかれらの意識の中で充足していることになる。いわゆる社会的プレステージを示す役割を、はたしているのである。

このことは、つぎのような場合にもよくでていると思われる。たとえば、ステレオはいつごろ買ったのかなどというわたしの問いに、むらびとはこう答えることがあった。「いつだったたか、はっきり覚えちょらんが、このむらでは一番最初に買った」。むらびとは、むらの中で自分の家がどのような位置を占めているか、ということにたえず関心を払い、それを計算しながら暮らしている。それが、たまたまこうした物質文化にあらわれたのである。といっても、こうした感情は、せまいむらの中ばかりのものとは決していえない。大な

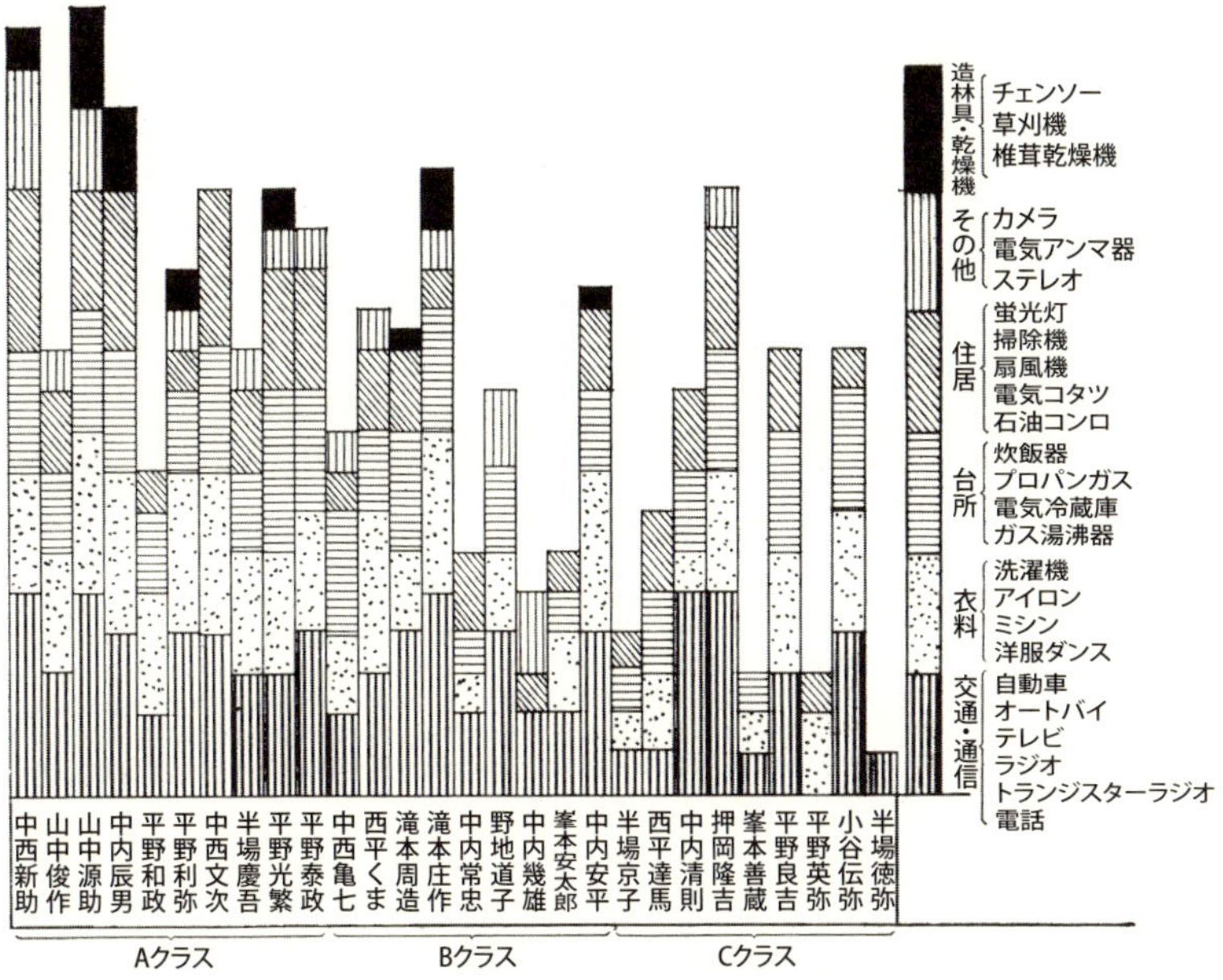

図41　土地所有階層別にみた物質文化の所有状況

り小なりの競争心をもち、他人と比較して生きていくのは、どこの社会でも同じことだ。むしろ、こうした対抗意識が、むらびとの生活にはりをもたせ、むらの社会に均衡関係をもたらしてきたことを、みのがしてはならない。

つぎに、物質文化の所有状況をみてみよう（図41）。土地所有面積のうえでは、Cグループに属している押岡隆吉さんが、物質文化では上位を占めているのが目立つ。滝本庄作さんはBグループに属しながら、やはりかなり上位を占めている。庄作さんは、調味料の種類の豊富さでも、第二位にあった。

ところが土地所有のうえでは、Aグループに属しながらも、物質文化のうえでは中位にとどまっている家がある。平野利弥・山中俊作・半場慶吾さんだ。この三人に共通していることは、子供を高知に下宿させて高校に通わせていることだ。家計費のところでもみたように、高校の教育費は月三万円かかっている。このことが、日常の生活をいくらかおさえているともとれる。似たようなことは、やはり子供を学校に通わせている中内常忠・峯本安太郎さんについてもいえる。かれらは、Bグループに属しながら、物質文化のうえでは下層にある。それとは逆に、経済的にCグループに属している平野良吉・小谷伝弥さんは、中位を占めている。大工や土方をやりながら、外部との接触が多いかれらは、物質面でも外部のものを比較的とりいれる傾向がある、といえよう。

経済的にはAグループに属しながらも、物質文化のうえでは下位を占めている家がある。平野和政さんのところだ。和政さんは、山をたくさんもっていながら、家計費はきわだって少なく、調味料の種類数もたいして多くなかった。プロパン・冷蔵庫・洗濯機など生活にまあ必要なものはもっているが、余分なものは買っていない。

土地所有面積のうえでも、家計費のうえでも、また調味料の数でも、たえず下位を占めている家がある。半場京子・峯本善蔵・平野英弥・半場徳弥さんである。かれらは、どこの家でもあってよいような生活品を買いそなえていない。たとえば、半場徳弥さんがもっているのは、ラジオだけである。かれの場合、経済的ゆとりがまったくないのである。

こうしてみると、土地所有面積などの経済的基盤と、物質文化の所有状態は一応対応しているともいえるが、そこにはいくらかのばらつきがみられる。

経済的基盤がありながらも、物質文化のうえでは相対的に低い位置を占めているひとたちを内指向型とよぼう。この型には、平野和政・半場慶吾・山中俊作・平野利弥・中内幾雄・峯本安太郎さんが含まれる。かれらは、物質文化だけではなく、ほかの外来文化にたいしても閉鎖性を保ちやすい。

それとは逆に、経済的基盤はあまりないにもかかわらず、物質文化では、相対的に高い位置を占めているひとたちがある。これを外指向型とする。この型には、押岡隆吉さんをはじめ、滝本庄作・平野良吉・小谷伝弥さんらが含まれる。かれらは、一般に外来文化にたいする寛容性があり、開放的な傾向を示す。

このような物質文化にみられる指向性のちがいは、じつにかれらの日常の社会行動にもしばしばあらわれているのである。

5　活字とのつながり

むらびとは、どんな活字にどのくらい目を通しているのだろうか。むらびとが、多くのものを読んでいるからいいとか、読んでいないからいけない、などというつもりはない。活字に接していないひとにも、深い人間味をもったひとはいるし、またすぐれた思考力のもち主だっている。

大それたことはぬきにして、かれらの読みものから、かれらの関心を少しでもうかがってみよう。ほかの調査項目と一緒に、なにをよんでいますか、という問いで、むらびとにたずねてみた。読みものは、新聞・雑誌・単行本にわけて、それぞれについてたずねた。その結果、新聞と名のつくものを購読している家は、全体の六〇%だった。このうちでもっとも多いのが、なんと自由民主党発行の「自由新報」であった。むら全体の四〇%近くが、この新聞をとっている。ついで多いのは、地方新聞の「高知新聞」である。これは全体の三分の一の家がとっている。つぎに四軒ほどが、「聖教新聞」をとっている。ひとつの家で、以上の三種類の新聞をとっているところもあった。これらのうちで、実質的にもっともよくよまれているのは、日刊紙である「高知新聞」だろう。「自由新報」については、開いてみたことがない、という家もあった。また「聖教新聞」を熱心に読んでいるのは、創価学会にくわわっている家（むらでは二戸）のうち、一軒だけだった。送られてきたまま、風呂のたきつけに使うという家もあった。

雑誌については、定期的に購読している家は、むら全体の三分の一である。林業関係の「林業新知識」が五戸、「家の光」が四戸だ。さきの創価学会加入者の家では、「聖教グラフ」・「公明グラフ」・「潮」などひととおりの関連雑誌を八種類もとっていた。そのほかは、大工さんの「建築時代」、教育委員さんの「教育月報」ぐらいである。

単行本を、まともにおいている家は、二戸にすぎない。一軒は、創価学会関係ばかり。他の一軒には、小説や「古事記」など多くの書物があった。この家の小谷典生さんは、おもに軍隊の恩給手当で暮らしている。いまでは山にいくこともなく、これらの書に親しみながら、悠々自適の生活を送っている。

じつのところ、このむらにくるまで「自由新報」などという新聞があることを、わたしはしらなかった。意外なところで、自民党が根をおろしていることに目をみはらされた。このむらでは、二、三軒をのぞいた全部が、自民党支持者である。

PTA会長の半場慶吾さんは、むらびとの政治的関心について、つぎのように語ってくれた。

「このむらでは、もともと保守系のひとがほとんどだった。ところが、昭和二五年ごろ、小学校に、日教組バリバリの先生が赴任してきた。その先生は、二年間ぐらいこのむらにいた。そのあいだ、熱心に革新系の運動をむらびとにした。そのため、わし(慶吾さん)と、文次さん(教育委員)以外は、自民党支持から革新政党支持にかわってしまった。その先生は、自民党は、戦争をする党だとよくいった。自民党を支持するのは、戦争をしらないものだという説教もした。それでたいていのむらびとは、なるほどそうかと思うようになった。しかし、その先生が去ってしまってからしばらくすると、むらびとはまた自民党支持派にもどった」

むらで異端的な行動をしばしばとるものは、共産党か社会党だ、と陰でささやかれるようになる。急激な変化をいつでもおそれてきたむらびとは、保守がなによりも正道なのである。

むらびとは、テレビ番組の中で意外と政治番組が好きだ。雨ふりのときに国会中継があれば、むらびとはじっとテレビにしがみついている。それをみていると、政治的な問題というより論争そのものに興奮をおぼえているようにもみえる。新聞（このへんでは、毎日昼頃郵便屋さんがもってくる）がとどいても、むらびとは政治欄にはあまり眼を通さない。活字を通じて、情報をえることはどうも苦手らしい。解説者的存在が気にいらないらしい。

だが、演説会でもあろうものなら、一二km離れた町までわざわざききにいく。そんなむらびとは、よその的解説者がなによりもきらいである。自分が身をのりだして、直接参加した気分にならないと、どうも気がすまないようなところが、むらびとにはある。それは、長い間自己完結的な社会でつちかわれてきた、ひとつのあらわれなのかもしれない。

6　カルチュア・ショック

異質な文化にであったとき、わたしたちはある種の刺激をうける。この刺激を、カルチュア・ショックとよんでいる。それは、たんに映像をみていただけでは、ひきおこされるものではない。たとえば、テレビで欧米の劇映画やアフリカのドキュメンタリーをみて、どれほどのカルチュア・ショックをうけるだろうか。元来、カルチュア・ショックというのは、実際に異質の文化そのものに肌をふれたとき、はじめておこるものである。

旅は、まさしくこのカルチュア・ショックをうける機会である。隔絶された山村にすむむらびとにとっては、その意味はなおさら重大であった。むらびとは、古い時代から、ほそぼそながら、絶えず旅にでている。

それは、おもに金比羅さんなどへのお参りを目的としたものであった。講を開いて、毎年だれかがお参りして、代表でお札をもらってくるようにしていたこともあった。旅がかさなれば、よその文化になじみ、寛容になるものだろう。このことは、むらの文化に大きな影響をあたえたにちがいない。かつての徴兵制も、結果的には、むらの文化に大きな変化をもたらす役割をになったのである。

広島の呉で長いあいだ海軍生活を送ってむらにもどってきた小谷典生さんは、いくつかの面でむらの文化に変化をひきおこすきっかけをつくった。その当時、外部の文化はしばしば小谷さんの家を通じて、このむらにひろまった、という古老の話である。あらたな物質文化をいちはやくむらにとりいれていくのは、このようによその地域で長いあいだ暮らしていたむらびとだった。

こうしてみるとむらの文化変容を示すひとつの指標として、むらびとの外出や旅行をみていくことは、たいへん興味深い。わたしは、むらびとが一年間にどのくらいむらの外部にでかけるのか、前年度（昭和四五年）を例にとってきいてみることにした。

すると、現在むらに在住しているもので、一年間（昭和四五年）に、椿山以外で寝たことのない、つまり泊まりがけの外出をしたことのない家が、七戸もあった。これはむらの四分の一にあたる。このうち五戸は、物質文化の所有状況のうえでいずれも下層に属している。残りの四分の三は、なんらかの用事で、泊まりがけの外出をしている。日帰りを含めれば、もっともっと外出数は、多くなるはずである。だが、そうなると、むらびとの多くは、もう覚えていない。資料としてあいまいになってしまう。だから、同じ松山や高知に行ったものでも、日帰りで行って帰ったものははぶき、少なくとも一泊以上したものをとりあげて質問した。泊まりがけとなると、むらびとは期日と宿泊日数を正確に覚えている。

まず、むらびとはどのような目的で、外泊するのだろうか。調べてみると、ずいぶんいろいろな目的があ

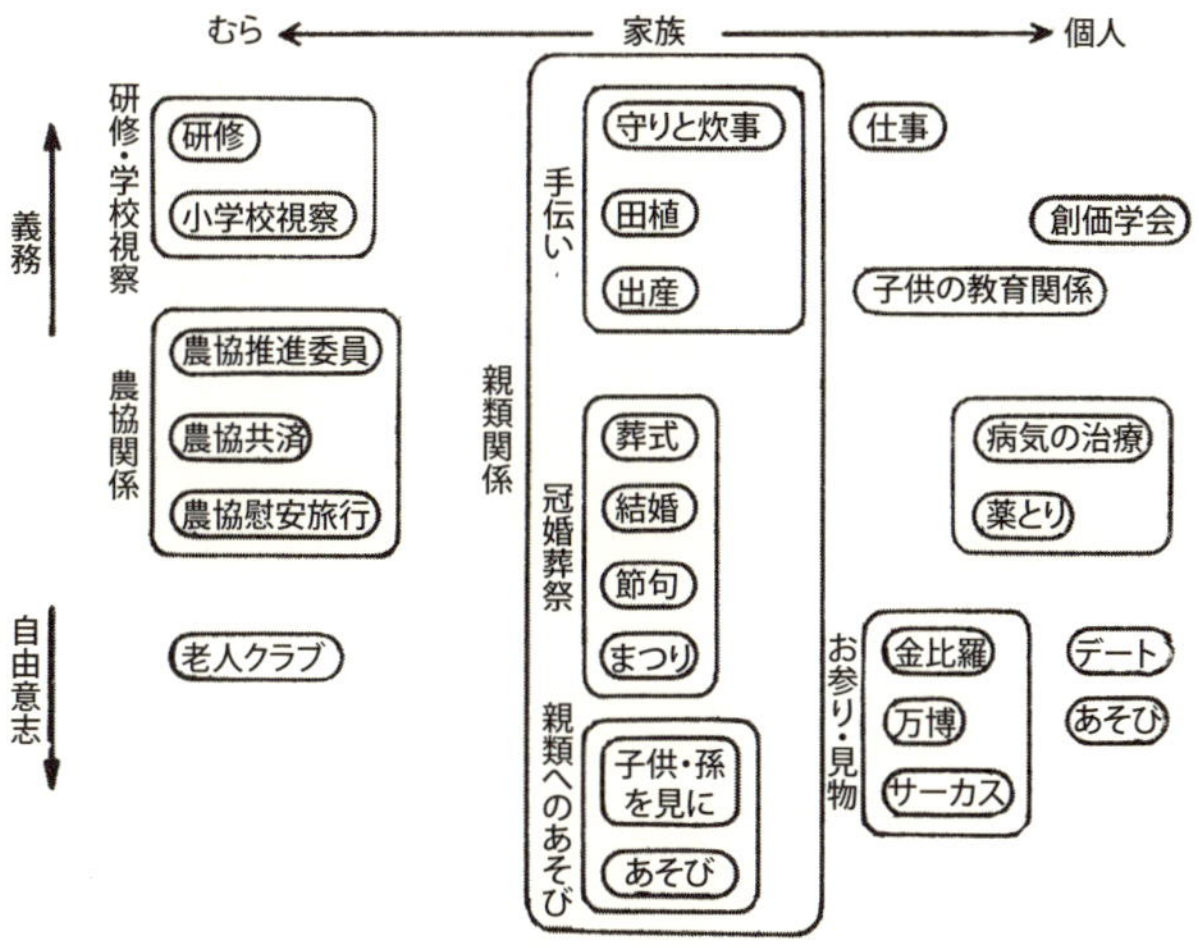

図 42　むらびとの外泊内訳

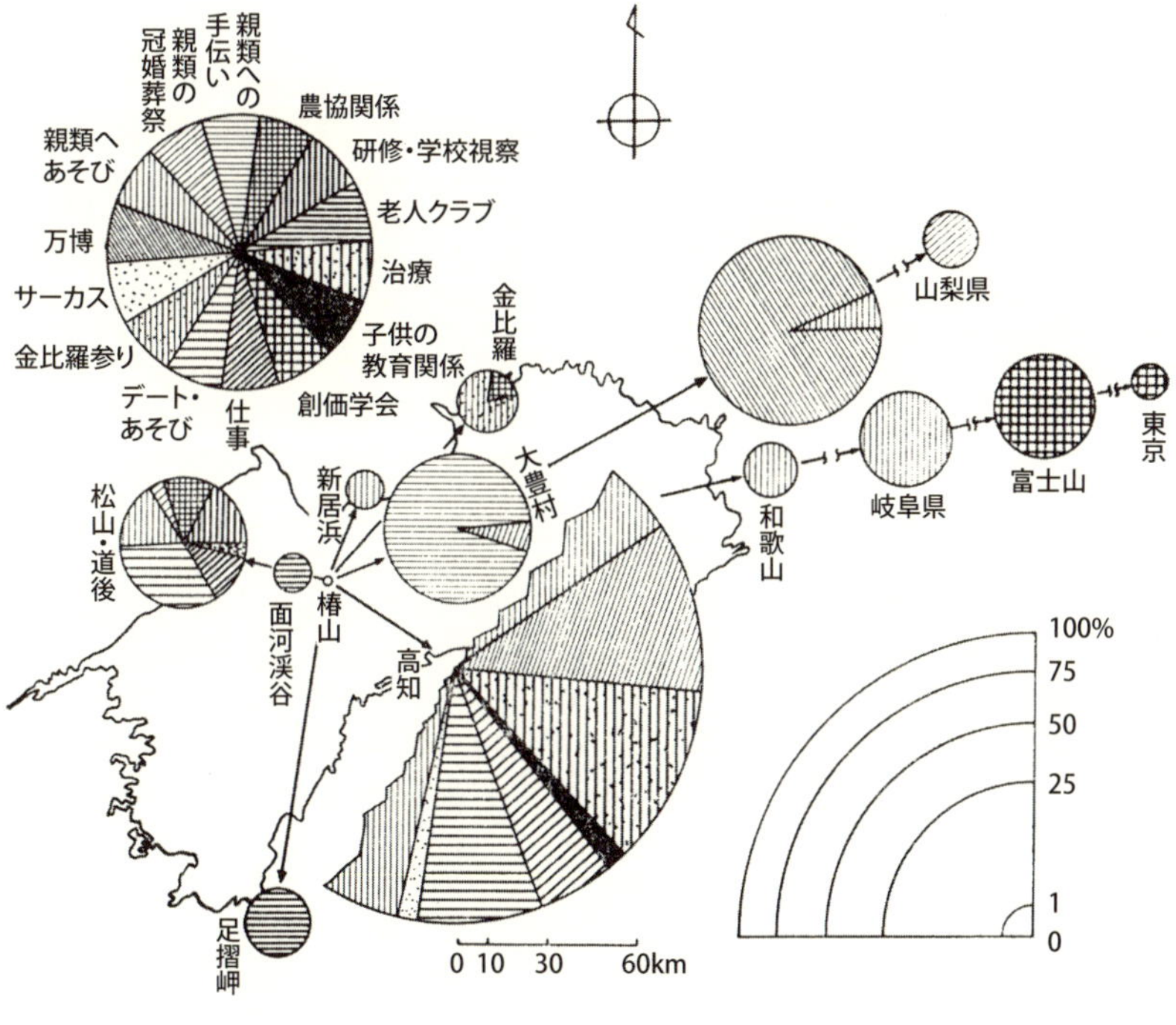

図 43　むらびとの村外宿泊地とその目的（1970 年）

った。これらをわかりやすいように整理したのが、図42である。目的を大きく二つのレベルでわけた。そして、第一のレベルを横軸に、もうひとつのレベルを縦軸で示した。

すなわち、横軸は、外出の目的が個人単位のものか、家族単位のものか、あるいはむら単位のものか、ということをあらわしている。たとえば、デートは、個人レベルの問題だ。ところが、手伝い・冠婚葬祭などの親類のつきあいは、家が単位となっている。農協とか老人クラブとなると、椿山ばかりでなく、池川町全体の関係者にかかわってくるから、むら単位である。

縦軸には、義務的な外出か、それとも自由意志によるものかをあらわした。たとえば、研修や小学校視察は、教育委員や区長、PTA会長がどうしてもでかけなければならない義務といえる。親類の手伝いや冠婚葬祭も、家としてはたさなければならない義務である。逆に、慰安旅行やデートなどは、かなり本人の自由にまかせられている。

さてつぎに、むらびとは、どのあたりにどれぐらいの泊まりがけででかけているのだろうか（図43）。昭和四五年一年間におけるむらびと全体の外泊日数は、のべ五二三泊になる。このうち、高知市にでかけた割合が、きわめて多い。じつに全体の七六％にもなる。日頃、むらびとはしょっ中高知市にでかけていくから、妥当な数値といえるかもしれないが、そのほとんどは日帰りである。こんなに宿泊数の多いのは、おもにつぎの理由によるものである。ひとつは、次・三男が高知にでているため、母親がそこへ訪ねていくことが多い。多いときには、半年以上を高知市で過ごす母親もいる。またもうひとつの理由は、むらの若者による。独身の中西新助さんは、しばしば高知でデートして、そのつど姉の家に寄って一泊してくる。このような要素が、とりわけ高知市での宿泊を多くさせているのである。

この年（昭和四五年）は、大阪で万国博覧会がひらかれた年にあたる。むらびとも万博の見物旅行によくでかけた。全体の宿泊数の一二%がこの旅によってひきおこされたものである。四国外の宿泊数は一七%にすぎないから、万博の占める比重が、いかに大きかったかよくわかる。

四国内では、高知市についで、松山市にでかけることが多い。また、足摺岬などの観光地に泊まりがけの旅行をする。大豊村などにも多いのは、このむらからそこへ、嫁にいった娘の家に、よく手伝いにでかけていくからである。

このような泊まりがけの外出で、家族ぐるみででかけることは、かなり限られている。そして、冠婚葬祭をはじめあそびにでかけるのは、親類の家がもっとも多い。こうした場合のカルチュア・ショックは、まったく異質の文化に触れたときに、ひきおこされるものとは別である。しかし、この種のカルチュア・ショックが、漸次むらの文化に及ぼす影響の大きさは、はかりしれないものがある。

いまや、むらびとは、泊りがけの外出や旅行をひんぱんにおこなうようになった。外部との直接のふれあいが多くなり、カルチュア・ショックの代謝がいちじるしくはやくなってきた。このことは、文化変容のしくみをいっそう複雑にし、むらの変化をとらえがたいものにしている。

7　一日やったことの意味

きょう一日、自分はなにをやったのか、ということはどういうことなのだろう。

たとえば、自分の一日の行動を朝からくまなくフィルムにおさめたとする。そのフィルムをあらためてみなおして、自分の行動を観察してみよう。「目をあける」・「両手を頭上にのばす」・「深呼吸をする」・「ふとんからでる」……。連続したこまかい動作からなりたっている。だが、これらは「起床」というひとつの概念でよんでいるものである。同じようにみていくと、一日の連続した行動は、「起床」・「朝食」・「出勤」……といった大まかな概念にわけることができる。わたしたちの日常行動はこのように概念化していっても、おどろくほどたくさんの種類からなりたっている。

きょう一日、自分のやったことを日記にしるすということを考えてみよう。なにをしたか、という行動記録に限ってもよい。当然、概念を用いてしるす。しかし、そのたくさんある概念のどれかをえらんであらわすことになる。その選択は本人がおこなうわけだが、そのひとをとりまく社会や文化、そしてそのひとのパーソナリティなど、いくつかのフィルターをとおしてなされるにちがいない。その選択を通じてはじめて、きょう一日なにをやったかということが本人に意識され、日記となるのである。

逆に日記にしるされている諸概念を分析していけば、そのひとの生活が、そのひとのどのような概念によってくみたてられているかをしることができる。また、その分析をとおして、そのひとをとりまくさまざまなフィルターをさぐりだす手がかりがえられるのである。このような視点から、日記をみながらむらの生活を分析していきたい。

8　日記の採集

参与観察（むらびとと生活を共にしながら観察すること）をしながらも、かれらの行動をつぶさに観察することはとてもできないとわかったとき、わたしの頭に日記がうかんできた。むらびとに、その日やったことを日記に書いてもらおう、あるいは、すでにつけているひとがあったら、それをみせてもらおう、と思った。

日記の用紙をこちらで用意した。むらいりをしてから、すでに三ヵ月たっていたから、むらびとともかなり親しくなっていた。わたしは、経済的にも、家族構成のうえでもかたよることがないように配慮して、むらの半分の一四戸の世帯主を中心に、日記用紙を渡した（図44）。

そして一ヵ月ごとに集めてまわることにした。ところが書かなかったひとが三人ほどいた。「つけてみようと思ったけど、やっぱりダメだ」というのである。意外にもかれらは、むらの知識層であった。また、なんとか約束だけははたそうと思ったのか、いいかげんに書いてきたひとが一人あった。ほかの面ではたいへん親切なのだが、日記をつけることなど、どうも性分にあわないらしい。残りの九人は、少なくとも二ヵ月はまめにつけてくれた。ところが、やがて挫折するひとがでてきた。子供を事故で亡くしたショックで、日記どころではなくなったひと、交通事故をおこして精神的に疲れてしまったひと、足のけががもとで長期間高知の病院に入院せざるをえなくなったひとなどだ。

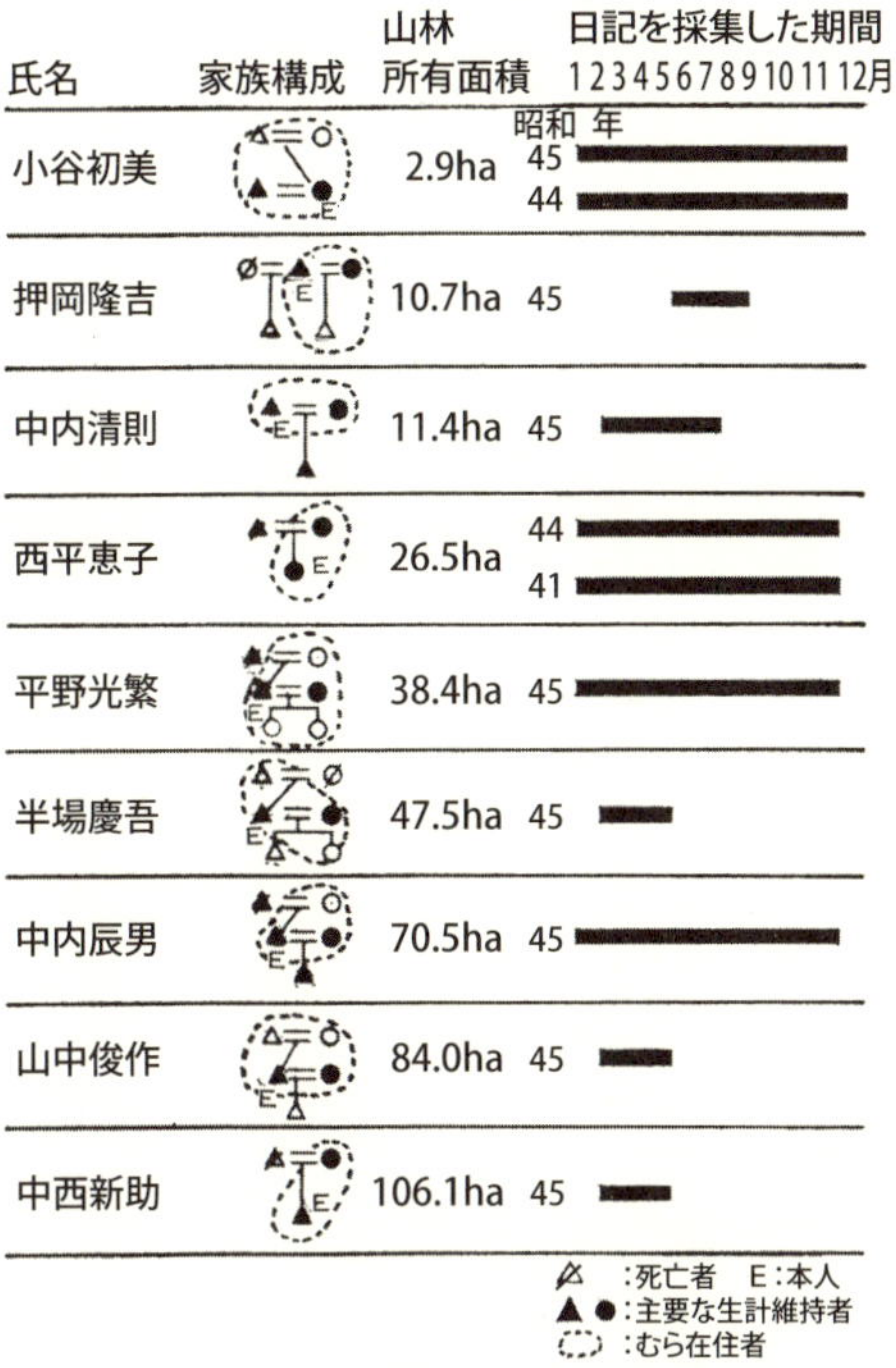

図44　日記提供者とその期間

結局、まる一年間日記をまめにつけてくれたのは、すでに以前から日記をつけていたひとたちになってしまった。そこで、その年の終わりに、かれら四人から日記を直接写させてもらうことにした。それらの内容は、いずれもその日やったことを簡単に記録したものだった。なかには、その日の心境を歌にあらわして書きそえているひともあった。

最初の一四人が四人になってしまった。中内辰男さんは、夫婦がその日どこへいって、なにをしたのか、克明に記録していた。平野光繁さんもくわしく書いていたが、妻の行動については、とぎれとぎれになっていた。辰男さんからは、用意した日記用紙に記録してもらったうえ、あらためて彼自身の日記とてらしあわせ、本人から確認することができた。

中内辰男さんは、当年四一歳、医者から胃かいようの傾向があるといわれ、しばらく酒を断ったものの最近よくなったといって、また飲みだした。まず健康体である。妻の多恵子さんも元気で働いている。中内家では、この二人が主要な生計維持者だ。

表6　中内辰男さんの土地所有面積

					計
常　畑		サエンバ0.05	コヤシ0.2	イモジ0.02	0.27
焼　畑（焼いてから4年まで）					2
（樹　令）		0〜10年生	10〜30年生	30〜50年生	
雑　木　林		11.1（22.2）	2.6	2.2	15.9（22.2）
植　林	ス　ギ	18.9（1.2）	10.9	0	29.8（1.2）
	ヒノキ	0	1.0	0.4	1.4

総計47.1（23.4）

注：() 内は愛媛県の川の子（天神）むらにあるもの、単位は *ha* である。

辰男さんの母である君代さん（六七）は、ヤマ仕事はせず家にいる。だが、一年の大半を高知にいる次男のところですごしている。辰男さんの長男の喜義さん（二一）は、高知の工業高校を卒業して、現在高知の造船会社につとめている。椿山に帰ってくるのは、一年のうち四、五回程度、のべ一五泊にもみたない。

辰男さんの生活の支えは、山である。その利用状況を分類すると、表6のようになる。辰男さん一家が現在つくっている焼畑は、二*ha*。むらの焼畑所有面積の平均である一・四*ha*の約一・四倍になる。常畑（サエンバ・コヤシ・イモジ）に関しては、〇・二七*ha*。むらの常畑所有面積の平均〇・二二*ha*の一・二倍になる。

椿山内にもっている辰男さんの土地（山と常畑）は、森林原簿によれば四七・一*ha*、本人に直接尋ねると、四二*ha*くらいということだった。たいしたちがいはない。山の三分の二はすでに植林化されている。このほか、辰男さんは、隣の川の子（天神）むらに山をもっていることになっている。森林原簿や土地台帳には、そう記されているが、どうも最近になって売ってしまったようだ。山林の所有面積は、川の子の山をもっていた時点では、むらで第四位。売ってしまっていたら、第八位になる。どちらにしても、土地の所有面積からすれば、むらで上の中あたりに属している。

このような背景にたつ辰男さん夫婦には、一年間にどれぐらい〝やったこと〟、つまり行動概念の種類があるのだろうか。辰男さん夫婦を中心にみていこう。

9　一年の作業

その日〝やったこと〟の中には、〝休み〟や〝手伝い〟のような大きな概念であらわされるものもあれば、〝ヤナギの実まき〟や〝ヤナギの子ひき〟のように比較的小さな概念であらわされるものもある。しかし、ここでは、それぞれの概念をひとつの独立した単位としてあつかうことにしよう。むらびとは〝休み〟の内容をこまかく記録することはしない。が、ヤナギ（ミツマタ）に関する作業についてはくわしく記録している。このこと自体むらびとの生活を物語っていることになるからである。

辰男さん夫婦が、年間日記の中で用いている〝行動〟の概念は、どのくらいあるだろうか。計算してみると、辰男さん夫婦で一三三になる。夫が八七、妻が九三といくらか多い。そのうち、夫だけが用いた概念が三九、妻だけのものが四五である。つまり、一年間の〝行動〟の種類は妻の方が多いことがわかる。

むらの出役（共同作業）にかんする項目をみていこう。すると、夫だけの概念がはるかに多い。逆に、食物資源の獲得にかんしては、妻のほうの概念がだんぜん多い。ほとんど妻だけにかぎられている。ここに、

ウネづくりをするむらの主婦。

公的な仕事の多い夫にたいして、私的な食物確保の妻という対比がよくあらわされている。

さて、山の所有面積のうえでやはり上位を占めている平野光繁さんの場合はどうだろうか。かれが、一年間に用いている〝行動〟の概念の種類は、一一〇である。辰男さんの八七よりずいぶん多い。これにはいくつか理由がある。たとえば、光繁さんには、小学校と中学校にそれぞれ通う娘がいる。子供の教育関係の項目がくわわっている。また光繁さんは、現金収入にはぬけ目がないことで定評がある。だから、いろいろな賃労働をする。たとえば、山のあきないの仲介もする。さらに、光繁さんは、むらで慣習的に認めている男女の分業などにかなり無頓着だ。ミツマタの皮をはぐ〝ヤナギとおし〟の作業は、女だけの仕事である。光繁さんをのぞいて、男がやっている姿をわたしはみたことがない。だから光繁さんの日記には、ふつう妻たちが用いる〝行動〟の概念がしるされていくことになる。

つぎに、独身の女性で、母親と二人ぐらしの西平恵子さんの場合をみてみよう。山林の所有面積では、むらの中間あたり。昭和四四年の一年間に彼女が日記の中で用いている概念の種類は、一一二である。光繁さんと同じぐらい多い。彼女の家には、男の働き手がいない。だから、彼女が男のする仕事までしなくてはならない。よって、概念の種類が多くなるのである。

あと一例、小谷初美さんの場合はどうだろうか。山の所有面積では、むらの最下位から二番目、約二・九*ha*しかない。夫は下にでて、ほとんど大工仕事にあけくれている。初美さんが昭和四五年の一年間に用いた概念数が、七四である。これは、いままでのどの例より少ない。というのは、山の所有面積がわずかなため、いわゆる山の仕事が少なくて、一年間の多くを、単一な土方などの賃労働に費やしているからである。

以上のように、むらびとの一年間の〝行動〟をあらわす概念数は、いくつかの要因によって個人差がある。それは、なにをおもな生業としているか、どんな家族構成か、またどんなパーソナリティのもち主か、などによってきまる。

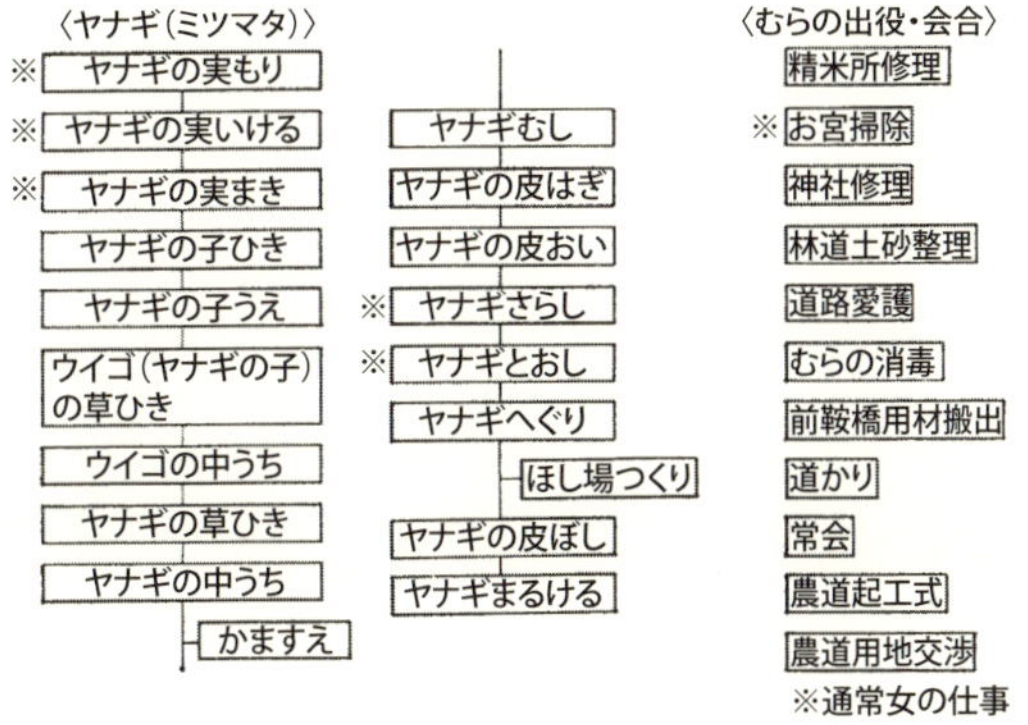

図45　ヤナギと出役・会合に関するむらびとの作業の分類

さて、これらのさまざまな概念をいくつかの項目に分類してみよう。するとたとえば、ヤナギ（ミツマタ）に関する仕事の概念は、一九もある（図45）。また、むらの出役（共同作業）や会合の項目には、一一の概念がふくまれる。「出役・会合」の項目がたくさんの概念に分化してみられる、ということは、むら社会の特徴である。また、「ミツマタ」の項目に属する概念が多いことから、むらびとの生活にミツマタがいかに重要な位置を占めているかをしることができる。

これらの項目は、さらに図46のように分類整理される。この図をみると、むらびとの生活がどのようにくみたてられているかを、かなり理解することができる。これらの項目を、家族・親類・むらの三つのレベルに大きくわ

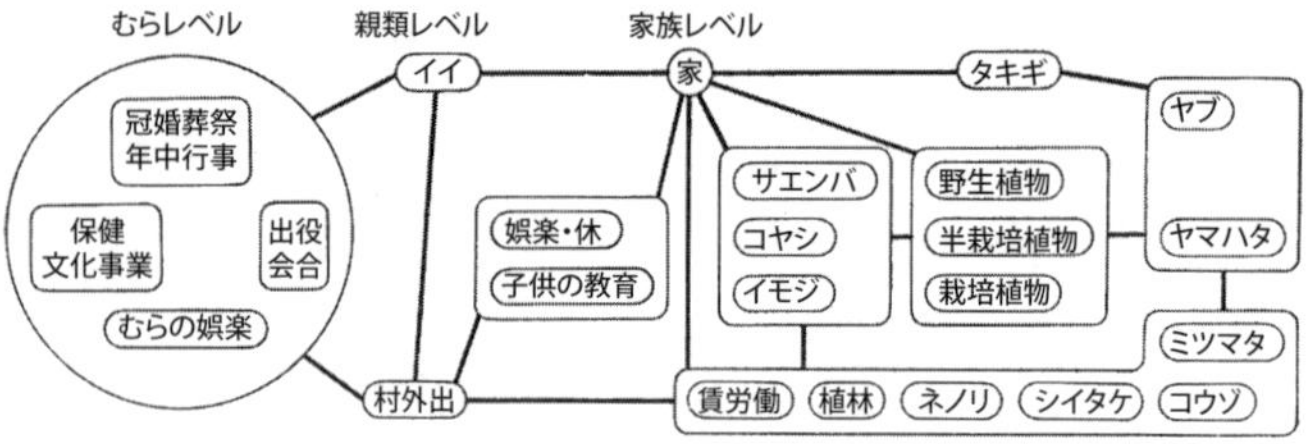

図 46　むらびとの生活のなりたち（むらびとの日記から）

けると、どうなるだろうか。親類レベルのおもな項目は、「イイ（相互扶助）」である。イイは、ヤマ焼きや冠婚葬祭、あるいは屋根がえなどの際におこなわれる労働交換である。

むらレベル、つまりむら全体がかかわりあう項目には、いくつかある。むら社会として古くから欠かせないものが「出役・会合」と「冠婚葬祭・年中行事」である。また、健康診断や家庭学級が含まれる「保健・文化事業」などは、比較的最近になってうまれたものといえる。

家族レベルの項目は、ずいぶん多い。以下にのべる項目はすべて、家族レベルの項目といえるだろう。

周囲を山にかこまれた椿山は、ヤマにかんする仕事がなによりも大きな基盤となっている。食物資源の獲得の場として、現金収入源として、「ヤマハタ（焼畑）」の仕事からすべてはじまる。それは、境だて（境界づくり）・ヤマ焼き・地ごしらえなど、作付けするまでのいろいろな作業を含んでいる。「ヤマハタ」の項目に属する〝行動〟の概念が、たいへん多く、分化していることは、いうまでもない。

「ネノリ」・「コウゾ」はコヤシ（常畑）を背景にした現金収入源である。「シイタケ」は、休閑地のヤブを利用して栽培する。「植林」・「ミツマタ」これらは、いずれもヤマを背景にした現金収入源である。また、営林署の仕事や、出働き（土方）・請負などの「賃労働」の仕事も家族レベルである。

自給食物資は、すでにのべた「ヤマハタ」で栽培されるものがほとんどだった。現在では、家の周囲の「常畑」

に栽培されるものが、高い率を占めるようになった。またお茶や梅のような「半栽培的植物」もある。早春に野山でみられるイタドリ・タラノキ・ヨモギなどの採集もむらびとの食生活に重要な役割をはたしている。この作業は、「野生植物」の項目にふくまれる。

現金収入源や食物資源にかんする仕事は、「家の仕事」にもかかわってくる。この項目に属するむらびとの〝行動〟の概念は、さまざまにわかれている。ミツマタのヤナギへぐり・コンニャクつくり・トウフづくりなどである。そのほか、精油・精米・掃除・屋根のふきかえ・ぬいものなどすべて「家の仕事」に含まれる。

休閑地を利用したシイタケ栽培。貴重な現金収入になる。

ところで、「休み・娯楽」の項目にふくまれるむらびとの概念の種類が、いちじるしく少ない。そのなかで、マタギ（狩猟）・川あそび・魚とりは、娯楽の大きな比重を占めている。むらびとは、マタギのことを〝遊んでくる〟という。そのほか、たまにでかける旅行もむらびとの大きな娯楽のひとつである。「休み・娯楽」にかんする概念が分化していないのは、むらの大きな特徴といえる。がしかし、このことは、生活に楽しみをみいだしていないということには決してつながらない。

小・中・高等学校の子供をもつ家では、「子供の教育」の項目がくわわる。たとえば、小学校のたきぎこしらえ・入学式・参観などである。これらが日記を占める割合は、微々たるものだが、教育熱心なむらびとは、「子供の教育」をおろそかにしない。

以上のべてきたほかに、「村外出」の項目がある。ここにふくまれる概念は、他の項目のものと重なりあっている場合がある。たとえば、潮干狩や旅行は、当然むらからでかけていく。また、コメとかサカナのような食物の買物には、町にでかけていくことが多い。中学以上は、下にあるから、参観日などのときにはでかけていく。また、病気のときには、町の医者まで通わなければならない。地理的に隔絶したこのむらでは、「村外出」はむらびとのさまざまな〝行動〟の概念と結びついている。

10 生活の季節変動

これまで、むらびとの日記にしるされているさまざまな〝行動〟の概念をあつめて、いくつかの項目にまとめた。そしてさらに、その項目を分類・整理してきた。そのことにより、むらびとの生活体系を大まかにしるることができた。ところが、さきの図46だけでは、どの項目にどのくらいの日数が費やされるのか、量的な関係がまったくわからない。

そこで、一日を単位として、項目別に数量化をこころみた。

図47は、辰男さん夫婦の一年間における作業日数の項目別割合を示したものである。夫の場合、現金収入源にかんする作業が、一年のうちの六五％を占めている。その中で、「賃労働」と「植林」にかんする作業が四〇・八％と、とりわけ多い。「賃労働」は、とくに国有林の伐採の仕事である。ところが、妻の場合には、現金収入源にかんする作業は、四四・四％と半分にみたない。が、その中では、「ミツマタ」の占める率が

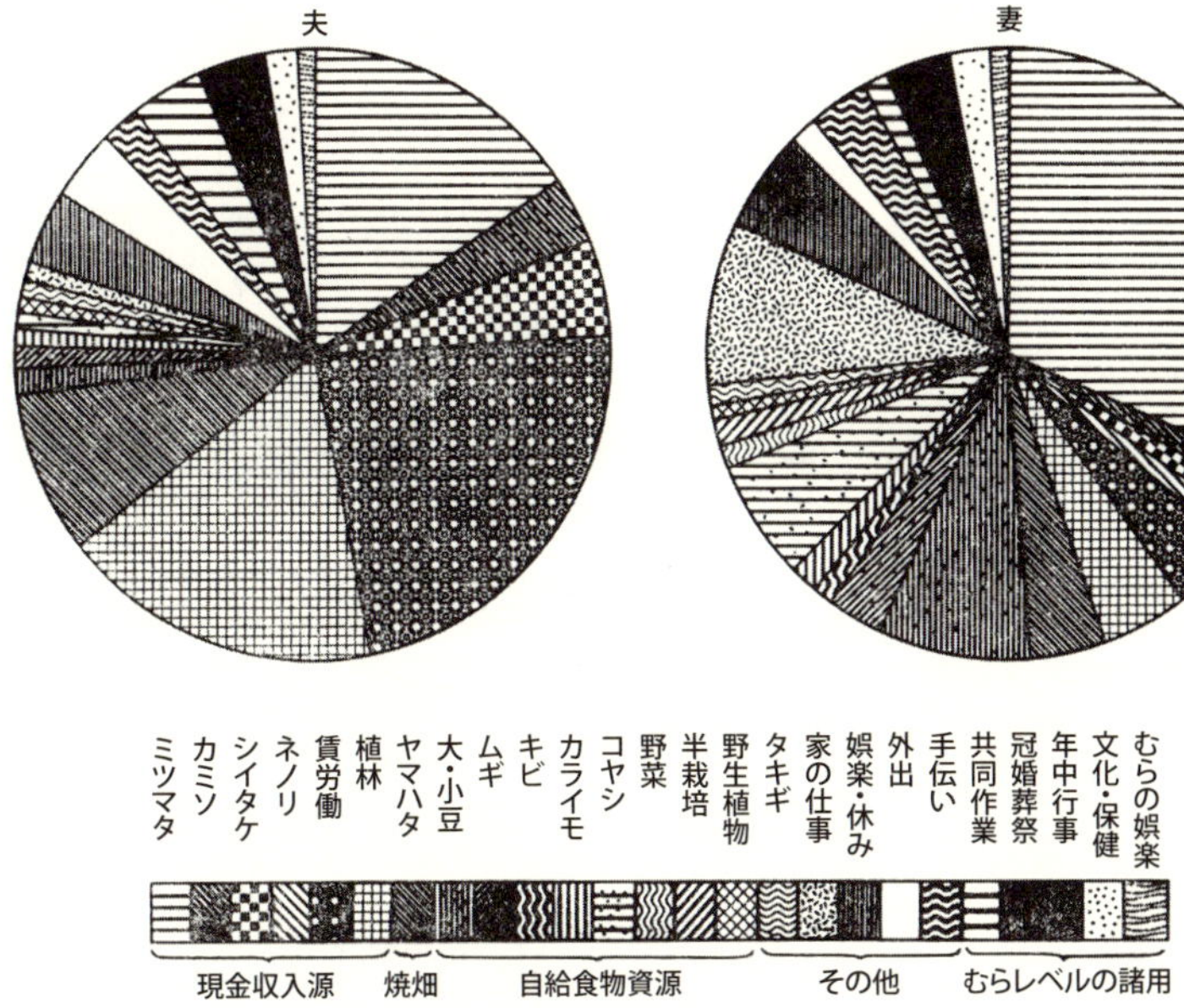

図 47　1 年間の労働配分（中内辰男家）（昭和 45 年）

ひじょうに高い。このような夫婦の作業日数の割合のちがいは、食物資源にかんする場合にも顕著にあらわれている。また、夫婦の差は、「家の仕事」においていちじるしい。夫がわずか一%にたいし、妻はその一〇倍以上の一〇・三%を費やしている。

　ほかのむらびとの一年の作業日数を項目別にみた割合を、辰男さん夫婦とくらべてみると、やはり似たような傾向を示す。たとえば、平野光繁さんの現金収入源にかんする作業は、六七・二%である。また、食物資源にかんする作業には、一年の四・九%を費やしている。これらの数値は、辰男さんの場合とあまりかわらない。辰男さんの妻と西平恵子さんの例からみると、一般にむらの女性の現金収入源にかんする作業は、四〇%前後とみてよいだろう。そして、そのほとんどを「ミツマタ」の作業に費やしている。ところで山林の所有面積が少ない家では、「ミツマタ」の作業ができなくなる。所有面積がむらの最下位から二番目に位置する小谷さんの妻、初美さんの場合は、現金収入源にかんする作業が、六六・六%とたいへん多いが、おも

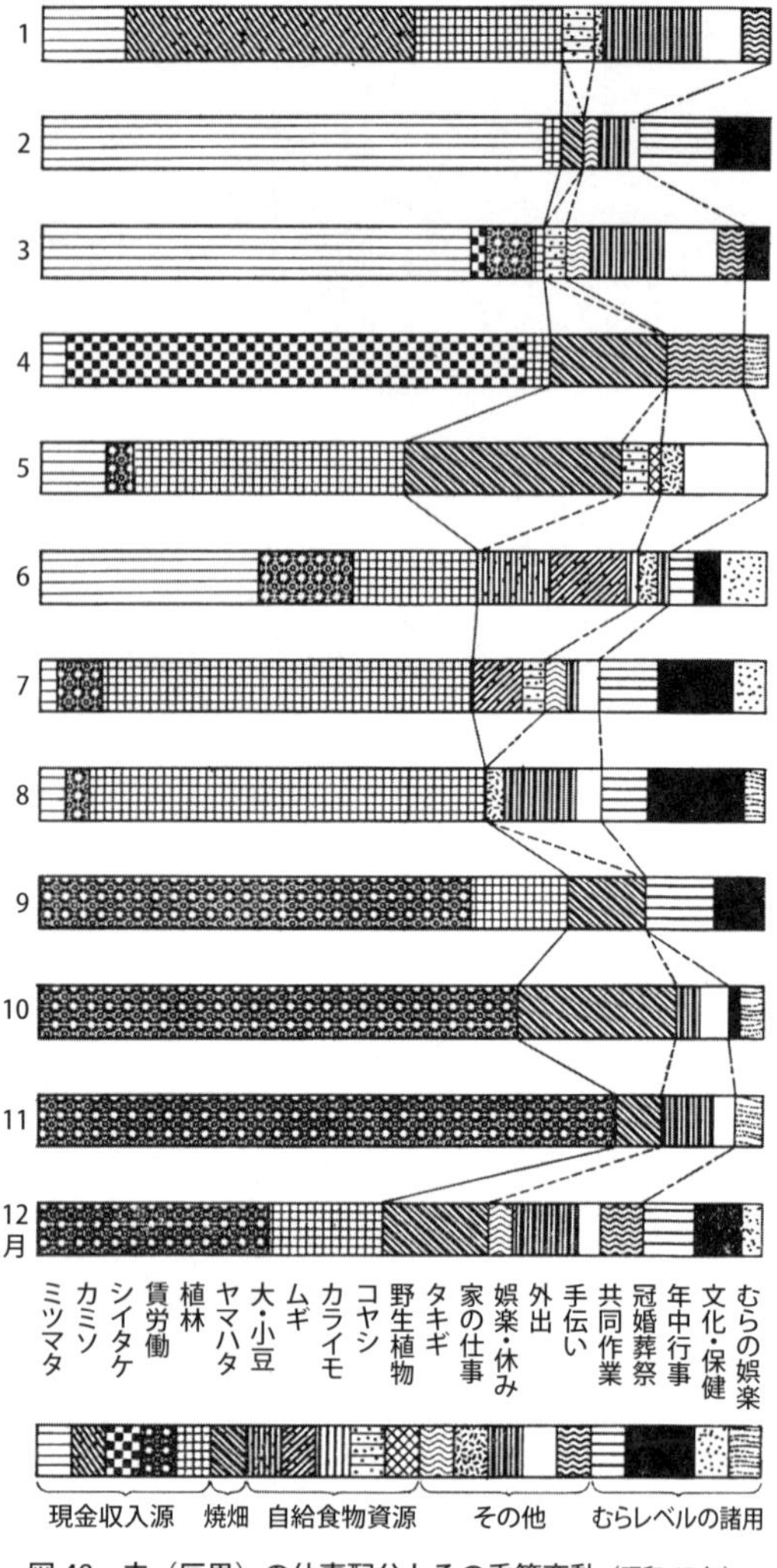

図48　夫（辰男）の仕事配分とその季節変動（昭和45年）

に道路工事などの「賃労働」に費やすためである。

さて、これらの作業割合は、季節的にどのような変動があるだろうか。図48は、辰男さんの毎月の作業日数の割合を示したものである。辰男さんは、一二月をのぞいた毎月の半分以上を、現金収入源の作業に費やしていることがわかる。項目をみると、二・三月が「ミツマタ」、四月が「シイタケ」、七・八月が「植林」、九・一〇・一一月が「賃労働」にかんする作業がその多くを占めている。年間を通じて、月ごとに、現金収入源の項目がうまく配分されている。むらびとが、隔絶された奥深い山の中でも十分に外社会と対応して、生活できるシステムがここにみいだされるのである。

他方、辰男さんの妻の場合は、どうだろうか（図49）。まず、「ミツマタ」にかんする作業は、一年を通じてまんべんなくおこなわれているのが目につく。「ミツマタ」の仕事がないのは、一〇・一一月だけだ。他方、五・六・七月および一〇・一一月では、自給食物資源にかんする作業が多くなっている。興味ぶかいこ

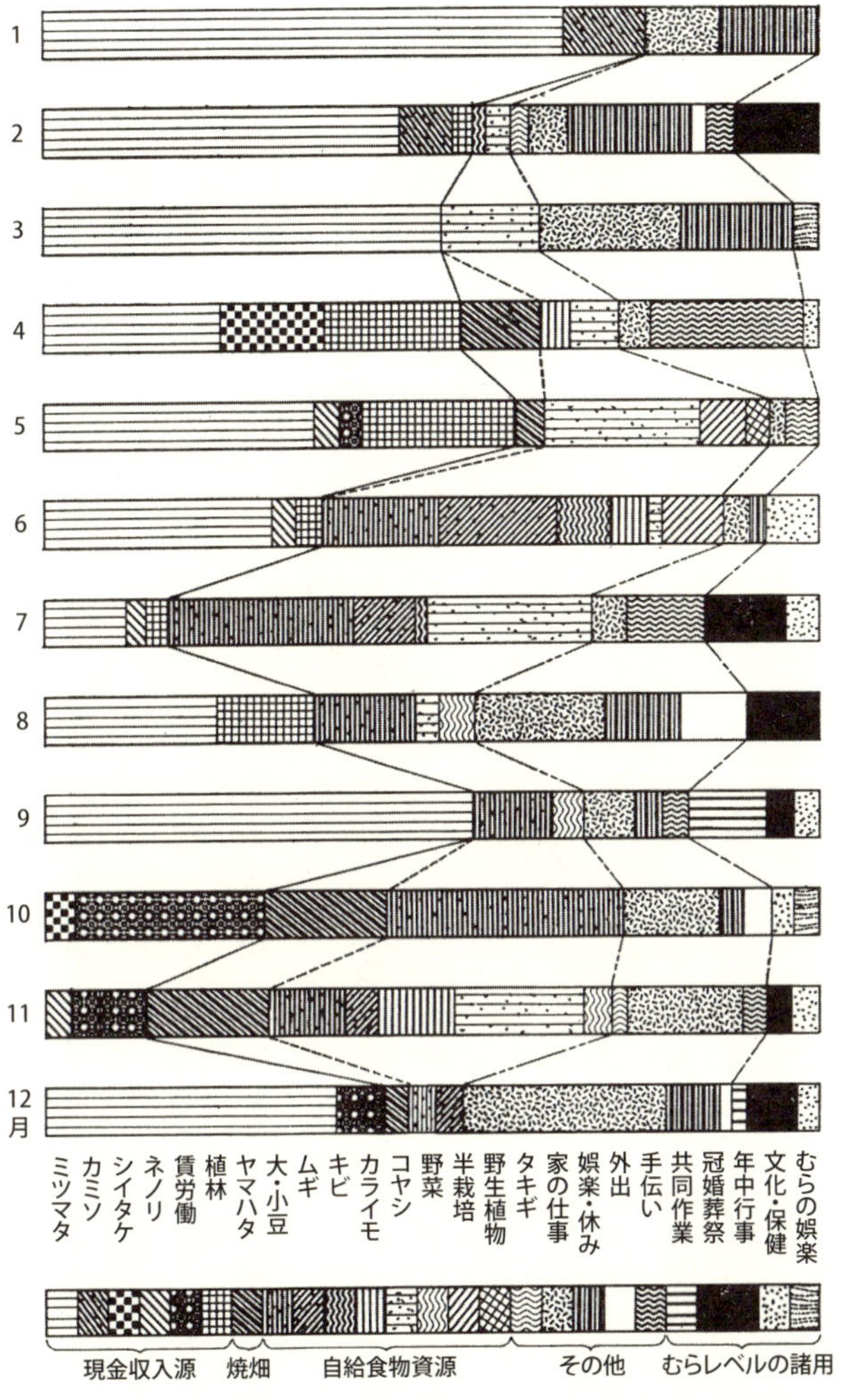

図49　妻（辰男家）の仕事配分とその季節変動（昭和45年）

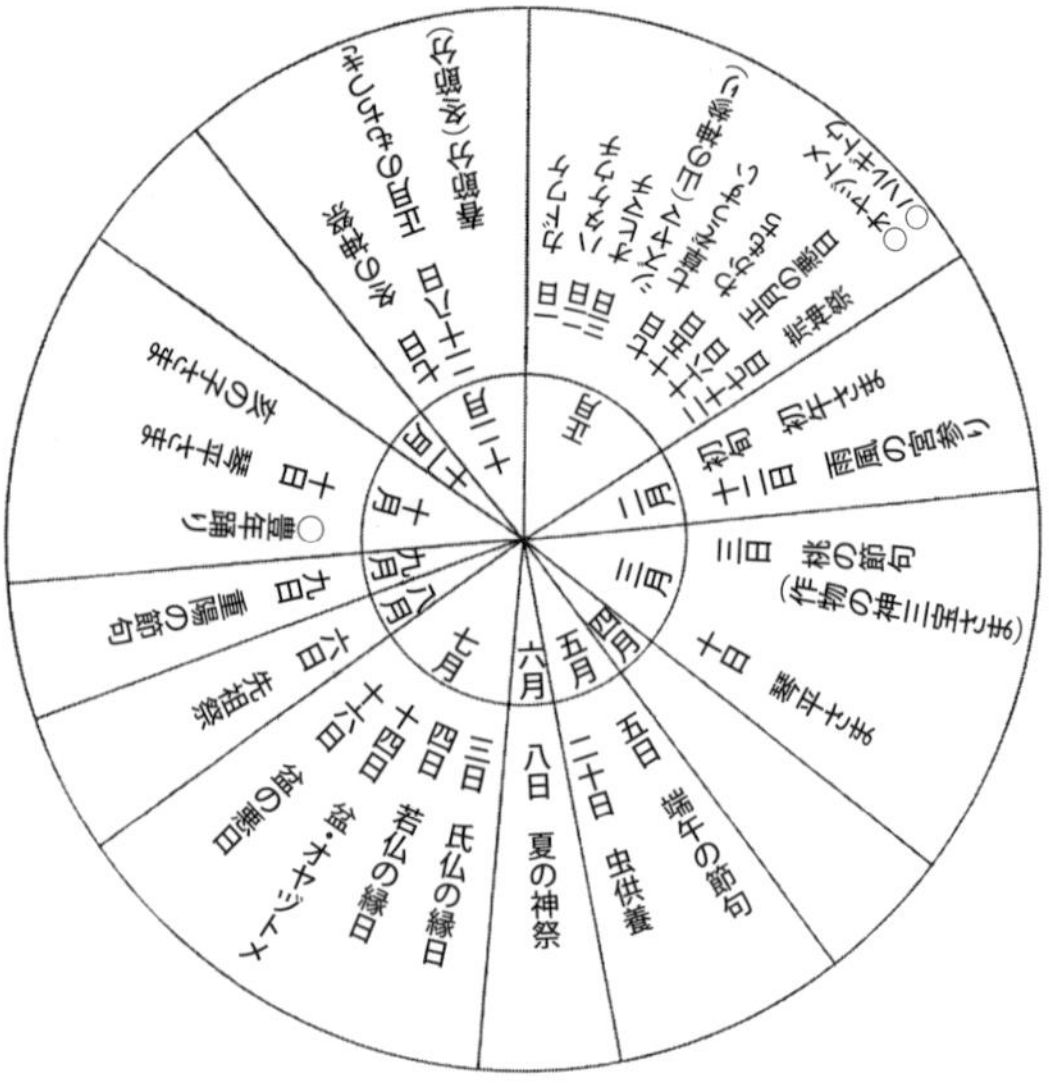

図 50　むらの年中行事（旧暦）

とに、夫の月ごとの作業配分が比較的単調であるのにたいし、妻の場合はかなりバラエティに富んでいる。

このように、作業の季節変動をみていくと、どの月がもっともひまな時期なのか、の判断はできない。夫婦のとる「休み・娯楽」は、年間を通じて、約二〇日間にすぎない。よく働く光繁さんの場合は、たったの四日間である。むらびとは、それにくわえて年中行事を楽しむ。これは「休み・娯楽」が個人レベルであるのにたいし、むらレベルの「冠婚葬祭・年中行事」である。農村の年中行事は、農閑期に集中しているとよくいわれる。

しかし椿山では、いつの季節にゆとりがあるのかわからないほど、むらびとの作業は、一年間を通じてきわめてたくみに配分されているのである。

11　おしどり夫婦

「うちのおくさんは、働きもんや」
「うちのだんなさんは、働きもんや」

椿山の夫婦は、笑いながらよくこういう。このむらでは、一年のうち夫婦がそろって同じ仕事場で働く日

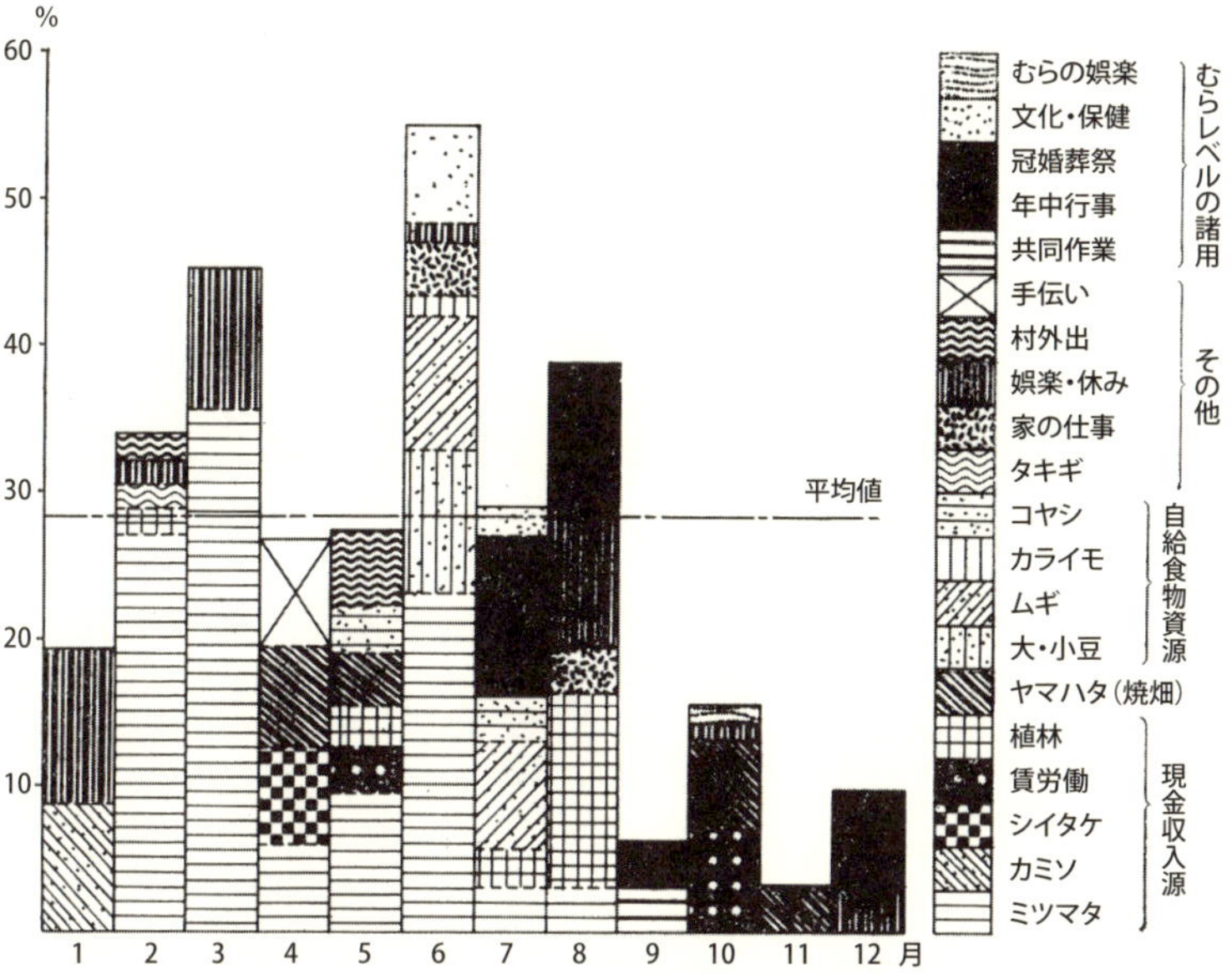

図51　夫婦が一緒にすごす季節別頻度（中内辰男夫妻）

がたいへん多い。かつては、それが日本の農山村の家庭のごくあたりまえの生活であった。ところがいま、そのような伝統的な生活はくずれてしまった。夫は農業から離れ、別な職業をもつようになった。多くの場合、妻だけが農業にとり残されてしまった。

このむらのひとびとは、一年間のほとんどを焼畑や植林に付随する山の作業に従事してすごす。ここではいまも、男女は共通の仕事の場をもっている。二人は、この共通の場で同じように汗を流す。

さて、椿山で夫婦が一緒にすごす日は、実際一年間にどのくらいあるだろうか。中内辰男さん夫婦の例では、日記から計算して、夫婦が一年のうちでともに一日をすごすのは、一〇二日、つまりのべ三ヵ月と一〇日になる。そのうち、「ミツマタ」の仕事でともにすごす場合が、もっとも多い。のべ一ヵ月を「ミツマタ」の仕事に費やしているのである。ついで多いのは、「休み・娯楽」である。夫が休む日には、妻もたいてい休んでいる。一年のうちで、一二日が夫婦共通の「休み・娯楽」の日になっている。それから「ヤマハタ」の仕事が一〇日、「冠婚葬祭・年中行事」が九日とつづく。

辰男さん夫婦が一緒にすごす日を、季節ごとに区切ってみるとどうだろうか（図51）。六月がだんぜん多い。ミツマタの草ひき、ダイズ・アズキの種まき、そしてムギ刈りが重なっているからだ。これらはいずれもヤマにおける作業である。「ミツマタ」や「ヤマハタ」の項目にあたっている。二・三月は、「ミツマタ」の項目にふくまれる作業だけで、一ヵ月のうち一〇日は夫婦ですごしている。二・三月は、ヤナギむしと、ヤナギの皮はぎがミツマタの作業のほとんどである。この作業は、二人でないと物理的にできない。「賃労働」や「植林」など比較的最近になってむらに浸透した現金収入源となる作業では、夫婦がともに働く率がたいへん低くなっている。それが、九・一〇・一一・一二月にあらわれている。

かつて、一年のほとんどを焼畑についやしていた時代には、夫婦がともに働く割合は、もっと多かったにちがいない。今後、新しい現金収入の道がますます拡大していくにつれ、夫婦がともに一日を働いてすごすことのできる日は、しだいになくなっていくことだろう。

12 生活空間

さきに、むらびとの生活が季節的にどのように変動しているのか、という時間的な問題をとりあげた。こんどは、むらびとの一年間の生活を、空間的なひろがりでとらえてみよう。やはり、辰男さん夫婦の日記や聞きこみが中心である。辰男さんは、その日でかけた場所を、毎日日記に克明にしるしていた。

図52は、それぞれの場所でのすごし方、その割合について、夫婦ごとに計算して作図したものである。こうしてみると、辰男さん夫婦が、一年間にどのあたりで、どんな行動をとったのか、よく理解できる。

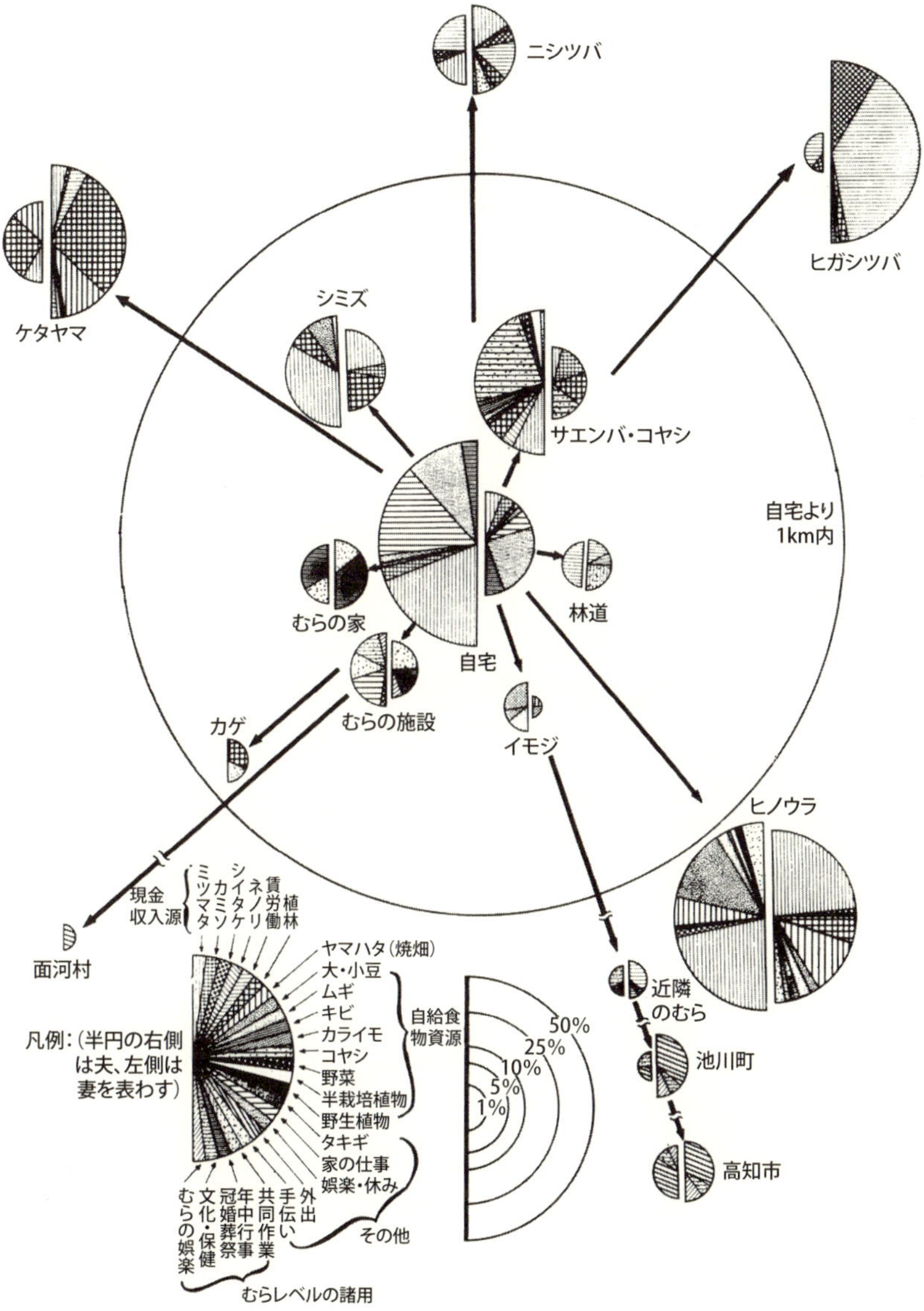

図 52　年間労働の空間配分（例：中内辰男夫妻）—昭和 45 年—

サツマイモの植え付け。むらの女性は、1年の大半を家から1km の範囲内ですごす。

夫婦とも、一年のほとんどをむらの中ですごしている。夫の場合は、九四・五%、妻の場合には、じつに九六・七%をむらの中ですごしていることがわかる。つまり、夫は二三・五日、妻はわずか一二日しか外部にでていないのである。

自家用車をもっていて外出するのには都合のよい平野光繁さんの場合でも、一年のうち五六日間しかむらの外にでていない。一週間に平均一日くらいの割である。土方や大工などの仕事で、近隣のむらにでていくわずかなひとをのぞけば、ほとんどのむらびとは、一年のおよそ九〇%を、むらの内部ですごしていることが推定される。むらに道路が通じても、また交通手段を確保することができても、むらびとは空間的にかなり自己完結的な生活を営んでいる、といえよう。このことは、むら自体が、むらびとの生活を支える力を十分にもっていることを物語っている。なかでも、「ヤマハタ」・「ミツマタ」・「植林」・「国有林」に関する仕事の占める割合は、とりわけ大きい。

つぎに、空間的なひろがりをむらの内部にかぎってみていこう。自宅より直線距離で、半径一㎞の円を描いてみる。土地ののぼりおりがあるから、実際の道のりはもっとある。平均して、直線距離で一㎞圏内というのは、自宅からほぼ三〇分内でいけるところである。

一年間を通じて、この一㎞圏内ですごす日数は、夫婦のあいだでかなりの差がみられる。夫は二五・一％であるのにたいし、妻はじつに六二・八％をこの圏内ですごしていることになる。さらに一〇分ほどの道のりをくわえて、四〇分圏の円を描いてみると、妻の一年間の行動のおよそ九〇％がこの圏内で、おこなわれていることがわかる。このむらの主婦の行動は、このようなせまい範囲にほとんど限られてなされているのである。しかも、家に近くなればなるほど、夫にくらべて、妻の占める率が高くなってきている。とくに、家の周囲の常畑（サエンバ・コヤシ・イモジ）における自給食物資源の獲得にかんする仕事では、妻の占める率がきわだって大きい。

逆に、自宅から離れているケタヤマやヒガシツバでは、夫の占める割合がたいへん多くなってくる。この傾向は、平野光繁さんの場合についてもよくあてはまる。一年間に、一㎞圏外のむらの山ですごす割合は、辰男さんが六八・六％、光繁さんが六九・〇％で、両者はおどろくほどよく似た数値を示している。

このことは、どういうことだろうか。ここで、現金収入に関する作業の占める割合をみていこう。すると、自宅から離れれば離れるほど、現金収入に関する作業が多くなることがわかる。たとえば、辰男さんを例にとってみると、「賃労働」全体のうち、一㎞圏外でおこなわれるのがじつに九五・二％も占めている。また「植林」の作業全体のうち、八〇・四％が一㎞圏外でおこなわれている。平野光繁さんの例をとっても同じ傾向を示している。かれの場合には「賃労働」全体の九三・九％が、また「植林」の作業全体の九四・八％が、いずれも一㎞圏外でおこなわれているのである。むらの一㎞圏外の山で、「賃労働」や「植林」の作業が、いかに多くの割合を占めているかがよくわかる。

かつて自給用作物を目的として、焼畑を営んでいたころは、妻もひんぱんに遠いヤマにでかけていった。泊まりがけでいったこともあった。しかし、遠くのヤマが植林になり、自給用作物の栽培がしだいに家の近くのヤマや、常畑にかぎられてくると、妻の仕事はおのずから、家に近い場所に集中してしまうようになった。やがて、夫婦の共有する生活空間は大きくくずれていくにちがいない。

第五章　むらを生きる

1　おしげさん

「ひとにゃ昔のことをいっても、仕方がないといいますろう」。明治二九年、この椿山にうまれたフミヨさん（七四）は、つい最近まで山仕事をかかさなかった。長いあいだ山とともに生きてきた女性である。これまで病気らしい病気をしたことがなかったが、一昨年盲腸をわずらってから急に体が弱くなった、という。

わたしが一番最初に覚えちょるのは、四つの年じゃったろうか。松山の道後に父と母につれていってもらった。おクニさんというネエヤをわたしのおもりかたがた雇うちょりました。そのおクニさんに、温泉の風呂に入ってこういったのを覚えちょります。「クニネエ、キンチョ洗あにゃいかん」。山にはえるダケがありますろう。キノコのことです。あれをこの辺ではキンチョといった。

松山へは、高台越えをして、渋草から笠方を通っていきました。わたしはこまかったけに、父と母におうていってもらったにかわりません。そのとき、松山で〝イチマさん〟という人形を買うてもらい、ぎっちりべべ縫うて着せておうたり、抱いたりしちょりました。ところが父はしらずに、フトンの上からそのイチマさんを踏みつぶしてしまいました。わたしは、えっと泣いたのを覚えちょります。〝イチマさん〟というのは、中は土かなんかで固めて、しっくいで塗ってありました。ぜいたくな家では、まっこと子供の頭ばあるくらいの大きいのを買うちょりました。わたしのは、ほんとちっちゃかったけど……。

わたしら学校へはいる前には、椿山の山にサルがようけいでちょった。それで伊予かどこかよそのひとをサルの守に雇って、小屋へ泊まらせておきました。〝リスじいさん〟とよんでいました。わたしらかえがえ（交替）で、そのひとの弁当を山までもっていったものでした。

小学校へは、数え年の八つのときいきました。そのころのむらは四三戸で、小学生は一年から四年まで一六人じゃった。わたしらより二つ下のひとから法律がかわって六年間通っちょりました。読本・習字・修身・体育などの科目がありました。三年のときは二等賞でしたが、あとはずっと一等賞でした。

わたしらのときには、運動会ということもひとつもなかった。わたしらより、四つ、五つ年のいったひとには運動会というものがあって、先生の家に泊まらせてもらった、という話をきいちょります。わたしらの時代は岡本というひょっとの（少々）ケチな先生じゃった。四年間ずっと、その先生にならいました。高知からきちょるとききました。その先生は漁師だったにかわりません。うんと釣がすきでした。学校がすんだというたら、すっと青の手ぬぐいでくくって川へいきよりました。

まあ岡本先生というたら、簡略な（ものごとをわりきった）ひとでした。神事か正月じゃったら、案内すればきてくれるけど、なにかの祝いとか法事なんかには、案内あっても絶対きませんでした。なぜかというたら、祝いとか法事にはお包みをしていかりゃいけませんろう。そうじゃろうということじゃった。神祭とか正月だったら、お包みしていかんでもいけますろう。けど、その先生は、夜学でワカイシにぎっちり教えました。

尋常小学校を数えの一二で終えました。その年から弁当を負って親について、毎日びっしりヤマ仕事にいきました。

妹が死んだのは、三つのときでした。夏のはやりの病気で、むらのひとがたくさん死にました。チブスという名前がつけられました。妹は町の病院に隔離されたが、いけませなんだ。すぐに死んでしもうた。妹の死後、二、三年たつと、弟も死んでいきました。わたしが一〇歳位、弟はようよう学校にいくようになった八つばあだっつろうと思います。暑い夏休みでした。ヤナギの草とりにつれていったとき、熱をだしはじめたのです。熱は、まもなく肺へ移りました。病院へつれていったけどいけませなんだ。とうとう兄弟では、わたしひとり残りました。

妹と弟をなくしてから、両親がめいってしまいました。「椿山は縁起が悪いけん、どこか町へでていこうや、車引きでも人力引きでもしてでも、おまえを学校へやっちゃるけに」と、両親はわたしにいいました。けど、わたしはそれがいやじゃった。兄弟二人のお墓を残しちょいてでていくのが、どうしてもいやじゃった。お墓には大きな松が三本ばありました。冷《ひや》い晩に、その松がゴウゴウなるんでした。それをききだしてから、どうしてもよう眠らざったがね。わたしは泣きました。なんぼか風があたって、妹や弟がひやかろう、さびしかろうと……。お墓を残しちょいて、どこっちゃいくのがいやじゃった。そのことを両親にいうたら、「おまえが腰をきめるんじゃったら、わしも腰をきめるぞよ」といってくれました。

そのとき、わたしは名前をかえて「しげ」としました。だから、いまのむらのひとは、わたしのことを「おしげさん」とよびます。

娘時代には、これといって遊びごとはありませんでした。ヤマの仕事がきびしかった。雨の日や晩に近所の女のひとから裁縫をならうのが楽しみでした。

初潮があったとき、ほんとうにきたないものに感じました。〝ベツウがある〟といった。わたしは一五のときでした。ゴハンを食べるとき、飯粒をちょっとひとにささげました。おかしなことをしたもんよね。相手はだれでもよかった。家中で、みんなベツウのことを知っちょった。洗いものはお日さまに干したらバチがあたるといって、日陰に干したもんです。

結婚は一七歳のときです。一五歳のときから決まっちょりました。本人どうしもいやということじゃあなかったが、親が決めたらどうにもならん、ほんの一五ばでむごいものよ……。相手は同じクミのひとで、仲人は、チカのひとにやってもろうた。けど、結婚式は、いまのように特別にやりゃせんのよ。ほんのちょっとのお客をよんだ。着物も自分のもっているうちのよいのをきて、盃をかわしました。わたしは、ひとりっ子になってしもうたきに、相手のひとにきてもらった。そう婿いりよ。

子どもがうまれた。当時はお産もひとりで片づけていました。だからお産で死ぬひとも多かった。親たちはたいへん心配したけど、わたしはわりあい安産でした。長女が五つになってから、次女がうまれました。その二年後に長男がうまれ、その三年後に次男がうまれました。

けんど、夫はもう病気ばっかりするひとじゃった。ずいぶんわたしは苦労しました。ときどき胃ケイレンで、ひどくむずかしむ（苦しむ）んでした。高知の病院までつれていきました。一度熱をだしたら、もう何ヵ月も苦しみました。あんな病気は、ほんにきいたことがないがね。

「まあ、りっぱなひとじゃったね。神様みたいなひとじゃった」というむらびともあった。それほどではないにしても、いいひとじゃった。百姓仕事も病気のあい間にやっていた。器用なひとで、家の修繕もみなやってしまいましたよ。何回も入院してもなおらなかった。苦しんだすえ、夫は、大正一四年の夏、いってしまいました。結局、胆石がお腹にできて、ああ苦しんだということです。そのとき、三男がわたしのお腹にいました。だから三男は、とうとう父の顔もしらずじまいよ。でも世間じゃ、三男が父に一番よう似てるといってくれます。

そのつぎの年でした。五つになった次男が、大わずらいをしました。これにも弱りました。次男はそのころからヤマへどんどんついてきました。わたしが仕事によくつれていきました。途中でチカのおばさんからナッパの漬け物をもらった。それをきらんずく食べさしたんです。

晩方、急に腹が痛うなりだして、わたしが家まで負うてきました。次男は苦しんで、途中二回もずりこけたほどでした。急性腹膜炎でした。一七日間も便がとまってしもうた。お腹がぐらぐらわきかえって、ひとつも動かされん。何人お医者さんをかえてもどうにもならん。とうとう最後に、わたしの父が隣のおじいさんと二人で、心をあわせて日の出をおがんでお願いをした。二人ともうんと信心が深かった。そしたら、そのまま便がではじめた。もう三日間ば、どんどんでるわ、でるわ。そのときでたおり物を調べてみたら、山へつれていって食べさした漬け物が一七日ぶりにでました。それまでに、虫が腹の中で怒っちょるというて、セメン（虫下し）を飲ませていました。だから、大きな虫もどっさりとでました。それもどろどろに腐っておりましたぞよ。後でわかったんじゃが、セメンを飲ます時には、下剤を飲ませないかん、ということだった。ほんにかわいそうなことをしました。

それでも三ヵ月ばして、次男は「あるける、あるける」というてたいへんよろこんだもんじゃった。次男が病気のとき、むらのひともよく見舞いにきてくれました。けど、なおるといったものはひとりもいなかったぞね。いま考えてみても、ようなおったもんじゃと思います。

それから一年ばたっちゅうろうか。長女が一六歳のとき、むらの大金持ちの家にもらわれたんじゃ。自分が年若いうちに縛られてうるさかったから、反対しました。けど、わたしの両親がきかず、とうとう嫁にだしてしまいました。一年ばおっちゅうろうか。どうも長女の顔色が悪かった。これはしよい（直りやすい）病気ではない、養生せないかん、と思って無理矢理ひきもどしました。けんど、どうもようならん。高知の病院へつれていって、入院させた。腸結核でした。

うるう二月に入院して、七月までおりました。けど、お医者から「なんぼ養生させても、もとのからだにはええせんきに……」といわれました。病院で死なすのはかわいそうなきに、ちょっと熱のさがったときをみはからって、椿山へつれもどしました。その帰りしなに、太夫さんをやとうてもどりました。「六〇円いるがかまわんかね」と太夫さんがいったけど、もう神頼みきりないきに、やとうてきました。それだけじゃあない。ありとあらゆるご祈禱やお参りにいきました。なんじゃないようになってもかまわん。なんとかしてこの子を助けて、と思いました。でも、それがきいたということもなく、長女はようなおりませなんだ。翌年の一月に先立たれてしまいました。

しりあいのひとが「娘の病気には、一、〇〇〇円いりましたろう」と、わたしにいっちょりました。ちょうど一、〇〇〇円かかりました。でも、畑一筆（田畑のひとくぎりの単位）、植林の一本も売りませなんだ。どうにかなるものです。

わたしが高知へいっているあいだ、ヤマ仕事やら何やら、隣にいる夫の兄が手伝ってくれました。夫にはもう先だたれ、両親も年とっていましたきに……。

当時はヒエやらおキビ（トウモロコシ）やらが主食でした。長女を高知の病院から連れてもどったとき、おキビが山のように家のまわりに積まれてありました。その時分、夏の神祭にはコムギを水車でついて粉にし、シバモチをつくったもんでした。その中には、アズキをたいて塩や砂糖で味つけして、アンを入れました。わたしが留守にしていた夏の神祭のときは、次女が自分で粉をひいてモチをつくって弟たちに食べさした、ということです。そのころ、次女は小学五年生じゃったろうか。その話をいまでもときどきしますがね。昔の子供は偉かったもんよね。

豆腐も自分の家でつくっていた。ダイズをひくのにひとりではたいへんなので、次女が学校へいく前に四〜五升のダイズをひくのを手伝っていったがね。ほんに偉かったもんよ。

結婚してから二〇年あまりのあいだ、つぎつぎと病人をかかえてきました。そして夫も長女も失くしました。一番難儀な仕事は、ヤマをひらいて焼畑にすることです。もともと男の仕事じゃけど、そうもいっておれん。昼はヤマ仕事をして、晩には子供の着物を縫った。

三男が数えの五つじゃったろうか。椿山で奥さんをなくしたひととの再婚の話がもちあがりました。わたしはあんまり気がすすまんかったけんど、先方のおじいさんが一生懸命でわたしの仕事しているク（場所）まできてすすめるのよ。わたしは応じんかった。そしたら最後には、わたしの娘と先方の息子、わたしの息子と先方の娘を一緒に縁組させて、わたしら二人は家をたてて隠居したらええ、といいだしてきたんじゃ。わたしの両親も賛成しなかったし、わたしもよその家へいくのがいやじゃった。けど、わたしの次女を先方の家へ嫁入りさすことができたら、と思った。それがわたしの迷いのはじまりでした。そのうち子供ができるばあに、わたしが妊娠してしもうて……。

そのとき、他の女のひとたちがのける（中絶する）ようになんとかしてのけたいと思ったけんど、医者はやってくれん。自分でのけようと思ったけんど、それでやりこくる（失敗して死ぬ）ひとが多かったきにね。わたしのイトコらも、それで死にました。だから自分にもしものことがあったら、後に残された子供たちがどうなるだろう、と考えたら、どうしてもそれをやる気にはならだった。

それで、うまれる子供は相手の中西の籍にいれてもらうことにした。わたしはもとの平野の籍をぬけるのがいやじゃった。もし平野から籍をぬいたら、後は年寄りと子供ばあになるけん。財産の後見人というのをいれないかんのよ。けど、この椿山で後見人をいれて家がつぶれた話をさいさいきいちょったきに、それはいやじゃった。だれもが、そりゃ中西へ籍をうつさんと、今度できた子供がかわいそうだといったけど、うつさなんだ。中西とのあいだにできた子供だけは、中西の籍に入れちょりますが、わたしは平野の籍でとおしたんです。

だから、結婚してもわたしは、相手の中西岩太と一緒に住んだことは一度もなかった。中西の分家か、平野の分家かわからん。けど、財産は全部中西からくれよった。中西の長男の寿敦とわたしの長男が戦争から無事にもどってきたら、岩太とこの家に隠居してあつまろう、という約束だった。

だが、寿敦はもどってこなかった。それで岩太は、ここへおりてくるわけにはいかなかった。寿敦の嫁に中西の財産をとられるのがおしかったからだと思う。とうとう死ぬまで、おりてきませんでした。わたしも、岩太におりてきてもらいたくなかった。すきで一緒になったのではないから。性があわんひとでした。そういっちゃおかしいかもしれませんが……。

再婚してから、四男・三女・四女・五男・五女というように、うみました。けどいま元気でいるのは、平野の子供をあわせて八人です。腸結核で死んだ長女のあと、次男もなくしてしまいました。戦争にいって体をこわしたのがもとでした。

次男は、大正一二年うまれでした。中学校はすでに下の用居にできちょったが、まだ義務教育じゃあなかった。でもわたしは、次男を中学校へやろうと思って、本も買うて荷物をこしらえてかまえちょった。ところが本人は、イトコのひとりにさそわれて、大工仕事にでかけようとかまえちょった。昔の夫はもうとうに死んでいたが、その夫の姉さんが「弟から、芳喜（次男）を受け負うちょる。芳喜には大工をさしてくれ」

というちょる。わたしは腹がたったが、おばあ（フミヨさんの夫の母）が「そりゃ、戦地大工でも口すぎはするきに……」というもんだから、わたしは中学校へだすのをこらえて、大工の弟子にやりました。

二年後、イトコが結婚してしもうて、大工仕事もできなくなりました。それで、芳喜は、イトコの師匠に預かってもらい、四年間修行しました。四年目の盆に「おまえも、もうひとりだちせならんきに、これをもっていね」と師匠はいって、大工道具をひとそろい芳喜にくれました、と。それをもって椿山にもどってきてから、ほうぼうあちこちの家の修繕やらやっちょりました。それから一年ぐらいして、わたしのところの家を設計し、木どり（選び）からはじめて、新築をはじめました。

家がやっと建前になったとき、長男が海軍の徴雇兵として戦争にかりだされました。このへんではじめてのことでした。長男は椿山を出発する四日前に、嫁をもろうちょりました。むごいものでした。そのあと六年間というもの、嫁は夫をまっていました。

長男が戦争にかりだされて一年ばしつろうか、次男は志願兵でいきました。そのとき、家はほぼできあっていました。戦争にいくなら、唐紙ばはってみせてやりたい、と思いました。それで、表具屋を雇うて唐紙ばはってみせて、戦争にだしてやりました。昭和一八年の正月だっつろうと思います。そのときには、お酒もなかなか手にはいりませんでした。

次男の芳喜は、伊勢の航空隊へ志願していきました。その後一年ばたってから、上等兵になって樺太へいきました。樺太では、先発隊にひっつけられて、雪かき作業班にいれられました、と。一二人がひとつの班でした。その班には大きなエンピ（雪かき）が二つあって、それがあたったら毎月それればかりもたないかんかったそうです。芳喜とあとのひとりがいつもそれをもって、トラックに雪を放りあげたということでした。それがたたってか、肺病になって入院しました。しかし、病院にはいっても、手紙には「元気でいる、元気でいる」と書いてありました。軍の目を通されるから、ほんとうのことを書けなかったんじゃろう。除隊になって千葉へ帰るひとの荷物の中に手紙をいれてよこし、次男が病気でいることをはじめてしりました。それまで、こっちではわからんかったんじゃからね。むごいものよ。

それからしばらくたって、「いつ除隊になるやらわからん、除隊になるとしたら付き添いのひとがついてくるきに」という手紙がきました。付き添いのひとがこられたら、家でとまってもらわにゃなるまい。なにを差しあげたらよかろう、なにもあげるものないわ。そんなこと心配しちょるうちに、ひとりでひょっこりもどってきました。

椿山へ芳喜が帰ったのは、終戦にならんうちでした。それから体がだいぶよくなって、ちくちく（少しずつ）大工の仕事をしはじめました。ほうぼうの家の設計なんかもしちょりました。イロリ端にすわりだしたら、二時間ばずっとすわりきりで設計のことを考えたもんでした。新聞をとってみよりました。そのうちずっと病気がましになりました。「どこそこで普請をするがみにいかんかね」とひとがいうてくれるので、お弁当をいれてもたせてやると、そりゃよろこんで出かけていきよりました。

体がだいぶよくなって、毎日みていた新聞をつてに、高知の土建会社に職をみつけ、そこの建具部の主任でいました。一年ばおりましたろうか。そのあいだに結婚したけど、お盆ごろまた熱がでました。池川の病院へ入院させておいたが、お医者さんが、なおりそうにないというもんですから、思いきって嫁をいなしちょいて（離婚させて）、わたしが看病していました。一度すこしよくなったと思ったけど、いけませなんだ。足かけ三年、看病をしちょりました。

まあ、げに、次男にはずいぶん苦労しましたがね。戦争直後はおコメが買えんのじゃけんね。池川のむこうの川内ヶ谷というところまで何回もでかけていって、おコメをゆずってもらいました。ワラさえも買えんのじゃけに、ゾウリつくりさえ苦労するころでした。もともと椿山は、おコメをぜんぜんつくってないけにね。卵もこのむらではひとつもとれん。ニワトリがいなかったのよ。ニワトリの餌がなかったけん。病人には卵をぎっちり食べさせにゃいかんから、下のむらに商売でニワトリを飼うちょるひとのところまで、ずいぶん卵を買いにいきました。ひとがとってきた川魚や山の小鳥らも気の毒なことと思いましたが、もらって食べさせたこともありました。

野菜らでも、なんぼもつくっていましたが、その時分、冬にようけい雪がふって大根らも枯れてしまいました。菜っぱを食べさせたいと思っても、菜っぱがないのよ。むらの上隣のひとがつくっちょるところは、日当たりがよくて、枯れんかったけに、そこの菜っぱをすこしずつもらって、ゆでたり、たいたりして病人に食べさしました。大根の菜っぱがあの病気には一番ええ、といいますがね。

それでも看病のかいもなく、次男は三回目の高熱をだして、コロリといってしまいました。戦争が終って、五年ばたっちょりましたろうか。芳喜は二九歳でした。

戦時中は、ほんにものがなかった。ナベ・カマから昔の穴あき銭まで全部供出させられました。穴あき銭だけで、椿山から八〇貫もでたということです。大事な夫や子供をみんな戦争にだしちょるときに、ほとんどの家がもち金をはたいてだしたんです。よそのむらでは、穴あき銭なんかなかったということじゃが、椿山からはようけいでたもんです。

戦争直後は、兵隊から帰ってきたひとや、疎開のひとでにぎやかじゃった。わたしの家など一〇人も家族がおったときに、毎日ぎっしり山仕事ばっかりしておりました。それも、植林なんかええせん、食べるものをつくるのでいっぱいじゃった。

昭和二二年に椿山にも電気がきました。道路は、昭和二四年に拡張工事の計画がだされて、二七年ごろにはいまのような車の通れる道になりました。

ひと一代でなにもかもかわるものぞね。

いまのこの家へは、次男が死んでまもなく、中西の子供たちをつれておりてきました。五男が中学校へはいる年じゃったきに、わたしも五五歳ばになっちゅろうか。わたしがうまれ育った屋地は、長男夫婦にゆずりました。岩太（二番目の夫）は、この家を隠居用につくりはしたものの、さきほど話しました理由でおりてこんきに、わたしは岩太とのあいだにできた子供たちとずっとくらしちょりました。

四男（岩太とのあいだにできた長男）は、結婚してこの家に残っちょりました。けど、事業（木材取引）に失敗して、山を全部売ってしまいました。それで、ここ一〇年ば、嫁と孫を椿山においちょいて、山師の仕事ででかけていました。高知県ばかりではない、山梨県や千葉県の方へずっと働きにいっちょりました。こっちからいく人か若い衆をつれていっちょりました。

去年（昭和四四年）に五男が東京見物につれていってくれた折りに、わたしも千葉の仕事場へいってきましたがね。東京へはうまれてはじめていったけんど、あそこはえらいもんですね。浅草の観音様やら、代々木の体育館やら、えらいひとでにぎわっちょりました。車もようけい通って、ほんにおそろしいばかりよ。

わたしら山のもんは、山が一番ええと思います。いまは、長男が椿山に残っているだけで、そのほかはみな外へでちょります。三男はひとつ下のむらへ養子にでて、次女、三女、四女、五女はそれぞれ結婚して高知市にでちょります。千葉に働きにでちょりました四男は、ひきあげてしばらくこちらにいました。けんど、今年の春、高知市の方へ仕事をみつけて、家族そろって下におりていきました。ここにいたら、どうしても子供の教育が不便なんでいけません。会社では給料が安いからというので、また新しい事業をはじめた、というちょります。

わたしにも、高知の方へでるようすすめました。けんど、やっぱり椿山は住みよいきに、反対をおしきって残りました。椿山にいる長男ももとの家に帰って一緒に住むようにいってくれますが、一度でた家にもどる気はありません。ゴハンたきをして、自分で食べていけるまではこの家で、ひとりであんぎに（のんびりと）くらすつもりです。ここにいたら、野菜をつくったり、ヤナギの皮はぎをしたりして、ぼつぼつ仕事ができますろう。この年まで育ってきた椿山で、死んだもののお墓をお守りしていたいのよ。

七〇年ぐらいいきてきたけど、わたしらほど不幸な生まれはない、と思っちょります。けんど、ひともいってくれましたが、まあ長生きもしてみなこそいかんね。

2 鉱山の発見

良吉のおじい、貞次は、なかなかようやっていた。世が悪くて作物がとれなければ、まっことひだるい（貧しい）目にあう。よそから買えればよいが、なかなかそれもできんことがあった。だが、貞次のところは、そんな目にあうこともなかった。財産をようけいもっていた。

貞次のあとを、長男の稔がついだ。明治二〇年に生まれ、もう死んで久しくなる。この稔が、財産をつぶしてしまった。それも、鉱山を発見して……。

椿山に五色の滝という大きな滝がある。この地方で滝のことをタルともよぶ。だから、滝の上の方にある土地をタルノウエとよんでいた。鉱山をみつけたのは、このタルノウエだった。稔は、姉の夫である滝本繁広と一緒になって、なんとかしてその鉱山を売ろうとしていた。繁広というのは、日清戦争のとき、勲章を

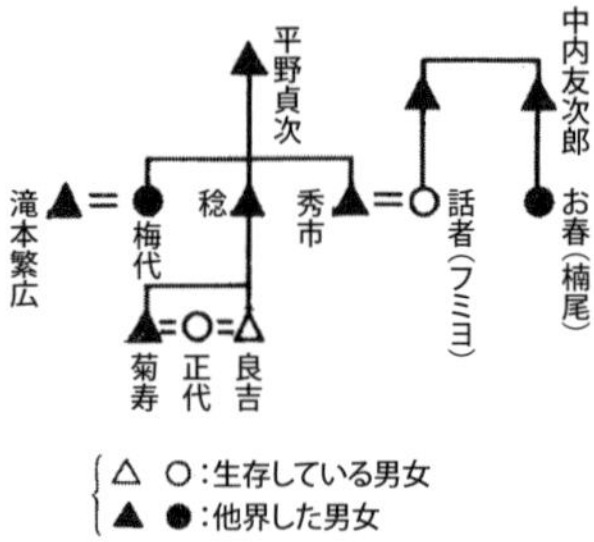

図53　登場人物の血縁関係

もらって帰ったひとだった。鉱山をみつけてから、ここ何町歩のうちは自分のおさえているものです、というシクツ（試掘）をかけておいた。そしたら、年に七〇円もの税金がかかった。昔、七〇円といえば、ふとかった。椿山でよっぽど大きな財産もちの全財産が一、〇〇〇円ぐらいだったころだ。

　こうしてシクツをかけておいて、あちこちに売りにでかけた。北海道近くまでいった。ここにカネがある、といって石をぶちわってもっていってみせた。相手はこういった。

「これほどのものだったら、シクツをかけて、こうこうして書類をととのえたら、なんぼば値うちがあるかしれん。けど、わしにはこれぐらいの値で売らんか」

　これは、相手の手だった。ずっとふとい値段をまずいっておいて、安い値段でなら買うといった。すると、こっちはあほうだから、それほどの値がするものなら、たったそればで売るもんかと思った。もともと本気で買う相手はないのに、あっちひっぱられ、こっちひっぱられした。何回もいった。何年も税金を払った。そして、つぎつぎに財産を売ってしまった。が、鉱山は、ひとつも掘られることがなかった。あんなことしていたら、なんぼ財産があっても足らんから、いまのうちにやめてみたらどうかとなんどもいった。けど、わがものを使うだに、おまえにとめる権利はないといわれた。そのうち、なんでも売ってしまった。

　この近くに広い畑があった。それを下の有実というむらのものに抵当にいれていた。それだけはなんとかとりとめた。野菜やカライモをつくるところがほかになかったからだ。最後には、家まで抵当に入れていた。けれど、それはわたしのいとこに金を借りて、なんとかした。

稔の長男は、伊予から嫁をもらっていた。が、早く死んでしまった。次・三男も早く死んだ。かじ屋に弟子入りしていた四男の菊寿にあとをとらせ、いまの正代をもらった。二人は、まじめにやっていた。けっこう食べていった。が、菊寿は病気になった。白血病だったのに、町の医者が早くしらなかったから、死んでしまった。それで、末子の良吉があとをついで、さきの正代と一緒になった。良吉はいい男だ。山がないから、夫婦で日役ばっかりしている。なかなかよくやる。

四、五年前、正代に昔の土地のことを話したことがある。すると正代は、そんな昔のことを話してもらっても知らん、といった。そんならいいわ、おまえさんがそういうなら、わたしも話さん、といってやめてしまった。

地質図をみると、さきのタルノウエあたりには銅鉱がたしかにある。稔さんがおそらく発見したものなのだろう。

3　後見人に財産を売られた市次郎

いまシイタケの乾燥場になっているところは、市次郎の生まれた屋地だった。

市次郎がこまかい時分、どうせ八つばのとき、おかあは死んだ。おやじは気が狂って、市次郎が一一のとき死んだ。市次郎は子供じゃけん、ひとつも頼るものがいなくなった。

そんなときには、後見人をいれなきゃならんという法律があったんじゃね。いまたくさん植林をもって、松山でてしまったひとの祖父を金次郎といった。その弟に磯吾というものがいた。それは、うんと人間がへご（こすからい）だった。わしが市次郎の後見人になってやる。そう磯吾はいって、後見人についたわけよ。別に血がつながっていたわけでもない。

市次郎の財産はずいぶんあった。けど、磯吾が全部売ってしまった。わたしの実家などのウシログミが、その市次郎の土地を買うた。どだい、十何町歩の広さがあった。カゲというところがあります。カゲは、二町ほどあった。その畑もウシログミに売った。値段は二つあわせてたった一〇〇円だったと。わたしがまだ生まれんうちのことです。七〇年もまえのことだ。ウシログミ四軒は、当時金持ちだった半場政平というひとに借りて、その土地をかった。

磯吾は、こうしてつぎつぎと市次郎の土地を売ってしまった。そのカネはバクチに使った。当時はバクチが大流行していた。これで財産をとられてしまい、伊予に移住していったひとが少なくない。明治の末、磯吾も隣の伊予のむらへでていった。

市次郎は、一四、五のときから、ぎっちりひとのくで守り奉公をしてふとった。それに、伊予の山から荷を負うのをぎっちりやった。そのころ、このむらのひとびとは隣の伊予にも山をもっていて、そこでも焼畑をやっていた。とれたヒエやミツマタは、このむらや直接下のむらへもってでて売っていた。市次郎は、一生ひとのくの日役ばっかしだった。

わたしの家でも、どれば市次郎を雇ったかわからん。仕事できるうちは、今日はどこそこと泊まり、ひとのくで食べさせてもろうていた。けど、寝ついたときには、もうみておれん。だれもで小屋をかけてやった。ムシロ二枚じきの小屋よ。いまは、ツエが抜けて（崖がくずれて）、やぶになってしまった。ちょっとのことがもとでかわいそうなことをしたもんよ。

むらの日雇いをぎっちりしてきたひとだけん、墓石のひとつでもむらで、すえちゃらないかんということを、常会（村の定期的な会合）で話した。二〜三年前のことだ。だれぞ墓石の世話をしなこそいかんから、というた。けど、いうたばあで、ちっともカネをあつめようもなかった。そう気にかけて世話をしなかったけに、いまだに市次郎の墓石はない。だれか采配してやって、墓石ばすえちゃったらよいのに。わたしらもしらん顔でおらん。ちった寄付するのに。

市次郎は、嫁さんももらわんずくだった。そこの家は、それで絶えてしまった。戸籍によれば、市次郎は滝本伊六の長男として、明治六年生まれ、昭和二二年死亡した、とある。

4　お吉のかけおち

そうそう、峯本福次というひとも伊予に越えていった。安太郎さんのすぐうしろに、福次の屋地があった。そのおやじは、利与衛門というひとだった。利与衛門は、わたしらのようようしっちょるばあで、だいぶ年をとっていた。このひとも伊予へこえていった。

そう、椿山からとなりの伊予の天神むらへ行くまでの山の中に、蟻《アリ》ノ木という場所があります。利与衛門は、そこを買うていきました。もともとそこは、同じ椿山の小谷晴水の父の伝吉というひとがイリサク（入作。出作りのこと）をして、もっていた。小屋ではなく、ちょっとした家をたてていた。そこへ福次は入った。

なぜ、福次がこのむらをでていったか、というのかね。まだ話したことがないが、それにはわけがあった。いまじゃ、ひとはぜんぜんかわってしまったが、昔は、半場市作というひとが、伊予の水押というところへ出ていったひとのあとを買うて、はいっていた。わたしらが知ってのちまで、あそこはカヤ屋根の家じゃったがね。市作は、このむらの下の大野からお吉という嫁さんをもらっていた。それはイトコ愛だった。

そりゃ、お吉というひとはものすごい腕のたつひとで、百姓も、どればえらいやらわからんほど、働くひとじゃった。ずいぶん働いて、蔵をたてて、蔵いっぱい穀物をつんでいた。

市作は、藤矢というひとを奉公に雇っちょった。ほれ、伊予に越えたさきの福次の弟よ。藤矢は、市作の嫁お吉より一六も若かったと。その時分、わたしらもようしっちょるがだけん。奉公人の藤矢は、お吉にようにまようてしもうて、二人でどこかへはしってしもうた（かけおちをしてしまった）。

それから、何年も何年も市作はひとりでボツボツやっていきよった。子供もなかったから。それこそ、地味な、気ままなおんちゃんだった。なんと、二人（藤矢とお吉）は、九州の炭鉱のあるとこへ行っちょりましたと。それから三年ばたったろうか。その炭鉱であんまり病気がはやるので、ようおらんということでもどった。

なぜ、わたしが子供の頃からよう知っちょるかというと、わたしの母とお吉はうんと仲よしだった。母には子供がわたし一人で、お吉には子供がなかった。そこで、この子が仲間だけん、とわたしのことをいいました。

お吉は、このむらにはもどれん。自分の里（大野というひとつ下のむら）にもどりゃこそ。藤矢かね。あのひとは、安太郎さんの上にある兄の福次の家にもどった。二人は両方に別れてしまった。一度シンルイが集まって相談したことだった。お吉をもとの市作のところへ連れてきたらどうか、というので、なんとかして市作のところへ連れてきた。

けど、お吉は藤矢というひとが忘れられんらしかったね。気狂いみたいなものだった。気狂いじゃあないけど、それば藤矢というひとに目がくれていた。それで、シンルイもようお吉をみておれんから、というので、里にいなしてしまった。

いなしちょったが、お吉はどうせよう別れん。藤矢のところへもどってきたけど、このむらにはようおれん。伊予の山のオオタオというところへ、連れおうていってしまった。

オオタオというのは、藤矢の兄（福次）があたってイリサクをしていた。こっちから行っては、むこうで一週間とか一〇日とか泊まって焼畑をつくっちょった。あたり地（小作地）だけど、このオオタオの土地をお吉と藤矢はひらいた（雑木を伐り払って焼畑をつくること）。年の暮れには、お吉がカミシ（小作料）を払いにこのむらにきたのを、わたしは覚えちょるがね。その土地は、この上の平野清太・平野清兵衛それに野地徳太郎の三人がもっていた。めっそうヤナギ（ミツマタ）をつくっていた、とそのひとからうわさに聞いていました。

ところが、すぐに藤矢というひとは、結核になって仕事をようせんようになった。お吉というひとは、それはほんに働いて働いた。夜、畑にでてワナジをうえた、ということじゃがね。うんとヤナギをつくっちょった。そのオオタオをつくって、だいぶんカネを残していたようだ。それで、さきに話した蟻ノ木の小谷伝吉さんの家を藤矢が買った。二人は蟻ノ木に移った。ところが、そうこうするうちに、とうとう藤矢は死んでしもうた。

お吉は、どうする。藤矢の籍に入っちょらんろう。前の夫の市作から籍を抜いて、下の大野にもどしたわけよ。もう、しょうないわ。なんぼ難儀してヤナギをしこんでつくっても、いかん。藤矢が死んだから、それこそカミのテ（髪代）もやらずなんちゃやらず（無一文で）、お吉を大野へいなせた。だれがというと、藤矢の兄の福次たちよ。福次は、それほどどする人間ではなかった。

いまでもおりますろう。ひとの地所をわけたり、めっそうきれいな仕事はせんひとが。ブローカーですわ。ブローカーの連中がそのことにくいこんで、お吉をそらずぼうず（すっからかん）で大野へいなした。福次の女房の兄弟にへごなのがいた。そのひとと伊予のひとが、お吉をなんとかはだかはだし（裸・裸足）で大野へいなしたら、お吉の伊予でつくっているぶんも、蟻ノ木に買うちょる土地も家も、全部福次のものになる、ということになったんじゃろね。

わかりますかね。もともと伊予の蟻ノ木は、小谷伝吉がもっていた。けど、戸主はその長男の晴水じゃった。その晴水が、福次をすかしこん（だましこむ）でお吉のあいだに入った。お吉があれほど働いてカネをつくったものを、はだかはだしで大野にもどしたのはあんまりだというて。

小谷は、当時借金に困っていたから、カネが早う欲しい。それで蟻ノ木の土地を、藤矢に売ったわけよ。ところが、戸主でない伝吉が土地をもっちょった場合、そのひとの子供全部の承諾をえなければ、売り渡しができん。伝吉の子供は、あちこちよそのむらに行っちょる。子供全部の承諾をえて、登記することが簡単にできなかった。登記するよりはやくカネが欲しかった。そこで、わたしの父（丑三郎）が保証人になった。小谷は、藤矢から伊予の蟻ノ木の土地と家のおカネを受けとりました、という書きものをしたわけよ。

ところがカネを受けとっておきながら証印をわざと抜いたと。ブローカーたちは怒った。カネ払ったのに、払ったことになっちょらんというて。それで裁判までやった。おカネを受けとっちょりません、というて裁判では、小谷が勝ったと。ブローカーたちは裁判に敗けたから、こんどは保証人のわたしの父のところへやってきた。父を罪にするというて。わたしは、父がどういうようにその場を抜けつろうと思うたら、父はこういった。「わたしは一度は証人で印をつきました。しかし、この証書は無効になりましたけん、印をのいて下さいませ、と小谷さんがもってきた。けど、無効になった証書の印を抜く必要はないけん、わたしは抜きませなんだ」。父がそういったら、それはしょうがないといって、ブローカーは帰ったという話を聞きました。

そうすりゃ、蟻ノ木を欲しけりゃ、福次さんがもう一度カネを払わにゃなりますまい。ところが、福次はその金をこしらえて払う力がなかった。けど、シンルイにえらいひとがおった。そのひとが自分の植林を売って、蟻ノ木の土地代だとして、たてかえたわけよ。それで、福次さんは、伊予の蟻ノ木へ越えていった。こっちの土地はそんなことをするうちに、なくなってしまったんよ。家もなんにもカネをたてかえてくれたシンルイのひとに渡しちょった。

シンルイは誰かというのかね。いまはこの上に屋地だけ残っているけど、平野清兵衛というひとよ。清兵衛の女房は、福次の姉だった。清兵衛はもともといいひとじゃった。福次にこういっていた。そんなに手出しをせんだち、お吉はお吉で藤矢と一緒に、あれだけ難儀して働いちょるじゃけに、その働いたものだけ、お吉にやって里にもどせと。そういうようなまじめなやり方を清兵衛が福次にさしていたら、そんな失敗をしたりするにおよばんじゃったけど。やっぱりブローカーが清兵衛に話しこんで、そういうまじめなやり方より、へごなやり方をやらしたにかわりません。清兵衛にも責任があるわけよ。それで、後悔して自分の植林を売って蟻ノ木の土地代を出したにかわりません。

小谷晴水は、福次から二度、カネを受けとったことになるけど、小谷さんは正直に大野にいるお吉に藤矢の払った分をもどしましたと。しかし、伊予のオオタオでつくっていたヤナギなども全部捨てて、お吉は大野の里にいんだわけじゃ。

5 お春の一生

イトコのお春は、なんぼ苦労したやらわからん。やっと暮らしが楽になった頃、死んでしまった。生きちょったら、もう九〇ばになる。

むらにせまい林道ができた。わたしが一三のときだった。明治のおわりになりますがね。そのときの道路工夫に、押岡菊松というものがきちょりました。松山行きの急行バスがとまるずっと下の大崎のひとだった。お春は、その菊松と結婚した。

その時すでに、お春には子供があった。それが義房だ。それも、男にだまされてできた子だった。その男がだれかわかっちょった。そのひとは、とっても女遊びをするひとじゃった。お春は、そこへ嫁にいけるものとあてにしちょった。そのひとは、とっとの（とびきりの）大金持ちで、とっとの貧乏人のお春は、ようもらってもらえなかった。カネは、少しもらったらしい。

お春は、生まれてまもない義房を連れて、大崎の菊松のところへ嫁にいった。ところがその家とはうまくいかなくなった。菊松のおやじは紙すきをやっていた。紙の原料を買わなければならなかった。おやじは、お春に、椿山のおじさん（わたしの父）に、借ってこんかといった。わたしの父は、カネをもっていた。昔のことだから、一五円だしてやった。これでカミソ（コウゾ）が買える。三貫の束が八つ買えた。ところが、紙をつくって売っても、カネを返してくれなかった。お春は、日役をしてでも返すけに、といって椿山にもどってきた。菊松とのあいだで子供がひとりできて、二人の子供を連れてもどってきた。そしたら、菊松もお春について、大崎から椿山にきた。むらから離れたお大師堂の近くに、家とも小屋ともわからないようなものをたてて入っちょりました。それから、わたしの家でぎっちり働いて、とうとうカネを返した。昔のことだけん、女の日役が一八銭しかならないころだった。

わしには兄弟がなかった。お春はわしの姉妹みたいだった。ひとがいうのに、なんぼ姉妹だっち、おまえらほど仲のよいものはないぞといった。わしも、それぱめんどうみてやった。

大崎からもどってきて、何年もせん。お春が伊予の山をあたって（借りる、小作する）つくりたい、といってきた。土地をもっていないながら、ようつくらん後家さんがいた。伊予の水押のひとだった。それがあたれるようになるか、作弥おじさんに土地のききあわせに行ってもらった。ところがお春には、作弥おじさんにお礼にもっていく酒代もなかったね。それでうちから、酒をこしらえてもっていった。

ひとの土地をあたってつくったら、ネンゲ（年貢）がいりますろう。カジシといって、ヤナギ（ミツマタ）がネンゲだった。年に三貫束のヤナギを、四つも払わなくてはならんかった。ところが、ヤマをきってもすぐヤナギはとれませんろう。焼いて植えて、四年もせんと。ほんで、菊松がキンマを引いたり、いろいろ山の仕事をしてかせいだ。それから、その土地をあたって五～六年目ぐらいだったろうか。カジシがあんまり高いから、何年もたったら土地を買うばのカジシをとられるけに、いまのうちにその土地を買ってしまいたい、といって、お春がうちに頼みにきて泣いてたのを覚えちょります。あんまりかわいそうなもんだから、なんとか土地を買うよう世話をした。

それで、また作弥おじさんに中にはいってもらった。そのときも、作弥おじさんにあげるお礼の酒代すらお春にはなかった。伊予の水押までいってもらってようやく土地を買うあきないをしてもらった。が、四〇〇円だった。お春にはそんなカネはないので、作弥さんから借りようと思った。

けど、作弥さんはこういった。「ウシロのおじい（フミヨさんの父）でないことには貸すことができんが、どうするや」。つまり、お春には一文も貸せない、ということだった。そしたら、わたしの父は、「それは仕方がない、ひきうけましょう」と、心よく借り主の代理になった。そうして三〇〇円を作弥さんから貸してもらえた。そのときわたしは一〇〇円ほど貯めちょりました。あわせたカネでお春に土地を買わせた。それで、お春は一時わたしらよりもよけい伊予の山をつくっていた。何石もはいる大きなかんを買うて、おキビを入れていた。

このむらにもどったころ、お春はお大師堂の近くに家とも小屋ともわからないようなものをたてて入っていた。あんまり子供をうんだら、どうにも食っていけんようになるといって、よく子供をおろした。それがもとで、やっと楽になったと思ったら、死んでしもうた。戦争当時のことでした。

6 楠三郎

楠三郎というひとは、もとは名本でも籍のない浪人だった。百姓奉公しながら後家さんのところへ養子にいった。

名本というたら、きけた（顔がきいた）もんだった。佐川のお殿様が狩りにおいでになる宿が、名本様だった。おちょうちんを殿様から譲りうけられた。名本がそれをもっていたら、佐川のお殿様の屋敷へ出入りが許された、という。名本様というたら、土地のええとこにたくさんのヤクチ（領地）をもっちょった。楠三郎は、この名本様山中弥茂の三男だった。が、明治に改革されて名本というのはなくなった。すぐにその家はすたれてしまった。このむらだけではなかった。どこの名本もぜいたくしておったか、ひとに無理をいっちょったか、どこへいってもすたれたらしいね。とうとう名本だった弥茂も、危篤もしられないようなざまで終わった。

楠三郎は、すぐ百姓奉公にでた。むらで、楠三郎をあそこの家の養子にいかせようということになった。お登勢という後家さんのところだった。けど、そこには弁弥という子供がいた。弁弥が大きくなって、家をつぐようになった。楠三郎は、お登勢との間にできた娘二人を連れて四人でその家をでることにした。

長女は春代といった。その家をでたのは、春代が一九のときだった。弁弥がひとり、あとに残った。楠三郎たちは、それこそ裸でその家をでた。しかも家には、ヒエの俵をどっさり残しちょいてでたという。食べものでももろうて出ればよいのに、とひとはいうたそうだ。

今の小学校の下のところに、小さな小屋をたてて入った。入ったところで仕事がなかったからです。楠三郎の兄が、伊予の土地をあたってつくっちょった。そこで楠三郎は、兄の借りているところのあたり権（小作権）を分けてもらって、仲間にしてもらった。そこを伐りひらいて焼畑をつくった。雑穀がとれるまでは、野辺のイチゴをむしって食べたりしたそうだ。

伊予でつくった作物は負うてこっちへもってきちょった。生活はおもに伊予でおくった。けど、子供だけはこっちのどこかの小屋においちょいた。それで、お登勢は夜、外へでてはこの土佐地をよくながめた。空が明るいと子供が火事をおこしたんじゃないかと思って、よう眠れなかったということじゃった。さんざん苦労して、雑穀とヤナギをつくった。

楠三郎がいつごろこっちへもどってきたのかわからん。こちらの土地を順々に買い集めた。弁弥のところから分けてもろうたものはなにもなかったんです。楠三郎はえらいひとだった。小学校の修身の時間には、中内楠三郎をみならえ、と先生がよくいったほどだった。

昔、ここの国有林には、たくさん木があった。モミとかツガの木がおもだった。その山をひらいたとき、下から椿山までトロッコ道ができ、大きな製材所ができた。あらゆる店が並んだ。町みたいににぎやかになった。トロッコは、クラクションのかわりに、ラッパをふいた。トットットーといった。楠三郎の長女、春代は野菜をつくってはよくここへ売りにいった。そこの人夫と仲良くなったんだろう、やがて子供ができた。それがいまの清則になる。

春代は、よく働いた。はじめの頃はむらのむかい、ヒガシツバのオモゴヤというヤマで、ずっと泊まって働いた。そこを植林にしてしまったら、下の岩柄のアオドチというヤマに移った。楠三郎がもっていた伊予の山を売って新しく買ったところだった。ここに、春代は一〇年以上もいた。そこを植林にしてむらの家にもどったけど、いまの大きな家には住まず、まえに小さな小屋をたてて住んでいた。五年ほどまえそこで死んだ。春代は、神様みたいなひとじゃった。あんなひとは、いまのどこをさがしてみてもいない。みんな、よくそういったものじゃった。

7　間引きのことなど

「親がうまれたばかりの赤子をしめ殺すのをみて、兄が殺さないで！　と親に頼んでとめたという話をきいちょります」

むらの古老の話を最初にきいたとき、わたしには信じられないことに思えた。なにかの物語や江戸時代ならともかく、現存するひとから、かれの経験としてきいたからである。このむらのほかのひとに尋ねてみても、そうであった。明治の終わりごろまで、間引きはしばしばおこなわれていた。四〇歳そこそこのひともしっており、かれは、間引きがどこでどうおこなわれていたかを教えてくれた。

焼畑は、稲作のようにその技術の改良をみることはないし、はるかに自然の災害をうけやすい。人口がある限度をこえて増えると、とうてい食べてゆけなくなることを、むらびとはよくしっていた。

妊娠しているあいだにも、なんとか中絶しようとこころみた。日干しにしたゴボウを使ってよく中絶したという。それは、自分の身にも危険なことであり、中絶が原因で死んだひとも少なくなかった。このむらには、妻に先だたれた老人が比較的多い。そのいく人かは、この人口調節のための悲惨な結果だったというのである。

七四歳にもなるフミヨさんは、自分の体験をこう語ってくれた。「（妊娠したら）全部子供をうみゃこそ。自分で（中絶を）やるひともありました。けど、それをやりくったら、自分がこわいけん。医者はぜんぜんやってくれなかった。もし医者がやったら、その医者は罰金を払わなくてはならなかった。そういう法律じゃった。わたしはそれより子供をうんで、ふとらせたほうがましと思った」。

子供がうまれたら、裕福な家は名づけ祝いをした。兄弟や近所のものだけよんで、酒で祝った。よばれたひとはたいてい、うぶ着をもっていった。子供のなんの祝いもしないひとは、出生届を役場へだすぐらいなことだった。祝うのはひとにもよるが、母が起き上がれるようになったころだった。うまれて一週間か一〇日ぐらいあとのことである。

名前を二つもっているひとが椿山にはよくみられる。子供が小さな時分に弱かったら、名前が悪いせいだといった。そのときにはひとに新しい名前をつくってもらう。この新しい名前をつけてくれるひとを、カネノオヤといった。だれがカネノオヤになるかは、太夫さんに頼んで、その子にふさわしいひとを捜してもらった。フミヨさんにも、二つの名前がある。戸籍には、フミヨとでているが、みんなおシゲさんと呼ぶ。フミヨさんの弟や妹がつぎつぎに死んだので、オジ（父の兄）が、シゲという新しい名前につけかえてくれたのである。清則さんの場合、隣の家のひとがカネノオヤになった。身体が弱かった清則さんを、サダイチと名づけた。サダをとって、イチコとよんだから、清則さんはいまになっても、むらのひとからその名前でよばれているのである。

正月になると、カネノオヤのところに年始にいったものだが、いまでは、そんなことするひとはなくなった。結婚するときは、両親と同じようにカネノオヤも嫁に連れそっていった。

七・五・三を祝うようなことはなかった。一年目の誕生祝いをするだけである。モチをついた。近所のものが三人も四人もきて、モチツキを手伝ってくれた。モチはむら中に配られる。近いシンルイやよくゆきする家には、鉢にモチを入れて配り、ほかの家には障子紙に包んで配った。たいていコメのモチだったが、中にひとつぐらいアワモチをいれた。

満一歳の誕生日が終わると、あとは祝いらしいものは結婚までなにもなかった。子供が若者になるときもどうという儀式ばったことはなかった。が、酒を飲んで騒いだという。ワカイシ組といった。毎年大晦日の晩に、新しい若者がワカイシ組に入った。今年はワカイシ組にいれてもらうといって、酒を一升買ってもっていった。ワカイシが寄るところを、ワカイシ宿といった。別に小屋があるわけではなかった。なぜか梅木弁吾さんのところが宿になった。ひとがよく集まる家だった。

ムスメ組はなく、娘たちはワカイシ宿によく遊びにいったという。いまの青年部みたいなものだ。学校に集まり、よく夜学もした。現在六〇～七〇歳のひとは、夜学でずいぶん勉強したという。いまの若い者で、あのころのワカイシにはりあうものはない、と老婆はなつかしそうである。娘たちは、夜学で裁縫も習った。

ワカイシ組は、その年が少しでも豊年といえば、かならず豊年踊りをした。むらのお堂の前にある庭で練習があった。四里（一六km）も離れたむらからも、いついつあるという案内がきて、かならずでかけていった。そのあとは相撲があった。娘たちは踊りとなると、はでな衣装で着飾っていった。見合いの場でもあったからだという。フミヨさんは、二里も離れた下の用居のむらに踊りにいくために、さらさの着物をつくってもらったが、その後まもなくして結婚してしまった。だからムスメ時代の踊りででかけたのはこのときだけだった。

豊年踊りには、コリャセ、エジマ、マンサイ、センボンの四つの手踊りがあり、それぞれ踊りかたが異なる。コリャセというのが、歌も踊りも覚えやすく、最初に習った。

ことしゃ豊年　穂に穂がさいて
道の小草に米がなる

つぎに、マンサイというのをやった。

ごようはめでたい　若松さまよ
枝はさかえ　葉もしげる

エジマという歌は、むずかしかった。

傘かたむけて　空みれば
こよいのふけさは　ヤツがこる
早く忍ばにゃ　夜がふける

〝ヤツがこる〟というのは、〝夜が明ける〟ということである。

センボンは、たいへんむずかしく、歌えるひとはかぎられていた。中内常忠さんの祖父、寅太郎というひとが、その歌を上手にうたった。

ツクツクボウシは
なぜなくのかよ
親がないのか
子がないのか
親もござれば
子もござる
相手にはなれて
つろうござる

今では、豊年踊りもいつのまにか消えてしまい、どこでもやらないようになった。

豊年踊りで、よそのむらのよい相手をみつけておき、しばらくたった日に、何キロも先の夜道を歩いて訪ねていった。四〇歳すぎの慶吾さんは、酒を一緒に飲んだとき、当時のことを語ってくれた。

「ヨバイ……。昔、ぼくらはそれが一番の楽しみよ。映画なんかなんにもないし。日が暮れたらもそもそといくのよ。ムスメは別の部屋で寝ていた。ムスメにまえもっていわなくてもよかった。堂々といってよかった。うまくいくひともある、失敗するひともある。そりゃひとの才能じゃけん。ムスメはあくる朝あってもけろっとしちょる。その点、ムスメは度胸がいいもんよね。男はてれるね」。

別の日に、女性側の話をきく機会があった。「もの種は盗んでも、ひと種は盗むなということばがあります。

植物の種はいくらでも似たものがあるから、区別がつかん。ひと種は、そうはいかんということよ。だから、あまり年とっていつまでもムスメでおれん、といった。そりゃ好いたひとじゃったら、許しもしよう。けど、絶対いやなひともいるけんね。いやなひとがきたら帰れというか、自分が起きて部屋からでていくか、よね。けど、男のひとは断られたら、かっこう悪いね。腹がたつね。そうりゃそうと思うよ」。

終戦後もよくヨバイがあった。しかし電気が普及したころから、しだいになくなった。伊予まで峠を越えて、でかけていった男もあった。また、伊予のひとが四、五人、電気（懐中電灯のこと）を首にかけてきたこともあった。

結婚といえば、このように本人同士のあいだで決めるひともいたし、また、親しいひとの世話でするひともいた。本人同士の場合は、こっそり嫁を連れて帰ったものだった。そんなときはなんの費用もいらない。お客もよぶ必要はなかった。だが、他人の世話で結婚する場合には、お客をよばねばならなかった。タンスなどの嫁入り道具をもってくるひとはほとんどなかった。着物もふだん着のままでよかった。

結婚式には、シキサンバンというのを歌った。つまり、ショウガイ・タカサゴ・シカイナミである。いまは、簡単に略して、ショウガイだけですませる。

ショウガイ　高砂きたいなみ
すえは鶴亀　五葉の松　ショウガイ

ショウガイ節にあわせれば、いろんな歌をうたうことができた。

めでたいものは　芋の茎
茎うちなごうて　葉がまるうて
もとじゃ孫子が繁盛する　ショウガイ

この芋とは、タイモ（サトイモ）のことだ。茎うちというのは、茎の節のことである。

結婚して子供がうまれれば、あとの祝いは六一歳である。このむらでは、これをロクイチとよび、盛大におこなった。

フミヨさんのロクイチのときは、ひときわ盛大だった。彼女の家系には妙に早死にのひとが多かったせいである。それで、よくまあこれまで生きてきたといって、子供やシンルイのものが祝ってくれた。むら中のひとを三日間よんで酒をだした。むらびとには、一斗だるをかついでくるひとが多かった。明治の末、このむらから伊予へ移ったひとに滝本百太郎というひとがいた。百太郎はフミヨさんの母方の遠いシンルイにあたる。彼は、最初の女房と別れ、好きなコトノというひとを連れてきていた。コトノさんは、フミヨさんのロクイチの祝いには、ゴハンをたいて手伝ってくれた。ゴハンは、一度に一斗五升ずつ釜でたくから、たいへんな仕事であった。そのコトノさんがこういった。「四斗俵を四俵買っていたけど、三日目には全部なくなった」。それから隣のものに下の六km離れた永代まで買いに行ってもらった。

三日三晩、むらの家中のものを全部よんだ。猫鶏《ネコトリ》だけがこなかった、とフミヨさんは話す。今ではコメのゴハンも珍しくないが、その頃はコメが珍しくて、みんながやたらと食べた。フミヨさんのオイ（夫の姉の息子）が、ブリを一匹買ってくれた。それをサシミにした。それはすごいサシミで、そのころ安芸郡のほうからきていた山師が、これほどのサカナは拝んだことがない、といった。

ロクイチのあとを祝ってもらうひとはめったになかった。祝うとすれば八八歳になったときである。むらびとでここまで生きたひとは最近ないということだった。

さかのぼれば、三世代も前のひとである。イクという遍路が、二人の娘を連れてこのむらにやってきた。妹のオタケは、むらのヤブ医者、小谷慶道と、姉のオウマは、その兄、伝吉と結婚してこのむらに居ついた。この遍路だったイクさんが、八八の祝いをしてもらった。小谷のシンルイに先生をしていたひとがいた。そのひとがイクさんの耳もとでささやいた。「おばあ、めでたいぞよ」。すると、イクさんはおこっていった。「なにがめでたいことがありゃや。これほどするにおよばん」。

このようなささやかなよろこびの中に、むらを生きてきたのである。

8 数え歌など

そのころは、娘がたくさんいてずいぶんにぎやかだった。それぞれの娘をうたった数え歌というものがあった。

ひとつとせ　ひとり娘の菊尾さん
蝶や花よと育たんせ

菊尾というたら、滝本島太郎の娘だった。そして、隣の稔（鉱山の発見の主人公）の嫁さんじゃったけど、お産でうんと難儀して死んでしもうた。

ふたつとせ　ふた瀬の河原の流れ水
そうにそわれぬ梅野さん

梅野さんというのは、下から小谷に養子にきた伝弥さんの母じゃった。ものすごい腕のたつひとで、ええひとじゃった。けんど、こっちで嫁さんにとってくれるひとがなかった。それで、下の明戸岩というところへ嫁にいった。

みつとせ　身もよい　気もよい　器量もよい
小楽に暮らすが徳尾さん

徳尾さんというたら、今度区長になった山持ちの新助の父の母。あのひとは、二、三人の子供を産んで早く死んだ。まっこときれいなひとだった。けど、あんまりりこうなひとではなかった。

よつとせ　夜ふけて鳴くのが浜千鳥
声のでるのが玉代さん

玉代さんは、磯吾さん（市次郎の後見人になったひと）の女房だった。なんの病気かしらんが声がひとつもでんようになっていた。梅毒だったかもしれん。

いつつとせ　いついってみても　またみても
心のかわらんお春さん
（「お春の一生」の主人公である）

むつとせ　娘ざかりの梅代さん
霧島つつじの花ざかり

梅代さんというのは、山中茂義さんのお母さんだ。早く死んでしもうた。うんときれいなひとじゃった。

ななつとせ　なおもきれいな福代さん
梨の花かよ　散りやすい

福代さんは、金持ちだった半場久松の妹だった。そのひとも早う死んでしもうた。下の明戸岩というところへ嫁にいって、子供を数多く残しちょった。
八番目は、なんぼにもよう覚えちょらん。チカヨさんというひとのことを歌ってあった。

ここのつとせ　心うちでの牡丹花
さがしてみたいな幾代さん

幾代さんは、平野光繁さんの母よ。いまもまだ元気だがね。

とおとせ　遠いところの高代さん
たよりききたい　きかせたい

高代さんというのは、明治の末に伊予に移った梅木弁吾さんの妻になったひと。そのひとはとうに死んだ。男の歌もあったが、めっそうしらん。男のひとも一〇まであったにかわらんね。

むつとせ　向かいの山の栗のいが
さわりとうもない　弁吾さん

弁吾さんはめっそうひとの好かんひとじゃったろう。

伊予万才をよくやったね。それも古いね。もうだいぶんになる。最初のうちは、伊予のミノガワというところから、ようけい万才師がきた。そのひとらがこんようになって、隣のむらの面河のひとがそこからもこっからもよりあつまって、万才を舞うてきた。下の檜谷の連中が伊予万才をなろうて、二、三年椿山にあがってきた。そのなかに隣の良吉のオジになる茂義らがいた。茂義の若い時分はなかなか踊りがうまかった。石太郎や茂為というひとも一緒にきちょったが、もう死んだ。茂義は生きちょる。伊予万才がきたら、たいてい隣の貞次の家でやった。貞次は伊予万才が好きだった。

仕事の歌というて別になかったね。山師が木をきるとき、うたったぐらいだ。

左リョウナを横山にかえすぞよー
左リョウナで右山にかえすぞよー

というて、三回くりかえした。働いているときにとくにうたう歌というのはなかった。いまの歌手らがヨサコイを歌うけど、あれは椿山らでうたう節とぜんぜんちがうね。

正月のつれつ寝た夜もござる
泣いてわかれた夜もござる
ヨサコイ　ヨサコイ

ヨサコイどころか　今日このごろは
五厘タバコも買いかねた
ヨサコイ　ヨサコイ

かわいい娘は竹籔へはやるな
竹籔はカゲジでキャフが干《ひ》ん
ヨサコイ　ヨサコイ

竹藪というところはカゲジだから、キャフがかわかんということ。キャフというのは、オコシのこと。

なんの因果で八丁坂こえて
さらの谷に身をまかせ
ヨサコイ　ヨサコイ

下の大野をこえて岩柄へいくのに、八丁坂というのがあった。
昔、木地屋がこの奥の山へ入っちょったといいますね。このむらとは、交際せんかった。なんぼ祝いごとがあっても、木地屋はよばん、よばん。隣の貞次のオカアをおサツといった。そのひとは、うんときれいなひとだった。おサツは、モミノナロというところへ焼畑の仕事にいくんじゃったと。モミノナロは木地屋の住んでいたところのすぐ近くだった。

トチノナロよりブントクよりも
お目にとまるがモミノナロ
ヨサコイ　ヨサコイ

おサツがあんまりきれいなひとだったので、木地屋がこううたった、ということじゃ。
下のむらへいくと、また節がちがっちょったね。そのひとたちは、椿山のことをこんなにうたった。

かわいい娘は椿山にやるな
水は一里に　薪は二里
ヨサコイ　ヨサコイ
住んでみりゃ、そればのことはないのに。

第六章　憑きもの現象

1　守りの子が残した犬神様

「一緒にきてくれないか」。友人がわたしにこう頼んだ。わたしは、友人のいくままに後をついていった。もう夜も遅かった。かれは墓場の方へいった。墓場につくと、友人はまだ新しい埋められたばかりの墓を掘りはじめた。わたしにも手伝ってくれというので、わたしも一緒に掘った。そこからかれは、人骨をとりだした。わたしたちは、ひとにみつからないようにこっそりその墓からもち帰った。途中、墓守にであった。こうして人骨を盗むものがよくあるので、墓守が巡回しているのだった。わたしたちは、みつからないかとひやひやしながら、木陰でみていた。墓守は、気がつかなかったようだ。友人は、その人骨を大きな川へもっていって流した。わたしは、不思議なことをする友人にそのわけを尋ねてみた。友人は、こういうのだった。自分は、最近様子がおかしいので、太夫さんにみてもらった。そしたら、あなたは犬神に憑かれている、それをなおすには墓から骨をとってきて、川に流しなさい。太夫さんはこのようにいったというのである。わたしは、こわくなって思わず身震いした、そこで目がさめた。夢だったのである。一年ほどまえ、わたしはこんな夢をほんとうにみた。犬神にたいする関心は、わたしの脳裡にこのように奇妙なかたちでひそんでい

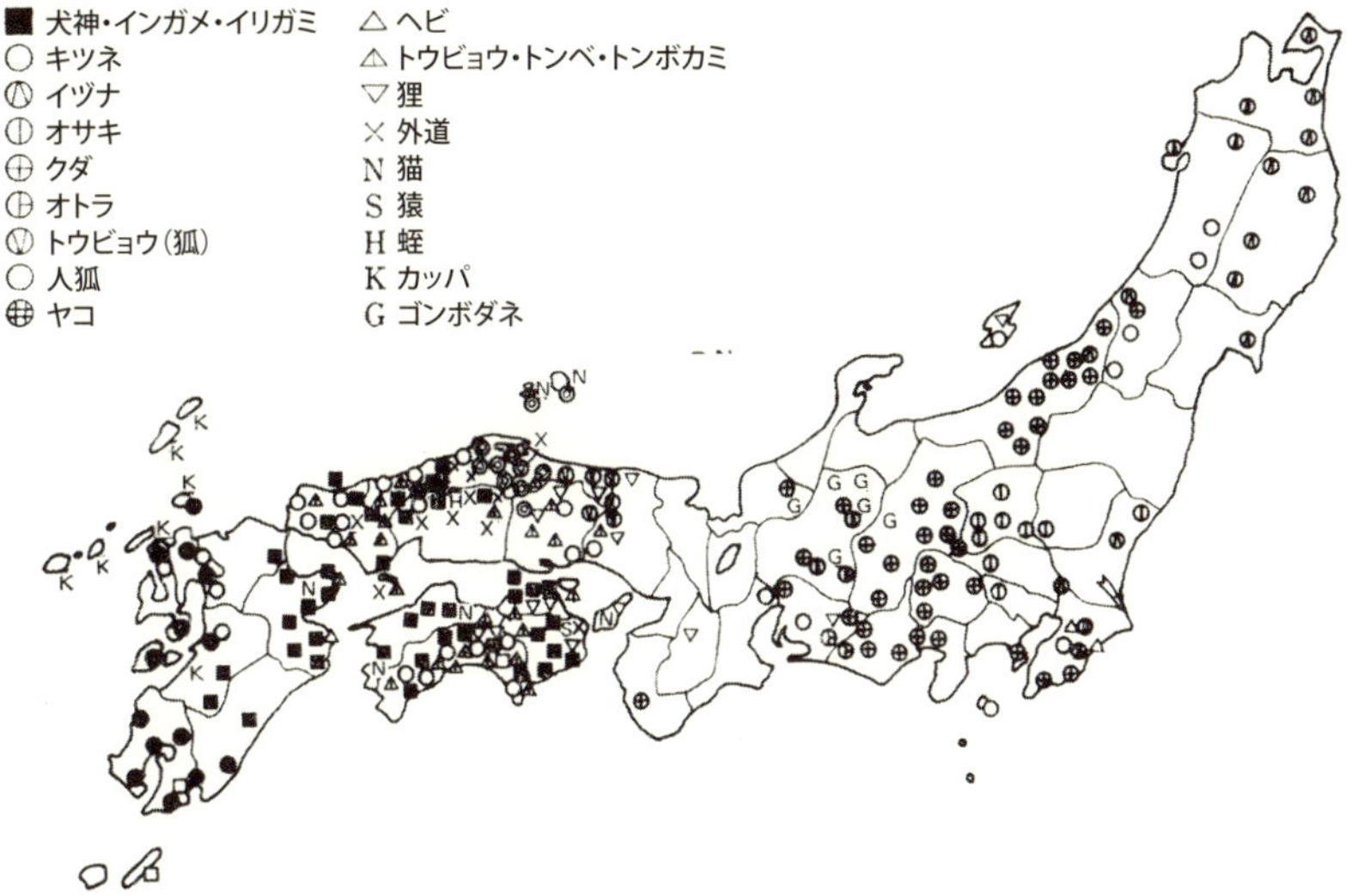

図54　憑《つ》きものの呼称による分布（石塚尊俊氏による）

たのである。

犬神、それは四国、九州東部および中国地方に分布している憑きものの一種である。憑きものにはいろんな種類があり、地方によって異なっている(1)（図54）。犬神・キツネ・タヌキなど種類はどうであれ、それらの霊力がひとにのりうつって、病気やけがなどさまざまな不幸をもたらす、と信じられている。憑きもののある地方には、そういう霊力が宿り、それを駆使することができると考えられている特殊な家筋がある。一般に憑きもの筋といわれている(2)。

椿山の血縁関係を調べてみて、不思議だと思われる事実にぶつかった。もともと内婚性の強いこのむらでは、ほとんどの家がいくえもの血縁関係でむすばれている。ところが、ど

(1)　石塚尊俊『日本の憑きもの』未来社、一九五九。

(2)　日本の憑きもの研究は、さきの石塚尊俊のほか、最近では、吉田禎吾によって社会人類学の分野から綿密にすすめられている。以下の論文著者を参照されたい。

吉田禎吾・上田将「憑きものの現象と社会構造」『九州大学教育学部紀要』第一四集、一九六九。

吉田禎吾・上田将・丸山孝一・上田冨士子「山陰農村の親族組織」『民族学研究』第三四巻一号、一九六九。

吉田禎吾『日本の憑きもの――社会人類学的考察――』中公新書、一九七二。

うしてもそのような関係の認められない家が一戸あるのである。すなわち、血縁的に、まったくむらのひとたちと孤立している。系譜がはっきりしている江戸の文化・文政までさかのぼってみても、配偶者はかならずよそのむらからきていることがわかった。

わたしは、ひそかにその理由をさぐっていた。むらびとの口はなかなかかたかったが、ある晩、お茶のみ話をしているとき、きっかけをつかんだ。わたしの郷里の出雲地方には、キツネ憑きという信仰があること。そして、わたしの二年上の先輩がキツネ憑きの家筋の娘と結婚したために、かれの父親はそれを苦にして自殺してしまったこと。わたしの身のまわりにある憑きものについていろいろ話した。すると、それをきいていたむらびとは、それとよく似た例が椿山にもあると教えてくれた。このへんでは、そういう憑きもののことを犬神さんという、そして小谷トウが、その犬神筋だ、というのである。わたしは、このときようやく、小谷家の椿山における位置を納得できたのである。

他の親しいむらびとにも、そのことについてたずねてみた。やはり、まちがいはなかった。

「こんなことをよそのひとにいうのはよくないけど、しっておいでるのだったら、話しましょう。わしが子供の時分、犬神さんはひとをよくわずらわしていた。うそじゃあない。

小谷さんの家が、犬神といわれるようになったのは、三代前の小谷伝吉さんより古い代のことでしたでしょう。だれの代だったか、はっきりしらん。昔、小谷さんの家は、よそから守りの子を雇っていた。それが、どこからきちょったかはしりません。もう守りの用がすんだので、その守りの子に、帰るようにいったということでした。けど守りの子はどうしても帰るのがいやだった。けんど、とうとう帰らされることになった。守りの子は、小谷さんの家をでるとき、まえからもっていた傘を燃やして、『傘よ、アク（灰）になって残れ』といった。それが、犬神になってこれまで残ったということを話にきいちょります。小谷さんもその話をしっちょる。ずっとまえ、むらへでて下へいった小谷好徳が、『おらんくももとはそう（犬神）じゃあなかったけんど。守りの子がこなかったら、そうはならんじゃったろうに……』と話したそうです。犬神さんは、わしらが子供の時分あちこちでひとをわずらわしました。小谷好徳の弟はとてもよく酒を飲むひとでした。酒に酔うと、おらは犬神だから憑いてやるぞ、とよくいっちょりました」

犬神さんのおこりは、いったいどのようなものだろうか。地方によっていろいろ異なった説がある。むらびとは、そのいわれをこう語ってくれた。

「昔、お大師さまが、紙のコヨリで犬の形をつくり、それを山におけばお守りになってくれるけど、家にはもって入るな、といわれた。ところが、家を守ってもらおうと思って、家にもって入ったので、犬神となった、ということです」

むらびとには、犬神さんそのものを実際にみた、というひとが何人かいた。いずれも、共通なイメージをもっている。ネズミのようなかたちをしているが、耳は人間のようである、というのである。それが九匹お互いに尾をくわえあって、くるくるまわっている。なかにはくるくるまわっているところを、確かめたというひともあった。ネズミによく似た動物です、という。

わたしは、友人でネズミの分類を専攻している相見満(3)さんに犬神の姿かたちを話して、どんな動物か尋ねてみた。分布からすれば、この椿山あたりには、ヒメネズミ・アカネズミ・スミスネズミ・ジネズミという種がいる。それらは体長、それと尾長との割合・体色によって区別がつく、という。ところが、むらびとに犬神さまの色を尋ねても、ネズミ色という漠然とした返事しかかえってこない。それならネズミに似ている、

(3) 相見満さんは、京都大学理学部動物学科において、ネズミの系統分類の研究に従事され、昭和四七年理学博士を授与された。現在、海外技術協力の専門家として、エチオピアに在住中である。

という犬神さまをネズミとりでとって相見さんに調べてもらおうかと思ったが、恐れ多いのでやめてしまった。

むらびとは、いまでも犬神さんの存在をかたく信じ、犬神さんをたいへん恐れている。椿山から東京に就職した娘さんがいた。わたしは、そのひとにも会って話をきいたことがある。驚いたことに、彼女の一番こわいものは犬神さんだというのである。自分になにか弱いところがあると、犬神さんに憑かれるのではないか、とても心配になる。だから、つねに気をしっかりもっていなければならない、というのであった。東京にいても犬神さんの力は大きいようである。山の神さんは、われわれを守ってくれるが、犬神さんは……とむらびとは話す。新しい農道をつくる場合も、小谷さんのご先祖となっている墓（犬神さんが祀ってある、とむらびとは信じている）だけは触れないように設計した。

2 犬神に憑かれた話

犬神に憑かれたら、どんな状態になるのだろうか。古老は、かつて犬神に憑かれた四つの実例をあげて話してくれた。

古老が、まだ子供のころだった。同級生にクニエというひとがいた。クニエの母をヒサヨといった。ヒサヨはよく犬神でわずらった。そのたびにむら中のひとがあつまって、ご祈禱した。このことを〝むら祈禱〟といった。子供のころだから、よくみにいった。

ヒサヨを部屋のまんなかにおいて、むらびとがヒサヨを囲むようにすわった。そして大きなじゅずをもって、経をとなえて祈った。こんな大きなじゅずはむらになかった。町の寺から借りてきたものだった。ヒサヨは、このじゅずの中から出よう出ようとした。頭をふって、髪をバサバサさせながら出ようとする。おかしなことに、じゅずの上からは出ようとしなかった。下から抜け出ようとするだけだった。

だれが憑いているのか、むらびとがヒサヨに尋ねると、自分と同じ名前のものだ、と答えた。犬神筋の小谷の家に、やはりヒサヨという名の女性がいた。このヒサヨには、八人の子供があった。むらのひとは、おまえのところが原因なのだから、病人をみてくれといって、犬神筋のヒサヨの夫（晴水）をよびよせた。けど、晴水はなんの証拠もないではないか、と怒った。するど、病人のヒサヨが、「そんなこといまさらいうてもいかん、もう子供が八人もできているのに」と晴水に答えるのだった。病人のヒサヨが、あたかも晴水の妻のヒサヨのようにふるまい、話をしたのである。

これといって、犬神に憑かれるようなわけはなかった。あえていうなら両方の家が近いこと、そしてよくお互いにいききしていたことが原因だろう、という。

むらの神祭のときだった。むらのワカイシはお宮にお参りしたのち、あちこちの家にいって酒を飲んでまわった。酔いがまわった中内寿吉は、小谷好徳にもきてもらいたい、と使いをやった。小谷好徳は犬神筋の家のものである。寿吉の兄弟分に半場繁政というのがいた。繁政は、寿吉の姉を女房にもらっていた（今日、寿吉は亡くなり、繁政も中風で寝こんだきりになっている）。寿吉は、好徳のところへ使いをやっているあいだ、義理の兄の繁政をよんでこようと思って、でかけていった。ところが、小谷好徳をよびつけておいた寿吉は、繁政のところで酔いつぶれてしまった。仕方がない。寿吉をそのまま繁政の家の二階で寝かせた。

一方、寿吉の家によばれてきて長い間待っている好徳は怒りだした。寿吉の妻、君代は酒をわかし、好徳の機嫌をとるようにした。が、業をにやした好徳はとうとうその家からでていった。そして繁政の家にでかけていった。すると、寿吉も繁政も酔って、すっかり寝入ってしまっているので、家の戸は閉まっており、だれもいないようにみえた。畜生、自分をよんでおきながら、みんな逃げた、と思い、好徳は怒りに狂った。

その結果、君代が犬神にくわれてしまった。君代は、夫の寿吉にいった。「お主はどこへいっちょった。どこちゃにおらだった」。小谷好徳が、寿吉にごねるかわりに、君代が寿吉をなんども責めるのだった。犬神筋の好徳が、君代に憑いたのである。

君代というひとは、よく犬神に憑かれた。君代の家に、小学校の先生が下宿していた。あるとき、君代の子供があんまり泣くので、お乳をのませるよう、注意した。すると、君代はこんなことをいった。「わしにそんなこというたっていかん。女房にいわないで、どうするや」。寿吉の女房であるはずの君代は、自分と別の人間になっていた。こうして君代は、なんども犬神様にくわれた（憑かれた）ということである。

もう昔のことになった。古老の隣の家のひともくわれたことがあった。古老の夫の父を平野貞次といった。その妹にイシオという娘がいた。そのイシオが子供のころ、犬神さんにくわれて、しょっ中、ひだるい、ひだるい（ひもじい）とうったえた。

イシオの母をおサツといった。おサツは、ハッタイコを紙袋に入れ、小谷伝吉が家の前を通るのをまっていた。伝吉は犬神筋のひとである。伝吉が家の前を通りがかったとき、おサツは、そのハッタイコの袋を伝吉にむかって投げつけた。伝吉はそれを拾うようなことはなく、通りすぎていった。そのあとで、おサツは子供のイシオにきいてみた。「まだ、ひだるいか」。すると、子供はこういった。「ハッタイコをもろうたから、もうひだるくない」。伝吉にハッタイコを投げたことが、イシオのひもじい気分を直したのである。

どうして犬神にくわれたのか。犬神筋といわれる小谷伝吉の家には、あまり山がなかった。世が悪く、作物がとれなければ、ほんとうにひだるい目にあった、という。台風でもきたら、作物はまったくだめなときがあった。よそから買えればよいが、それができなかったので、伝吉はことさらひどい思いをした。そんなとき、イシオの家はなかなか裕福で、山をかなりもっていた。それで、犬神に憑かれたのである。女のひとか、子供がよく憑かれた。男に憑いたという例はしらない、と古老はいう。

昔は、犬神がくい殺したということもあった。犬神に憑かれ、衰弱死してしまうのである。医者に連れていっても、どこそこが悪いといって、犬神とぜんぜん関係のない病気にしてしまう。いまは七〇歳近い古老の娘にゆり子というのがあった。そのゆり子がくい殺された、という。

ある日、幼いゆり子を部屋で寝かせていた。ところが眠っているあいだに、ゆり子の指先がほんのちょっとかじられていた。ネズミのような歯跡がついていた。やがて、身体中の色がかわってしまった。指先をかじられた毒がまわって、内出血をした時のようなどす黒い色に身体中がかわってしまったのである。ゆり子は死んでしまった。むらびとはこういった。「どうもネズミにくわれたばかりではない、犬神にくわれちょったにかわらん」。

誰がついたのかは、よくわからなかった。けれど隣に、上からおりてきて家をかまえたひとがいた。その家は、犬神筋の小谷の分家である。そこの娘がゆり子に憑いたのではなかろうか、と古老は推測する。大人でものをいえば、だれが憑いているのかわかるが、幼いゆり子はものもいわない。憑いた理由はよくわからないが、うらみごとではない。おそらく隣同士だったことが原因だろう、と古老は語った。そんな証拠のないことでも、昔のひとは、よくそんなふうに考えた。

犬神に憑かれることの多いひとは、石槌山へよくお参りした。石槌山はえらい神さんだから、そこへお参りして、お札をもらって帰ったら、犬神もめったによりつかなくなる、ということだった。そんなわけで石槌山をあとあとまで信心するひとがあった。

3　わたしは犬神に憑かれちょる

「わたしは、犬神に憑かれちょる」。平野英弥さん（四六）は、消えかかるたき火にマキを足しながら、しんみりと話した。ひとり娘が中学生だった七年前までは、じつによく働いた。あんなに遅くまでヤマで働いては、かわいそうだ、むらびとはこう心配するほどだった。

むらの中心から谷をこえた中腹に、一軒家がある。そこには英弥さんとその妻が住んでいる。娘はすでに中学を卒業して、広島の会社に勤めている。娘が卒業したころから、英弥夫妻は働かなくなった。焼畑はもちろんのこと、屋敷前の傾斜地にある畑も荒れてきた。いまでは焼畑を放棄したあとのように、クズがおいしげっている。むらのひとともつきあわなくなった。むらびとに接するといえば、ただ道刈りなど年二、三回のむらの共同作業のときだけである。たまにみかける英弥夫妻の顔は青白く、はれぼったかった。英弥さんはまだ五〇にもならないのに、髪はすでにすっかり白くなっていた。むらびとには、英弥夫妻が働かなくなった理由がよくわからない。英弥さんの妻がそうさせたのだ、とも、植林の財産を親からわけてもらっているから、働かなくても食っていけるのだろう、とも推測した。

一月中旬のことである。寒い山のむらながら、太陽が狭い谷間をさして、日中はいくぶん暖かかった。英弥さんの家を訪ねてみた。が、なんの声も返ってこなかった。わたしは、すこし歩いてみることにした。むらの墓がある尾根すじをまわった。数羽の野バトが突然の人の気配にびっくりしたのか、飛びたっていった。この道は、わたしにとってあまり歩いたことのない道だった。ふとむこうに、オノをもって歩いてくる、もっそりとした男がみえた。たきぎとりから帰ってくる英弥さんだった。

英弥さんとはこれまでほとんど話したことがなかった。その前日、むらの共同作業で橋架けがあったので、英弥さんと一緒に同じ仕事をしたことがあるくらいだった。英弥さんもそのことを記憶していてくれたのか、無口の英弥さんにしては、わたしに愛想よく応じてくれた。二人は、枯草のうえにすわって、日なたぼっこをしながら話した。いろいろ尋ねると、素直に答えてくれる。夕方近くなると、小雨が降りだした。枯木を集めて、岩陰のそばで、たき火をつくった。

話がはずんで、わたしは、どうして英弥さんが働かなくなったのか、思いきって尋ねてみた。すると英弥さんは、犬神に憑かれているため、身体が思うように動かない、といいだした。

「七年ぐらいまえから、急に体、とくに下半身がいうことをきかなくなった。それまでは、よく仕事していた。なぜ犬神さんに憑かれたのかわからん。それまで、犬神さんに悪いことをしたこともないし、むらの仕事にもちゃんとでていた。体がいうことをきかなくなったとき、自分で犬神に憑かれたと思った。妻も同じころ働かなくなった」

どうして、憑かれていることがわかるのだろうか。

「それは、わかる。頭が痛ければ頭、腹が痛ければ腹が悪いとわかる。それと同じもんだ。犬神に憑かれたら皮膚でわかる。夜、眠れなかった。一〇時ごろから寝ると一二時ごろに目が覚めて、ぜんぜん眠れなくなる。寝ているあいだでも、夢ばかりみた。一間ほど先のものが銀色や五色に染まってみえた。また、一間ほど先に、二尺くらいの人影のようなものがみえた。ちょうど地蔵さんのようなものがいくつも立っているようにみえた。昨年一月ごろから五月ごろまで、まったく眠れなかった。ところが薬局で精神安定剤を買って二錠ずつ二回にわけて飲んだら、いっぺんに眠られるようになった。薬は、ようきくもんね。

祈ってもらうひともいるが、あんなことはいやだ。犬神のことなどまったく信じなかったが、憑かれてしまった。平野泰政が、創価学会にはいったらなおるし、元気になる、とちょろまかすので、昭和三九年二月一六日に入会した。信じる気持ちもなかったが、一年間ぐらい拝んでみた。けど直るどころか、ますます悪くなっていった。それからあまり祈らなくなった。わしはもともと信仰する気がないのに、無理やり祈れ、ともいわれても仕方のないものよ。創価学会の総会にもでないし、祈ることもしないので、除名するといってきた。もう除名されたんじゃあないか。

犬神は、下半身がネズミで、先がモグラのようだ。口先がとがっている。長さが三cmぐらい。クシヒキといって、九匹が尾をくわえて輪になる。それは三匹でも四、五匹でもかまわん。親か子供を運ぶのに、その尾をくわえるんじゃなかろうか。一匹一匹はもっとよくみる。最近は、数がふえたようだ。

けれどこのごろは、夜眠れるようになって元気になった。妻はまだよくなおらん。娘にこんな信仰の話をすると嫌うのだが……」

その後、わたしは何人かのむらびとに、英弥さんのことを尋ねてみた。しかし、だれもが、英弥さんは犬神に憑かれていない、という。ああいうのは犬神では絶対ない、ともいった。犬神だったら、もっと別の症状があらわれる、といった。犬神が憑いたら、その憑く主と同じようにふるまって、まったくの別人になってしまう。その点で精神病ともちがう。それにふつうの精神病だったら、まだ自律しているから、犬神に憑かれたときのように、なんにも覚えていない、ということがない。血筋からもわかる、というのである。英弥さんが一人、自分は犬神に憑かれた、と信じている。

4　ヤマイヌとタヌキ

今は一軒だが、以前野地という姓は、二軒あった。そして隣あっていた。ノジグミの先祖はナカヤマというところにある。そこは、ヤマイヌが祀ってある、という。いまでも小さなお宮がある。

ノジグミのだれか、昔のことでわからない。むらのずっとうえに、コエというところがある。ノジグミのひとが、その峠にツボ（穴）を掘っていた。その穴に枝や草、それに土をのせて、そこを動物が通ったら落ちるようにしておいた。そこへ、ヤマイヌがおちて出られなくなった。ヤマイヌには、次郎べえ・太郎べえという子があった（むらでは子供のことを一般に表現するのにこういう）。そのヤマイヌの子供たちは、一里も離れた伊予のアンサオというところから、口に水を含んで、穴におちた親のところまで運んで与えた、という。穴にヤマイヌを落としたのは、たいへんむごいことだった。

ノジグミのだれかが病気になった。太夫さんにみてもらったら、ヤマイヌのたたりだということがわかった。それがナカヤマにお宮をたてて、ヤマイヌを祀るはじまりである、という。ノジグミはいまでも、ヤマイヌを祀りつづける。三・五・九月の三度の節句には、必ずお参りする。

この地方には、以前ヤマイヌがしばしば出没した、という。わたしは昭和四六年の夏、伊予との境の峠ちかくでヤマイヌのような鳴き声をきいたことがあるが、確かめるすべがなかった。むらびとの話では、まだいる可能性は十分にある、ということである。

タヌキが憑いたという話も、二、三あった。別にききとめていたわけではない。が、一度こんな話があった。

むらのうえから二番目の家に万太郎というひとがいた。その万太郎は、伊予のヤマへ泊まりこみで行っていた。大きなかごに荷物をいっぱいつめて、通っていた。伊予との県境の峠の手前に、イナノタオというところがある。そこには遍路の墓があり、お宮がある。この近くへきたとき、万太郎は突然ヤブ（雑木林）の中にとびこんで、谷のほうへおりていった。そして二kmぐらいおりて、下の大野のむらにでた。万太郎は、すぐ大野にあるおじの家に行ってこう叫んだ。

「早くきてくれ、たいへんだ。シンルイのもんが集まって、おやじもおかあもぶち殺してやる、といっている。早くきてくれ」

大野のおじはいい返した。「シンルイがそんなことというはずがない。おまえがおかしいんだ。おまえは、病気だ」。

そのとき、タヌキが万太郎に憑いちょった、ということである。万太郎というひとは目もとがおかしかった。そうしているうちに、万太郎は兵隊に行った。日露戦争のときである。死んだのは戦争でなく、脚気が原因だったということである。

ほかに、ヘビが憑いたということもあったらしい。それはあまり犬神とはちがわない、という。むらびとは、ヘビの憑きもの筋は犬神筋と同じである、といっている。

第七章　つきあいの原理

1　網の目の血縁関係

椿山のむらでは、最近までよそのむらのひとと結婚することはなかった、という。「このむらは近年まで他村と交通を遮断し、結婚も村内でおこなわれた。みな軸之進の純然たる血統にして、悪疾の系としてはひとりもなかった。したがって相手の家を選ぶとか、儀式を盛大にするとかのわずらわしさがなかった。現今においてもなお、他村と婚を交えるのを恥じる風あり」。――明治四〇年椿山のことについて書かれた『吾川の古都』（伊藤猛吉著）には、このように説明されている。軸之進というのは、安徳天皇にしたがい、椿山にやってきた最初のひとといわれている。したがって、いまのむらのひとには、平家の落人である滝本軸之進の血が流れている、というのである。むらびとはいまなお、むらの氏神さんとして、この滝本軸之進を祀っている。

こうした伝承が、長い間よそのむらとの婚姻を拒ませてきたようだ。「椿山のひとは、ことばも習慣もちがっちゅう。やることも、なかなかしっかりしちゅう」。近隣のむらのひとたちは、椿山のひとに一目おいているようだ。

中内由美子さん（五八）は、両親の結婚話を語ってくれた。

「若いころ、父は素人相撲でかけずり回っていて、わたしの母（マスミさん）をみそめたのよ。母は面河村（愛媛県にある隣村）一番の金持ちのむすめで、それはきれいなひとじゃったと。池川で有名な美人に、オタツというひとがおった。このへんで『池川のオタツか、面河のマスミか』といって騒がれたそうな。結局、父と結ばれたんだけど、そのころ椿山と面河村の結婚は、いまでいえば国際結婚みたいなもんだったそうよ」

むらのいろいろなひとに血縁関係をきいてみると、大半がイトコ以上の間柄になってしまう。さらに、血縁関係を三代ぐらいまでさかのぼってみると、このむらのほとんどの家がつながっている。イトコどうしの結婚も多い。義理の兄弟・姉妹との結婚すらしばしばみられる。

「イトコミョウトということが、この椿山にはずいぶんありましたがね。イトコミョウトはようないというけんど、まあよそと縁組せんかぎりは、イトコともせりゃいかんことになりますからね。ワキからもらうよりは、チビキの方をもらいたいというのが、年寄りの考えじゃないですか」。七〇をこえる老婆の語った結婚の論理はこのようなものである。

むらびとは、しばしばものをおおげさにいうものだ。よくよく調べてみれば、そんなこともないだろう。たいていの人がそういって、わたしの話をいぶかしんだ。そのうち、このむらの戸籍簿を古いものから全部調べ、また二八戸を一軒一軒まわって、むらびとの血縁関係をことこまかく聞き込んだ。そして、むらびとの血縁関係図を一枚の用紙であらわしてみようと思いたった。しかし、何度書きなおしてもすっきりした図にならない。三メートルぐらいに用紙をつないでも、はしからはしまで姻戚・兄弟関係の線が幾層にも重なってしまう。まさしく網の目だ。これでは、むらびとの血縁関係をひと目で、などとても無理だとしらされた。

「このむらは、みんなシンルイみたいなもんよ。みんな一緒だ」。こんなことをはじめのころよくきかされた。どこかの家の血縁なり姻戚関係をもとにたどっていったら、むら全部の家を網羅することができる。だが、一軒だけ例外がある。ここ五代ほどの関係を調べてみたかぎり、一度もむらのほかの家との姻戚関係のたぐいはみとめられない。小谷さんのところがそうである。四国で顕著にみられる、憑きもの筋の〝犬神イットウ〟なのである。

ともあれ、この一軒をのぞけば、このむらはまさしく網の目の血縁関係でつながってしまう。それでは、いったい、むらびとのいうように、むらのほとんどがシンルイ関係になってしまうのだろうか。そうして、むらびと同士のつきあい関係もみなわけへだてなくおこなわれているのだろうか。焼畑のむらの社会というのは、どんな仕組みになっているのだろうか。

わたしは、いつも不思議に思った。むらの対岸の山にのぼってみると、椿山の家々が一望のもとにみおろされる。険しい四国山脈の奥深い山の中にただポツンと存在しているむら。長い歴史の中で、社会的に隔絶し、ひとつにまとまってきた焼畑のむら。そのおだやかなむらをながめていると、焼畑のむらの社会そのものをつぶさに解き明かしてみたい衝動にかられるようになった。

2　聞き込み調査のこと

むらびとのつきあい関係を実際に調べ、聞き込みするようになったのは、むら入りしてから、のべ三ヵ月もたってからである。前半の三ヵ月は、焼畑の技術的なことばかり調べていた。そして、何度もあちこちの焼畑を観察してまわった。夜には、その日みてきた焼畑について、持ち主や利用者のところにいって聞き込みをした。

しぜんに、むらにはどんなひとびとが住んでいるのか、おおかたわかるようになった。つまり、世帯名簿をみればそれぞれの個人のイメージが浮かぶようになった。また、かれらがどんなひととよくつきあうか、むらでどのような位置にあるか、ということがわかるようになってきた。

昭和四五年八月一七日、五回目の椿山を訪れた。そのとき、むらの社会構造を調べるために「焼畑村落調査項目」を用意していった。

九月八日、長い間かかった焼畑に関する調査に一応のメドがついた。いよいよその翌日から、わたしはあらたにむらの家を一軒一軒まわることにした。むらに一時的にもどってきた家族や生活のウエートがほとんどよその地域にあるところをはぶけば、二八戸の家が椿山にある。きわめて順調に一日一戸をまわると仮定しても、約一ヵ月はかかる。相手の都合が悪かったり、一戸を一日でおえられなかった場合を含めると、その倍以上の日程をくんでおかなければならない。結局、急がないことにした。ゆっくりと納得のゆくまでやろう、と重い腰をすえた。

第一日目（九月九日）の夜は、まず中内辰男さん宅におじゃました。辰男夫妻とその一人息子。そして辰男さんの母の四人家族。しかし、息子の喜義さんは、高知の工業高校を卒業したのち、ずっと高知の造船会社に勤めているから、椿山にはいない。主人の辰男さんは、一ヵ月前ごろから、対岸の奥の国有林の間伐を数人で請け負って、ここしばらくたまにしか帰ってこない。辰男さん一家とは日頃親しくしてもらっているから、いつ訪ねても気安くむかえてくれる。まず、この家なら率直に話してくれるだろう、という期待があった。わたしの泊まっている家の近所でもあった。

八時半ごろ訪ねていくと、奥さんの多恵子さんが「どうぞ、どうぞ」といって愛想よく迎えてくれる。この奥さんの笑顔をみているといつもほのぼのとした気持ちになる。さきほど夕食をすませたばかりで、風呂に入ってくるからゆっくりしてや、という。イロリばたでテレビをみながら待つ。風呂からあがると、連続ドラマ「千鳥」をぜひみさせてくれ、という。みんなでみおわってようやくまともに話が聞けるようになった。むらびとのできるだけあいているときに、話をきかなければ相手に迷惑はかかるし、話にのってもらえない。たいへんな時間をとられるが、これが聞き込みの大きな条件である。

ビールをだしてくれる。多恵子さんと主人の母君代さんを相手に、むらびとの名前がのぼっても、いままではどのひとのことも頭に浮かぶ。ほんとうに気持ちよく答えてくれた。多恵子さん自身が、こんな調査にたいへん興味があるようにみえた。あらかじめ用意していた項目についてききおえたのは、もう午前二時だった。それでも、ぜひ酒を飲んでいきなさいという。すぐさま、燗をしたとっくりをもってきてくれた。三人で飲みながら、世間話をするうち午前三時になり、だれもほろ酔い気分になった。帰るときには外にでて見送ってくれた。初秋の夜空はふかく、とても美しかった。椿山の空をあふれるように星が輝いていた。

どうだろう、と心配していた項目について快く聞くことができた。その日を皮切りに、毎晩のようにむらの家を訪ねた。九月末でひとまず京都に帰り、その年の暮れ（昭和四五年一二月二七日）から翌年の二月上旬までのむらびとの比較的閑な冬の時期を選んで、椿山におもむいた。この期間で、当初に目的としていたものを一応おえることができた。

むらの二八戸の家から、むらびと同士のつきあいのことなどについていろいろ聞いた。だが、その聞き込みは、たんに機械的なものとは異なっていた。わたしは、日増しに精神的苦痛をおぼえるようになった。このむらを恐ろしいとさえ思うことがあった。むらの人間関係があまりにも具体的に頭に浮かぶようになってきたからである。聞き込みがすすむにつれ、どんな答えが返ってくるか、おおかた予想がつくようになった。はじめはなかなかうけいれてくれなかった一部のむらびとも、しだいに親身になって答えてくれた。しかし、にもかかわらず調査をおえ、その家をでて、夜道を歩いて帰るわたしには、調査をおえた喜びではなく、なにかむなしい気持ちがいつも残るのだった。

その後、京都に帰ったというものの、しばらくの間、わたしは収集した資料に手をつける気がおこらない。この微妙に生じた心の葛藤をどうすることもできなかった。

3 シンルイの範囲

親類のことを、椿山では〝シンルイ〟とか〝ルイ〟とよんでいる。これには、いわゆる血族も結婚・養取によって生ずる姻族もふくまれている。

「お宅でゆききしているシンルイを全部あげてください」。わたしは、むらの一軒一軒の家についてたずねた。そして、どんな場合につきあっているのか、それぞれのシンルイについてこまかく聞いた。さらに、「あなたの家族とどくに親しいシンルイはどこでしょうか」という質問もあわせておこなった。

血縁関係が網の目のようにつながり、重なりあっているのだから、むらのほとんどの家がシンルイであるともいえるのだが、むらびとが実際にシンルイとしてゆききしている数は限られていた。むらびとのシンルイの範囲にはおのずと限度があり、決して広いものではなかったのである。

このむら全部で日頃いききしているシンルイ数はのべ二八五名。一戸平均にすると一〇・二名である。この数字を他村と比較してもそれほど多くない。内婚率の高いわりには、むしろ少ない数であるといえる。ちなみに、岡山県のむらで調査された例では、一戸平均八、八・五、一一・三、一二・七、一三・一名(以上、米村昭二・一九六六(1))、山梨県八代町の一一名、東京都杉並区の一〇名(以上、小山隆・一九六五(2))である。つまり、血縁関係がたとえ網の目のように複雑につながっていようとも、実際ゆききしているシンルイの範囲は、東京に居住しているものとかかわりないのである。

さて、そのようなシンルイは、どんな間柄から成り立っているのだろうか。むらにはこんな諺がある。「イトコは、糸ほどひっぱればちぎれる」。つまり、イトコになると、しらずしらずのうちに縁が遠のいていくというのである。また、「イトコはハトコ」ということばもある。〝ハトコ〟とは、あまり関係のない遠縁のことだ。したがって、イトコは場合によっては他人と同じ位置しかしめないことになる。それでも、親のあるうちは、イトコでもつきあうが、代がかわれば、いつしかシンルイづきあいはしなくなってしまう。つまり、シンルイの範囲は、家の構成員によって簡単に変化していくものなのである[3]。

図55は、辰男さん一家のシンルイを示している。いくえにも血縁関係が重なっているが、シンルイとして実際につきあっているのは、太線であらわされる関係にすぎない。シンルイ関係は、このように兄弟・姉妹のつながりを基盤としたものであり、一世代的・一時的なものといえる。

葬式のときしかいかないような1・4（弟の嫁の父）、3（弟の嫁の祖父）、13（妻の妹の夫の弟）をのぞいて、日頃ゆききして、しかも両世代にわたってつづいているのは9（母の妹の夫、兼、父の姉の長男）と14（母の弟の嫁）

（1）米村昭二「山村における同族と親族――苫田郡大富村の事例分析――」『岡山大学教育学部研究集録』第二二号、一九六六。
（2）Koyama Takashi, "A Rural Urban Comparison of Kinship Relation in Japan" The Fifth International Seminar on Family Research, Tokyo, 1965.
（3）日本の親族の構造に関しては、すでに多くの労作が発表されている。ここでは、そのうちつぎの論文・著書を参考にした。
中根千枝『家族の構造』東京大学出版会、一九七〇。
蒲生正男「親族」『日本民俗学大系』3、平凡社、一九五八。
村武精一「小佐渡・大川における家族・シンルイ・婚姻」『佐渡――自然・文化・社会――』九学会連合佐渡調査委員会編、平凡社、一九六四。

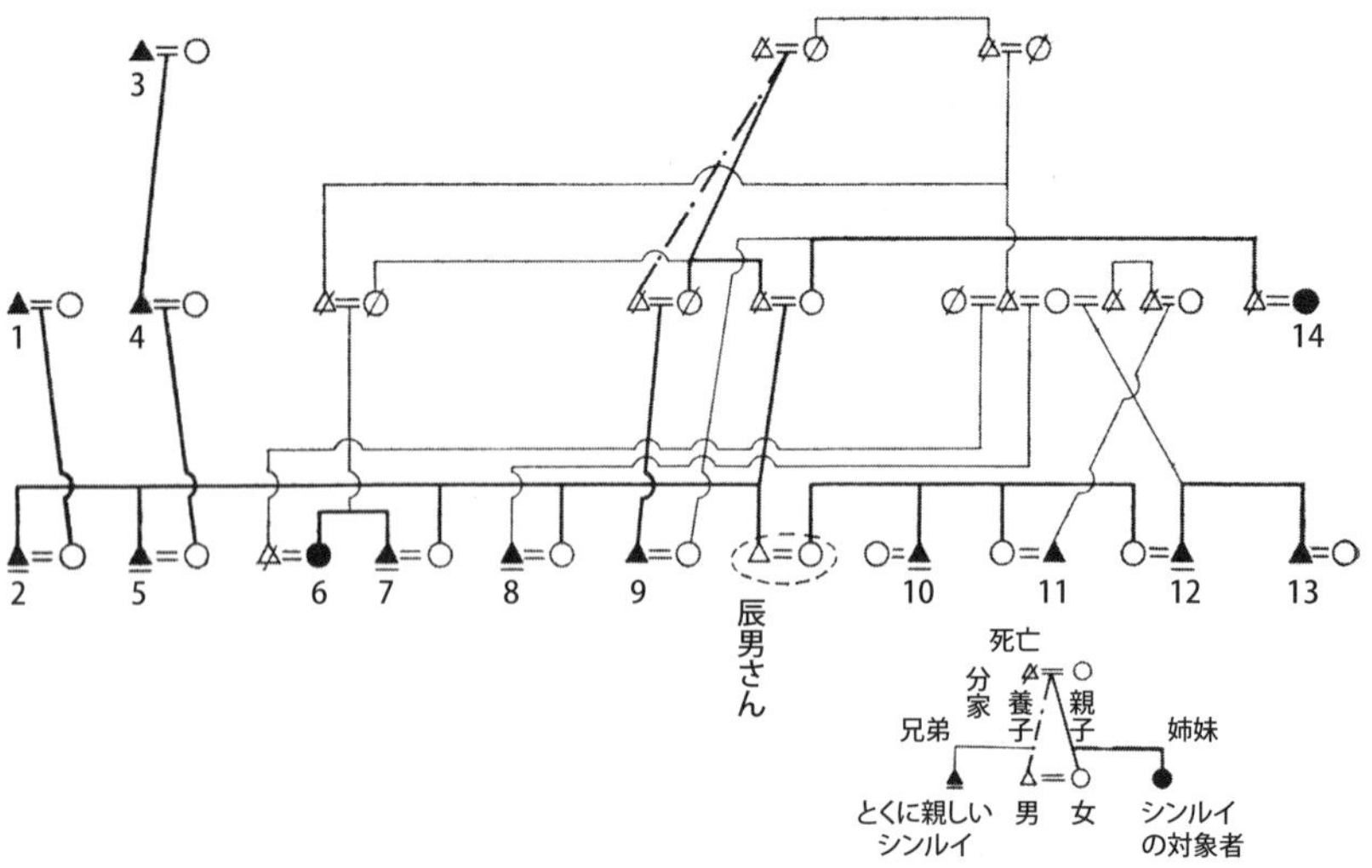

図55　辰男さん一家のゆききしているシンルイの範囲

だけである。これは、辰男さんの母親が生存しているという要因が大きく影響している。母親が死亡すれば、消えてゆくシンルイである。ちなみに、14は現在すでに辰男家をシンルイとみなしていないのである。「もう代がかわって、辰男さんとはあまりつきあわんようになった」と分家の9はいっていた。9も14も、辰男さん一家のとくに親しいシンルイではない。辰男さん一家が、ひんぱんにゆききして、とくに親しいシンルイとは、兄弟・姉妹に限られてしまう。

これらの辰男さんのシンルイのうち、椿山に在住しているものを地図上にとりあげてみると、図56のようになる。実線は、辰男さんが、相手の家をシンルイとみなしていることを示しており、太い実線は、とくに親しいシンルイとみなしていることを示している。また、ドーナツ状に描かれた家は、その家の側から辰男さんの家をシンルイとみとめており、黒くぬりつぶした家は、とくに親しいシンルイだとみとめていることをあらわしている。この図から、相方とも〝とくに親しいシンルイ〟としてみとめあっ

表7　むらびとがゆききしているシンルイの数と戸数

シンルイの数	戸　数
5名以下	1戸
5〜10名	14
10〜15	9
15〜20	4

計28戸

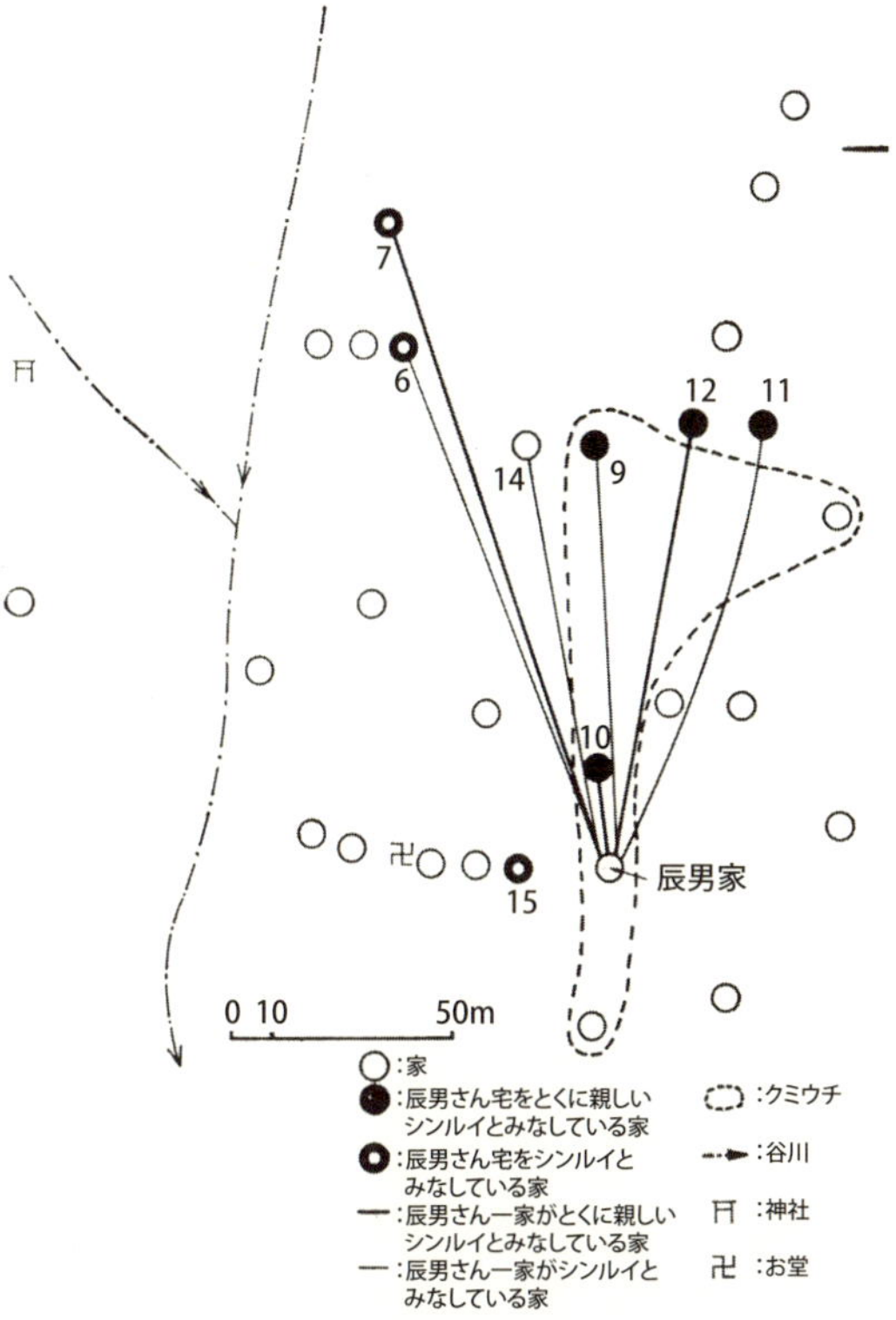

図56　むら内部における辰男さん一家のゆききしているシンルイの分布

ているのは、10・12つまり、妻の姉妹関係にあたる二軒だけである。9・11・14・15はいずれも、辰男さんの家とシンルイ意識にくいちがいがみられる。

さて、こんどはむら全体でみていこう。図57は、〝とくに親しいシンルイ〟として相方でみとめあっている家どうしの関係を地図上にあらわしたものである。この図から、シンルイ関係がかなり限定されてくることがわかる。ほとんど、親子か兄弟、姉妹関係に帰されてしまう。オジ（オバ）・オイの関係はむらに二〇例もあるのにかかわらず、〝とくに親しいシンルイ〟としてお互いにみとめあっているのは、図で示されているように、四例である。ほかにイトコ関係の二例、内縁関係の一例をのぞいたら、すべて親子あるいは兄弟、姉妹関係である。なお、〝とくに親しいシンルイ〟を三軒以上もっている家は、すべて二世代にわたる家族員で構成されている。逆に、〝とくに親しいシンルイ〟が少ないか、あるいはまったくない家は、夫または妻の欠損家族であったり、過去になんらかの事件をおこしたり、変わりものだとみなされている、といった特殊なケースである場合が多い。が、黒くぬられた家は、とくに犬神筋といわれ、もともとこのむらに血縁関係はないので、別あつかいだ。

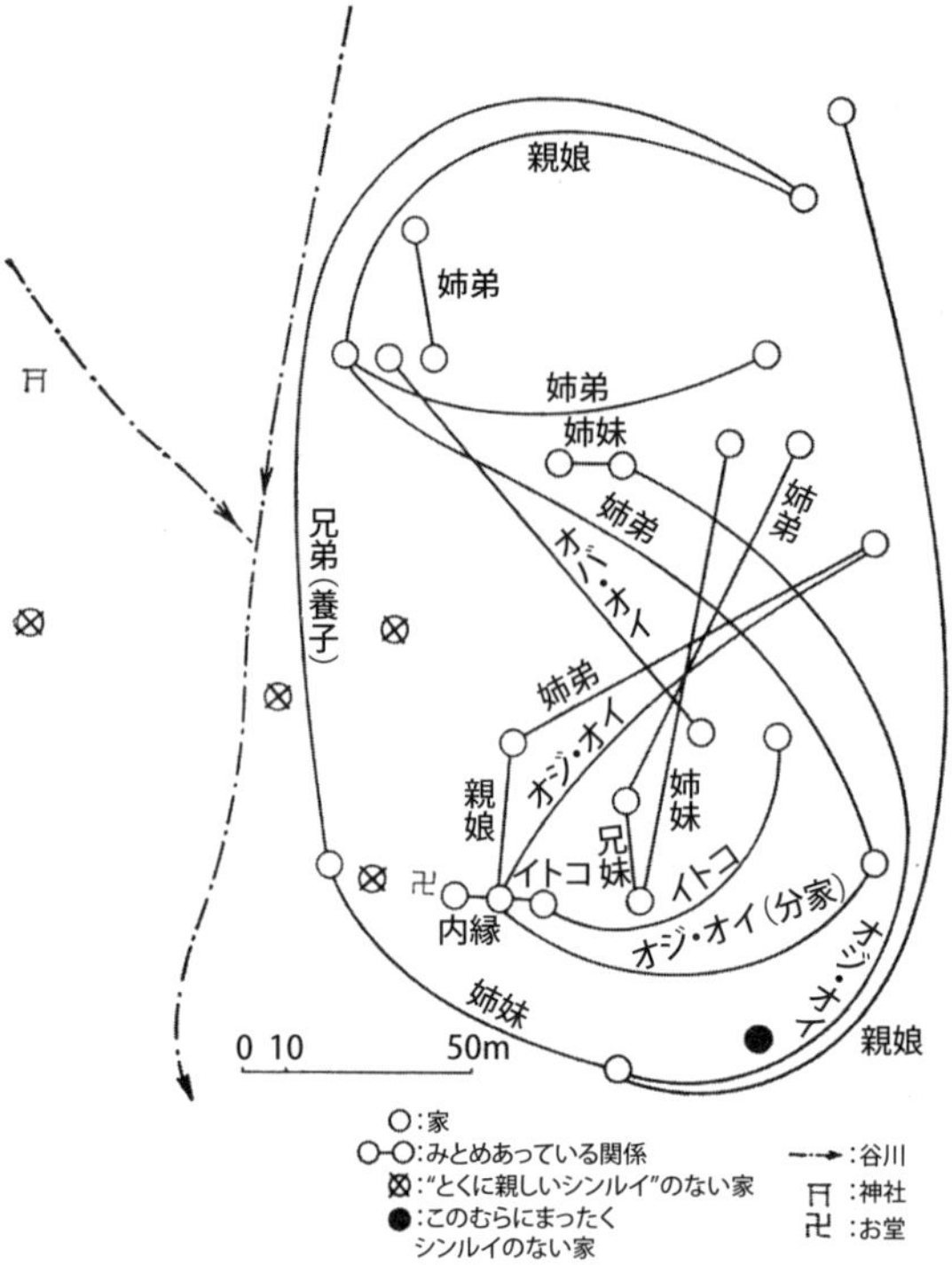

図57 〝とくに親しいシンルイ〟としてみとめあっている家どうしの関係図

もっと具体的にさぐってみよう。各戸がゆききしているシンルイの血縁関係図をなん枚もつくり、それらを全部かさねあわせてみると、図58のようになる。これは、ゆききしているシンルイの範囲、およびそのいききの度合いを、むら全体であらわしたものである。この図から、夫と妻の兄弟・姉妹関係がシンルイのもっとも重要な基盤になっていることがはっきりする。ついで、娘、妻の親……というようにひろがっている。

さて、ここで注目しなければならないのは、夫の母方のイトコは父方のイトコにくらべ、ゆききの度合いがはるかに大きいことである。また、姉妹の息子はいききしているシンルイの範囲に入るのに、兄弟の息子は除外されていることである。このことは、夫側ばかりではなく、妻側についてもいえる。さらに、太線で示されている関係は、〝とくに親しいシンルイ〟の範囲をあらわしている。これをみると、なんと男の系列が弱く、女の系列が強いことだろう、と驚かされるのである。

焼畑というもろい生産様式を経済的基盤にし、内婚率のきわめて高いこの椿山のシンルイの特徴を要約するなら、つぎのようになるだろう。

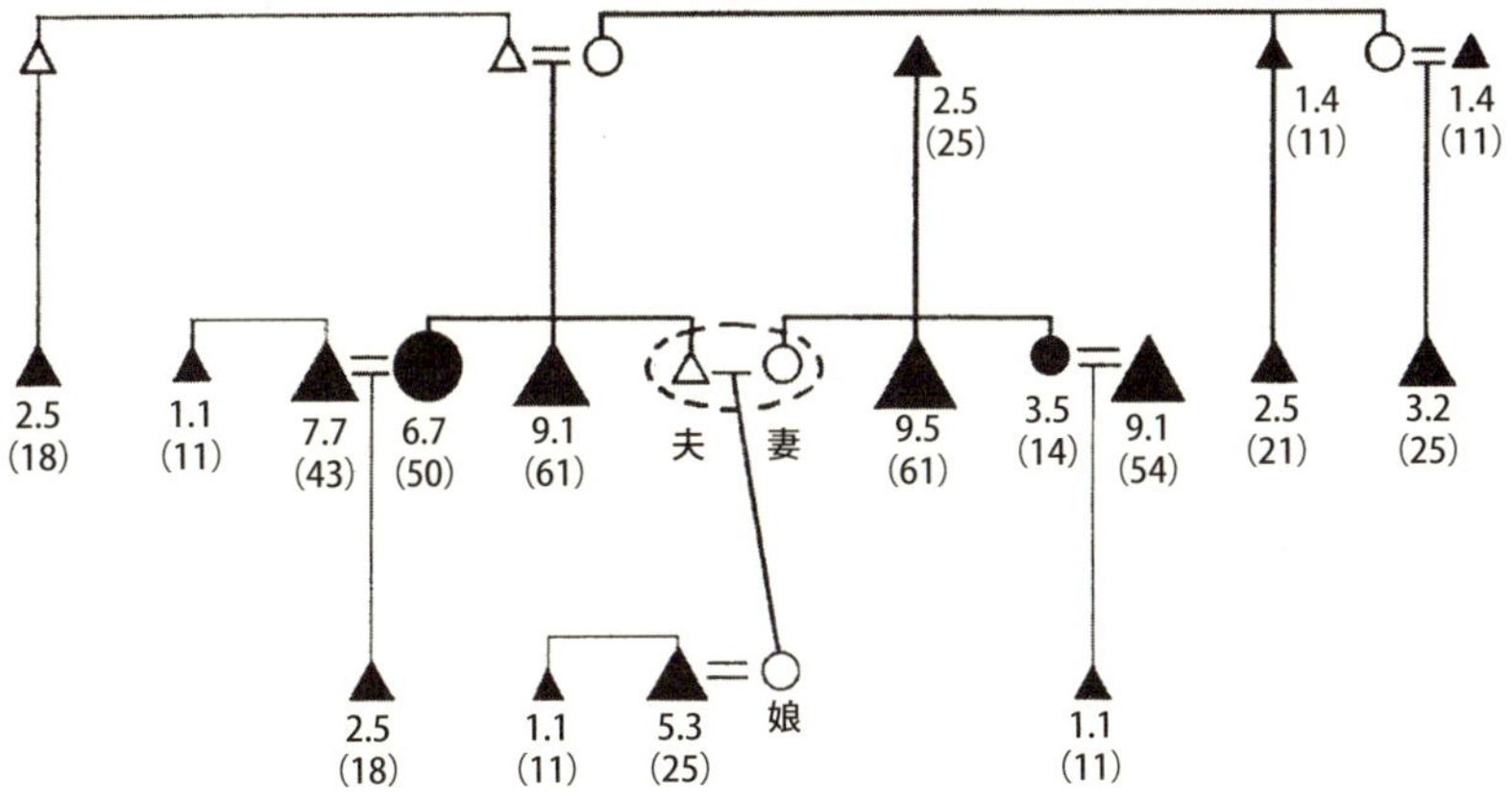

注：出現頻度の大小により、ほぼ三段階にわけてある。
上の数字：ゆききしているシンルイ総数（285）に対する割合（%）。
下のかっこ内の数字：むらの調査戸数28戸に対する出現頻度（%）。

▲：男
●：女

図 58　ゆききしているシンルイの範囲、およびそのゆききの度合い

つまり、網の目の血縁関係でつながっている家どうしが、そのまま〝ゆききしているシンルイ〟となるのではなく、かなり限られた範囲内に選択されている。その核となっているのは、どこにでもみられるように親子・兄弟・姉妹である。しかし、とりわけ父系がよわく、母方および姉妹関係が強くあらわれている。このことは、むらの構造をしるうえで、きわめて重要なことである。

4　目立たない本家・分家

椿山では、本家のことをホンケ・オモイエ・オモヤとよび、分家のことをシンタク・インキョとよんでいる。

ところが、本家・分家のように父方の系譜を中心とする家の集団、いわゆる同族そのものをあらわすことばはみあたらない。〝チビキ〟とか〝チバシ〟というのは、血縁関係をもつものすべてをさし、かならずしも父方のシンルイをさすものではない。また、〝トウ〟、〝イットウ〟ということばがある。これは、同族に近い概念に思われるがそうではなく、犬神筋の小谷さんのシンルイをさすときにしか、むらびとは使っていない。つまり、小谷さんのシンルイを総して、〝小谷（イッ）トウ〟とよんでいる。この

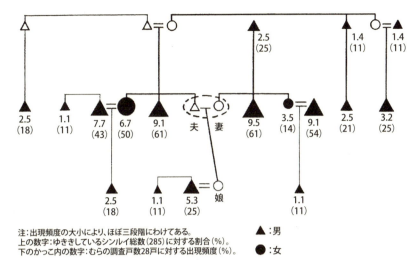

概念も父方ばかりではなく、母方の血縁関係をも含んでいる。

そのほか、〝クミ〟ということばがある。〝クミウチ〟のものは、ともに同じ先祖祭をするが、同族には該当しない（〝クミ〟については、「むらの展開」のところで詳しく分析していく）。わたしは、むらびとに同族のことを説明するのにたいへん困った。〝マキ〟・〝イッケ〟・〝カブウチ〟（マキ、イッケ、カブウチは、意味範囲をすこしずつ異にしているが、だいたい、本、分家関係を軸にした、血筋、家筋をおなじくする一群の集団をさす）などといってみたところで、まったく通用しないのである。むらびとの系譜の認知はひじょうに浅い。現戸主をいれて、三代から長くても六代までである。東日本で顕著にみいだされる同族組織というものは、このむらではとてもみられない。(4)

本家相続の戸籍および聞き込みでわかったかぎりの事例は、一三四にのぼる。そのうち長男の相続が九九例（七四％）あった。ここでいう長男とは、最初にうまれた男ばかりではなく、戸籍上の長男が成人するまでに死亡し、実質的に相続した次男も含まれている。このように本家を相続すべき息子を、むらびとは〝ソウリョウ〟とよんでいる。つぎに、次・三男の相続が八例（六％）、養子相続一〇例（七％）、婿養子が一七例（一三％）である。

本家を相続するのは、圧倒的に長男の場合が多い。ついで婿養子をふくむ養子の例が、およそ二〇％、次・三男の相続例はわずかだ。むらびとは、理念的に本家を相続するのは長男だ、長男が分家したり、養子にいったりするのは親とうまくいかんからだ、よくない、と考えているようだ。

つぎに、分家したものの続き柄をみてみると、長男（いわゆるソウリョウ）の場合が七例（一九％）、次・三男が一二例（五七％）、婿養子が三例（一四％）、その他特殊な分家が二例（一〇％）である。次・三男の分家がもっとも多い。そのうち両親を連れて分家したのは一例にすぎない。(5)

さて、図59は、むらの本家・分家関係を地図であらわしたものである。番号②・⑤は、次・三男の分家、③・⑥は婿養子の分家、①は長男の分家を示している。④は、特殊な事情で分家しており、本家と姓がことなっている。また、その本家はすでにむらからでてしまっており、地図上に描かれていない。⑦は戸籍ではあきらかにすることはできないが、四代前に分家した、とお互いに認知しているケースだ。このむらは、網の目の血縁関係で結ばれてきたにもかかわらず、このように本家・分家の例は、わずかしかみられない。

いったい、これらの分家は、それぞれどのような事情によって成立したのであろうか。また、むらびとは、かれらの意識のうえで、本家・分家関係をどうみているのだろう。そして、本家と分家の家どうしのつきあいは、どれくらいの深さでおこなわれているのだろうか。以上の問題を、いくつかの分家を例にとって、むらびとの話からさぐっていこう。

(4) 日本の同族に関しても、すぐれた研究が従来なされてきた。そのうち、有賀喜左衛門の南部二戸郡石神村のモノグラフは、もっとも精緻なものである。

有賀喜左衛門「大家族制度と名子制度――南部二戸郡石神村における――」『有賀喜左衛門著作集』第三巻、未来社、一九六六。

従来、同族の事例は、東日本におおくみいだされるため、福武直のように地域的特徴としてとりあげる研究者がおおかった。しかし中根千枝は、同族の形成をたんなる地域的特徴としてとらえるよりも、社会の生態的・経済的条件にてらしあわせてかんがえるべきであることを指摘した。つまり、不安定な焼畑社会では、東日本であろうと、西日本であろうと、同族はなかなか成長しにくいのである。

中根千枝『家族の構造』東京大学出版会、一九七〇、参照。

(5) 本家・分家の相続および隠居慣行に関しては、竹田旦のつぎの著書を参考にした。

竹田旦『民俗慣行としての隠居研究』未来社、一九六四。

同　右『「家」をめぐる民俗研究』弘文堂、一九七〇。

さきにのべた四国の山岳地域七〇〇集落のアンケートの結果では、隠居慣行に関してたいへん興味ぶかい地域的分布がみられた。つまり、最近まで焼畑にもっとも依存していた四国山脈のふところにあるむらには隠居慣行が強くみられ、焼畑がはやくから消滅していったその周辺部では、隠居慣行はあまりみいだせなかった。この焼畑と隠居慣行の平行現象については、一部ふれたこともあるが、別の機会にあらためて論ずるつもりである。

宮本常一・中尾佐助・佐々木高明・端信行・福井勝義・石毛直道（司会）「座談会　焼畑の文化」『季刊人類学』四巻二号、社会思想社、一九七二。

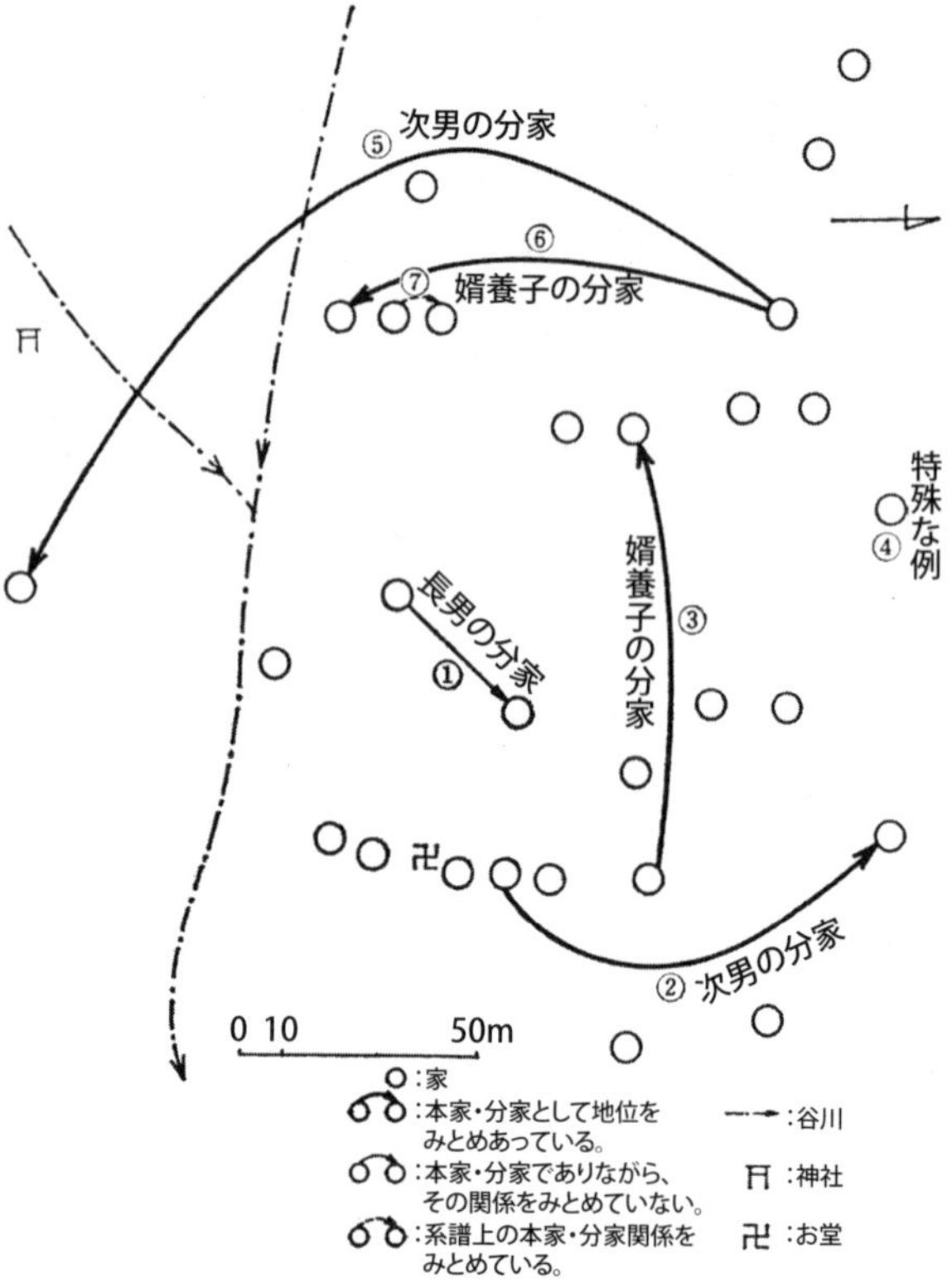

図59 むらの本家・分家関係

まず、もっとも一般的な次・三男の分家の例として、さきの図で②にあたる亀七さんの分家は、つぎのようである。

「昭和一二年に分家した。椿山の山を三町五反。伊予の山を二五町歩もらってでた。屋地や家はもちろん、鍬などももらった。分家したときはまだ独身だった。家は別居したわけだが、二年間本家と一緒に仕事した。もちろん、あちらを本家として認めている。分家できたのも本家のおかげだ。なんやかやといろいろ相談にいく。本家からも相談にくる。本家・分家のつきあいは、そりゃいつまでもつづけていくべきだ。兄弟は仲よくしていかないかん。子供の代もつづけていかな、いかんと思う」

また、本家側はこのように語る。

「うちの分家は、亀七んところだ。もちろん、うちを本家として認めているだろう。経済的に困った時以外なんでも相談にやってくる。うちも分家にいろんなことで助けをもとめる。しかし、本家・分家関係は、いつまでも続けていくものではない。兄弟どうしぐらいだ。お互いに身分的な差などまったくない」

つぎに、婿養子の分家の場合をみていこう。さきの図59では、③にあたる。婿養子で分家してでていくのには、事情があった。つまり、男の子がなく一度は婿養子をとった。ところが、その後男の子ができたので、婿養子を分家させたというのである。このくわしいなりゆきを、むらの古老が説明してくれた。

「中内辰男のオヤジの寿吉、そのオヤジに彦太郎というひとがあった。それに、男の子が二人、女の子が二人ありましたと。わたしが生まれた年（明治二九年）の七月にうんと赤痢がはやりました。彦太郎の息子のオトドイ（二人兄弟）が、一人は今日、もう一人は明日というように死んでいきましたと。一番姉と、その年に生まれたオクラという女の子と、二人だけになってしまった。

それで、彦太郎はちかくの山中というところから弥七を養子にもらった。するとまもなく、おかあが妊娠した。そのとき、彦太郎が養子の弥七をよんでいった。『おかあは妊娠したが、もし男の子であったなら、うちの全部の財産の半分をわけてやるけん、それでこらえてくれるか』。それで、弥七は承諾しちょったにかわりません。できてみると、やはり男の子、それが寿吉じゃった。

それからどればになった時かしりません。いまの小学校の横に小さい屋地がある。弥七は、その小さな屋地を掘って、家を建てちょりました。それは彦太郎が買うて、弥七にシンタク（分家）させたものだった。財産も半分にわけてやった。それでもまだ、弥七というひとは無心したにかわらんね。なんにも半分もらっちょるはずだけど、わしのとこには肝心のものがきちょらん、と。ところが、弥七は、彦太郎のカネをそれまでだいぶ使っちょったにかわらんね。それで、彦太郎は弥七に『おまえがこれまで使っちょる金さえもどしてくれたら、なにもかも半分にしてやろう』といった。そしたら、弥七はなんともいうことできだった、ときいちょりますがね」

分家した弥七さんの家は、いま長男の幾雄さんがついでいる。幾雄さんは、分家側の気持ちをこう語った。

「オヤジの弥七は、山中で生まれて、中内へ養子にいった。あとから寿吉が生まれたので、明治四二年頃分家してでた。寿吉が生きている時分は、よく本家と一緒になんでもやったが、最近はあんまりしない。いまでは式のときぐらいゆききするだけだ。本家・分家のつきあいは、わしの生きているかぎりはしたいけど、つぎの代になったら薄らいでいくだろう」

一方、本家をついだ寿吉の長男、辰男さんの考えはこうだ。

「おやじの元気なころは、分家とよくゆききして、ヤマ仕事も一緒にやったが、いまでは、結婚式のときなども客としてきてもらうぐらいだ。本家・分家の関係はいつまでも続かない」。辰男さんの母の妹は、分家の幾雄さんの妻である。両家がゆききしているのは、本・分家関係よりむしろ、このことによるようだ。

さて、最後に長男の分家の例をみてみよう。これも古老からきいた話である。

「なんで、長男がでたか、と。あの国弥さんは、長男でソウリョウだったけど、やり方が悪い、バクチをやったり、いろいろ悪い事していたにかわらんね。それで、だいぶ財産を売ってしまった。これじゃ財産を使い果たしてしまうきに、といって、オヤジはあとの財産を国弥の弟の熊弥さんにやってしまった。そして次男の熊弥さんにあとをつがせ、長男の国弥さんはオヤジにおいだされたわけだ。

国弥さんは、馬一頭で馬子をやりよった。ヤナギ（ミツマタ）やらでも、全部馬でだすころじゃったから、荷物を集めて、馬を引いて池川にもっていった。そこから、別の荷物をとってきてむらの方々へくばった」

国弥さん（明治一〇年生まれ）は、昭和三四年死亡し、その後は養子の達馬さんがあとを継いでいる。国弥さんには子供がなかったから、かれの血を引いたものはいないことになる。分家の達馬さんの話はつぎのようだ。

「分家してでたことは、事実だ。しかし、ソウリョウだのに、土地はほんの少しももらっていない。馬一頭連れてでただけ。分家したのは、国弥が親とあわなかったから。あちらを本家として認めてなどいない。国弥はどこで生まれたか、ときけば、ここの家でだ、というくらい。財産ももらわずに、本家の熊弥の子供三人を育ててやった。馬子をして国弥は、この家を建てたんだ。それでも国弥が生きているあいだは、本家・分家としてのつきあいはあった。けど、熊弥の長男の茂寿も死んだから、なくなった。むらに大本家があるか、と。そんなものしらん」

本家をついだ茂寿さんは亡くなっており、妻のくまさんが本家・分家のつきあいを語ってくれた。

「いまでは、うちを本家として認めてはおらんだろう。分家の達馬さんは養子だし、国弥の血をうけたものは、誰もいない。国弥は長男で分家したが、その親はこちらに残っていた。位牌も墓もこちらにある。熊弥・国弥が生きていたころは、本家・分家のつきあいはあった。達馬さんところが援助をもとめてきたり、相談相手としてくることもあるが、いまでは近所づきあいの方が強い。結婚式や葬式のとき手伝いに行く。病気見舞いなどもいく。けど、仕事を一緒にすることなどない。七年前の夫の葬式や法事のときは、分家に手伝ってもらった。うちが分家に援助を求めるか、と。物の貸し借りは、お互いにだいたいもっているからしない。結婚式の手伝いや病気見舞いぐらいだね。本家・分家で、身分的な上下関係などない。椿山では、財産が多くても少なくても、上下関係はない」

これまで、いくつかの分家の例をみてきた。次男で分家した亀七さんの場合、婿養子の弥七さんの分家の場合、長男でありながら分家していった国弥さんの場合である。

このほか、特殊な分家にこんな例がある。娘と結婚した村外労務者は、一度かれの実家に娘をつれて帰っていたが、うまくゆかず、娘の里である椿山にもどり、娘の親からいくらか財産をわけてもらい、分家したことにした。この場合、夫の側の姓を継承するから、本家と分家の姓が異なることになる。「むらを生きる」

のところでのべた「お春の一生」が、この例である。

以上、椿山でみられる本家・分家の関係であきらかにいえることは、本家・分家関係は長くつづくものではなく、一時的なものにすぎないということである。分家した当時の兄弟どうしなら、深いつきあいをしているが、二代目になるとたいへん薄くなってしまう。そして、財産の分配のしかたが、のちのつきあいにもかなり影響してくるようである。本家・分家の身分的な階層関係はみいだせない。一応本家をたてるが、つきあいのうえでは対等である。

むらびとに、本家・分家の関係と、シンルイ関係とを区別して考えるか、ときいてみたことがある。するとわずか三戸が、両者を区別して考えている、と答えたにすぎなかった。そして、本家・分家関係を重くみているところは、三戸で、そのうち二戸はさきのと重複していた。

このむらでは、本家・分家の実例はきわめてかぎられたものでしかなかった。そして、それを基盤とする同族組織も、とうていみいだせそうにない。

焼畑で暮らしをたてていくためには、少なくとも一五*ha*の土地がなくてはならない。実測で七〇〇*ha*ほどしかない椿山では、せいぜい四七戸までだ。それが、江戸末期から昭和三〇年頃までの椿山のかなり一定した戸数と一致した数値でもあった。

十分な土地を与えて分家をだすことは、きわめて困難であったにちがいない。また、古来技術の改良をみることもなかった焼畑農耕は、経済的にじつにもろい生産様式であった。きびしい自然の影響も容易にうけてきた。土地の制約とともに、こうした焼畑という生産様式からくる弱い経済的基盤は、本家・分家関係のきずなを強くするものとは決してならなかった。本家も分家も、お互いにきびしい拮抗関係の中で生きていかなければならなかったのである。

5 年賀状の分析

年賀とは、もともと血縁・地縁集団などのひとびとが、年のはじめに晴れの訪問を相互におこなうことであった。

椿山にも、このような年賀のしきたりがあった。そのひとつを、〝カドワケ〟といった。元旦、クミウチ（後述）の家族全員があつまって、新年の挨拶をし、酒をのんだ。他のひとつを、〝オヤヅトメ〟といった。これは、正月のみならず盆にもおこなわれた。嫁は、ツツミ（カネや酒など）をもって、里にいく。一〇年ぐらい前までは、五〇〇円もっていったという。嫁たちは、事前に連絡しあって、だれも同じものをもっていった。

こうして、椿山の年賀には、先祖さんを共有するクミウチの〝カドワケ〟と、姻戚関係を強調する〝オヤヅトメ〟のふたつのやり方があった。だが、これらはいまやおこなわれなくなった。反面、年賀状のやりとりが、むらの外部のひとたちとひんぱんにおこなわれるようになった。その対象は、シンルイをはじめ、知人・友人、そのほか商いや選挙を目的としたものまで含んでいる。がそこには、基本的に、年始めを期して、個人あるいは集団相互間のきずなを維持し、さらには強化しようという意味があることにはかわりない。

昭和四五年の暮れから、四六年の二月上旬まで椿山に住み込んだとき、むらの正月を、新正月と旧正月両方ともみることができた。そのころは移りかわりの時期だった。前の年には旧正月の諸行事をしていたのに、その年には新正月に変更するものが多くなっていたのである。「去年までは、旧でやったんだが……」という家が案外多かった。むらの変わり方には、なにかこうした区切りの時期というものがあるようである。雑穀のアワを焼畑に栽培しなくなったのも、その年からであった。

このような新年に、椿山の家々にもたくさんの年賀状がとどいた。新正月から旧正月までのあいだは、ミツマタの皮はぎ仕事があるが、他の時期とくらべれば、それほど忙しくない。雪は降るし、そのおよそひと月は、ずっと正月気分のくつろいだ期間である。わたしは、このときに、むらびとの年賀状を調べてまわった。茶の間（イロリのある部屋）の棚に、その年とどいた年賀状がつみかさねられている場合もあった。「今年きた年賀状をみせてもらえませんか」と頼むと、「そりゃ、やすいことじゃ」。たいていのむらびとはこういって、気軽にみせてくれた。しかし、全戸数二八軒のうち、二軒は、まったく応じてくれなかった。あとから思えば、頼むタイミングが悪かったようである。それから、「ほかにも覚えちょらんがまだいくつかきちょった」という家もあった。

結局、その年（昭和四六年）とどいた年賀状全部をそっくりみせてもらえたのは、二四軒である。ただし、次男の忌中であった山中俊作さんのところには、その年の年賀状はなく、一年前のものをみせてもらった。一枚一枚の年賀状をみては、送り主の氏名と、おおまかな住所を写しとった。そして、それぞれどのような関係で年賀状をくれたのか、できるだけ具体的に教えてもらった。こうした年賀状を通して、むらの外部のひとたちと、むらびとの社会的な交流がどのような範囲にわたってみられるのか、をしることができるだろう。また、さらにシンルイからの年賀状にかぎっていえば、それを分析することによって、ヨコの姻戚関係とタテの系譜関係のきずなを比較することができよう。

さて、これまでどおり、まず辰男さんのところにとどいた年賀状をみていこう。

全部で四七通とどいた。そのうち、なんとかたどれるものも含めたシンルイ関係が二二通（四七％）、他の

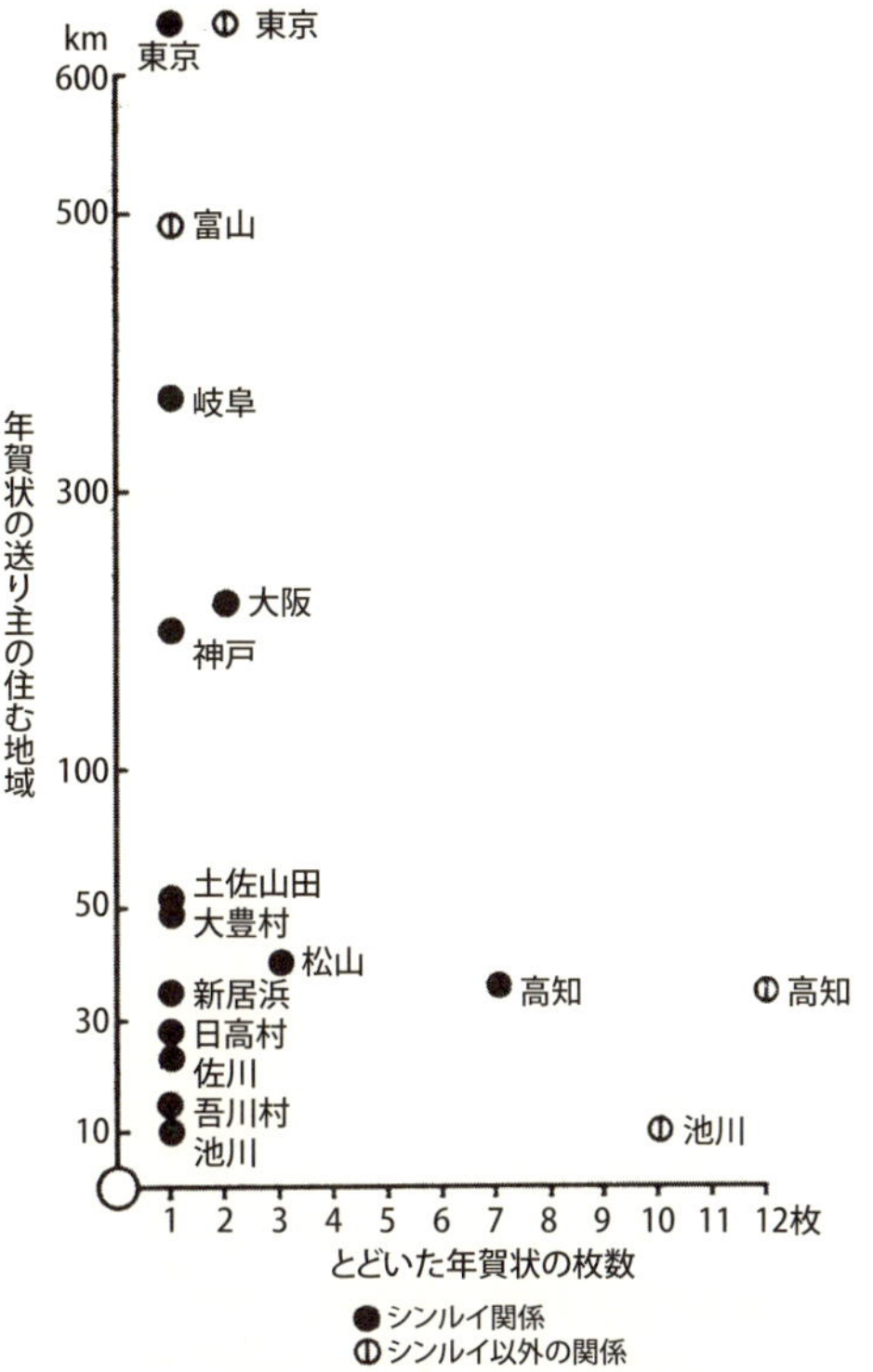

図60　辰男さん一家にとどいた年賀状の分布

二五通は、友人・仕事関係のひと、そして商い・選挙を目的とした、いわゆる他人からであった。その年は、参議院選挙や町会議員選挙の年だった。はやばやと名前を刷りこんだ年賀状が九通とどいていた。これは他人からきたうちの三六%にもあたる。商売を目的としたものには、富山の薬屋をはじめ、呉服屋・銀行・郵便局があった。また、仕事関係では営林署から二通きている。それから友人関係が三通、かつて椿山にすんでいたひとから四通、そのほか、アンケートを協力したことから、統計事務所より一通、高知のシンルイの近所のひとから一通、神職から一通であった。これらの他人からきた特徴をみると、地域的にかなり限定されている。池川が四〇%、高知市が四八%と、この両地域だけでほぼ九〇%を占めているのである。したがって、辰男さん一家のシンルイをのぞいたひとたちとの交流範囲は、かなりの部分が、この二つの地域からなりたっている、と推測される。精細な交流範囲をしることは、とうてい無理だとしても、年賀状はつきあい関係およびその範囲をあらわすひとつの目安になってくれる。

つぎに、シンルイ関係の年賀状についてみてみよう。辰男さんのところには全部で二二通とどいた。この二二通という数は、他の例とくらべてたいへん多い（図61）。このむらのトップである。シンルイの内容もさまざまである。兄弟・姉妹関係はもちろん、それらの配偶者の兄弟・姉妹・親・イトコ・オバの夫、さらにはオバの夫の父からもきている。日頃、実際にいききしているシンルイからはすべてきていることになる。

　これらのシンルイ関係を図式化すると、図62のようになる。この図からおもしろいことがわかる。つまり、年賀状の範囲は、タテの系譜関係でみるなら、たいへん浅いものでしかない。逆に同世代、とくに姉妹の姻戚関係すなわちヨコの関係からみた範囲はたいへん広がっているのである。椿山では、他のほとんどの家も、これと同じ特徴をもっていた。

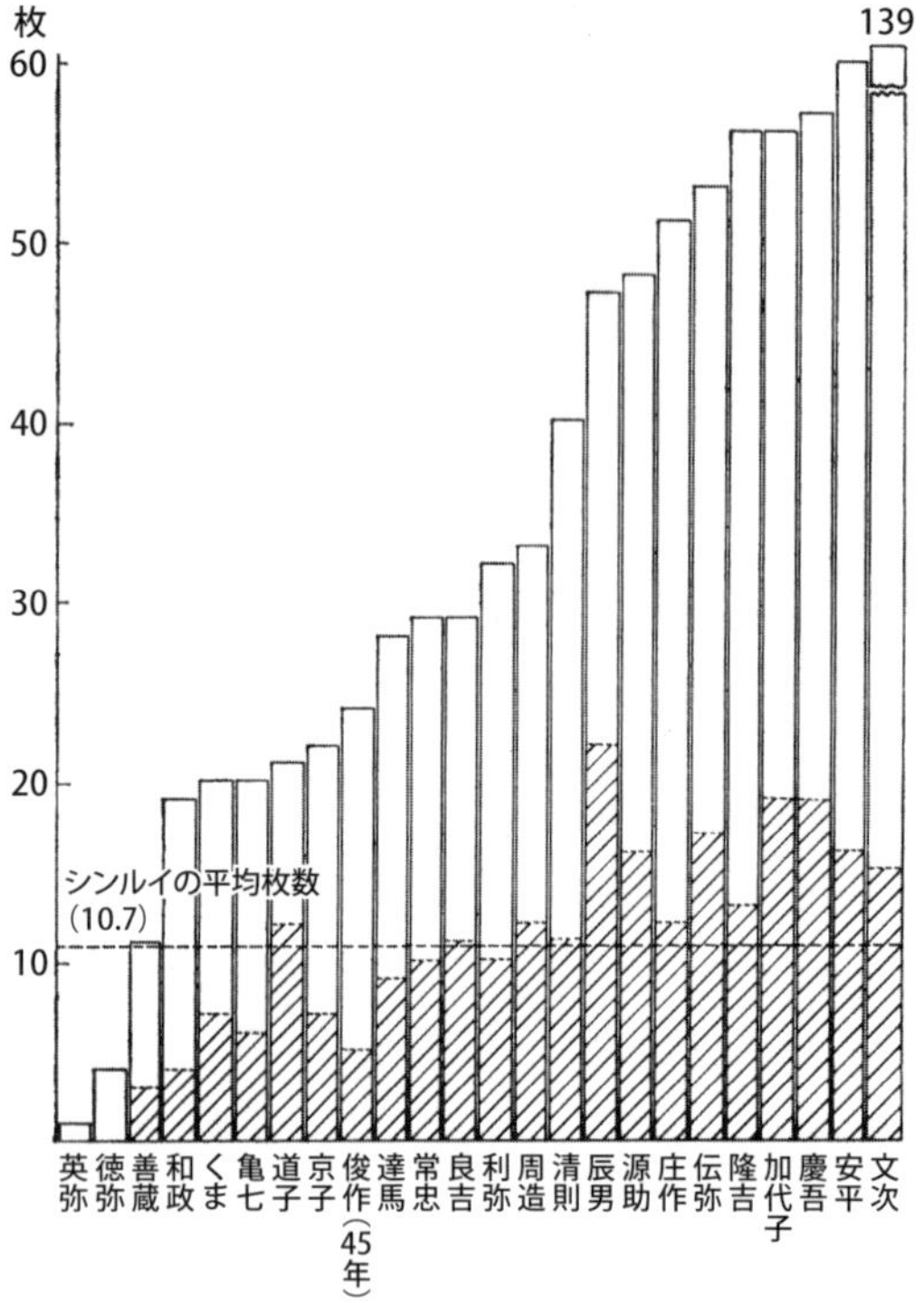

図61　とどいた年賀状の枚数とシンルイの占める割合
（昭和46年）

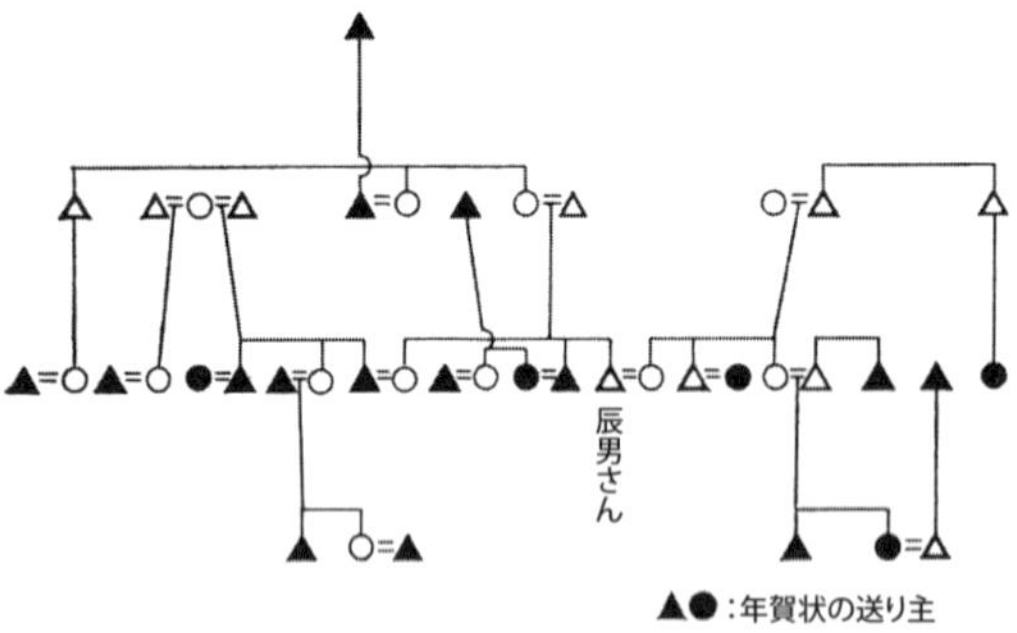

図62　辰男さん一家にとどいた年賀状のうちシンルイ関係の送り主の血縁図

このことを、同族組織の強い東北などとくらべるとどうだろうか。おそらく、かなりちがう結果がでることだろう。それほど同族組織は強いとはいえないが、わたしの育った地方(島根県安来市)を例にだしても、何世代前にわかれたのかわからない分家(大阪在住者)から、毎年わたしの家に年賀状がきていたのを覚えている。

さて、辰男さん以外の家もみてみよう(図61)。もっとも少ないのは、わずか一通とどいた英弥さんのところである。そして、徳弥さんのところが四通とつづいて少なかった。このことは、あとでのべるむらにおけるつきあい関係とも対応している。逆に、もっとも多かったのは文次さんのところで、全部で一三九通もあった。これは、かれが教育委員・民生委員をしているため、その関係のひとたちからたくさんとどいたことによる。また、友人関係からも多い。文次さんの場合、このような村外者との交流範囲の広さは、むら内におけるつきあい関係とよく対応している。

しかし、まったく対応していない家がある。ひとつは、犬神筋の伝弥さんのところだ。かれの家は、むらレベルのつきあいでは、最下位に属するが、年賀状からみる交流の範囲はかなり広い。かれの大工という職業上、仕事関係からとどいた年賀状が多いのである。また椿山ではシンルイをひとりももたないが、村外でいきさするシンルイがちゃんとある。かれの家は、すみ場所は椿山にちがいないが、社会的には村外者にひとしい。

伝弥さんのところほど極端ではないが、やはりむらづきあいは比較的低くて、年賀状の多いのは、隆吉さんの家である。かれは所有している山が少なく、おもな仕事が材木搬出などの賃労働だ。そうした外部と接触の多い仕事の関係上、その仲間からの年賀状が多い。

しかし、伝弥さんと隆吉さんのところをのぞけば、とどいた年賀状の数が多い家、つまり村外者との交流がさかんな家ほど、むら内部でのつきあいも多い、ということがいえる。このことは、たいへん興味ぶかいことである。

さて、つぎに、年賀状をむらびと全体の立場からとらえていこう。シンルイ関係から、むらびとにとどいた年賀状の総数は二五六である。いったい、どのようなシンルイがくれたものだろうか。図63は、年賀状をくれたシンルイ関係の主要なもののみをあらわしたものである。この図はつぎのような内容をあらわしている。たとえば、妻の兄弟からとどいた年賀状は、総数二五六の五・一%、すなわち一三通で、調査全戸数二四戸のうちの四二%、すなわち一〇戸だということである。この関係図では、主人の弟の妻の姉の夫というような遠縁からとどいためずらしい例は省略されている。つまり、ここにのせたのは、年賀状の頻度が、総数二五六の二%、調査戸数の二〇%を上まわったシンルイ関係に限られている。

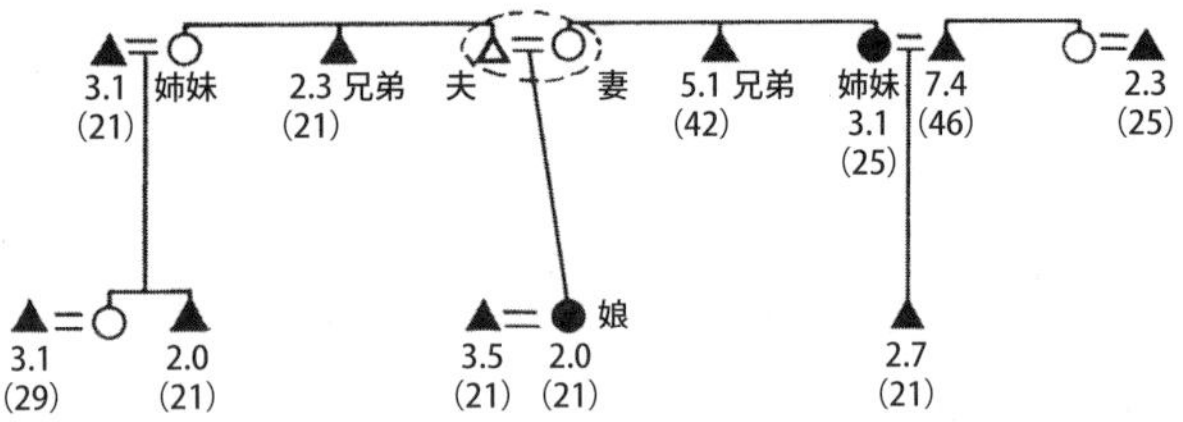

▲●：むらびとのシンルイ関係者からとどいた年賀状総数（256）に対して2%以上（上の数字）を占め、出現頻度（調査戸数24戸）が20%以上（下のかっこ内の数字）をもつ関係者

図63　年賀状をくれたシンルイ関係

この図から、年賀状の送り主は、兄弟・姉妹・子供が基盤になっている。夫・妻ともに父方・母方の関係はあらわれない。また興味ぶかいことに、両方のイトコはこの関係図に登場できないほど、わずかな年賀状しか送っていない。すでに辰男さんのところで指摘したことだが、この図でさらに、系譜的な関係はきわめて浅いことが、明らかになった。そして、ヨコの姻戚関係が強いことがわかった。

だが、年賀状の性質をもう一度考えてみよう。年賀状は、日頃疎遠にしているもの同士が、年に一度おこなう儀礼的なあいさつであるともいわれる。もしそうなら、これまでのべてきた、ヨコの姻戚関係が強い、という考えにいくらかずれが生じる

冬の椿山。山が雪でおおわれている間、むらびとはミツマタやコウゾの皮はぎをする。

かもしれない。椿山のひとびとにとって、年賀状のもつ意味はなんであるのか、また、さきの想定はどの程度妥当といえるのか、みていこう。

それには、日頃ゆききしているシンルイからの年賀状が、どのくらいあったか、ということを調べればよい。「シンルイの範囲」でみてきたように、むらびとが日頃ゆききしているシンルイは、あわせて二八五名である。そのうち、年賀状の調査戸数二四戸についてみるなら、村外でゆききしているシンルイの数は、一四六である。そのうち、年賀状をくれたシンルイは、八六名だったから、六〇%弱である。

そこで、そのシンルイ関係の内訳をみていこう（図64）。ここからあきらかなことは、父方より母方の方が、兄弟関係より姉妹関係の方が、年賀状をだしている率が高いということだ。これは夫方と妻方で、それぞれ共通していえることである。また、夫の姉妹関係と妻の姉妹関係からきた年賀状をくらべると、妻方が多い。兄弟関係をくらべてもやはり、妻方が多い、ということがわかる。さきにのべた、ヨコの姻戚関係は、日頃ゆききしているシンルイからとどいた年賀状の分析からでも同じようにいえることは、もはやあきらかである。

最初にのべたように、椿山にはかつて、正月と盆に嫁の里に、〝オヤヅトメ〟に行くというしきたりがあった。

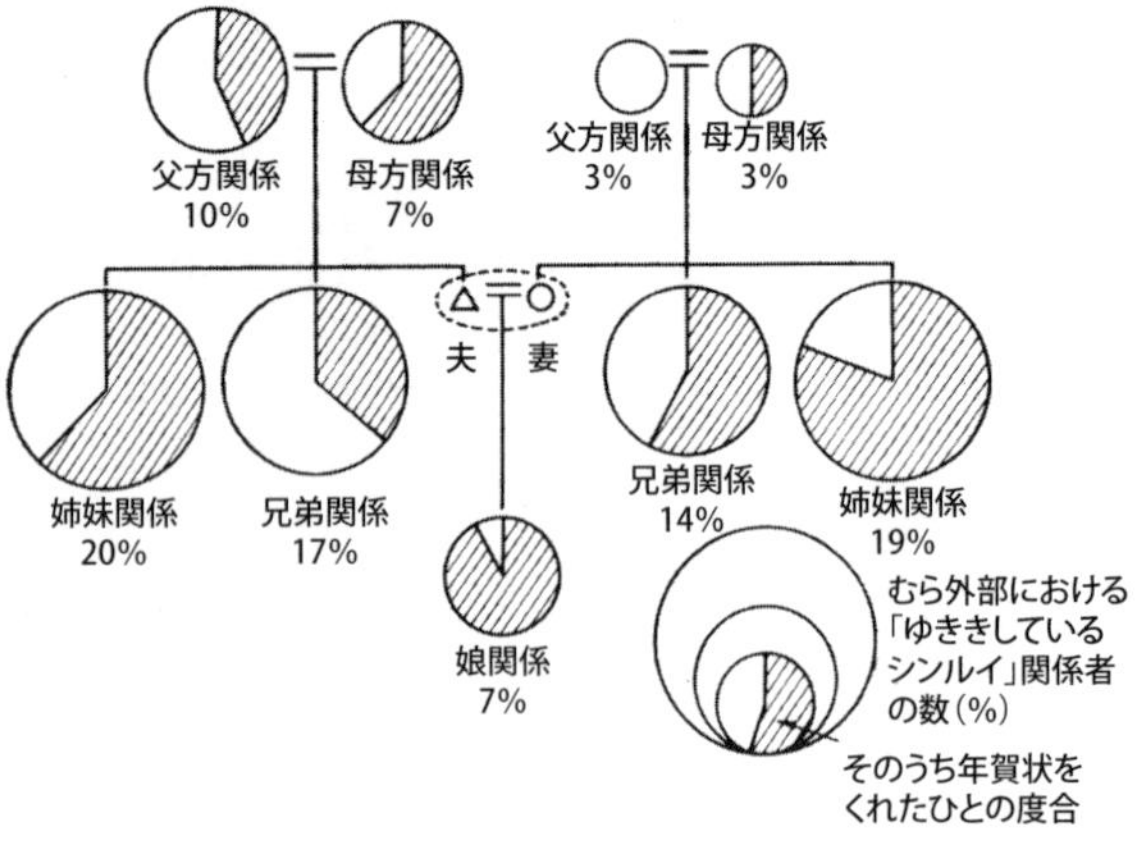

図64　むら外部における「ゆきているシンルイ」のうち年賀状をくれたひとの度合

このことは、結果的にヨコの姻戚関係を強めてきた。経済的な基盤がもろく、本家・分家関係の弱い、この焼畑のむらでは、〝オヤヅトメ〟がじつに大きな社会的役割をになっていた、といえよう。〝オヤヅトメ〟がおこなわれなくなったいま、年賀状はそのような機能をひきついできているようである。

6　デヤク（出役）

個々のつきあいとは別に、むらとしてどうしても参加しなくてはならない共同労働がある。むらびとは、これをデヤクとかデブとよんでいる。

かつて、むら共有の山でカブわけをして、焼畑を営んでいたころがあった。生業を同じくしていた当時は、デヤクなどの共同労働や、それにともなう規制がかなりきびしかったと思われる。そのころの焼畑やヤブが個人もち（私有地）になり、スギ・ヒノキの植林が多くなった今日でも、このデヤクだけはかわらずつづいている。むらびとには、この根強い共同規制観念がしみついている。平家の落人滝本軸之進という氏神さんが、象徴としてむらびとをひとつにまとめる働きをするなら、デヤクという共同体的規制は、もっとも現実的にむらびとと全体を結びつけているものである。

むらのデヤクは、大きく五つのレベルにわけることができる。

一、どんな家でも一戸につきかならずひとりはでなければならないデヤク。道刈りや林道の補修など。
二、かかわりのあるひとだけがでればよいデヤク。多くのむらびとが利用する場所の補修工事などは大がかりになる。橋かけ、橋の用材搬出など。
三、当番制で毎月あるいは毎年交代で作業にあたるデヤク。宮掃除や年中行事の世話係など。
四、特定の者が作業にあたるデヤク。むらの幹部は、むらの諸雑用を率先してひきうけなくてはならない。梅雨頃の便所の消毒から神社のこまかい修理まで、いろいろある。またＰＴＡや婦人会に関係のあるひとは、行事の世話をする。
五、その他なにも強制されてはないが、怠けていると白い眼でみられるたぐいの個人的奉仕がある。たとえば道の除雪など。

いままであげた中で、とりわけむらびと全体を強く規制しているデヤクは、道刈り・道路愛護と大がかりな橋かけなどである。山で生活している以上、こうしたデヤクができなくなれば、むらがむらとして存在する意味はなくなってしまう、そうむらびとは思っている。

道刈りは、年に二回おこなわれる。一度は虫供養の旧暦五月二〇日の頃だ。虫供養の日に、だれがどこの山道の草を刈って修理するか、ということを抽選できめる。年とったひとは近い場所にかわってもらってもよいし、話しあいによっていくらか融通をきかせてもよい。焼畑を盛んにやっていた頃は、むら中全部の山道を刈って修理していた。共有地が多かったし、戸数がいまより一五軒も多かったからだ。

ところが、いまではかぎられてきた。むらびと全部のデヤクでは、個人の植林地へいく道ははずされる。自給作物やミツマタをつくっている焼畑へいく道だけが、道刈りの対象となる。だから、毎年焼畑の分布に応じて道刈りする場所も異なるのである。だが、これまでのヤブが焼かれて、全部植林になってしまったら、むらレベルでおこなう道刈りはできなくなってしまう。もっともそのころは、戸数も減って、事実上デヤクは消滅しているだろう。その時期は、すでにむらがむらとしてまとまる現実的な必然性を失っているといえよう。

むらに滞在しているあいだ、わたしはなんどかむらのデヤクに参加した。それをむらびとはよろこんでくれた。わたしとしても一日のうちに多くのむらびとと接触できるし、ともに汗を流すよろこびがあった。

昭和四六年一月五日、新しく選ばれた若い区長、新助さんの決定で、前年度伐り倒しておいたマエクラ川の橋の用材をダーゴというヤマから運びだすことになった。マエクラ川というのは、むらの下を流れている川で、それを渡らないと対岸のヒノウラやヒガシツバの山に行けない。川幅が、二五mくらいある。その半分のところにウシ（橋桁）をおき、二本横に並べた大きなヒノキの丸太を両岸からわたして、このウシのところで交差させている。渡れないことはないが、そうとう古くなっていた。二〇年くらい前にかけた橋だという。橋をかけかえるためには、用材のヒノキをここまで運んでこなければならない。さらに、もうひとつ上流で分岐しているナルゴ川の橋もかけなくてはならない。

椿山林道の補修。毎年１回、道路愛護として、どの家からも参加しなくてはならない。

朝八時、お堂のところにむらびとがあつまる。対岸の山（ヒノウラとヒガシツバ）とケタヤマへ行く道の橋のかけかえだから、ほとんどの家のものが参加した。対岸に自分の土地がなくても、よく通る橋だから、というのででてくるひともあった。結局、自分に関係ないということで参加しなかったのは、二軒だけだった。女だけの家は、あとで酒を二升ずつだした。

区長がマッチ棒を使ってくじ引きをつくり、それぞれの行く場所と分担を決める、大工の伝弥さんや、よくダム工事などに人夫として働きにいく良吉さんなどの熟練者は、それをいかすような作業を分担する。伝弥さんは、ウシ（橋桁）をつくり、良吉さんは丸太をささえる土台の石のつみあげ作業だ。たいていのものは、三〇分ほど川上にあがったダーゴに行って、乾燥させておいたヒノキを、用材として適すように、けずったりきったりする。他のものは、その用材を架線で運ぶ準備をする。下にいるものは、用材を橋の近くまで運びやすいように道をつくる。だれというリーダーはいないが、作業はどんどんはかどっていく。出かせぎから冬の間帰ってきている山師の山中治雄さんは、特別参加だ。電気ノコギリを使って、巧みに用材をけずっていく。日常ほとんどゆききをしないひとでも、この時だけは力をあわせてやっている。少しでも注意をおこたると、大きな事故につながるから、みんな真剣である。

わたしは、架線に使う歯車や、ロープなどの道具類を、上から下に、下から上にかついで運ぶ役目である。山の仕事に慣れていないわたしにとって、安全に任務を遂行できるのはこれぐらいだ。下から歯車をかついで、利弥さんと一緒にダーゴの方にむかっているときだった。突然、ヒューというジェット機がとぶときのような音がした。利弥さんは、ワイヤを切ったな、といった。わたしには、その意味がわからなかった。だが、ダーゴにつくと、みんな大騒ぎをしていた。ふつう、用材が急におりていかないように、ワイヤをかけて近くの立木にまわしてみんなで引っぱりながらゆっくりおろすことになっている。ところが、そのブレーキ役を果たしていたワイヤが、三本目の用材をおろすときに、きれてしまったのだ。そのまま、用材は上か

橋づくりに精をだすむらびと。

ら下へと架線をつたって急スピードで落ちていったのである。

　そのことでむらびとは、しばらく話に夢中になっていた。下でだれかけがをしなかったろうか。しかし、だれひとりとして心配して、下におりていくものはいない。しばらくして、ロープをかついでわたしは様子をみにおりていった。下でも、みんなその話でもちきりだった。が、むらびとはなんのケガもなく無事だった。やはりこういうことに慣れたむらびとがいて、とっさの判断で逃げるように叫んだのだ。用材はものすごい速さだから、瞬間的である。ワイヤのきれた用材は、止まり場をつき抜けて、下の方へとんでいた。

　四本目の用材は、下へおりる途中のまん中あたりでとまってしまった。さっきの事故で、架線がゆるんでしまい、動きのにぶくなった用材が、架線にぶらさがったまま、とうとう止まってしまったのだ。山師の治雄さんは、自分の腰をロープでしっかり結んで、大きな谷の上空に渡してある架線をつたっていった。そして用材のところまですすんでいった。距離にして二〇〇mはある。架線にぶらさがった大きな長い用材を引っぱりながら下までおろすのだ。山の中で空中曲芸でもみているかのようだ。危険なことにはちがいないのだが、むらびとはさして心配したり驚くほどのこともなくかれの行動をみていた。かれが、無事下まで引っぱってきたとき、むらびとは淡々としてつぎの行動に移った。それぞれの任務があるから、あたかも当然だとでもいいたそうだった。

道路まで慎重におろした用材は、さらに橋のところまで運ばなくてはならない。八人が一組になって、用材を肩にかついで運ぶ。最初、わたしは棒切れを運んでいたが、清則さんがひざの関節を痛めているので、二回目からわたしがかわることにした。ときどき、ものすごい重みが肩にのしかかってくる。そうして三本の用材を橋のちかくまで運んだころには、対岸の国王山の横からうっすらとまるい月がでていた。

だれもがよく働いた。デヤクのあとはかならずお堂のところにあつまって、ケチガン（結願）をする。要するに酒を飲んで労をねぎらうのである。わたしは空腹をかかえていた。早く酔っぱらっては体に悪いと思い、軽い夕食をとりに帰った。湯飲み茶碗で酒がつぎからつぎへとまわってくるから、よほど用心をして飲まないと、多少酒に強くてもすぐさま酔っぱらってしまう。区長がよびにきてくれた。たき火を囲んでお堂の庭にみんなあつまっている。ヒザの痛い清則さんにかわって用材を運んだので、奥さんがお礼としてゆで玉子やバナナをもってきてくれた。このようなお礼のしかたは、むらびとの日常的なつきあいにもなんどか観察された。だれもが慣れ親しんでいるようにみえても、むらびとはつきあいというものを決してルーズに扱わない。奥深い山の中で、自然の厳しさと同様つきあいの厳しさをみたような感じがした。

その翌日もデヤクがつづく。四本の用材を全部、橋の近くの道路から川岸におろさなくてはならない。用材を少しでも動かすのに、みんな力をあわせていかなくてはならない。大きなヒノキの用材が、ほんとうに呼吸があったようによく動く。デヤクをみているかぎりでは、むらはなんとよくまとまっているのだろう、と感嘆せざるを得ない。むらびとですら、デヤクのときにこうして一致して働けるのが不思議に思われるら

出役のあとケチガンの酒をのむむらびと。

しい。その日の夕方までには、橋は九分どおり完成した。

五時半ごろ家に帰り、夕食をすませておく。やがてむらのスピーカーから、区長の声がきこえてくる。「きょうはどうもご苦労さんでした。これからケチガンをおこないますのでお堂の方にあつまって下さい」。今夜も区長の新助さんがわざわざよびにきてくれた。

みんなお堂のところに集まっている。またマッチ捧でくじ引きをやっている。むらを四組にわけて、明日か明後日に道路の危ないところに防禦柵をこしらえる、という。これもむらのデヤクだ。町役場は材料だけを提供したにすぎず、柵を実際につけるのはむらびとの負担なのである。昨年の夏、むらの中学生が学校から帰りに、自転車を誤って崖から落ちて死ぬという事故があった。それがきっかけで、むらびとが町へ強く要望していたのである。町の行政は、こんな山奥までなかなか目が届かないようだ。むらびとは、所詮自分たちだけでむらを守っていかなければならない、たび重なるむらのデヤクをみていると、そう思えてしかたがなかった。昔はもっとたいへんだったことだろう。だがそんなことが、むらをまとめ、むら意識を強める大きな役割を果たしていたにちがいない。

みんな酒がはずんでいる。しかし、三〇分たつと、はやばやと自分の家に引き上げてしまうひとたちがいた。庄作さん、源助さん、清則さんである。あとからわかったことだが、この三人はたまたま早くケチガンの場から消えたのではない。かれらには、この場にあまり長くいたくない事情があるのだ。むらびとは、かれらを焼酎組とよんでいる。かつてむらの密造酒を税務署に密告して、他のむらびととの間ににがにがしい思い出をつくったのである。

亀七さんたちもやがて帰っていく。なぜか妙にわたしのすわったところには、たき火の煙がくすぶっていた。思わず、「煙でくすぶる術は、拷問にどうかね」と、隣にいた安平さんに冗談をいった。すると、彼は椿山の故事をもちだし、わたしのことばにあいづちをうっていった。「『憎まれてもおられるが、くすぶられてはおられない』と椿山でいうから、そうかもしれん」。

昼のデヤク作業ではよくまとまっていたむらびともいつのまにか、ちりぢりに帰ってしまった。前区長の俊作さん、ＰＴＡ会長の慶吾さん、区長の新助さん、幹部の安平さん、そして若い定夫さんだけがあとに残った。すると、去年の夏、小学校で飲んだビール代をわたしに払ってもらったので、なにかで返さなくてはならんのだが、と慶吾さんがＰＴＡ会長らしくわたしにたずねた。もちろんわたしは断った。今夜一升買うから許してもらえるか、と慶吾さんは自分で用意していた答えをだした。そういえば、たくさんあった酒もいつのまにかなくなっていた。椿山の冬の夜は寒い。酒が追加される。

そんなところへ、むらのスピーカーから声が流れる。「大野（下隣のむら）の政明さんのところでイノシシがとれたので、隆吉さんと治雄さんにきてくれるように、とのことです」。これをきいてわたしは、われわれもいこうではないか、と意気ごんでみた。が、だれの足も動きそうにない。よばれてもいないものがいったら、マタギ（猟師）の仁義に反する。椿山の猟師会がおしかけていくのならわかるけど、その会長の利弥さんがここにいないのでは、どうにもならん。今夜行ったとしても、まあ入れといってくれるだろうが、あとでなにをいわれるかわからん。これが、むらびとのつきあい方なのだろう。

話題は町長選挙にうつっていった。どちらの立候補者を支持するかなど、酔ったいきおいもまじって大きな声で話している。結局、狭いむらの中では、選挙でだれがどういう立場をとるかある程度むらびとにはわかっているから、内緒で話してもはじまらん、ということなのだろうか。

やがて、俊作さんの奥さんが、大声でしゃべっている主人を迎えにきた。二人が連れだって帰ると、「あの夫婦はじつに仲がよい」と慶吾さんと新助さんがつぶやく。俊作夫妻にかぎらず、椿山の夫婦はじっさい仲がよい。そこには、男尊女卑的なものは、微塵も感じられない。かれらは、小さいときから同じむらで育ち、共に青春をすごしてきたひとたちである。そして、この毎日一緒に働く夫婦を中心とする家こそ、むらのもっとも結合力の強い最小の単位なのだ、とあらためて痛感した。デヤクのときみせたのとはうらはらに、みんなばらばらにひきあげていくむらびとをみていると、このむらのまとまりというのも、案外もろいのではないか、と思うようになった。

7　むらづきあい

さて椿山は、焼畑のむらとはいえ、一ヵ所に家が集中したいわゆる〝集村〟である。半径一三〇mもの円を描けば、すべての家がこの中に入ってしまう。だから、むらの家の端から端まで三〇〇mもない。ただし、数百段もの石段をのぼりおりしなければならない。むらびとの日常的なつきあいのほとんどは、この半径一三〇m内の家々の間でおこなわれている。

むらびとは、この小さな集落の空間を大きく二つに分割し、認識している。むらの上下の真中ほどに、半鐘がある。これより上の家をウエマ、下の家をシタマとよんでいる。それぞれは、さらに二つにわけられている。それらを組とよんでいる。だから、このむらは、四つの組からなりたっている。

年の瀬のツメノヨル（一年の最後の常会）で、むらの区長とともに四人の組長が選ばれる。通常区長は、組長を兼任するから、区長・組長をあわせて四人となっている。これが、むらの幹部である。たとえば、税金や寄附金は、これらの幹部が組ごとに集めるし、お宮の掃除当番も組単位で順番がまわってくる。

もうひとつ別の小さな単位がある。これも、むらびとはクミとよんでいる。まぎらわしいので、前者を漢字で、後者をカタカナで区別しよう。このクミは、組の中におさまる場合もあるし、隣の組にまでおよんでいることもある。同じクミの家は、ともに先祖祭をおこない、かつてはカドワケ（既述）をした単位である。ところがこれは、地縁集団にも血縁集団にも入らない。あいまいもこととしたものだ。このクミの性格については、次章でくわしく分析する。

さて、こうした空間的な背景のもとに、むらびと同士は、日頃どのようなつきあいをおこなっているのか、みていこう。焼畑のイイ（労働交換）は、どのくらいの範囲でおこなわれているのだろうか。おすそ分けは、どうだろうか。かれらがもっとも頼りにしあっている間柄というのは、どのような関係だろう。これらをさぐっていけば、焼畑という生産様式をもつ社会の構造を浮かびあがらせることができるのではないだろうか。

つきあいは、いろいろな段階にわけて考えることができる。たとえば、日常のあいさつをする程度のつきあい、香典をもっていくつきあい、あるいは結婚・誕生の祝いをもっていくつきあい、などいろいろある。わ

むらの内部。数百もの石段がむらづきあいの通路である。

たしはむらの二八軒の家を全部まわって、こういったつきあいについてたずねた。どの家からもありのままの返事を期待することはできないが、つぎの一〇項目については、かなり均質な比較しうる答えがえられた。「金銭の貸し借りをしたことのある範囲」・「日頃ゆききしている範囲」・「手伝いにゆききする範囲」・「なんでも気軽に頼みにゆききする範囲」・「昨年一年間にイイをした範囲」・「おすそ分けをする範囲」・「とくに頼りにしあえる範囲」それに、すでにみてきた「ゆききするシンルイの範囲」・「とくに親しいシンルイの範囲」・「本家・分家関係」である。

はじめの七項目は、シンルイに限らず、むらびと全体のつきあいの範囲である。ここでは、この七項目について、わかったことをみていこう。これまでと同じように、まず辰男さん一家について具体的にみながら、むらびとのつきあい全体を考えていくことにする。

辰男さん一家から各項目別にきいたつきあいの範囲は、図65に示されている。その中で「おすそ分けの範囲」がもっともひろい。ところが、「日頃ゆききする範囲」となると、③と⑥はのぞかれてしまう。「なんでも気軽に頼める範囲」となると、①・②・④に選択される。さらに、「手伝いにゆききする範囲」あるいは焼畑を中心とする「昨年一年間にイイをした範囲」となると、②と④に限られてしまう。そのうち②は、辰男さんのところが困ったとき、とくに頼りになる家である。一方④は、辰男さんのところへなんでも気軽に頼みにくる家だ、という。そして、⑤には、むらの内部での問題（たとえば、政治的なことか寄附のこと）を相談にいく。

さて、辰男さん一家は、どうしてこのようなつきあいかたをしているだろうか。⑥の家とは、血のつながりはないが、近所ということで⑥が辰男さん宅におすそ分けをもってくる。したがって、辰男さんの家も⑥におすそ分けのお返しをすることになる、という。ところが、③は、辰男さんの妻の姉が嫁いでいるところなのに、つきあいはせいぜいおすそ分けをする程度である。あきらかに、他の兄弟・姉妹のところと区別されている。③は山をほとんどもっていない。そのため、おもに土方工事などの日雇い労働で暮らしており、辰男さんのところと、働く場がことなっている。また経済的基盤が弱いこともあって、辰男さん一家は、③とそれほどつきあわないし、頼りにもしていないようだ。

ところで、⑤は「日頃ゆききする範囲」であって、辰男さん一家が、とくに頼りにしている家である。これは、⑤の夫婦

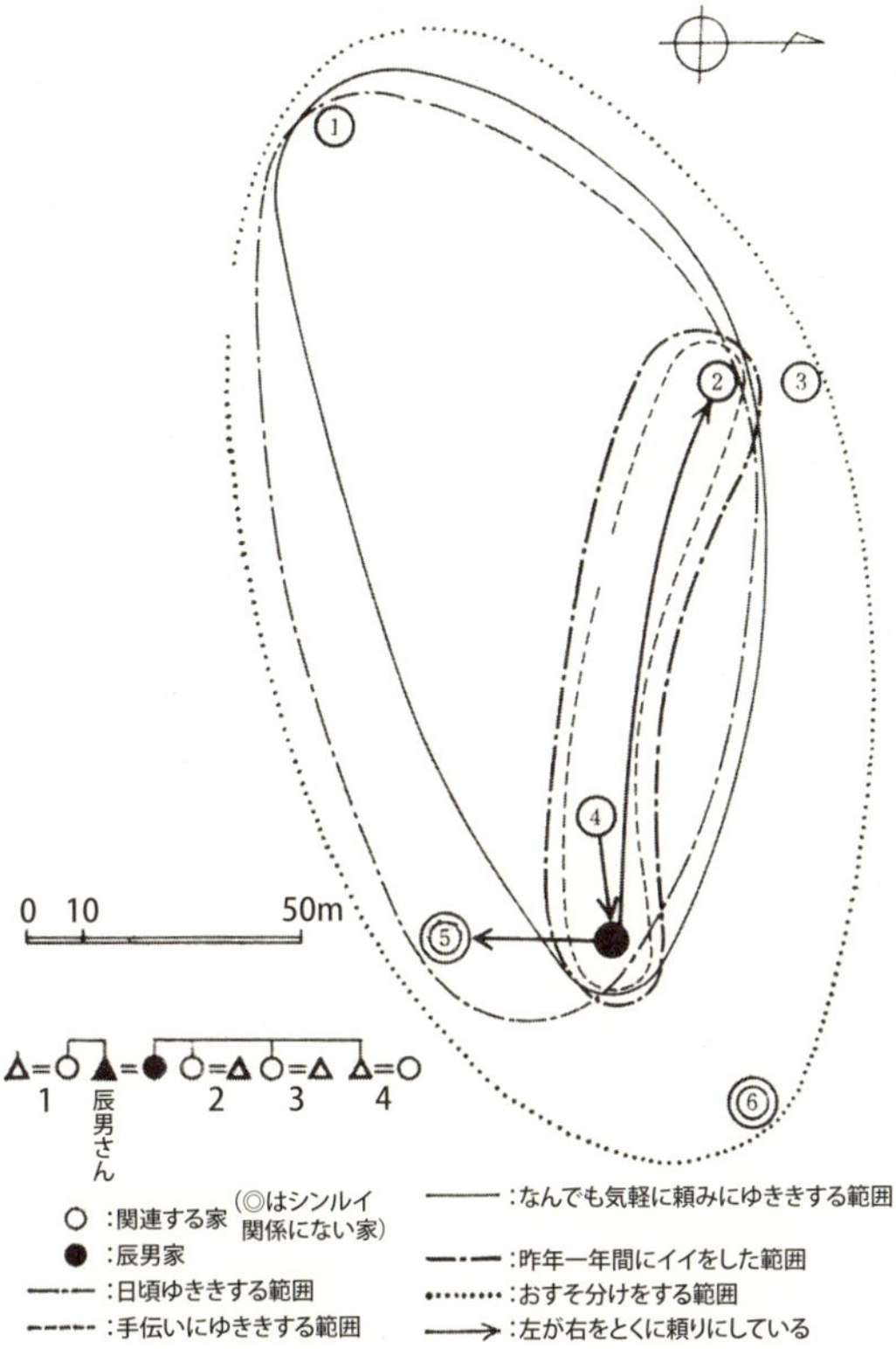

図65　辰男さん一家のみたむらびととのつきあい

と辰男さん夫婦が、みんな小・中学校の同級生であったことによる。そのうえ、⑤の主人は教育委員などをしており、むらの知識人とみなされている。だが、その相談内容も、むら内部の政治的な問題に限られ、②のような困ったときの相手にはならない。

①の嫁は、辰男さんの妹だが、「ウエマ」に住んでいるため、「シタマ」にある辰男さんの家から数百段の石段をのぼっていかなければならない。せまいむらの中でも、比較的離れている。そのためであろうか、近いシンルイといっても、②や④ほどにつきあうことはしない。

②は、辰男さんの妻の一番姉が嫁いでいるところであり、④はかの女の実家だ。④の主人、つまりかの女の兄は昨年病気をしていたから、辰男さん夫婦がタキギひきやヤナギ蒸しを手伝った。そのかわり、主人が良くなると、辰男さんのところの植林の下刈りをしてくれた。

②の妻と辰男さんの妻は、姉妹どうしで、ヤナギの草ひき・植林の下刈り・ヤナギ蒸しの手伝いにゆききしあっている。また、一日交代ぐらいで、ひんぱんにイイもおこなった、という。

以上が、辰男さん一家のつきあいの範囲である。つきあいの中心的基盤は、辰男さん夫婦の兄弟・姉妹だ。それらの中でも、生業の共通性・経済的な背景などのちがいによって、つきあいの範囲が限定されていく。また同級生など同じ年齢の友達関係の比重も無視できない。が、なんでも気軽に頼みにゆききするようなつきあいではなく、むらの政治的な問題などでとくに頼りにしているようである。

それでは、つぎにむらびとの側は、辰男さん一家と、どういったつきあいをしていると考えているのだろうか。それを示したのが、図66である。これは、さきの辰男さん一家からきいたつきあいよりも複雑になっている。何軒もの家からきいたことをあわせたものだから、あたりまえかもしれない。しかし、それとは別に、辰男さん一家が思っている以上に、むらびとの側は辰男さん一家とつきあっていることになる。

まず、おすそ分けの範囲をみてみよう。辰男さんの側と同じ反応を示したのが、②・③・④・⑥である。相互におすそ分けをすることをみとめあっているのである。また、⑨・⑩・⑪があらたにくわわって、辰男さんのところへおすそ分けをもっていくという。また、辰男さんの姉の嫁いでいる①が、辰男さんのところをおすそ分けの範囲からのぞいたのは、地理的に離れているからであろう。⑪の世帯主は、辰男さんの父の姉の娘である。また⑩は、辰男さんの母の実家であるが、お互いに頼りにしあってはいない。また⑨は、直接のシンルイ関係はないが、以前にもらったことがあるからということでおすそ分けの範囲に辰男さんのところをいれている。これらのことから、むらびとにとって、おすそ分けとは、きわめて親しい間柄とは別に、相互交換的なものであり、とくに親しいとはいえないシンルイ、そして近隣の家とのきずなを義理的にも維持していく特徴をもっている。

「日頃ゆききする範囲」では、おすそ分けグループの⑨と⑩はのぞかれ、そのかわり⑦と⑧がくわわっている。⑦は、辰男さんの家といわゆるシンルイ関係ではないが、世帯主が辰男さんよりひとつ年下で、友達関係にあり、かつ近隣どうしである。そのような関係でよくゆききするというが、それ以上の具体的なつきあいはしていない。⑧は、辰男さん一家にはそのつもりはなくても、⑧の側からはたいへんよくつきあっていることになっている。⑧の夫婦は、ともに辰男さんの妻と父方・母方のイトコ関係にある。それに近隣関係でもある。しかし、辰男さんのところを、なんでも気軽に頼みにゆきするところとは思っていないようだ。

⑥は、辰男さんのところとはまったく血縁関係がないにもかかわらず、「おすそ分けの範囲」にも、「日頃ゆききする範囲」にも辰男さんのところを入れている。そして、なんでも気軽に頼みにいくという。ここのむらではまったくの血縁関係をもたない犬神筋の⑥は、近隣関係を強調していかなければ、むらづきあいから孤立してしまう。それが、「辰男さんところには、近所だから親しくしてもらわんといかん」ということ

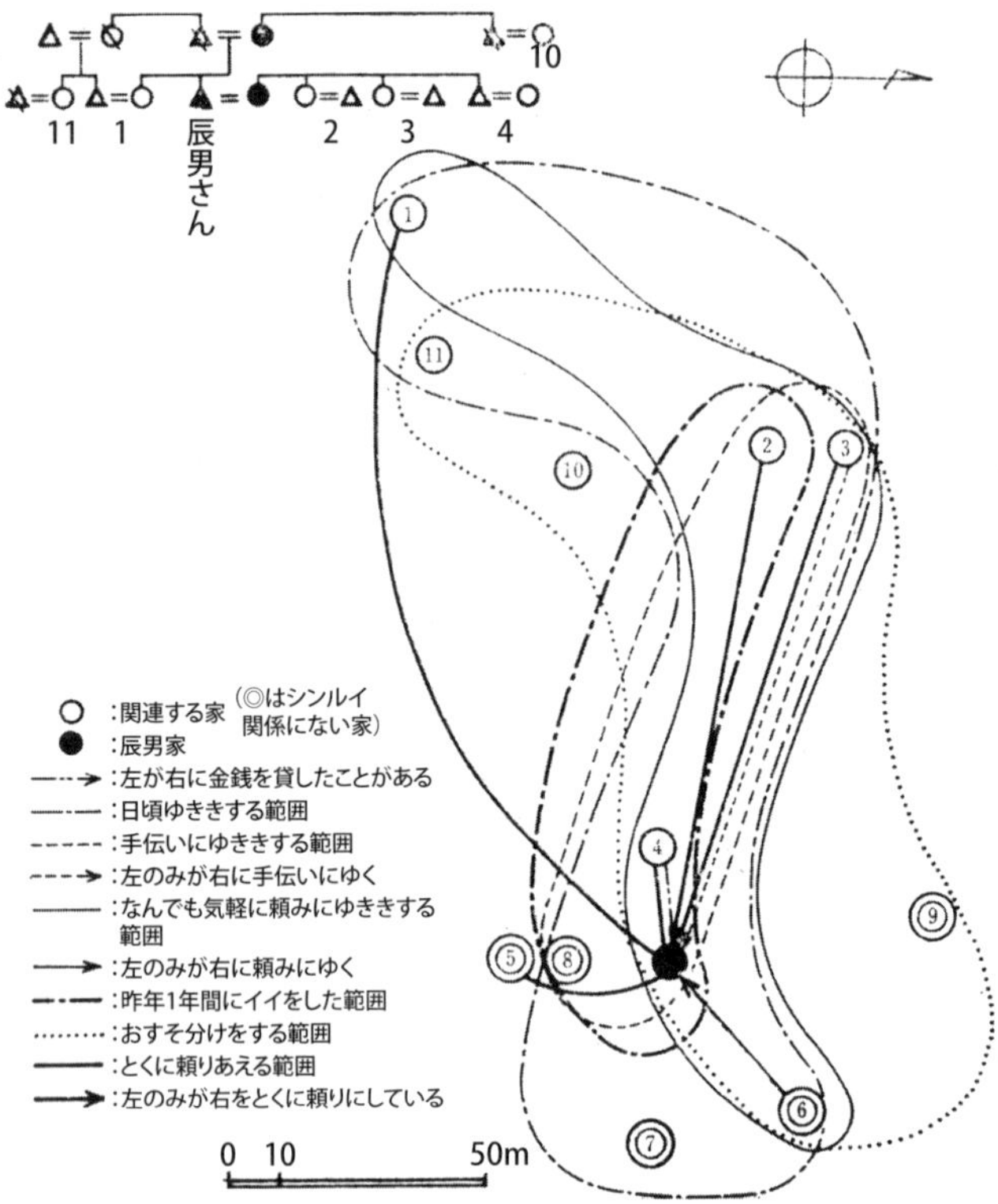

図66　むらびとがみた辰男さん一家とのつきあい

ばにもあらわれてくる。葬式や病気見舞いには欠かさないほど、⑥はむらづきあいに積極的である。ただし、結婚祝いには招待されたところにだけしかいかない。このむらでは、近所のことを「メグラ」、すぐ隣の家のことを「チカメグラ」とよんでいる。「今日の妹をチカにかえな」という諺がある。つまり、よそにいってしまう妹などより、近所を大事にしなさい、ということだ。シンルイが「メグラ」にあるものは別だが、外部にのみシンルイ関係をもっている⑥にとっては、とくに「チカメグラ」の辰男さんのところはどうしてもつきあってもらわないと、このむらで生活していくことができないのである。

辰男さん一家の見かたからすれば、③は「おすそ分けの範囲」でしかなかった。ところが、③の側は辰男さんのところといろいろなつきあいがある、と思っている。③は、山を少ししかもっていないから、山の関係で手伝いあう、ということはない。③の妻は、辰男さんの妻の二番目の姉にあたる。

チカメグラ。近隣関係は大事にしなくてはならないが、所詮義理的なつきあいにおわってしまう。

②の妻は一番目の姉であるが、辰男さんの妻はこの姉とたいへんウマがあっている。②は、むらづきあいのたいへん少ない家だが、辰男さんのところには、よく手伝いにゆききするし、気軽になんでも頼みにいく。②のむらづきあいが限定されているのは、長男が自殺したため、主人が創価学会に入ったことによる。②は、むらの行事にはほとんど参加しない。

辰男さんの妻の実家である④とはお互いにとくに頼りにしあっている。金銭の貸し借りもしている。

①は、辰男さんの妹が嫁いでいるところである。「チカメグラ」ではないが、辰男さんになにかにつけよく相談するという。主人が辰男さんと同級生であることもプラスしている。

⑤は、夫婦ともにお互いが同級生でもあり友人である。辰男さんもみとめているようによき相談相手である。

以上みてきたように、このむらでは、むらづきあいの大部分は、シンルイづきあいと重なっている。なかでも兄弟・姉妹とのつきあいが多い。とりわけ妻方の姉妹関係が両者の家のつきあいに大きく影響している。これは、焼畑の作業の性質と男女の分業が、深くかかわっていると思われる。つまり、焼畑における男のイイは、せいぜいヤマ焼きという短い仕事に限られてしまう。ところが、それに対して女どうしの手伝いあいは、ヤマ焼きも含めた焼畑のひろい作業にわたって、きわめて永続的なものである。ヤナギの子植えのときもあれば、その草ひきもあり、ヤナギ蒸しもある。一緒に草ひきをしたりするのに、仲よくおしゃべりができて、楽しくやれなければ、一日の仕事がとても長く感じられてしまうだろう。だから、とくにウマがあった姉妹どうしで、よく手伝いあうことになる。妻の側に、つきあい関係を選択する比重がかかってくるのも、以上のべた生業の性質に大きく依存しているのではないか、とわたしは思っている。

友達どうしは、むらの政治問題とか一般状勢の相談相手としては、とくに頼りにしあえるが、その他のつきあいはあまりしないようである。

これらの解釈を、さらに一般化するために、むら全体でみてみよう。いままで、辰男さんの家を中心にみてきた。同様に、むら中の各家がどういったつきあいをしているか、ということをそれぞれ調べて、それらを総合したのが図67である。

妻方の兄弟・姉妹および、夫方の兄弟・姉妹のつきあいは、いずれも同じ傾向を示しているが、妻方がかなり多い。「シンルイの範囲」でもみてきたように、このむらでは、兄弟より姉妹のきずなの方が強い。焼畑の社会では、経済的基盤がかなり制限されているし、たいへんもろい。したがって、財産分与は、兄弟で明確な差をつけられ、たいていの場合長男が絶対的優位にたつ。この兄弟間の葛藤はなかなか複雑である。その点、妻方の関係では、そのような葛藤は生じない。焼畑の作業の多くは、女性の仕事である。男が共同で手伝いあいをしなければならないのは、ひじょうに重きをなしているとはいえ、ヤマ焼きの時だけである。これらのことが大きく作用して、グラフ上に、はっきりしたちがいがあらわれたと思われる。

そのほか、〝夫の母方の姉妹の息子〟と〝夫の父方の兄弟の息子〟は、「日頃ゆききしている範囲」・「手伝いにゆききする範囲」・「なんでも気軽に頼みにゆききする範囲」のレベルでは、同じような傾向を示してい

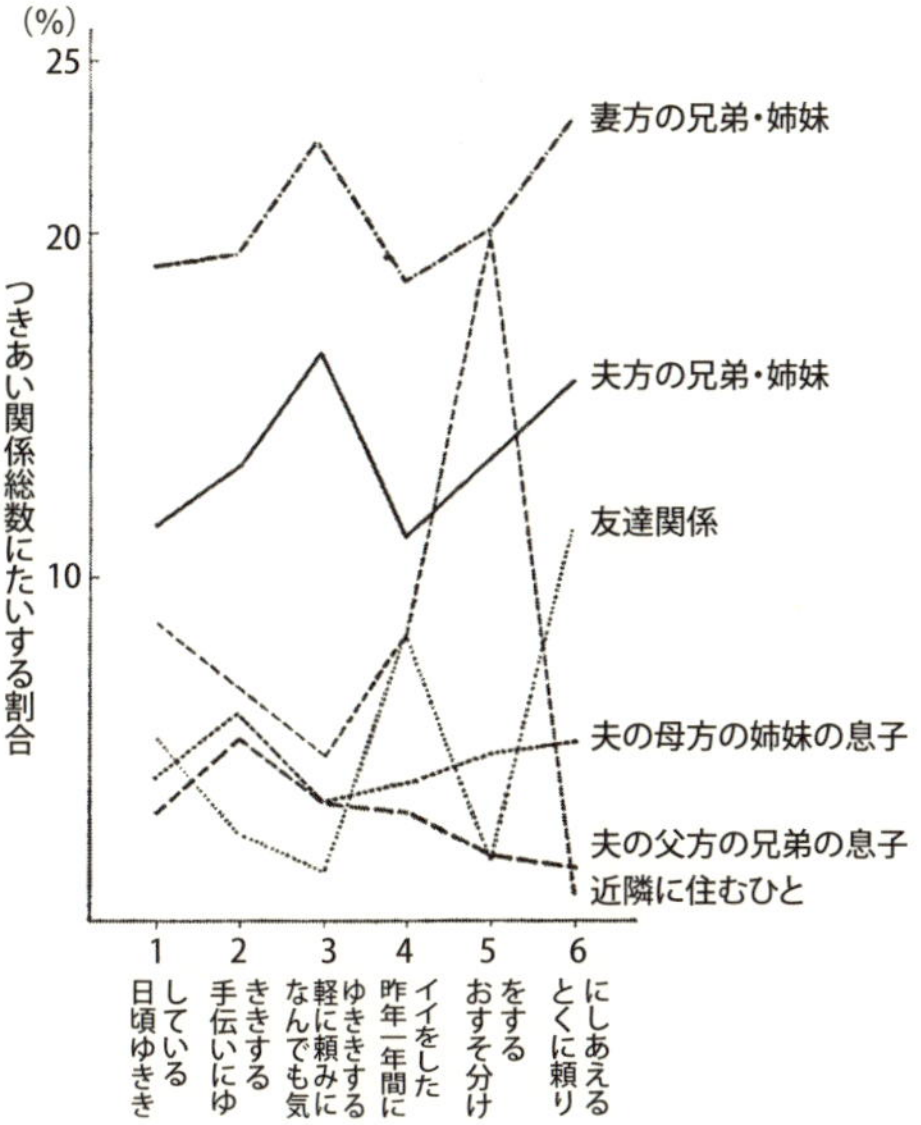

図 67　むらづきあいの対象の項目別割合

る。ところが、「昨年一年間にイイをした範囲」・「おすそ分けの範囲」そして「とくに頼りにしあえる範囲」となると、〝夫の母方の姉妹の息子〟の関係のほうがかなり強くなってくる。このことは、いままでくりかえしのべたように、母方の関係が、父方の関係よりも結びつきが強いことをあらわしている。〝夫の母方の姉妹の息子〟と〝夫の父方の兄弟の息子〟を、人類学上〝平行イトコ〟とよんでいるが、この関係がこうして目立っている。ところが、〝夫の母方の兄弟の息子〟と〝夫の父方の姉妹の息子〟という、いわゆる〝交叉イトコ〟の関係は、このむらのつきあいの範囲にあらわれてこない。このことは、たいへん興味深い現象といえる。〝交叉イトコ〟より〝平行イトコ〟の関係がはるかに強くみられ、〝平行イトコ〟のうちでは母方のイトコの関係が深いのである。

義理的なつきあいと頼りにしあえるつきあいのちがいは、〝近隣関係〟と〝友達関係〟のあいだに明確にみることができる。つまり、〝近隣関係〟は、とくに「おすそ分けをする範囲」にいちじるしくみられる。ところが、「とくに頼りにしあえる範囲」になると急下降してしまう。一方〝友達関係〟は「おすそ分けをする範囲」ではわずかしか占めていないが、「とくに頼りにしあえる範囲」では、急に増えているのである。このことは、あらかじめきまっている近隣関係と、自由に気のあった仲間を選ぶことのできる友達関係のつきあいの差ともいえよう。「どうしてかチカメグラどうしでは競争意識が働くものよ」とむらびと自身不思議がっていた。

8　グラフのあらわすこと

これまで日本の農山村を調べた研究者たちは、むらの目にみえない社会関係や階層をなんとか具体的にあらわそうとしてきた。そのひとつが、どの程度の財産をもっているか、というむらびとにおける財産の量の位置づけを示す経済階層であった。他のひとつは、神社の修理や小学校の改築にどのくらいの寄付をだしたのか、つまりむらの社会的な出費にどの程度の役割を演じているか、それによってむらにおける社会的位置づけをしろうとする、社会階層であった。

しかし、そのようにしてあらわされた経済階層や社会階層が、どの程度現実のむらの社会的位置づけを示しているのか、ということになるとわたしはかねてから疑問に思っていた。神社の寄付を多くだした者が、むらの社会的ステータスの高さをそのままあらわしているようには思われないのである。たまたま、そのひともしくはその家族が、その神社に相対的に信仰心が厚いことによる場合だってある。それを調べるには、「どうしてあれだけの金額を寄付しましたか」と、各家をまわって尋ねてみなければならない。だが、こうして経済階層や社会階層をかなり的確（その社会の現象をそのことで理解しやすくなる）につかんだとしても、むらびと同士の相互関係までしることはとてもできない。

それなら、どうすればよいのだろうか。わたしは、いままでみてきたむらびとのつきあい関係にふたたび目をむけた。むらの生きた社会関係および階層関係をしるもっとも適切な目安は、このむらびとのつきあい関係にあるのではなかろうか、と思うようになったのである。

むらびとのつきあい関係やその位置づけをもっとはっきりしる方法はないものだろうか。それができれば、むらの一軒一軒がつきあいの中で、それぞれどのような位置にあるか、具体的にしることができる。そこで、これまでのべてきたさまざまなレベルのつきあい関係の項目を、もう一度思いうかべてみよう。全部で一〇項目におちつく。

「ゆききするシンルイの範囲」・「とくに親しいシンルイの範囲」・「本家・分家関係」・「金銭の貸し借りをしたことのある範囲」・「日頃ゆききしている範囲」・「手伝いにゆききする範囲」・「なんでも気軽にゆききする範囲」・「昨年一年間にイイをした範囲」・「おすそ分けをする範囲」・「とくに頼りにしあえる範囲」である。

ある家どうしのつきあい関係を想定してみよう。両方の家が、お互いにゆききしているシンルイであって、本家・分家の関係にあり、金銭の貸し借りもしたことがあり、なんでも気軽に頼めるし、しかもとくに頼りにしあえる間柄であると相互にみなしているとするならどうだろう。おすそ分けしかおこなわない家どうしのつきあいにくらべて、前者は、はるかにつきあいの関係が深いといえよう。

こうして、実際にむらびとが、お互いに五項目以上にわたるつきあいをしている関係を地図上にあらわしてみたのが、図68である。これによれば、むらにおける比較的深いつきあいの相互関係をしることができる。この図は、「シンルイの範囲」であつかった〝とくに親しいシンルイ〟としてみとめあっている関係を示す図57とかなり対応している。異なっているのは、※印であらわした②—⑯、⑧—㉕、⑧—⑰、⑮—㉒、㉒—㉔の関係が、今回くわわったことだけである。むらづきあいに、シンルイがいかにふかくかかわっているか、ここでも如実に物語っている。

番号㉔の家と、③や⑳などの家とは、つきあいに大きな差がある。このようなつきあい関係のちがいを、もっと数量的にあらわして、むらにおける各家のつきあいの位置づけをこころみたのが図69である。このグラフの縦軸は〝つきあいの広さ〟を、横軸は〝つきあいの深さ〟をあらわしている。つまり、〝つきあいの広さ〟とは、むら中のいったい何軒の家が、その家とつきあいがあるとみなしているか、ということを軒数で示したものである。むらは全部で二八戸だから、その家をのぞいた二七戸の家全部が、その家とつきあっているとみなしたら、〝つきあいの広さ〟はもっとも大きい、ということになる。また〝つきあいの深さ〟とは、その家にたいして、むら中の家が、どんなつきあいかたをしているのか、そのつきあいの程度をあらわしたものである。これは、その家にたいするつきあいの項目数を戸別に調べて、合計した数字で示すことができる。

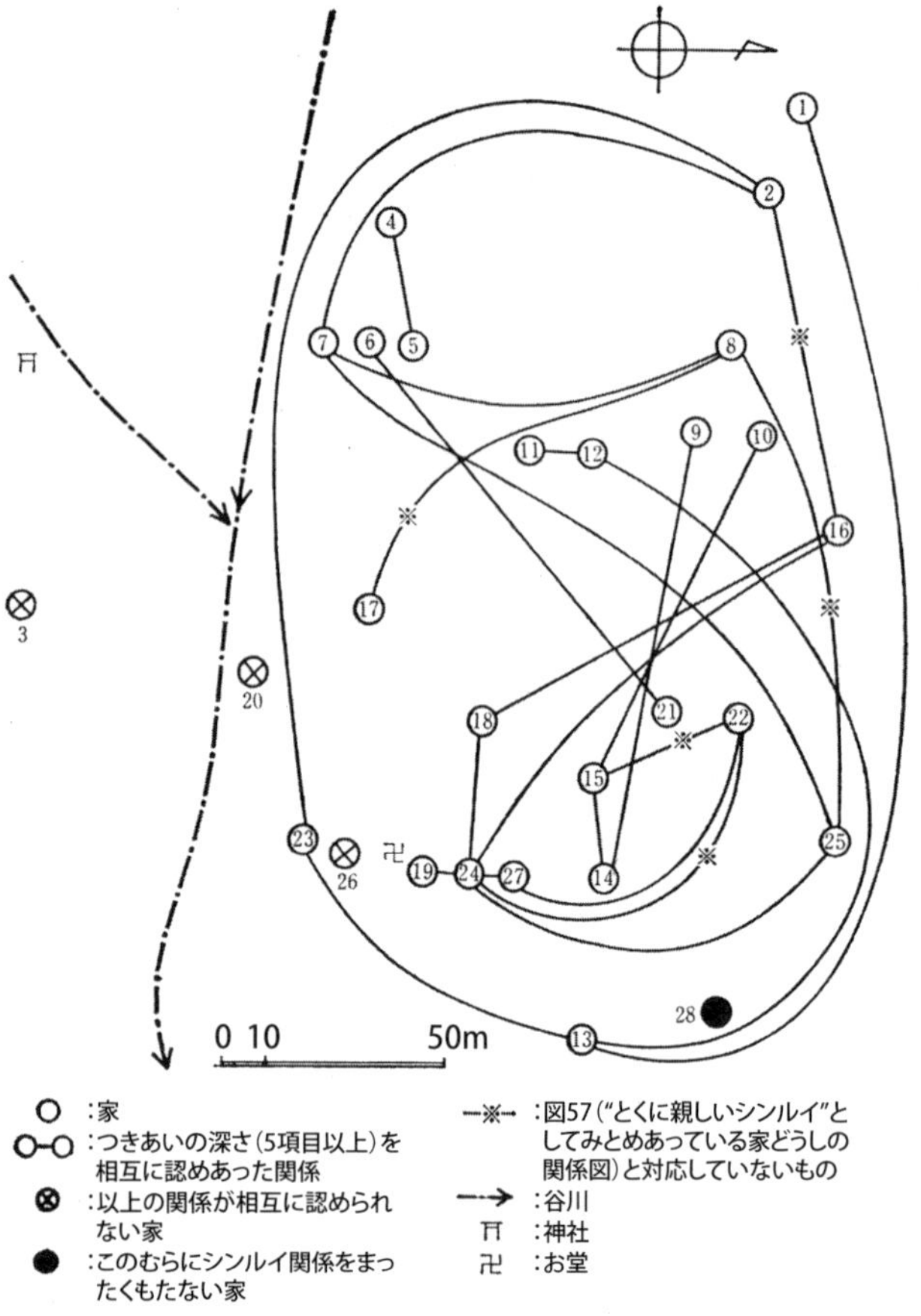

図68　むらにおけるつきあい関係図

　たとえば、番号⑲の家は、縦軸〝つきあいの広さ〟が3、横軸〃つきあいの深さ〃が10である。このことは、三軒の家が、⑲の家となんらかのつきあいをしている、とみなしており、かつ、のべ一〇項目にわたるつきあい関係である、ということをあらわしている。

このグラフを一見して、たいへん興味ぶかいと思われることがある。つまり〃つきあいの広さ〃と〃つきあいの深さ〃があい対応し、図に描かれた直線の付近に集中していることである。一般に〃つきあいの広さ〃が大きくなれば、つきあう軒数が増したということだから、それに相当したつきあいののべ項目数、つまり〃つきあいの深さ〃も大きくなって当然のようである。だがここで、〃つきあいの広さ〃と〃つきあいの深さ〃のあいだに、ある一定の直線関係があるという法則性がみられることは、きわめて注目すべきことといえよう。

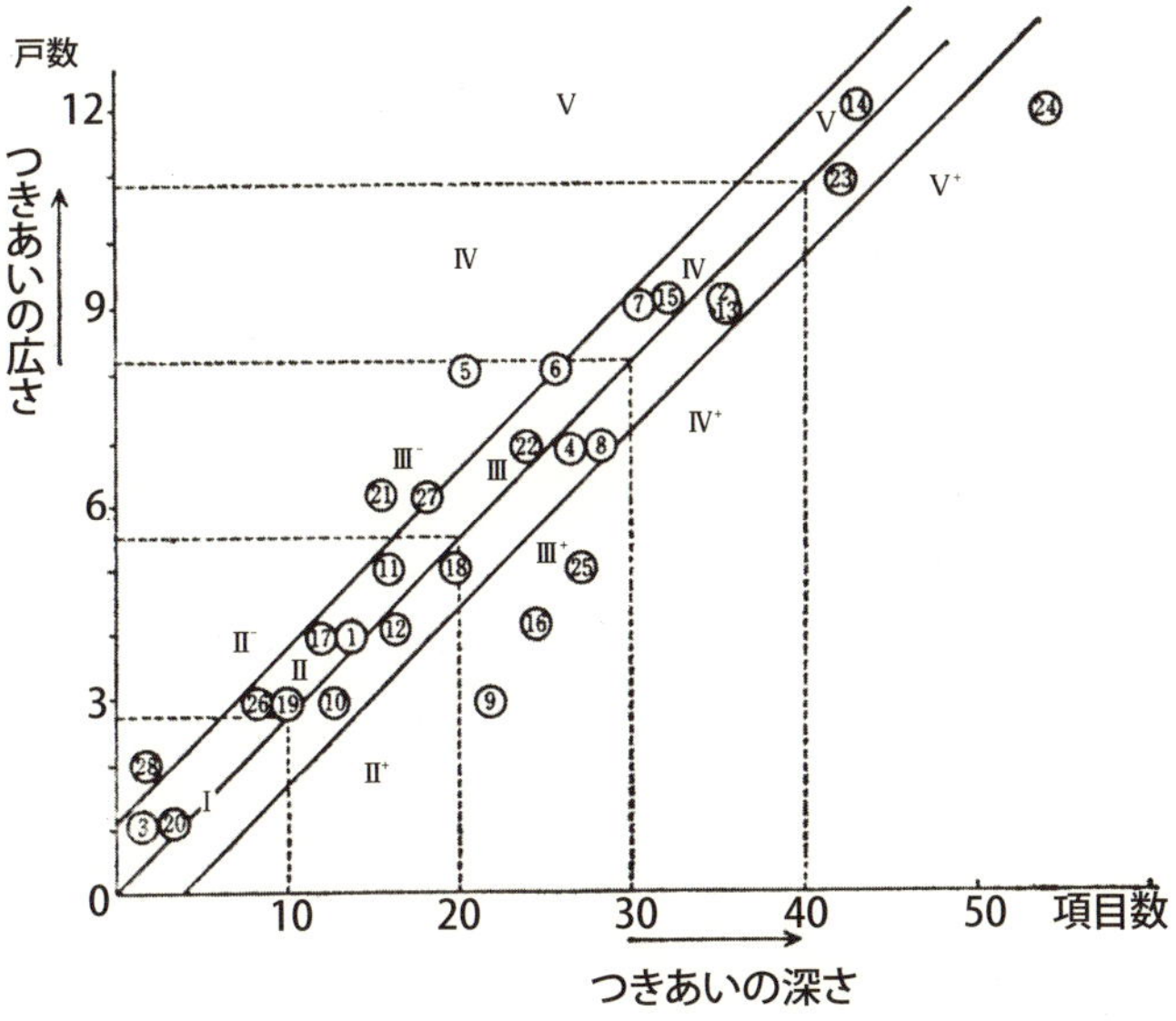

図69　むら社会における各家のつきあいの位置づけ

　このことは、むら全体を通してみた〃つきあいの深さ〃が、〃つきあいの広さ〃に大きく影響されるということである。むらづきあいのほとんどはシンルイづきあいであった。このようなむらで、シンルイ関係をもたない家（たとえば、番号㉘の家）は、むらのつきあいのうえで、いかに隔絶されているか、よくしることができる。

　このグラフをもっと説明しやすいように、実線および、点線で区分けをし、それぞれの個所に、ローマ数字をつけた。

相対的に〝つきあいの深さ〟が〝つきあいの広さ〟にくらべて大きい場合を＋、その逆の場合を－の記号でさらに区別した。たとえば、Ⅲ＋の⑨・⑯・㉕についてみれば、〝つきあいの広さ〟はかぎられているが、それぞれの家のつきあっている度合いは、比較的深いのである。Ⅲ－のところにある⑤や㉑には、それと逆なことがいえる。経済的にはむらの一・二位を占める⑤も㉑も、そのつきあいの度合いは相対的に浅いのである。Ⅰのワクをみてみよう。この中に入る③・⑳・㉘の家は、〝つきあいの深さ〟も〝つきあいの広さ〟もきわめて小さい。つまり、むらにおけるつきあいから隔絶されていることを示しているのである。かれらは、むらの社会においてまったくのアウトサイダーである。

それよりひとまわり大きいⅡのワクはどうだろうか。ここには、いわゆるほそぼそと暮らしている家が全部入っているとみてよい。財産はむらの中ほどの位置を占めていても、シンルイも少ないし、また家族の性格などからそうつきあわず、また相手にされない家もある。また女一人の家や大きくなった息子が外部にでてしまって、なんとか働いている老夫婦の家もこのワクの中に入る。

これまでのⅠ・Ⅱのワクからは、むらの幹部に選ばれたことがほとんどない。むらの問題を率先して解決していこうとするようなひとは、このⅠ・Ⅱのワクからはでてこない。しかし、従属的な立場にはなく、立派に独立した一戸の家である。このむらでは、たとえつきあいの上で中核の周辺部に位置していようとも、それぞれの家は平等であるという、大原則がある。わたしの出身地の島根県の〝親方・子方制[1]〟をむらびとに話したことがある。すると、「なんとも窮屈だね。ここでは、そんなことときいたことがない」と、むらびとは口をはさむのだった。

つぎのⅢとⅣのワクに含まれる家が、むらの中核を占めるものとみなしてよい。ここには、四〇代を中心とした仕事のうえでいわば働き盛りの夫婦の家庭がふくまれる。財産のうえでは、むらの下部の方に属している家もあるが、行動はいたって活発である。むらの諸問題を率先して解決しようとしていく。

つぎのVのワクになると、特別につきあいが広く、その度合いも深い。むらでなにかをおこなう場合には、これらの家の意見を無視してしまうことはできない。このうち、とくに〝つきあいの深さ〟も大きい㉔の世帯主は、教育委員・民生委員をやっている。また、前回の町会議員選挙には、このむらの代表で立候補もした。おしいことに、むら全体の有権者数そのものが少ないため落選してしまった。

以上みてきたように、このグラフは、むらにおけるそれぞれの家のつきあい上の位置づけをきわめてよくあらわしている。それはまた、むらの社会的な階層をあらわしているといってもよい。つきあいが広ければ広いほど、そして、つきあいの度合いが深ければ深いほど、このむらでは、上層部を占めているのである。経済階層でみると、むらのトップになる⑤や㉑の場合、社会的には、Ⅲのしかもマイナスに位置しているにすぎない。つまり、いくら経済的に豊かであろうとも、つきあう広さは限られており、むらのつきあいにおいて、それほど相手にされていないのである。

このように、このグラフは、ひとつひとつの家の生きた社会的位置づけを明確にあらわしていると同時に、この焼畑のむらの社会構造を映しだしているといえよう。

（1）本来、親方・子方は、同族団における本家・分家をさす。のち、生みの親子関係以外に、ある特別な事情のもとにむすんだ親子の契りを、親方・子方とよんだ。子方は、場合により、親方に対して労力提供をもとめられる。柳田国男監修、民俗学研究所（編）『民俗学辞典』東京堂、一九五一など参照。

9　選挙にたいするかまえ

むらびとがもっとも熱心になる選挙は、町長選挙である。もっとも身近で、かかわりの深い選挙だからである。人口四、六〇〇人あまりの町民の投票率が九〇%をこえることもざらだ。たいていは、現職の町長派と反町長派に二分されて争われる。

昭和四六年四月、全国統一地方選挙がおこなわれることになった。現池川町長、山崎光繁にとっては、二回目の選挙だ。前回では、その当時の町長と対決し、かなりの差で勝利の座を占めた。それから四年間、町民の支持を背景に山崎町長は、根っからのワンマンぶりをはっきりした。かれの行政的手腕には定評があり、いわゆる実力者だった。つぎの選挙は、当然無投票再任になる、と多くのものが思っていた。もちろん、山崎町長自身もそう考えていた。そのまま選挙の年、昭和四六年の新春を迎えた。一月二日の夜、わたしは正月気分で下の町におりて、たまたま町長と会っていた。そのとき、だれかが入ってきて町長の耳もとでささやいた。町長の顔色があきらかにかわっていく。対立候補がでたな、とっさにわたしはそう感じた。

町長選挙の運動がむらに伝わってきたのは、それより二日もたたなかった。対立候補は、山崎町長の配下にあるはずの教育長の久保昌隆だった。その名前をきいたとき、「へえ、あの温和なひとが」と思った。自分からすすんでたちあがるようには思われなかった。いまの町長の性格と反対のひとを町民が求めた結果だな、と思った。

一月九日は、むらのデヤク（共同作業）のある日だった。晩になるとむらびとは、お堂にあつまりケチガンを開いた。やがて、むらの新区長になったばかりの新助さん、前回の区長の俊作さん、前々回の区長の安平さん、そしてPTA会長の慶吾さん、それにわたしが残っていた。寒い夜のこと、だれもかなりのコップ酒をのんでいる。タキ火の炎も手伝って、身体全体がほんのりしたころだ。前回の区長の俊作さんが、町長選挙の話をもちだした。かれの態度は、すでにきまっていた。かれの区長の代に世話になった現町長を積極的におすことだった。PTA会長の慶吾さんの腹もすでにきまっているようだった。慶吾さんは、前回の選挙の時も、熱心に現町長を支援したのである。そこで、俊作さんは、新区長の新助さんに話をすすめた。「新助さんよ、なんとしてでも、いまの町長を応援してくれ」。すっかり酔っぱらっているから、でる声も大きい。お堂のメグラ（近所）の家には、つつぬけである。そんなことはかまわずしゃべりまくる。かればかりでなく一同、そんなことに無関心のようだった。メグラのもののとる態度がわかっていたからかもしれない。前回と同様、そのメグラは、はっきりした反町長派なのである。

前区長の俊作さんの説得に、新区長は、ひとつひとつうなずいていた。むらの農道の設置を率先してきたかれは、やはり現町長のおかげをこうむっていた。新区長は、積極的に「やる」といいだした。

他方、俊作さんは、前々回の区長の安平さんには、さほどすすめずにこういった。「安ニイの気持ちもわかるけど、できれば応援してくれ。無理にとはいわん」。その間、現町長と対立候補の久保さんの人柄のことがなんども話題になった。町民が反町長側にまわるのは、どうもあのワンマンぶりのせいらしい。現町長派には、だが一期だけではもったいない、やり手だからもう一期はやらせたい、それから久保さんに渡してもいいではないか、という気持ちがふくまれていた。久保さんが町長になることの積極的な反対理由はなかったのだ。久保さんは、人柄のよいのをかわれていた。ただ時期をもう一期まて、ということだった。だれもが、そうとう酔っているから、同じことをなんどもくり返す。そのうち、俊作さんの奥さんが迎えにきて、やがて散会した。

それから数日たって、わたしは俊作さん宅へ別のことで聞きこみにいった。焼酎をのみながら話をきく。それが終ったころには、俊作さんはいい気分になっている。ふたたび町長選挙の話になった。「慶吾、常忠、辰男、それに自分は、はっきりした町長派だ。それに区長の新助も町長派にかたむいちょる」。かれらは、むらの中核にある。選挙運動をやるにはぜひ味方につけておきたい連中だ。

「〝焼酎組〟のやつらは、もともと反町長派だ。そして今回の反町長派の先頭は、安ニイと隆吉だ。この二人がいかに工作するかによって影響は大きくなる」と俊作さんは心配する。

「庄作や光繁は、カネに動かされやすい。けどカネを渡しても、反対派にまわられたら、よけい反対派の勢力をましてしまうことになる」。俊作さんは、ますます心配顔になってきた。

「教育委員の文次は、むずかしい立場にあるし、かれの性格がどうもはっきりしない。教育長でもある久保さんが立候補するのだから、文次はそちらの側につくのかもしれん。〝焼酎組〟の源助が反対派として動きまわっても、しれている。問題は安ニイだ。力吾も周造も安ニイにおされるかもしれん」。俊作さんは、いつものように同じことをくり返しはじめた。もう夜も遅い。

大相撲の春場所がはじまった。わたしはときどき京子さんのところへテレビをみにいった。一月一六日のことだ。池川にいる養子の大石がやってきて、「ぜひ久保に一票いれてくれ」と頼みにきたという。大石が反町長の運動をするのは、こんな理由があった。町の中を流れている川に橋をかけるのを請けおった業者がいた。ところが、その業者は、途中で工事をやめて金をもって逃げてしまった。それが現町長のシンルイ（メイが嫁にいっているところ）だから、現町長も信用できん、というのである。

選挙戦は、三ヵ月もさきだというのに早くもたけなわだ。夕食をおえたところに、反町長の筆頭とまでいわれるようになった安平さんが、わたしのところにやってきた。かれは、自分が反町長になった理由を酒をのみながら語ってくれた。それは、かれが区長をやっていた三年前のことである。むらの少し下のところで、砂防ダムの工事があった。その工事の前、現町長は、砂防ダムをつくるとき、その上流にマスを放流するといった。ところが、約束を守ってくれなかった。また、昨年の秋、町長が小学校の統合問題で椿山に訪れたとき、統合後のことが心配だから質問したら、それ以上きくのは「人格の問題」だ、といって、自分の意見をとりあってくれなかった。安平さんは、現町長にそうとう反感をいだいている。

さらに、いまの町役場の八割は、反町長派だとか、町では反町長派が多いとか、外部での反町長の優勢を語った。むらでは、教育委員の文次さんがどう動くかだ。かれは苦しい立場にある。しかし、かれが反町長派にまわれば、一〇票はかわるかもしれない、と安平さんは票読みをする。文次さん宅が三票、文次さんの妻の実家が三票、文次さんの妻の母の兄の家が二票、それに文次さんの父の弟で分家している家の二票である。庄作さん、泰政さん、隆吉さんは、町長（もと高等小学校の先生）の教え子だから、町長派にかたむくかもしれん、という。しかし、安平さんには、慶吾・辰男さんがどう動くか、その腹はよめなかったようだ。

一月一八日、わたしは町に買物にでた。半月ぶりである。役場に用事があったから、町長にもあいさつにいった。ワンマンの町長も元気がなくなっていた。わたしにも、なんとか運動してくれ、という。「きみが頼んでくれたら、何人かはこちらにまわってくれるかもしれない」とむらびとの名前をあげる。自分の部下がこんなことをひきおこして、まったくあるまじきことだ、と町長は怒る。もう一期つとめたら辞任して、若い人にゆずるのに、まあ町会議員はほとんど自分についていてくれるが、久保にはブローカーがあとについている。しかし、こうなればあくまでも戦う、負けん。町長は、最後にこう宣言した。

それから町の曲がり角の食堂に入って、夕食をとった。そこにきていた客は、店の常連のようだった。店主は、その客にたいして、反町長の宣伝を懸命になってしていた。

一月二一日、昼すぎ、小学校で成人学級があるというのでいってみた。老人ホームがテーマで、三〇人ほど、仕事を休んで熱心にききにきていた。その夕方、美津代さん（教育委員の文次さんの奥さん）がやってきて、「今夜、婦人会の新年会があるから、ぜひいらっしゃい」といってくれる。どうせ、酒がでる。前夜聞きこみ先でのんだ焼酎がまだこたえているから、さきに食事をしていく。

七時すぎ、小学校へ酒一本もっていく。区長・幹部・校長・婦人会のメンバーが、すでにきていた。校長のアコーディオンの伴奏で、なつかしのメロディがはじまる。そして、今年定年で椿山小学校を最後にやめていく校長が、自作自演の椿山を恋する歌をひろうする。また、ゲームもはじまった。みんな大笑いのじつに楽しいひとときだ。

が、やがて人数がへって、前区長の俊作夫妻、幹部の光繁夫妻、そしていく人かの奥さん達が残った。すると、そうとう酔っぱらってきた俊作さんは、光繁夫妻にからみはじめた。事のおこりはこうだ。光繁さんの家のメグラ（近所）の三戸は、山持ちで自家用車をもっている。そこで、かれらの家の近くまで農道をつけようということになり、光繁さんたちは、当時の区長だった俊作さんや、むらの関係者にはたらきかけた。また現町長は、おりからの過疎対策もあって、バックアップした。おかげで昨年の九月には着工式となった。「それなのに」と俊作さんは怒る。農道で町長の世話にあれほどなりながら、光繁さんは対立候補の久保をおしていることが、俊作さんにはどうにも腹立たしいのである。

「光ニイ、おまえは、農道、農道とさわぎ、つくってくれるのなら一〇〇万円だす、とまでいったではないか。それなのに、なんら協力せん。光ニイは、ほんとに一〇〇万だすのか」。「俊ニイが五〇万円だせば、おれも一〇〇万円だすつもりじゃ」と光繁さんはせせら笑ったように答える。「なにをいうか、おれはすでに農道の土地を無償で提供している。いまさらなにをいうか」。とうとう、つかみあいがはじまった。俊作さんの奥さんがとめる。光繁さんの奥さんがとめる。四重にからまってなぐりあいがはじまった。しばらく傍観していたが、どうもあやしくなりそうになった。わたしもとめに入った。「別に一〇〇万円だせといってるんじゃない。光繁の真意をたしかめたかったんだ。あんな悪魔は、かならず殺してやる。だれかがやらなければ、むらのものが大迷惑する」。俊作さんは、帰っていく光繁さんを追おうとして、もがきながらわたしにこう叫ぶのだった。事がおさまったのは夜一二時も近かった。選挙は、そうとうのところまで白熱化してきた。

その後数日して、反町長派の安平さんのところへいった。すると、〝焼酎組〟の筆頭で、前回から反町長をとおしている源助さんがきていた。しかし、源助さんはわたしと入れかわりにすぐ家をでていった。むらびとの多くは、この〝焼酎組〟のひとをよく思っていない。奇妙な名称でよばれている仲間は、以前にこんな事件をおこしたのだった。

むらのひとびとは、サツマイモから焼酎をつくっては、ずっと昔から飲んでいた。山で汗を流して帰ると、冷たい焼酎はじつにおいしいものである。

昭和四一年一一月下旬のことだった。寒々とした小雨のふる日、この山奥のむらに、突然七台の車がやってきた。高知市の近くの伊野からきた税務署の連中だった。かれらは、いっせいに各家にちらばり、くわしい地図をもとに、密造していたイモ焼酎をそっくりとりおさえたのである。むらの各家は、つくっていた焼酎を全部とられたうえ、一万一、六〇〇円もの罰金をとられた。

むらびとはこの事件におどろき、密告者を詮索した。むらびとには思いあたることがあった。源助夫婦は、アゲ（むらのよくみおろせる対岸の峠）のところにいって、そのときの様子をみていた。庄作さんは自宅で密造酒をつくらず、山の中でつくっていて、みつからないですんだ。そして、税務署がくるころ、わざわざ近所の家で時間をたずねている。これらの証拠から、むらびとは、源助・庄作・作弥さん（源助の母、および庄作の妻の父）を密告者と判断した。むらびとは、その理由をさらに詮索した。以前林道の拡張工事があったとき、むらびとは、その負担金を町会議員である源助さんにふつうより多くだすように要求した。それを源助は、うらみに思って、庄作と作弥と共謀したにちがいない、とむらびとは思った。それ以後およそ一年間、むらのものたちは、源助さんや庄作さんといっさい口をきかなかった、いわゆるむら八分という制裁だった、という。

清則夫妻は、この事件には直接関係ないが、妻の父である作弥、妻の姉の息子の源助、妻の妹の夫の庄作さんのまきぞえをくらうことになった。

この密造酒事件は、当時議長だった現町長をも巻添えにした。町長にいわせれば、そのときの町長選挙で立候補した自分が不利になるようにしくんだ、反町長派の源助たちの陰謀ということだった。かつての町会議員で、かつむらのトップクラスの山持ちである源助さん（21）が、つきあい関係で比較的低いところ（図69）にいるのも、こうした事件が背後にあったからである。これらの焼酎組は、今回も反町長派の大きな中心となっている。

四月におこなわれる選挙が、一月ですでにこんなに熱のこもったむらのことだから、その後どんなにたいへんだったのか、想像にかたくない。ともかく、わたしは二月上旬でひとまずむらをひきあげた。

選挙日の頃、わたしは京都にいた。選挙の翌日、椿山の区長さん宅に電話してみた。現職町長が当選した、ということだった。

八月上旬、わたしは何度目かのむらいりをした。いつものように、まず町役場にいき、町長にもあいさつをした。当選したというものの町長には以前のような元気がなかった。椿山での得票数が前回より少なかった、わずか六割ほどだったという。町長は、むらの票の動きをこまかくよんでいる。町長派は、区長の新助さん、前区長の俊作さん、PTA会長の慶吾さん、その妻の兄である辰男さん、辰男さんの妻の兄の常忠さん、それに隆吉さんが中心人物だった、という。前回の町長選挙のとき頼りにしていた教育委員の文次さんは、今回の町長派の中には入っていなかった。そして、かつての町長派の中心だった安平さん、光繁さん、周造さんは反町長派にまわっていた。〝焼酎組〟の源助さんたちはもちろんだった。が、その中の庄作さんは、反町長派にくわわらなかったという。どうやら、動くべきものは動いたように思えた。

町のバー兼喫茶兼食堂に入って、昼食をとった。そこのママさんと久しぶりに話した。「町長選挙がたいへんだったよ」という。さて椿山では、結局どのように票が動いたのだろうか。そして、票の動きかたになにかしくみのようなものが考えられるのだろうか。わたしは、ひとつの宿題をかかえて椿山いりをした。

むら中、どこへいってもまず町長選挙の話だった。今回の選挙は、兄弟同士の仲もさいてしまった、という。町長はわずか二一票の差で勝った。ところがこのうちの二〇票を開票のとき、どちらかの派（通常当選したほうになるから、ここでは町長派）がごまかした、というのである。同じ票をくりかえしくりかえしよんだらしい。八月一二日には、県の選挙管理委員をよんで、もう一度票のよみかえしをおこなう、という。どうも、こんなことが町長の浮かぬ顔の原因だったようだ。

わたしは、むらびとの選挙票がどのように動いたか、いろいろな情報をえた。むらを長い間生きてきたフミヨさんは、今回の選挙をつぎのようにみていた。

「町長選挙がこればもめたことはいままでしらん。むらがわれた。町全部でたった二一票の差だった。それ

小学校の統合問題でむらびとと話し合う山崎町長（右手前から２人目）

もまともにやっていたら、久保さんが勝っちょるが、ということじゃ。票を開くとき、なんかあいまいなことがあったそうな。それを調べるらしい。下についちょるひとがきかんらしいが、久保さんはもうおりるといっちょると。あんまりほぜらんほうがええ、詮索してもしかたない。このつぎは、いやでも久保さんになる。むらでも、久保さんがだいぶとった。椿山で久保派が半分以上あるといいよったが、どうじゃろう。わたしらは、どっちでもかまわんかった。けど、わたしの娘が久保さんの妹といっしょに洋裁学校に行ったりして、ずっと仲良しだった。まえは、わたしは町長の山崎さんにいれた。わたしらも援助しますけん、ということじゃったけん。その時は、わたしらも援助しますけん、とい山崎さんじゃったけん。今度はねえ、山崎さんのやり方があんまりええやり方ではない、カネもだいぶん使っちょるという話もあったけん。そんで、ぜひ山崎をいれてくれ、と頼まれたけど、だいたいわたしらは久保さんの方がええと思うてね。

泰政は、はっきりと久保派じゃった。それは、山崎さんが公明党をものすごくののしったからだと。それで公明党のひとは、うんと腹がたっちょる。たまにゃカネにも迷うたりしたひとがあったかもしれんが、公明党のひとはぜったい山崎さんにはいれちょらんと思うね。泰政が山崎さんをきらうようになったのは、こんなことが理由じゃと思う。林道へ道つくりに行ったとき、泰政はころんで頭をうって、ほうたいをしていた。そのまま、山崎さんのやっている飲食店へいったら、そこへ山崎さんがもどってきていうた。『創価学会は、けがなどせんかと思うたら、けがしたか』。まあ泰政にしてみりゃ先生じゃけん、『ああ、創価学会だっち、ころんだら傷もする。命がみえたら死にもする』。こういってその時は答えておいたと。山崎さんはだれにでも、そういういいまえをしよったにかわらんね。けんど、まだ合点がいかんが。二一票の差というのはだれやらがどうかした、ということじゃ。下の由美子さんからきいたんじゃが。けんど泰政はむらの中のいざこざには、どっちにもつかだった。いざこざはひどかった」

八月五日夜には、かつて婦人会で俊作さんとやりあった光繁さん宅におじゃました。目的は別のことだったが、話は選挙にうつっていった。折りも折り、台風で停電になってしまった。

「二一票の差だけん、ちがいは一二人じゃけんね。久保さんが一九票の差で勝ちになってから、四〇票がでてきたんだけんね。選管の二人が、二〇票ずつ隠しもっていたわけよ」。積極的な反町長派だった光繁さんは、ふんがいしていう。「このあいだ久保派があつまって、町民大会をやった。町長よやめ、と辞職勧告の大会をやって決議までした。リコールは一年せんとできんけんね。署名はもう一、三〇〇ばとった。来年の四月以降だったらリコールが成立する。けんどその頃になれば、もうみんなおちついてやらんだろうと思うてじゃろね。そう、そんでじゃろうね、町長が結局は勝ちじゃ。

わしらが久保さんをおしたんは、ゼニもろうたんではない。町長が学校の統合問題で話しあいにきたっち、話しあいではない。町長の思うちょることの説明会みたいなものじゃったと。統合するならこうしてくれんか、というて要望だしたっち、そらいかん、いかん、やったっちだめだ、という。そげなことなら、町長さん、話しあいじゃないじゃないか、町長さんの説明会じゃ。わしら、説明会をききにきたんじゃない、というたことじゃった。差別すらね、町民に。ちょっとのことでも、選挙のときは大きくひびくけんね。おそろしいもんよ。まえの選挙のときは、わしが区長だった。そのときは、幾ニイや文次らと一緒に町長を応援した。だが幾ニイも、山崎さんのワンマンに怒っちゅう。みんな町長の内心をしって、いやと思うちょる。山崎さんは腕がたつ。たつすぎるけにいかん。おれらにいわせたらね。

姉夫婦がなんで町長派か、と。あれは、町長一辺倒だ。姉が婦人会の役員をしてるけに。町長がうまいことするけに、山崎町長さんでないといかん、と思うちょる。下へいったら、町長の演説をきいちょるけに。

椿山では、互角の戦いじゃった。うちらの兄弟がまとまっちょったら完全に久保派が勝つんじゃった。その点、小谷トウ（犬神筋）はちがう。小谷トウは、みな団結力がえらいけん。うちわもめするようなことは、絶対にないけん。小谷トウ、あれは五〇票とはいわんばなるろう。町会議員の小谷武重は反町長派だった。ほかの町会議員はみな町長派だったけんど。そんな関係で、小谷のところは反町長派だ」

こうして、わたしは、むらのだれがどちらの派にどういうきっかけでかたむくようになったのか、きくことができた。いろんなひとの話を総合して判断すると、むらの票は図70のように動いたことがわかる。すでにみてきたように、選挙の票はさまざまな要素がからみあっているから、票の流れを単純な原理で説明することはできない。だが、いわゆる〝つきあいの深さ〟とあきらかに密接に関係している票の動きがある。町長派の④—⑤、⑧—⑰、⑭—⑮、㉒—㉗がそうである。

これにたいして、反町長派には〝つきあいの深さ〟とそのまま対応する例は少ない。はっきりしているのは、⑫—⑬の息子夫婦—㉓ぐらいのものだ。他はわれている。ということは、反町長派は、これまでみてきた〝つきあいの深さ〟関係よりももっと個別的な利害関係や感情問題で動いたように思われる。たとえば、⑨は、⑭と密接なつきあい関係があるにもかかわらず、反町長派になっている。しかし、かれは町長派である⑭の

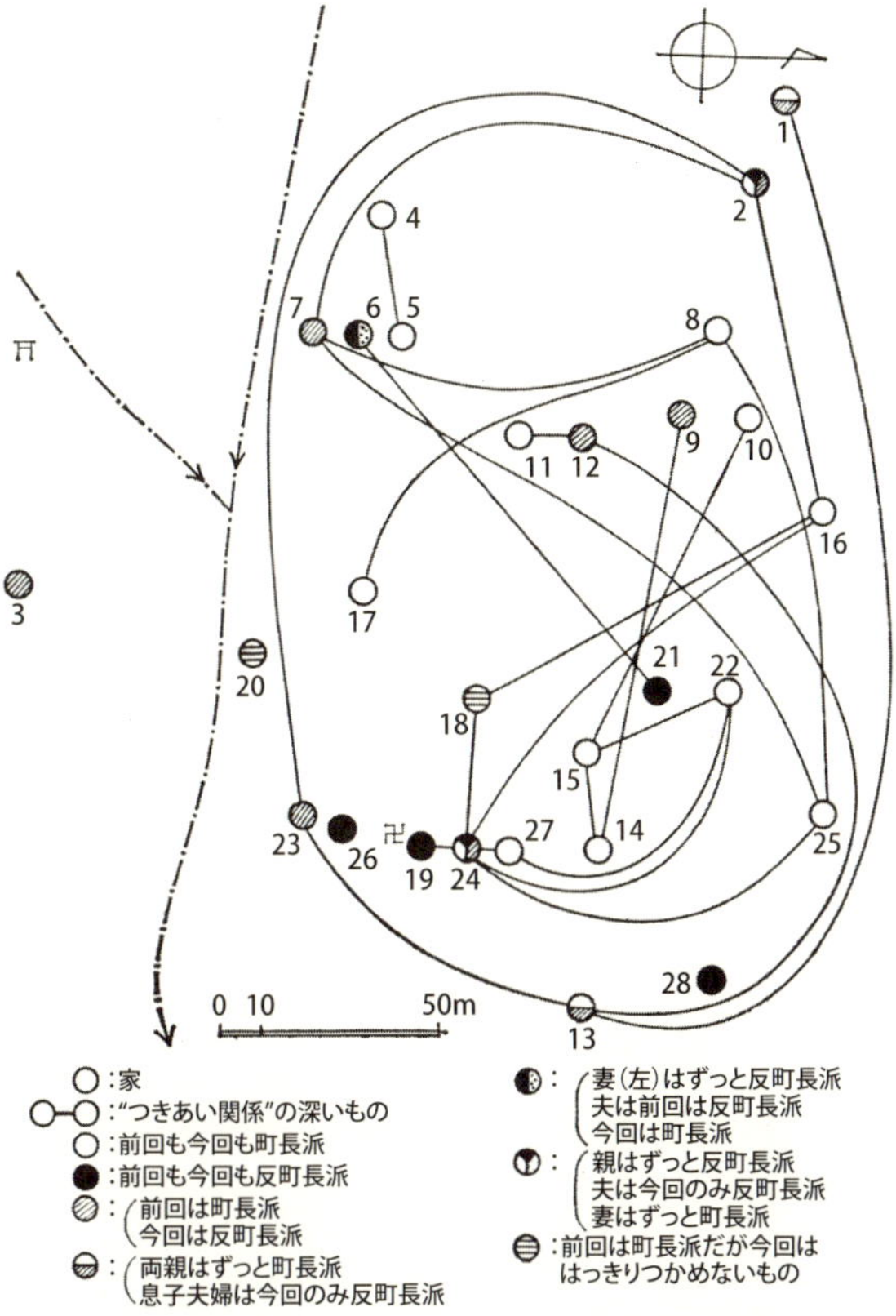

図70　町長選挙の票のゆくえとつきあいの深さ関係
（図68〝むらにおけるつきあい関係図〟を参照）

ことも考えて、むらで反町長の運動はしなかった。また、⑦は、兄弟・姉妹関係の多くが町長派なのに、かれだけが〝つきあいの深さ〟からみると、孤立してしまっている。これは、⑦にかなり特別な事情が働いたからと考えられる。むらびとにいわせれば、ゼニに動かされやすいというかれの性格もからんでいるのかもしれない。

そのほか、むらびとの中には、ほとんど〝つきあいの深さ〟をもたずに孤立しているものもある。そのうち、③・㉖・㉘は、いずれも反町長派である。⑳もおそらくそうだろう。反町長の動きは、こうしてかなり個別な事情による周辺部からおこっているといえる。この場合、地縁原理は、ほとんど働いていない。しいてあげれば、一例ある。前回反町長派だった⑥が、今回では夫のみ町長派にまわって、反町長派と町長派を夫妻でわかちあっている。隣の⑤が町長派で、⑦が反町長派だったから、一票ずつにわけたという。が、⑥の夫は、なにか特別な個人的利害をもちかけられて、町長派に転向したものとむらびとは判断している。にもかかわらず、妻は、前回の〝焼酎事件〟のうらみもあって、その姉の家族（21）と同様、反町長派に固執したようである。

次回の選挙では、どう変わるのだろうか。だれが候補者になるかによって、どうなるかわからない、ともいえる。しかし、むらの票の動きの中核は、やはり〝つきあいの深さ〟関係と密接にむすびついて決まることだろう。この〝つきあいの深さ〟関係が基盤となって、そこへすでにみてきたようないろいろな個別的利害関係や感情問題がくわわる。その拮抗関係によって、票が動いていくものと思われる。

10 むらの人情

「秘密はもらされん、オンミツよ。ひとがいつかくじけりゃいいが、ひとがなにかにつまずきゃいいが、そんな心はもたれんけんど、そんなのが人情ぞね。ほんとうにそうじゃけん」

むらのある主婦は、わたしにこう語ってくれた。こんな人情論は、彼女だけにかぎられたことなのだろうか。むらの一軒一軒をまわって、むらのつきあいに関してつぶさにきいてきた。すると、むらびとの多くは、潜在的にさきのような心情をいだいて暮らしているように思われることがよくあった。「むらはおっとろしい」。むらびとのそんなことばまで耳にしたこともある。はじめてむらを訪れたころにわたしのもっていたイメージは、だいぶくずれてしまった。むらに長く滞在するようになると、むらびと同士がわらっているあの笑顔までが、ときに奇妙に思われるのであった。

むらびとは、この小さな隔絶されたむらで長い間生きてきた。それは、ひとつのかなり完結した生活の場であり、社会的な場でもあった。周囲の山を焼畑にしながら、三〇～四〇戸の家がじつに長い間、さまざまな変遷をとげながらもつづいてきたのである。むらびとは、小さな社会の中で、どうしてもお互いに協調していかなければならなかった。事故ひとつおこしても、むらびとの助けがなかったら生きてはいけない。橋をかける場合も、手伝いあっていかなければ、対岸の焼畑にいくこともできない。むらびとの共有していた山は、クジ引きをして平等に分配し、焼畑を営んできた。こんな社会は、いわゆる〝共同体〟であることにちがいない。それは、なるほど生活の〝共同体〟であったかもしれない。しかし、それを詮索していくと、きわめてかぎられた意味での〝共同体〟にすぎないようである。

このむらは、すでに指摘してきたように、本家・分家関係の強い同族型のところではない。また、親方・子方といった身分的な上下関係もみいだされない。きわめて、等質的な社会である。しかし、だからといって、みんなが同じようなつきあい関係をもっているわけではない。兄弟・姉妹や姻戚関係を通したシンルイがなによりも重要なつきあいの基盤であることは、いままでみてきたとおりである。ところが、そのシンルイ関係は、長くは続かない。世代がかわればやがては消えてしまう一時的な、あわい社会関係でしかない。したがって、むらにおける各家のつきあい上の位置づけも一定したものではない。そのたびに、社会的位置づけが異なってくる。つまり、むらびとは、たえず相克の状態におかれている、といえよう。そして、お互いにつねに緊張関係を保っていかざるをえないのである。

ここに、〝むらの人情〟が浮かびあがってくる。むらびとは、人情ということばを、人のなさけ、という意味では用いていないようである。人情とは、人間の心の底のことらしい。「こい、こいといってくれるが、甘えてはいかんと思っちょる。こっちがゼニをくれ、養ってくれと思われたらいかん。ひとに甘えたら、いかん」。「ひとが一番こわい、ひとに頼ったらいかん」。むらの一軒一軒は、どんなに貧しくても独立している。

むらびと同士の緊張関係を、こう表現するむらびともいる。「このむらのものは、みな〝ホウモンツカイ〟だ。このむらで誰がどうしたということは、すぐしれわたってしまう。わしが離れたところにいても、家の中にいても、むらのものには何をしているかが、ぜんぶわかっちょる。ここにいた中内秀吉もむらにおられなくなって出ていった。覚次もそうだ。自分もカネさえあればこのむらからでていきたい」。

明治の終わり頃、椿山から隣の伊予に越えていったひとが何人かあった。その一人である山中キチヨさんは、こんなことがきっかけで伊予に越えた。キチヨさん一家は、椿山にいた頃、平野作弥さんからカネを借りていた。借金には土地を抵当にいれていた。返済の期限は二月末だった。キチヨさんは、二、三日のことだから、節句（三月三日）にもっていけばよいと思っていた。そして節句の日に返しにいった。ところが、作弥さんはこういった。「約束の期限がきれちょるけん、カネをうけとらん」。そこで、抵当にいれていた山を全部とられてしまった。キチヨさん一家は、椿山におられなくなった。伊予のむらへ越えていったのである。

むらびとがたえず相克の状態にあり、かつ緊張関係で結ばれていることは、「むらを生きる」のところでいくらか描いてきた。むらびとのライフ・ヒストリー（生活史）をみるとよくわかる。それは、美しいドラマではなく、むしろ相克のドラマであった。

それでは、これまでのじつに長い間、むらのそれぞれの家をまとめてきたものはなんだったのだろうか。つぎの「むらの展開」で、別の角度から、むらのもうひとつの姿を描くことにより、この問題をさぐっていこう。

第八章　むらの展開

1　先祖祭

夕食後、日本農村社会学の開拓者である鈴木栄太郎の『日本農村社会学原理』を読んでいたときだった。近所の中西美津代さんが、トウフとコムギ粉でつくったまんじゅうをもってきてくれた。むらの行事のあるときは、よくこうして伝統的な食物をわたしたちにもってきてくれる。今夜から、先祖祭がはじまるのだ。旧暦八月五日の夜と六日は、先祖さんのお祭である。それが、昭和四五年は九月五・六日にあたっている。

しばらくすると、お堂の方から、タイコの音がきこえてきた。早速、お堂にかけつけてみた。七人そろうはずの踊り子たちは、まだ全員あつまっていない。タイコ踊りのリーダーである半場徳弥さんは、練習のあい間をみて、先祖祭のことを語ってくれた。

「今晩と明日は、むらの先祖さんの縁日じゃ。クミの先祖さんもこの時一緒におまつりする。椿山の先祖さんというのは滝本軸之進のことじゃ。安徳天皇にしたがって、椿山におちのびてきたむらの氏神さん、ということになりますわね。それが椿山のはじまりですわ。軸之進は、お堂の前に祀ってあるがね。むらで一緒に、軸之進さまのおまつりをして、あとはクミでめいめいの先祖さんをおまつりするんじゃ。先祖祭のときは、

タイコ踊りの音頭をとる徳弥さん。

まず伊勢の踊りをさきに踊る。念仏踊りはいっさい踊らん。あれは、仏の供養のときだ。そうだね、虫供養（旧五月二〇日）・氏仏さまの縁日（旧七月三日）・若仏さまの縁日（旧七月四日）、それにお盆（旧七月一四日）のときじゃ。けど、先祖祭のときは、まず最初が伊勢の踊りだ。伊勢の踊りは、神さんじゃ。そのあとは、なにを踊ってもよい」

今夜は、お堂の前に祀ってある滝本軸之進の墓（椿山のひとはこうよぶ）に、おまいりするものが多い。高知や松山から、わざわざもどってきたひともいる。だれも、神妙にお祈りしている。そして、クミの先祖さんにもおまいりする。御酒とまんじゅうを供える。

やがて、踊り子たちは、そろいのユカタを着てあつまってきた。六人がタイコをかかえて、一人が鉦を打つ。リーダーの徳弥さんにタイコの音をあわせる。「トーント・トーント・トントントン」。徳弥さんは、タイコの調子のそろったところで、まず伊勢の踊りをうたう。

伊勢の鳥居は　いつよたつ
正月ひとよが　よい日とよ
日取りをなされて　えどりよする
伊勢の踊りは　いざおどろう
二月ひともよ　よい日とよ

杣子をよせて　木をつくる
伊勢の踊りは　いざおどろう
四月八日は　ばんじょの大工のきりけずり
すみ金あわせて　ろくをとる
伊勢の踊りは　いざおどろう

六月六日たちおさまりて
これを清めて　山で神楽をまいあそぶ
伊勢の踊りは　いざおどろう

伊勢にわげおけ　わげびしゃく
くめどつきせぬ　のめどつきせぬ
伊勢の踊りは　それまでぞ

伊勢の踊りがおわると、少し休んでまたタイコをたたきはじめた。つぎはきそん踊りをおどろう、と徳弥さんはいう。

きそんやくやく　世話をやくぞよ

それのおやじが　山を焼くぞよ
きそん恋しゅて　池でてみれば
池のはたなる　フナ恋しゅう

きそんつるつる　魚をつるつる
きそんつる魚は　サケの魚をぞよ

おれは花ぞよ
松山の城の天守の黄金花よ
きそん踊りは　それまでよ

踊り子たちは、ほかにあやの踊りや、敦盛踊りをおどる。それがおわると、流れでる汗をふきながら重いタイコをおろす。こうして先祖祭りのタイコ踊りはおわった。少しくつろいで、七人の踊り子たちは、一同に軸之進の墓の前で心経をとなえる。徳弥さんは、最後にむらの安泰を祈る。

ひととおりの行事がおわると、つぎはお堂で酒宴がはじまる。区長の山中俊作さんが、いくらか遅れて到着した。酒一本もってくる。みんな、それぞれ区長さんに盃をわたす。盃の交換がひんぱんにおこなわれる。このへんでは、盃の交換が、ひとつの社会的地位と相互の社会関係のあらわれとなっている。区長さん（毎年交代制）の前には、いくつもの盃があつまってくる。タイコ踊りのリーダーの徳弥さんの前にも、この時だけはよく盃があつまってくる。

午前三時がすぎても、まだにぎやかさはつきない。リーダーの徳弥さんもそうとう飲んで、酔狂をはじめた。中内安平さんはわたしに「明日の先祖祭は、うちでやるけん、ぜひきてくれ」と、いい残して帰った。

ところがその翌日の昼すぎ、中内由美子さんが、わたしのところにきて、「うちでイバグミの先祖祭をするから、ぜひきてくれや」という。昨晩は、安平さんがナカウチグミの先祖祭にこいといってくれたが、結局イバグミのほうへいくことになった。半場京子さんの店に、酒一本買いにいく。京子さんは、「そんなよばれていくのに、酒などもっていくにおよばん」という。ついたら、もう酒席がはじまっていた。

イバグミの先祖祭にあつまってきていたひとは、中内清則さん、その隣の家の滝本周造さん、二軒離れている中西重貞さん、いくらか離れている中西亀七さん、それにもとは滝本周造さんの家に近くにいたが、いま佐川で水田農業をいとなんでいる山中覚次さん、計五人だった。

イバグミの先祖さんは、すこし下の方にある。ここに祀ってある滝本軸之進の妻が、イバグミの先祖さんにあたる。だが、軸之進もイバグミの先祖さんだ、とかれらはいう。しかし、滝本軸之進は、むら全体の先祖さんということになっている。イバグミのことを別名タキモトグミとよぶのも、こうしたところからきている。イバというのは、弓場という滝本周造さん、山中覚次さん、中内清則さんあたりの地名のことである。さきにのべた五人の家が同じイバグミに入ることになる。覚次さんは、むらをでたひとだから、現在むらに住んでいるものだけをとりあげれば、四軒である。

ここで、そのほかのクミの構成もみてみよう。

ミネグミ　峯本善蔵・峯本安太郎・平野英弥

ナカニシグミ　半場慶吾・中西新助・滝本庄作・平野光繁
ウシログミ　平野利弥・平野泰政・平野良吉
ノジグミ　野地道子
ナカウチグミ　中内幾雄・中内安平・中内辰男・中内常忠・押岡隆吉
ニシヒラグミ　西平くま
ハンバグミ　西平達馬・半場徳弥・半場京子
アタラシグミ　山中源助・山中俊作
ヘヤグミ　平野和政
コタニグミ　小谷伝弥

イバグミの先祖さん。ここには、氏神さんである滝本軸之進の妻が祀ってあるという。

このように、椿山にはさきにのべたイバグミをふくめて、一一のクミがある。そのうち、とくにオモブン（重分。クミのうちおもだったもの）とよばれているクミは、イバグミ・アタラシグミ・ウシログミである。クミは、かつて焼畑の盛んな頃に、むらの重要な構成単位になっていた。椿山の周囲の山は、官地（国有林）をのぞけば、むらの共有地と、そしてクミジに大きくわかれていた。個人もち（私有地）は、常畑のほかはごくわずかであった。むらの共有地は、すなわち〝ヒノウラのひとまえ〟とよばれたヤマである。他の多くのヤマは、クミジだった。クミジというのは、クミがそれぞれ所有している土地のことをいう。したがって、同じクミに属している家はお互いに、同じヤマを共有していた。

現在では、ヤマ焼きは一軒ごとにおこなうが、当時は、クミ単位でおこなった。だから焼く規模が大きかった。どのヤマを焼いたらよいか、ということは、クミの年寄りたちがきめた。年寄りたちは、雑木のはえぐあいや、以前に焼いたとき、このヤマの作物のでき具合はどうだったか、などをことこまかく覚えていたからである。

いざその年焼くことになったヤマは、地形のうえでも土質のうえでも差がないように、縦横にこまかく区切られた。そしてそのクミが四軒からなるならば、それを四等分して、さらにクジ引きをして、各家に配分した。配分されたヤマは、四軒がめいめいに、ヤマキリ（伐採）をおこなう。だが、火入れのときだけは、ひとつのクミにまとまって、いっせいにヤマを焼く。そして、コズ焼き（燃え残った木くずを集めて焼く）から、ふたたび各家で適当に作業をすすめた。もちろん、それぞれの焼畑でとれる収獲物は、それぞれの家のものになった。自分の家は早く作業がすすむよう、また作物がよくできるよう、クミの中で競争意識がはたらいた。それでよくがんばった、という。

五年から一〇年間、焼畑に作物を栽培しつづけたら、その土地は放棄される。すると、一時的に家に配分されていた土地は、ふたたびクミの共有地にかえった。

「昔、クミウチば、よぼうとよくいった。なにをするときも、クミウチであつまった」。古老は、なつかしそうに話してくれる。クミジのうち、自分の権利を売りたいものは、できるだけクミウチのものに売った。それがたてまえだった。

クミとして、年二回の行事があった。正月の行事をカドワケといい、夏の行事は先祖祭だった。カドワケは、元旦の朝クミウチのものが全部あつまって、いろいろ話をして一日を楽しくすごした。クミウチがあつまる家は、毎年順番でかわった。サトイモのマルタ煮・吸物・オゾウ煮などをつくって、みんなで食べた。各家から酒一升ずつもっていったが、このときは歌ったり、騒いだりすることはなかった、という。

先祖祭は、旧暦八月六日である。先祖祭は、各家の主人だけがあつまる。あつまる家は、やはり毎年順番にきめる。昭和四五年のイバグミの先祖祭は、中内清則さんのところだった。また、中内グミの先祖祭は、中内安平さんのところであったのである。

2 象縁原理

「クミウチは、団結が強かった」し、「なにをするにもまず、クミであつまった」という。このクミとかクミウチというのは、いったいなんなのだろう。どういう原理で、クミは構成されているのだろうか(1)。

結論からさきにいうと、クミというのは、どうも地縁原理でも血縁原理でも説明することができないように思われる。別の原理、すなわちあらたに象縁と名づけられる原理によって、はじめて説明できるのではないか、ということである。

ここでまず、明治の初期にまでさかのぼって、クミの構成をみてみよう(図71)。当時、むらの戸数は四七戸であったといわれるが、家の分布を戸籍および古老の話にもとづいて実際に再現できるのは、図に示されている四二戸である。この図にみられる家の分布をみると、だいたい近所どうしが、同じクミに属しているようだ。このかぎりにおいて、クミは、地縁によってなりたっているようにみえる。しかし、ミネグミやイバグミ、ナカウチグミには、近所とはみなすことのできない家がふくまれている。こういった地理的に近縁関係のみられない家の存在は、クミの構成原理を考えていくうえで、決して例外視できない。

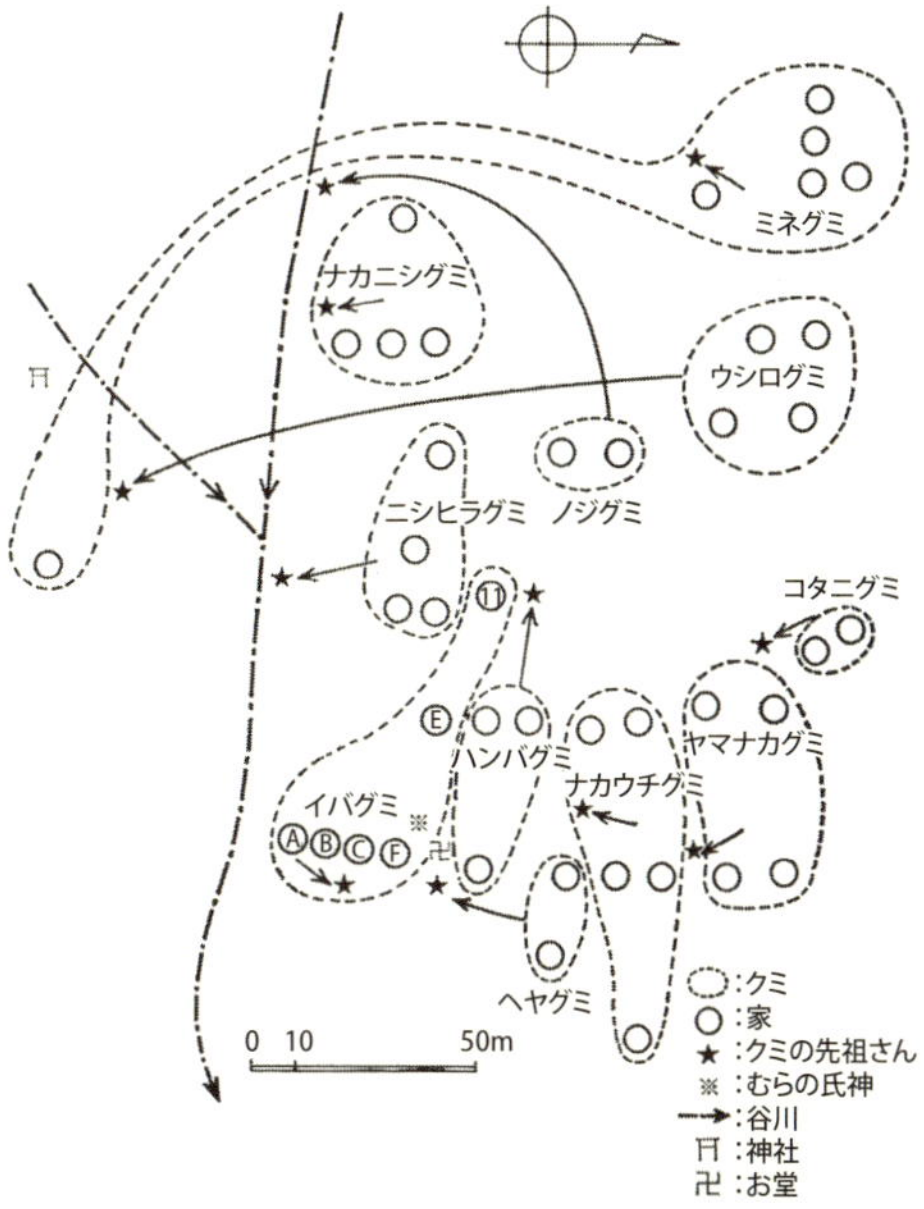

図71　明治初期における家の分布とクミの範囲

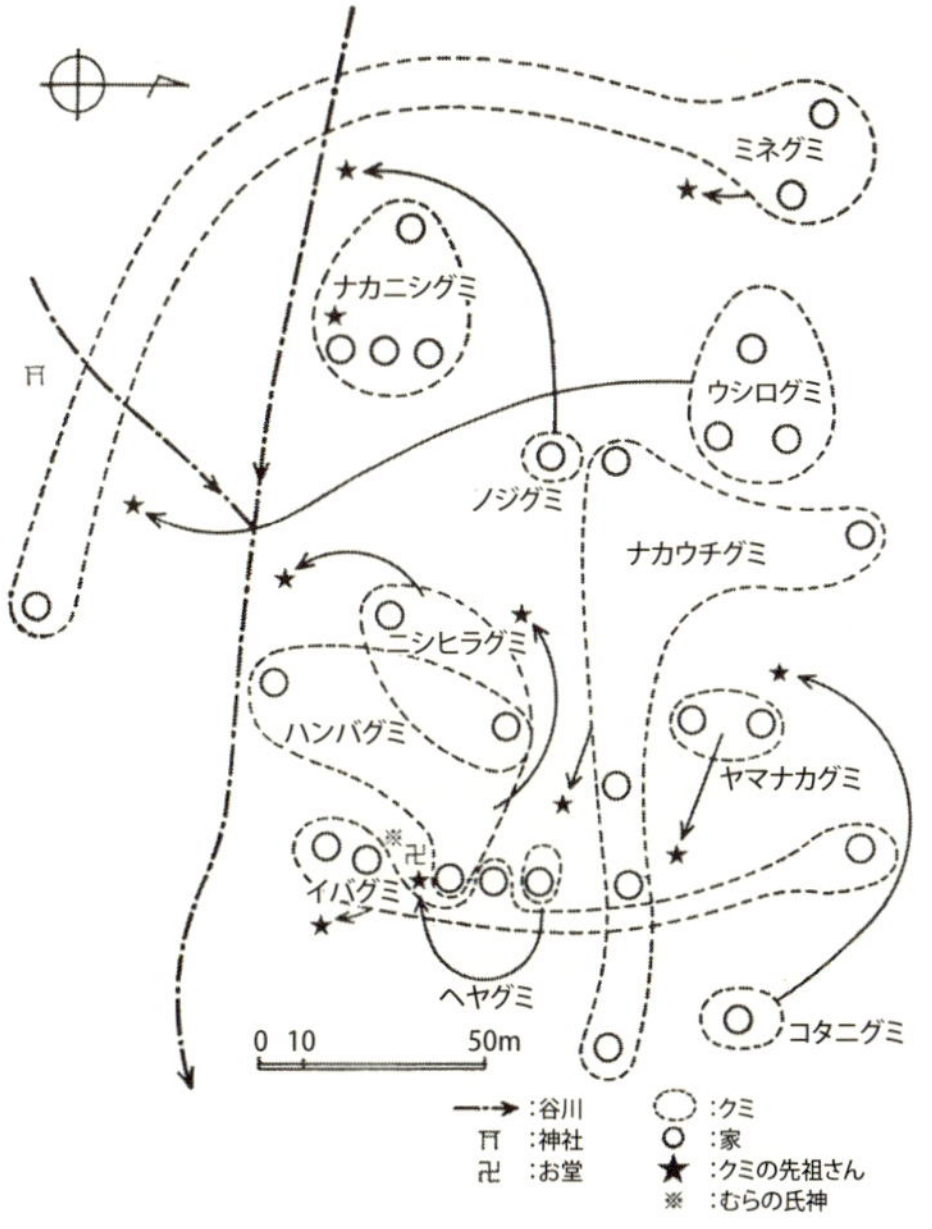

図72　現在の家の分布とクミの範囲

このことは、今日のむらにおける家の分布とクミの構成をみるとよくわかる（図72）。同じクミに属している家が、いちじるしく分散している。明治初期から今日にいたるまで、この焼畑のむらの家は、じつによく動いたことがうかがえる。しかも、このように地理的に高い流動性がみられるにもかかわらず、クミという一種の「家連合」は、失われることなくつづいてきたのである。つまり、たんなる地縁によって、クミの構

（1）焼畑社会におけるクミの重要性については、すでに指摘されているが、その内容を分析し、明確な位置づけをこころみたものは、ほとんどない。
島越皓之「焼畑相落の土地制度と村落構造――鹿児島県大島郡川辺十島――」『民俗学評論』第七巻、大塚民俗学会、一九七一、参照。

成原理を説明しようとすることは無理である、ということがここではっきりした。

　つぎに、クミと血縁関係についてみていこう。戸籍と古老の話から明らかにすることのできる世代までさかのぼって、実際の系譜をたどってみる。図74は、さきの先祖祭でもとりあげたイバグミ、別名タキモトグミの例である。

　明治初期にイバグミだったのは、図71にみられるように、六軒であった。これらの家の系譜は、だいたい江戸末期の一八〇〇年代のはじめまでさかのぼることができる。その頃のイバグミの姓はすべて滝本である。はたして、かれらが、血筋をひとしくするものであったかどうか、ということになるといまの資料からは実証が困難である。

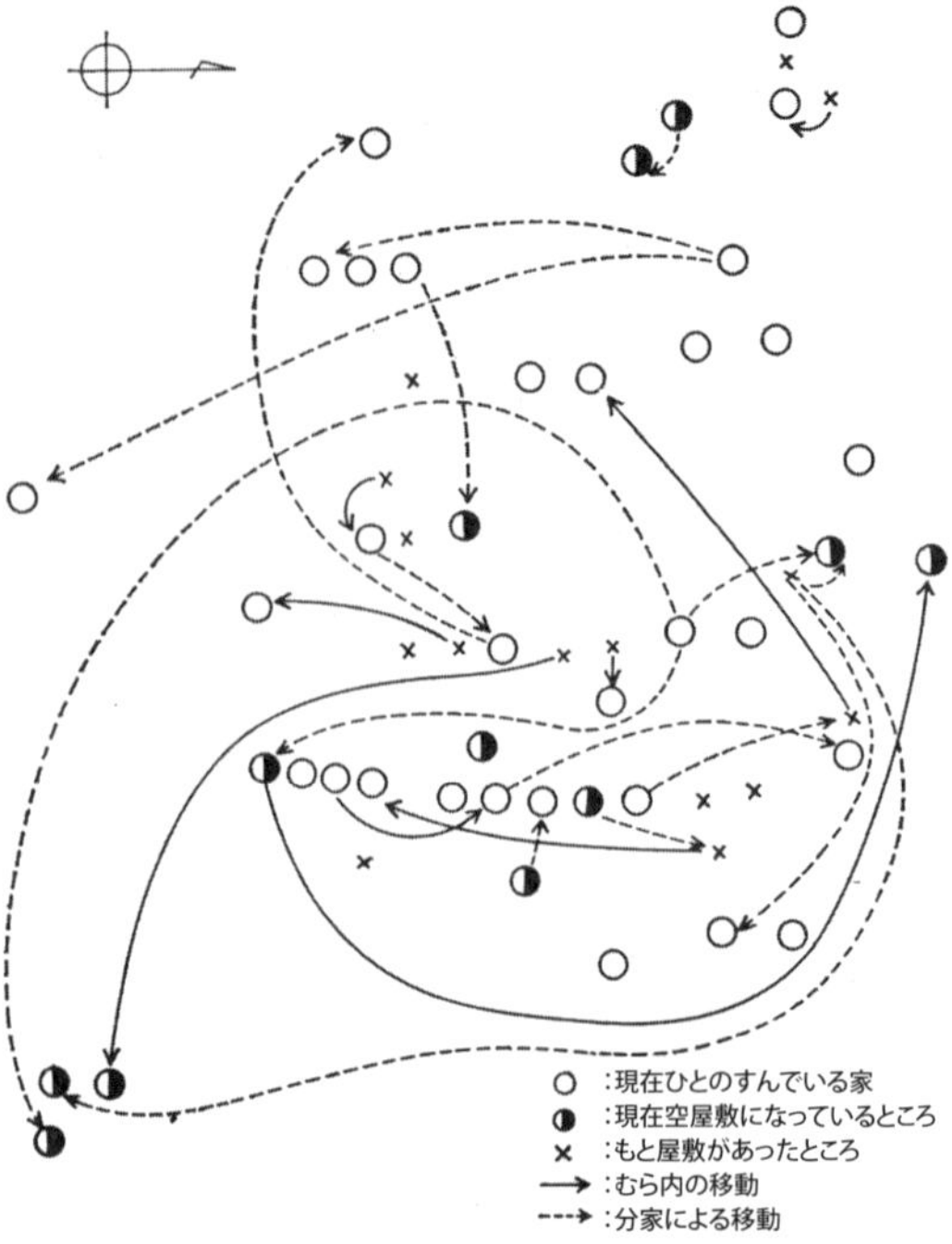

図73　明治初期から現在までの家の移動

　A・B・C・Fの屋敷は、イバとよばれる土地にあり四軒ならんでいた（図71）。そのうちAとFは、江戸の終わりから明治のはじめにかけて、二世代にわたる養子のやりとりをおこなっている。この養取慣行は、クミウチ同士によくみられる。しかし、クミウチにかぎらず、よそのクミとの間でもしばしばおこなわれているのである。たとえば、Bの3も4もヤマナカグミから養子にきたものだ。逆に、Cの2の長男はナカニシグミの家に養子にむかえられて、イバグミをでてしまってい

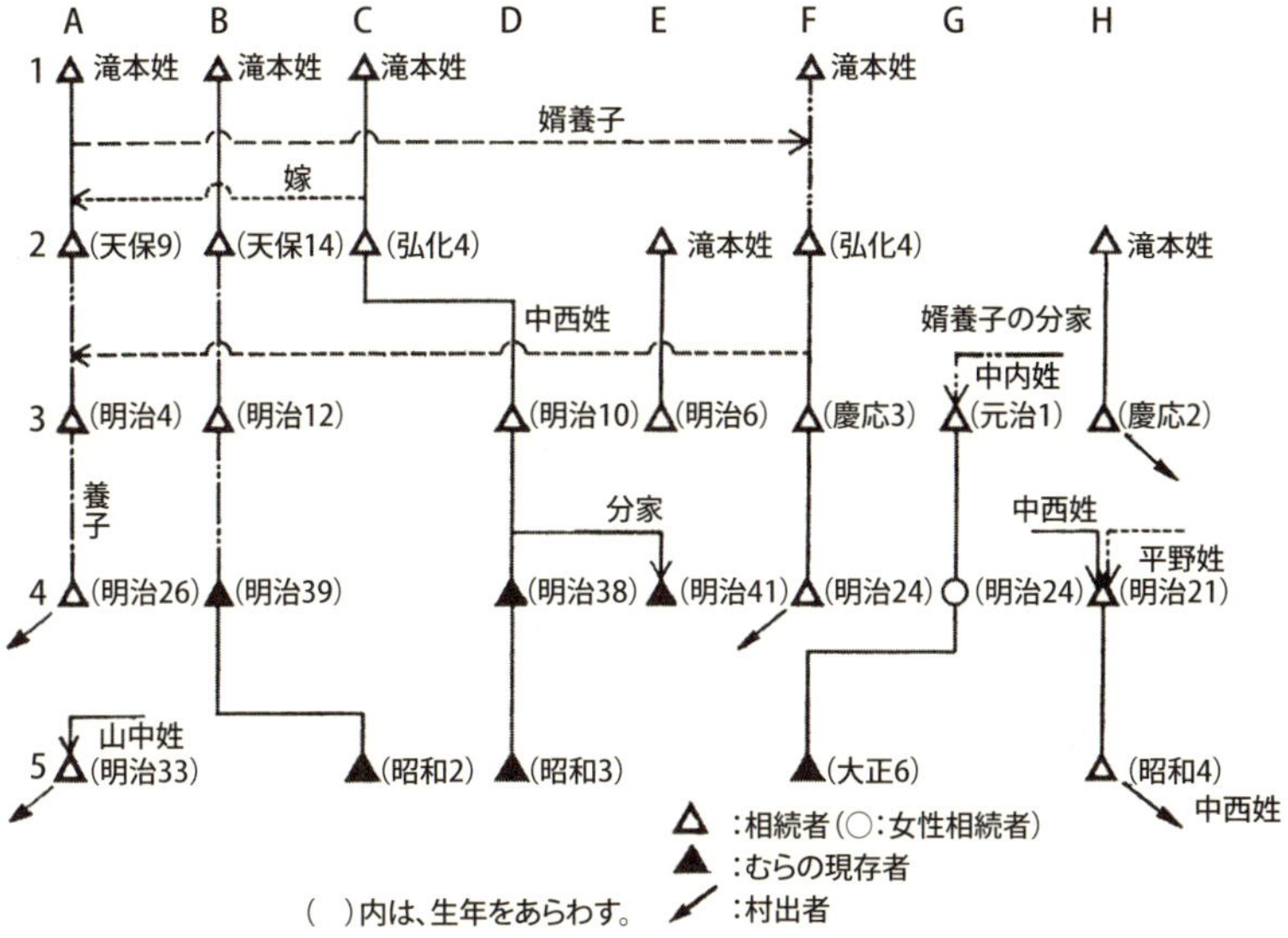

図74　イバグミの系譜

る。しかも、Bの4は、よそのクミから嫁をもらっている。

このことは、中国・朝鮮における異姓不養（おなじ血筋をひかない異姓からは養子をとらない制度）、沖縄におけるとくに血筋の門中にみられる同門養取（おなじ血筋をひく門中から養子をとる制度）とは異なって、クミが血筋を強調するものではないことを示している。[2] 古老にきいてみても、「養子のやりとりは、別にクミウチとは決まっちょらん。気の知れたところなら、どことでもよい」という。つまり、同じ血をひいていなくても、クミウチである資格は十分あることになる。したがって、クミウチは、日本のいわゆる家や同族などと同じように、かならずしも血筋を前提にしたものではないことがわかる。

さて、つぎの事例でクミの特徴をさらに明らかにしていこう。Fの3の弟は、Aの3に養子となってむかえられた。

（2）松園万亀雄は、沖縄の位牌祭祀を詳細に分析することによって、門中組織にたいしきわめて示唆にとんだ見解を発表した。
松園万亀雄「沖縄の位牌祭祀その他の慣行にみられる祖先観、血縁観について」『現代諸民族の宗教と文化』社会思想社、一九七二。

ところが、その兄弟とも借金がかさみ、ヤマの境界争いがもとで分裂してしまった。その後、両家ともすたれて、屋敷と土地を売り払ってむらをでてしまう。そこへ、アタラシグミから山中覚次さん（Aの5）が分家して移ってきた。この新しく移り住むようになった覚次さんは、イバグミに属すことになる。覚次さんは、最近高知の近く佐川の方に水田を買ってでていってしまったが、さきのイバグミの先祖祭には、むらにもどって参加した。

また、すたれてしまったFの4の跡には、ナカウチグミから分家してでた中内楠三郎が、娘の春代（Gの4）とともに移ってきた。このことは「むらを生きる」でものべたとおりである。春代は、その当時下からきていた山林労務者との間に、清則を生んだ。戸籍上では、清則と春代は兄弟関係になっているが、実際には、清則は春代の私生児になる。楠三郎は、もと名本で、アタラシグミの山中八桑の弟だから、清則には名本の血が流れていることになる。むらびとも、むらに残っているもので名本の血筋をひいているのは、清則さんだという。ところが、清則さんは、イバグミの先祖さんを祀っているのである。

これらの例から明らかにいえることは、クミというのは、血縁観はもちろん系譜観を異にしていてもなりたちうる、ということである。これは、なにも最近の現象とはかぎらない。たとえば、ニシヒラグミやヘヤグミ・ミネグミにおいては、明治の初期にすでに同一のクミ内で、異姓の家を含んでいるのである。

こうしてみると、そこに住むことになった家族の血縁や系譜は別として、屋地そのものが大きくかかわってくるように思われる。実際、「ここの屋地がハンバグミだから、わしもハンバグミじゃ」というように主張するむらびともいる。

だが、先祖さんというのは、屋地とそのまま結びついているのではない。つぎの中内幾雄さんの例は、そのことを積極的に物語っている。「目だたない本家・分家」で、養子の分家事例としてとりあげた弥七さんは、幾雄さんの父にあたる。弥七さんは、分家の際、ナカウチグミからノジグミの屋地に移りすむことになった。ところが、弥七さんはノジグミには属さず、もと養子にいっていたナカウチグミに属したのである。息子の幾雄さんの代になっても、ノジグミには属さず、ナカウチグミの先祖さんを祀っている。こんな例は、他にもみられる。

以上のことから、屋地も系譜も、どのクミに属したらよいか、ということをきめる際の便宜上の手段としての意味しかもっていないといえよう。

ここで、クミを構成しているのは、先祖さんそのものである、という認識にたたなければならない。興味深いことに、このクミの先祖さんは、仏さんではなく神様である。(3) むらびとは、それを踊りなどでも区別している。先祖祭のときには、「伊勢の踊り」をおどるが、仏さんの「念仏踊り」は決しておどらない。

このように、クミというのは、ひとつの象徴である先祖さんを認めあい、祀る家からなりたっているということができる。家がたえず流動しても、クミは新しい家をつぎからつぎへと巻きこんでいく性格をもっている。クミに属していなければ、むらの一成員として認められないようなメカニズムが、クミに内包されているように思われるのである。

この焼畑のむらにおいては、家の代謝がいくらおこなわれようとも、先祖さんというひとつの象徴を認めあい、共有することによって、クミは絶えることなくつづいてきた。別ないいかたをすれば、クミというの

(3) 有賀喜左衛門は、実際の系譜をたどることのできる先祖さんと観念的な先祖さんの二つの存在に注目し、論じている。
有賀喜左衛門「先祖と氏神」『民族学研究』三二巻三号、一九六七。
同右「家と親分子分」『有賀喜左衛門著作集』第九巻、一九七〇など参照。
柳田国男も、先祖さんの性格について興味ぶかい示唆をおこなっている。
柳田国男「先祖の話」『定本　柳田国男集』第一〇巻、筑摩書房、一九六九。

は、流動性の高い焼畑のむらの家の離合集散をつねに再編成し、結合してきたじつに重要な単位ということができる。このようなクミの形成原理として欠くことのできない先祖さんという象徴に注目し、こうした集団をもっとも説明しやすい概念として、わたしは「象縁」を考えたのである。つまり、少なくともひとつ以上の象徴のもとに構成される個人ないしは集団の結びつきが、「象縁」である。クミにおける象徴とは、すでにくりかえしのべてきたところの先祖さんである。

このような「象縁」の概念は、日本でいうところの「家」についても適用することができそうである。[4]「家」というのは、わたしたちが身近にみてきたように、たんなる血縁からなりたっているのではない。家系をさらには家業や家名などを抜きにしては考えることができないのである。こうしてみると、そのほかマキ・イッケ・カブウチなどとよばれている同族についても、「象縁」原理が働いているということができる。さらに、部族や国家についてはどうだろうか。わたしたちは、身のまわりにあるさまざまな集団を考えてみたとき、たんに地縁や血縁の原理だけで説明したり、分析することのできないことがらが、多いのに気がつくのである。

3　伊予越え

椿山のむらを少しおりたところに、天神ヤマというところがある。昔、ここには天神さんがすんでおられた。ところが、このちかくのヤツラ滝とよばれる小さな滝には、八つ顔のある怪物がすんでいた。天神さんは、その怪物がいやでたまらなかった。

ある日、天神さんは伊予へ越えていこうと思いたたれた。高台越えという峠の下に、大きなトチの木があって、平らな場所があった。天神さんは、伊予に越える途中、このトチの木のところでお休みになった。その時、鏡をお忘れになった。それ以来、その平らな場所（平地を、ナロとむらびとはよんでいる）を、カガミノナロとよぶようになった。この大きなトチの木は、いまでも残っている。

天神さんはこうして、隣の伊予にお移りになった。それ以後、天神さんの移っていかれた地を、むらびとは、天神とよぶようになった。天神は、椿山の西の高台越えをおりたところにある。椿山から歩いて四時間の道のりだ。いまでも天神（行政上は川ノ子という）には、天神さまが祀ってある。旧八月二五日には、天神祭といって、相撲などをやってにぎわった。

天神さまがいつ伊予にお越えになったのか、しるすべはない。その後椿山は、しだいに人口がふえてきた。やがて椿山の周囲の山だけでは、食べていけないものがでてきた。そしてかれらは、隣の伊予の天神に目をむけた。明治三〇年頃のことである。伊予の中組むらと重見番五郎という金持ちが、天神とその周囲の山をもっていた。椿山で土地の不足しているものは、この天神にイリサク（小作）をするようになった。椿山のひとたちは、この地にトマリゴヤ（出作り小屋）を建て、そこに泊まっては何日も働いた。小作料は安いもので、ほんのしるし程度のものだった。金銭にすれば一*ha*で五〇銭、作物で払ってもよかった。だいたい収穫の二割から三割だった。伊予のむらからもこの天神にイリサクにきていた。そんなことから、椿山は伊予のひとたちともつきあい、そのうちに婚姻関係を結ぶものもでてきた。

明治の終わり頃になると、椿山の人口はかなりふえた。むらの中には、イリサクだけではなく、なんとか

（4）清水昭俊は、日本の「家」における象徴のもつ意味を強調している。
清水昭俊「〈家〉の内的構造と村落共同体——出雲の〈家〉制度・その一——」『民族学研究』三五巻三号、一九七〇。
同右「〈家〉と親族：家成員交代過程（続）——出雲の〈家〉制度・その二——」『民族学研究』三八巻一号、一九七三。

天神の山を買ってしまおう、というものがでてきた。なんどもなんども常会を開いた。そしてとうとう借金をしても買おうということになった。むらびとは、下の町の大金持ちからカネを借りることになった。そして、二、四〇〇円のカネをつくった。当時にしてみれば、相当な額だった。そのころ平野利弥の祖父が総代（いまの区長）の役割をしていた。椿山の幹部たちは、刀を腰にさげ、鉄砲をもって、その大金を運んでいった。こうして高台越えのところに着くと、天神の山の地主である重見番五郎の一行と出会った。相手は馬にのってきて、大金を渡すと、わしづかみにして持ちさったという。帳簿のうえでは、わずかな面積だったが、実測ではこのむらの山ほどの広さがあった、と古老は笑ってきかせてくれた。明治三七年のことである。

最初、買った天神の山は、椿山全部の共有地にしていた。それをヒノウラのように、ひとカブずつに権利を配分した。ところが、四、五年もたつと、自分の権利を売るものがでてきた。山を買うときに借りたカネの個人負担金が、かえせないことにも大きな原因があった。権利を売っても、まだ返すカネに困ったひとさえあった。伊予の土地よりも、椿山の土地の値がはるかに高かった。古老によれば「伊予の山はただみたいなもんじゃった」という。そのためとうとう高い椿山の土地を売って、借金を払い、伊予に移っていくひとがでてきた。

伊予へ越えていってしまったひとは、少なくなかった。一〇軒をかるくこえている。越えていったものの中には、最初山の中に小さな小屋を建てて、イリサクをしばらくしていたものもあった。そのうちに天神さまの祀ってある近くにおりてきた。こうして天神むらができあがった。焼畑という生産様式にもとづいた新しいむらづくりである。

つまり、伝承にもとづけば、天神さんがなによりも先に椿山から伊予に越えてしまった。そののち、イリサクがはじまり、椿山からのむらびとの移住がはじまったのである。天神むらの形成の際に、むらの象徴である天神さまが、大きな意味をもっていることがわかる。

わたしは、むらびとから、この天神むらのことを何度かきかされていた。そうこうするうちに、天神むらにでかける機会が訪れた。山中治雄さんが、天神にいまでも所有している山のスギ林をみにいくという。わたしは、かれに同行させてもらうことにした。車だから、下の車道を通って、面河村に入り、一時間ほどで天神についた。人家はまばらである。椿山にはない桑畑がよく目についた。

「ここを流れている谷の大きさからみて、天神の山がどんなに広いかわかるだろう」。出稼ぎに長い間でていた治雄さんは、すんなりした標準語でこう話してくれる。なるほど、谷の大きさで山の広さを表現するのは、さすが山に生きてきたひとの言葉である。「この山をみにくるのは、二年ぶりだ。この沢からこの沢までが、兄貴（山中源助）の分で、ここからが自分の分だ」。軽い足どりで、いかにもうれしそうである。治雄さんの山は五*ha*ぐらいある。まだ一〇年生ぐらいのスギ・ヒノキだが、すくすくと育っている。山中源助さんの山は、すでにきれいな植林になっている。三〇*ha*はあるだろう。山の中を歩きながら測る山の面積は、まさに実測である。先日、山中源助さん宅のイロリ端できいた話によると、天神にある源助さんの山は一五*ha*のはずであった。しかし、実際はその倍の三〇*ha*の広さなのである。

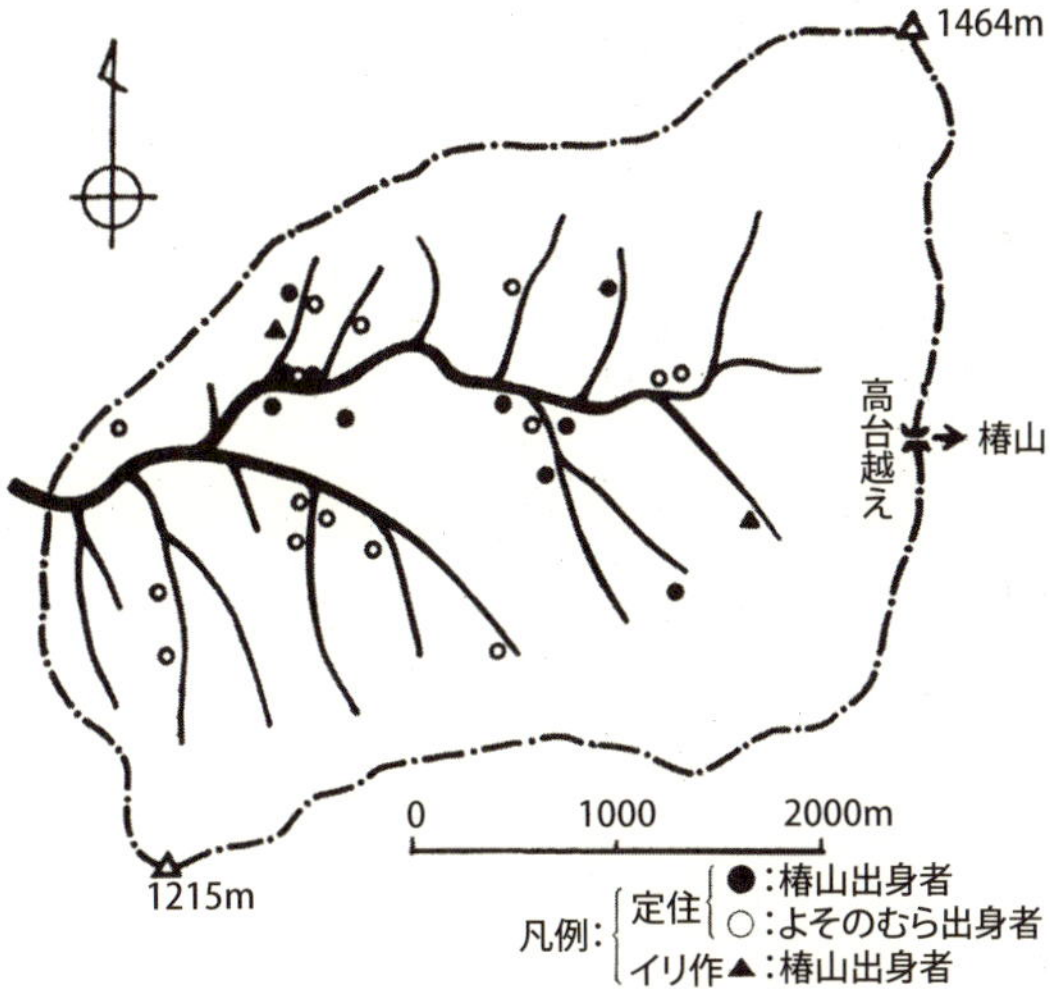

（谷筋ごとに分布しており、焼畑のむらの形成初期をよく特徴づけている。戦後になって、分散していた家は一ヶ所にまとまり集村の形態をとるようになる。）

図75　昭和初期の天神（川ノ子）むらにおける家の分布

山の頂きにたって、休みながら、見渡す天神の山はなんと広いことだろう。「これだけの山を先祖さんはよく買ったものだ。全部で四三カブあって、適当に境界をつくってわけた。一カブ一〇～二〇*ha*のところもあるし、五*ha*のところもあった。昔のひとは、気持ちが大きかったのだろう」。治雄さんは、つくづく感心する。

天神には、椿山の歴史がにじんでいた。このむらには、明治の末に椿山から移ってきたひとが、まだ元気でいるという。梅木弁吾というひとがそうである。いったい、どういう動機から椿山をでて、この天神むらに移りすんだのであろうか。

あらためて訪れることを心にちかいながら、天神むらをあとに面河渓谷にむかった。小雪がちらつきはじめた。石鎚山はみえないが、閉散とした面河渓谷の冬景色はじつに美しく、壮大であった。

4　弁吾さんのこと

明治の末、椿山のひとびとは、どうして伊予に移住していったのだろうか。現在、椿山にいる古老の話をきいても、わからないことが多い。伊予の天神むらには、当時移住していったひとが、いまも元気でいるという。それなら、かつて椿山のひとびとが、移住していった山道をたどって、天神にいってみよう、とわたしは思いたった。土佐と伊予の境にある高台越えのルートである。

真夏のさかり、昼まえに椿山を出発した。伊予の方にむかって、山道をのぼっていく。久しぶりの山歩きは疲れる。背中のコピー用紙がじつに重い。二年前、椿山にはじめてやってきて、山の植生をみてまわったとき、通った道だ。そのとき感激しながらながめた光景が、いまはなつかしく眼に入ってくる。

天神むらからみた高台越え。かつてむらびとが椿山から伊予に移住していった峠である。

椿山をでてから、二時間あまりたった。やっと高台越えにたつことができた。この峠は、かつて伊予と椿山との交流路だった。残念ながら、眺望はまったくよくない。さて、いざ伊予の方におりることになったが、肝心の道がわからない。あらかじめ聞いてきているから、おそらくここだろうと推測できるようなものだ。草が一面におい茂っている。道らしきところに足を踏みいれると、土がとてもやわらかい。ここ数年まったくひとの通ったことがないような道だ。ずいぶん山がくずれてしまっている。ここがかつて、椿山のひとびとが伊予にイリサクに通い、移住していった道なのである。もう椿山のひとも、伊予のひともめったにくることがないのだろう。

　高台越えから一時間、谷川にぶつかった。ここでも苦労して道をさがさなければならなかった。がしばらくすると、りっぱな山道がみつかった。ここまでくれば、もう大丈夫だ。高台越えの方をふりかえってみると、じつに険しい。しばらくすると、この一月山中治雄さんと、反対側から下の車道をとおってみにきた植林のところにでた。台風で、たくさんのスギが倒れてしまっている。椿山の被害よりずっと大きい。

　とうとう天神についた。椿山の家にくらべてなんとみすぼらしいことだろう。バラック建てのようだ。犬がわたしを追ってほえてくる。椿山を出発してから、四時間あまりたっていた。

前もって連絡してあった梅木さん宅にいく。「よく、高台越えしてきましたね」。奥さんは感心していった。彼女も、昔は実家の大崎にいくのに高台越えをしたという。彼女の母と一緒に高台越えを通って帰ろうとしたが、日が暮れてしまったことがあった。峠の小屋（いまはない）で、泊まることにした。しかし、なんとも不気味だった。同じ不気味なら、ちょうちんをさげて、夜道を帰ろうといって歩きだした。途中、一本橋があった。母がこんなところに橋があったかな、という。なにかにばかされているのではないか、と思った。それほど、当時でも、高台越えはさびしかった、という。

その夜から、わたしは、八六歳になる梅木弁吾さんと、その息子の重春さんから、いろいろ話をきくことができた。弁吾さんの代に椿山からこの天神むらにやってきた。弁吾さんの父が善吾で、そのまた父が儀平といった。そのまた父が長三といった。その頃、椿山において梅木さんの家はかなり裕福だった。たいへんな金持ちだったらしい。そんなところへ、強盗にはいられた。強盗は、梅木さんの隣の家から、マキわりのオノをもってきて、長三と良三の母を一度に殺してしまった（位牌を調べてみると、どちらも亡くなったのが弘化四年七月である）。強盗は、自分のむら（隣の美川村）に帰って、梅木の屋号の入った反物なんかを二〇点ばかり売りさばいていた。が、ばれて、つかまった。その強盗をモクノスケといった。二人を殺した強盗殺人犯ということで、モクノスケは死刑になった。この面河村の隣に美川村というところがある。そこから高知県へぬけるところに、モクノスケダバというダバがある（ササの野原のことをこのへんではダバとよぶ）。そのモクノスケダバは、モクノスケがはりつけになったところからきていた。[5] そのモクノスケの子孫が、弁吾さんのオイの嫁になっている。「因果じゃ。まるで、ステッセルと乃木将軍が会見したようになった」と、重春さんはいう。

ところが、椿山の梅木家はしだいに貧乏になった。もっていた山も全部売ってしまった。借金までするようになった。弁吾さんは喉をときどきつまらせながら、語ってくれる。「酒のんだ。わしのオイにキュウタというのがいた。オヤジのオヤカタ（長兄）の子だった。それがなかなかのバクチうちだった。わしのオヤジの財産をほとんどバクチにうちこんでしまった。わしが生まれた頃は、椿山で財産が一番ふとかった。わしのオヤジは、まさい（ひとのよい）男だったけん、印を押すんじゃ。それでキュウタはバクチをうった。あの頃は、よくバクチがはやった。ころがすやつだった。

伊予に越えた弁吾さん。

あのころ、こちら（伊予）にきた峯本寿生や福治は、もとは楽に暮らしちょった。けんど、なんでかやれんようになってこっちへきた。とにかく、椿山では生活ができんけん、こっちにきたわけじゃ。貧乏人ぎり集まってきたんじゃけん。椿山では、わしんところをワカイシヤドとかいうて、娘や若いもんが集まってきたもんじゃった。よう記憶しちょらんけん、いうてもわからん。

わしが天神にきたのは明治四二、三年頃だないかな。その

（5）モクノスケの事件については「池川年代記」につぎのように記されている。「弘化三丁未七月十一二三日迄三日の間、日増時増風雨はげしく屋毎に板戸しめ隣見舞決而、度絶、殊に神風神風の十三夜、椿山村某宅へ強賊押入、亭主老母寝入ばなへ押入殺害して行方不知。翌朝倅他に宿り立帰、二人の体を見驚き隣家へ掛出それと告ければ、隣家大きに驚、其の儘四方に叫び触れ名本へ届け、即刻地中駈集り評議何共云方無、庄屋へ届出る。御郡奉行へ直人走らせ、庄屋老近村名本数々立越池川十二ヶ村盆も先祖も捨てにして十五以上、我先と椿山村かけつけ、路筋野山さがしける。郷廻り下役数々立越近村近郷聞合、夫より他国忍入千変万化に心をくだき漸々竹谷と云う所に而木之助と聞付け、木之助宅へ踏入召捕る。且又先達而土佐役人数々入込しと聞、伊予の役人一所に来合是以土佐役人より他国役人へ相渡受取り始末を取て土佐役人は帰国す。明る年御作配あり、瓜生野村御境目に而死刑獄門に上る。両国の役人数十人御立合莫大の御物入、雑夫をびただしく費ゆ」

頃の家は、わしら夫婦と両親、それに生まれたばかりの長男がおった。家財道具をぜんぶ背負ってきた。仏さんも、ぜんぶもってきた。わしのイトコのオヤジがこの土地をもっちょった。ほかにも、椿山から三軒ぐらいきちょった。面河の栃原から弥吉というものが山番でおりよった。あたって（借りて）つくったところもある。が、おもに山を買うてつくった。山は、椿山のようなヤブだったが、木はもっとふとかった。モミ・ツガは、ようけいなかった。わしらは、食うことぎり考えた。貧乏せんように。山をひらいて（焼畑を）つくるということだけじゃ。

わしの子供は、九人おった。けど、一年のうちに二人も死んでしまった。重春も死にかけちょった。風邪だった。大正七年の感冒はものすごかった。死んだものは、椿山へ背負うていってほうむってきた。その当時は、下の栃原あたりでは、一家全滅で、七人死んでしもうた」。

弁吾さんは、小さいときから、マタギ（猟）が好きだった。こちらにきても、一〇月一五日ぐらいになると、鑑札をうけて、すぐに、山に入った。そして桜の咲く頃まで、この家にはもどらなかった。椿山のむこうのオオタビさんをはじめ、土佐の山や伊予の山をほとんど歩いた。このへんの山では、自分の足跡を残さないところがないほどよく歩いた。

オオタビさんでは、一年間にマモ（ムササビ）などもいれたら一〇〇匹ぐらいとった。オオタビさんには、サルがたくさんいた。サルをよくとった。顔の赤いヤツだった。ここには、六〇匹の群れがいたが、三年間でほとんどとりつくしてしまった。下の若山のひとと、よく一緒だった。ひとりではさびしいから、ほとんどだれかと一緒だった。サルを三、四匹とると、松山の近くまでかついでいって売った。サルの脳ミソとか胃は、高く売れた。終戦後で、サルの胃が六〇〇円もした。そのカネでヒエなど買って、イワヤ（大きな岩のあるところ）などで寝た。イワヤで朝食をとるときは、かならず最初に山の神さんに供えた。

弁吾さんは、マタギの話になると、楽しそうに話してくれた。つらい仕事の中で、マタギは弁吾さんにとって、よっぽど楽しかったのだろう。

しかし、弁吾さんはさびしそうにこうつぶやくのだった。

「つらいことぎりじゃった。ええことなしじゃった。椿山を離れて、こっちへくるときが一番つらかった」

5　伊予越えの動因

明治の末、椿山から天神むらにきて、まだ元気で働いているひとがほかにもいるということを、梅木さんからきいた。そのひとを山中キチヨさんといった。わたしは、キチヨさんにも会ってみたいと思った。どのようにして椿山から移住してきたのか、きいてみようと思ったのである。もう八四歳だが、まだたいへん元気らしい。椿山の歴史が、そのまま生きているように思えた。

家をたずねていく途中で、キチヨさんにばったり出会った。畑で草ひきをして、ミツマタのカラ（皮をはいだ残りの部分）をもっておりてきた。

「わしはな、うまれは伊予の周桑郡じゃ。おかあが若いときに、こっちにきた。それから椿山にいった。椿山へ嫁にいったのは、ずいぶん前のことよ。一七か一八のときよ。主人は、徳松といった。もはや、二五年とはいわん、もっと前に死んだ。困ったもんだ、主人の死んだ年もしらん。そんなだけん、おまえさんがきいても、なんにもわからなよ。

おかあと周桑郡からこっちへきたのは、こまかいときでよう覚えちょらん。おとうは、わしが二つのときに亡くなった。なんでなくなったのか、それはしらん。おかあがこっちへきてからは、ずっとイリサクみたいにしておった。そのうち椿山のひととおかあが、一緒になった。山中甚平というひとだ。甚平さんは、ナカモチというて、荷を運んだりするひとだった。面河から椿山へ酒を運んだり、天神からミツマタを土佐の檜谷の方へ運ぶ仕事をしておった。

　主人の徳松は、甚平さんのオイじゃったんじゃろうか、と思う。まあ義理ではあるが、徳松とわしは、イトコみたいなもんよ。徳松のオヤジは寅次というた。徳松は椿山で、お父さんと二人ぎりだった。お母さんが早う亡くなった。わしは、椿山の徳松の家で、娘を産んだんよ。一八で産んだけな。その子が四つのときまで、徳松と椿山で暮らしていた。それからこっちへきたんじゃろうか、と思う。寅次というひとは、仕事はやらず、飲んでしもうた。それで、財産がなくなってしもうてな。椿山にいてもつまらんけん、こっちへきた。シンセキもようけいなかったきに。兄弟はひとりぐらいで、シンセキはようけいなかった。

　こっちへきてから椿山へはあんまりいかん。ボツボツいったけど、泊まりこんだりはせなんだ。お墓まいりにはいった。あそこの高台越えをしていったもんよ。高台は、どっちからのぼっても長いけんな。もう何年も椿山にいったことはないけん。これからも椿山へいくことはないない。どこへもよういかん」

　ほんの四時間ほどの距離にもかかわらず、そして母村にもかかわらず、キチヨさんにとって椿山は遠いところだった。梅木さんたちも天神に移ってから、椿山とのふかい交際をほとんどしなかった。椿山のだれだれがいつ亡くなったのか、ということも、まったく知らなかった。わたしは、このことにたいへん驚かされると同時に、興味深く思った。

　キチヨさんは、ミツマタのカラを燃やしながら、風呂をわかしはじめた。みすぼらしい露天風呂だった。

「なんにも覚えてないけんな。わしにきいてもわからなあよ」といって、キチヨさんは家に入っていった。そんなキチヨさんのうしろ姿をみていると、なんともいえない気持ちが自然におそってきた。

椿山のむらびとが、伊予に越えた動因は、いったいなんだったのだろうか。梅木重春さんは、かれなりの解釈をこのようにしている。

「だいたいこういうことではないか、と思うんですが……。椿山では、町役場もみずにおわるというひとが多かった時代でした。生きているうちに、一度役場へいってみたい、という世の中だった。そんなとこで、わしらは平家の末孫だ、壇ノ浦の戦いで破れて、先祖がここへ逃げこんできた。貧乏はしていても、昔は平家だったという誇りがあった。結婚なんかでも、よそから嫁はもらわん、養子ももらわん、やりもせん。

そしたら、せまい土地でいっぺんに人口がふえるし、食うてゆけんようになると、こんどは生存競争がはげしくなった。そしたらまあ、昔は平家の末孫だというていた連中でも、食うていけんようになった。そうすると、ひとのええのが貧乏をする。貧乏をしてでていくものと、金をこしらえて出世してでていくものが、でてきたわけですよ。結局、天神をもとめてきたひとは、まあ貧乏してきたんじゃろうと思います」。

明治の末むらびとが伊予の天神に移っていった理由には、もっと現実的で切実なきっかけがひそんでいたのである。

「昔、伊予のカサハヤから竹内という呉服商が椿山にきよったらしいですね。椿山の作業着に、ウンサイというて、ごつい織物があった。その竹内というひとは、このウンサイをこしらえてもうけちょった。それで、このひとの世話でカネを借りて、天神の山を買うた。昔のむらびとは、よう思いきったもんです。そのとき、二、四〇〇円で買うたというがね。その二千なんぼかのカネを借りにいくのに、より抜きの中年の男子が六人でいった。途中で泊まるのにも、カネを盗まれたらいかん、というので、見張り番をつけたといいます。

椿山のひとたちが天神の山を買うたとき、下の池川のひとたちは、椿山はもうつぶれる、これでおしまいだ、とうわさした。二千なんぼかのカネを借りこんだけん、椿山はもう一人残らず倒れてしまう、土地を手離すようになる、という話があった。それからというもの、椿山の地価が上がりだした。カネ持ちで、天神の山を買ったものは、成功したわけですね。けど、貧乏して、借金でもとめたものは、無理しているからいけません。椿山でやりにくくなってきた。そこで高い椿山の土地を売って、安いところにくるよりしかたがなかったわけです。天神は、安かった。ただみたいなもんだった。

キチヨさんのときには、こんなことがあった、ときいちょります。平野作弥さんからカネを借りて、抵当に山を入れていた。返済の期限は、二月末日だった。二、三日のことだけん、節句（三月三日）にもっていけばよい、と思った。それで節句にもっていったらしいね。そしたら、約束の期限がきれちょるけん、カネはうけとらん、と作弥さんがいった。それでとうとう抵当にしていた山をとられてしまった。やむなくこっちへきたという話です」

このようにきいてくると、むらびとが椿山を去って、伊予に移住していったのは、たんに人口増加とか経済的な成りゆきだけから、生じたものではなかったことがわかる。天神の山を買うときに借りたカネの問題は、比較的平穏だったむらの社会に、大きな軋轢をつくった。そして、その軋轢が、むらびとの微妙な緊張関係を極度に増大させたのである。

そんなとき、シンルイ関係の少ない、したがって、つきあい関係の少ないむらびとは、どうしようもなかった。かれらみずから、つきあいの糸を切って、むらからでていかざるをえなくなったのである。梅木弁吾さんのところも、山中キチヨさんのところも、伊予に移ってから母村である椿山を訪れることは、めったになかった。地理的距離がちかいにもかかわらず、二つのむらの社会的距離は遠くなってしまった。

6 通婚圏の拡大

「網の目の血縁関係」のところでもみてきたように、椿山は、じつに内婚率の高いむらであった。ここでは、このように高い内婚率が近年どのようにかわってきたのか、そしてそのことはむらの社会の構造にどのような影響を与えるのか、こまかくみていこう。

かつて、結婚はほとんどむらびと同士でおこなわれた。よそのむらとおこなうのは、「国際結婚」みたいなものだった、というむらびとのことばはどこまでほんとうだったのか、戸籍をたどりながら、むらびとの内婚率を調べていこう。結婚して椿山に住んだむらびとの内婚率をはじめにみていく。

いまの戸主を一世代とすれば、だいたいどの家でも四世代まではさかのぼれる。世代ごとにそれぞれ内婚率を計算してみると、おどろいたことにつぎのようになった。一世代の内婚率が八二%、二世代になると八〇%、三世代では八六%、四世代までさかのぼると、じつに九一%にもなる。そして、一世代の夫婦の結婚時期は、前後一〇年の幅をみて、だいたい昭和二〇年を中心としている。二世代が大正元年ごろ。三世代が明治二〇年。四世代が明治元年ごろである。

そして、むらの外部と結婚した例は、四世代までさかのぼって、全部で九〇例のうち、わずか一四例である。四世代前、すなわち、江戸末期から明治の初期にかけては、内婚率は九〇%をうわまわっている。なるほど、よそのむらと結婚することは、「国際結婚」のようであったのだろう。

こうした他のむらにくらべて異常に高い内婚率が、すでにのべたように、網の目の血縁関係を生みだした。こんな小さなむらでは、シンルイをもたないひとほど孤独なことはない。そんなひとびとは、どうしてもむ

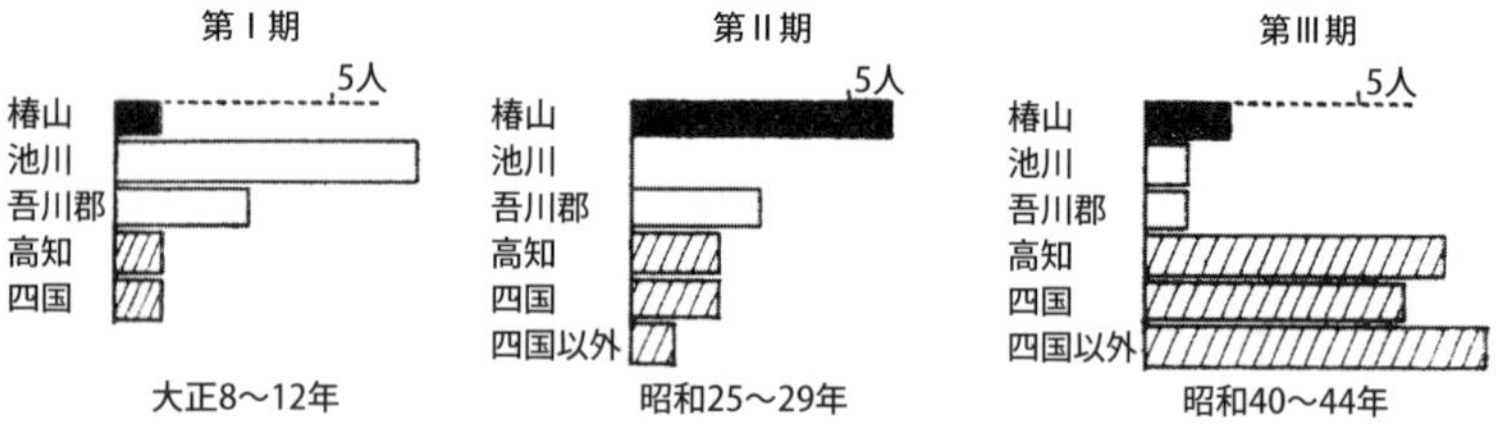

図76　椿山における通婚圏の比較

らのアウトサイダーにならざるをえなかった。むらでつきあい関係を保とうとすることは、ひとつの自己完結した社会であるむらにとって、きわめて重要だったにちがいない。むらびと同士の結婚は、そうしたことと大きく結びついている。

ところで、次・三男は、椿山に家をもてないのがふつうだったから、成長するとむらからでて、外で働いて結婚したものが多い。また、どの娘もむらに家をかまえているものと結婚したわけではない。こうした椿山に本籍のあったあらゆるひとびとの婚姻関係についても調べてみよう。「人口動態戸籍受付帳」には大正六年からの記録が克明にしるされている。五年間をひとくぎりに、時代的に三つの時期を選んで比較したのが、図76である。三つの時期とは、記録のもっとも古い大正八～一二年、戦後のいくらか安定するようになった昭和二五～二九年、そしてもっとも新しい昭和四〇～四四年である。それぞれを第Ⅰ・Ⅱ・Ⅲ期としよう。

すると、椿山に本籍をおくもの同士の婚姻関係は、第ⅠとⅢ期ともに少ない。ところが、第Ⅱ期だけは、いちじるしく多い。つまり六例もの婚姻関係が、むらびと同士でおこなわれたのである。第Ⅱ期に、むらは人口も戸数もふえている。むらの内部へ、生活の指向性を高めた時期といえよう。むらびとが、むらにとどまらざるをえなかった時代だったのかもしれない。婚姻関係からみると、こんな時代が、昭和三五年頃までつづいている。

通婚圏とは、婚姻関係を結んだ地域がどのくらいのひろがりをもつかということである。第Ⅰ期・第Ⅱ期とも、椿山を中心としたせまい範囲にかぎられている。ところが、

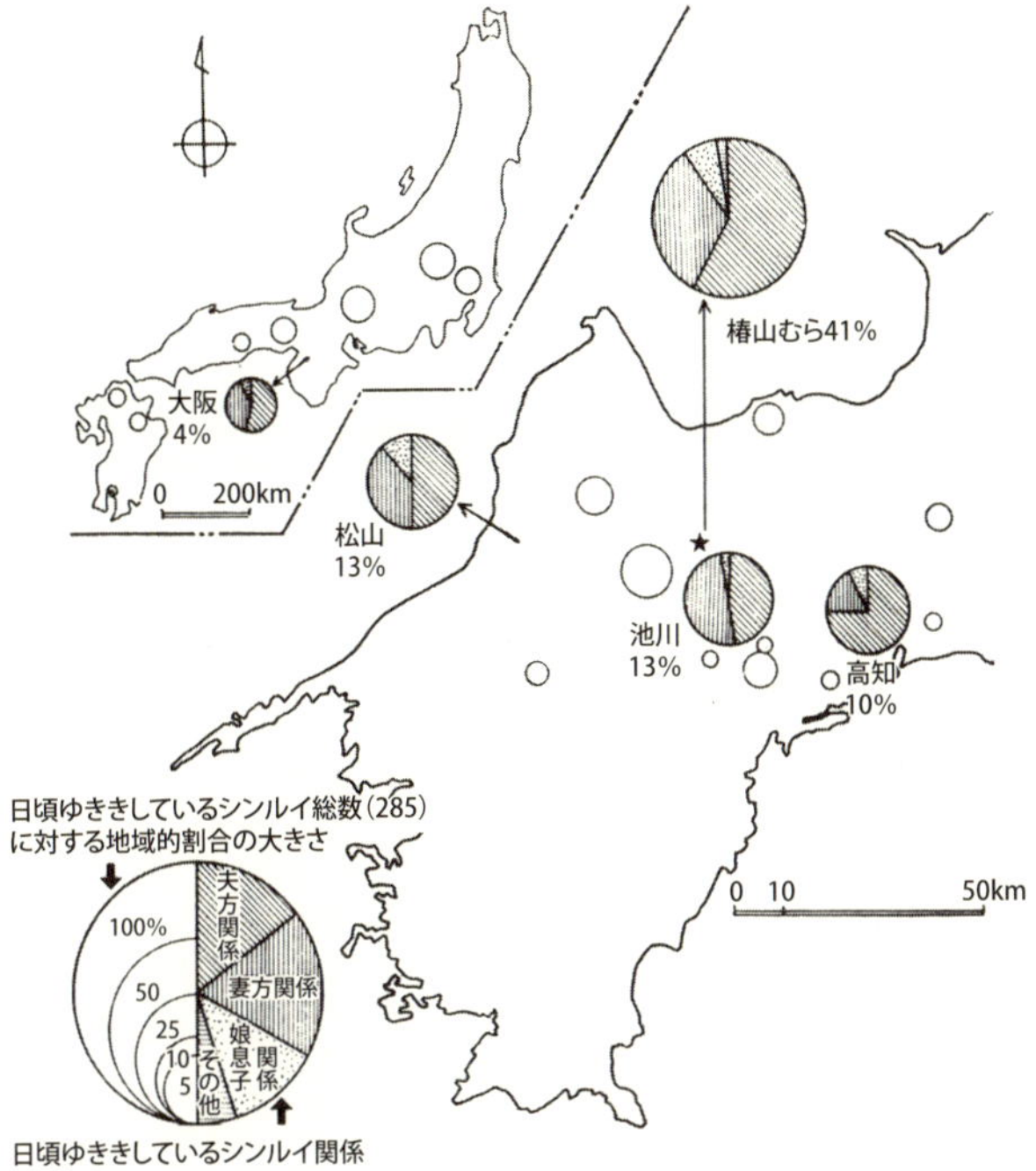

図 77　ゆききしているシンルイ関係の地域的分布とその大きさ

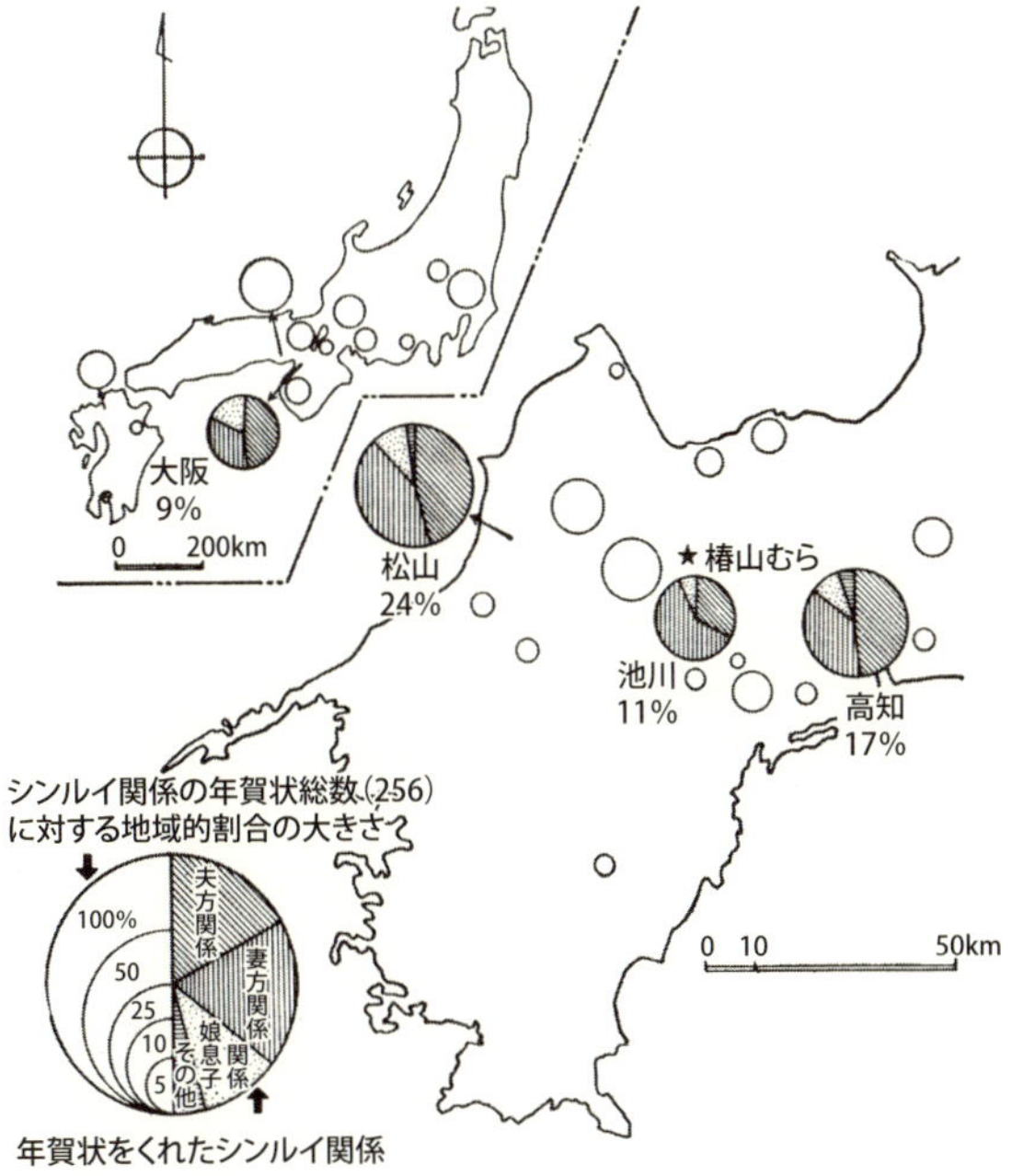

図 78　むらにとどいた年賀状からみたシンルイ関係の地域的分布とその大きさ

第Ⅲ期になると、通婚圏はたいへんひろがっている。中学・高校を卒業した若者が、都会にでて、そこで結婚するようになったからである。通婚圏の拡大の時期は、昭和三五年以後にもとめられる。このころから、むら内部への指向性が失われはじめ、むら社会は外部へ拡散していくようになった。

むら内部における「網の目の血縁関係」はしだいにくずれ、シンルイの地域的分布もかわってきた。昭和四五年の秋から昭和四六年のはじめにかけて調べた椿山のゆききしているシンルイの地域的分布は、図77のとおりである。椿山には、これまでの内婚、そしてそれにともなう「網の目の血縁関係」によるシンルイが、まだかなりみられる。がしかし、シンルイの六〇％までが、椿山外の地域にもとめられる。すなわち、池川町・松山市・高知市・そして大阪を中心にした広い範囲に、椿山のシンルイが分布している。しかも、この図は、むらびとが日頃ゆききしているシンルイの範囲だけをあらわしている。日頃つきあっていないシンルイだってある。

年賀状というものは、そういう日頃つきあっていないシンルイとのやりとりでもある。椿山にとどくシンルイ関係の年賀状の発送元を調べてみれば、それらのシンルイの地域的分布を、おおよそしることができるだろう。そこで、昭和四六年の年賀状からシンルイ関係の分布を、図78にあらわした。さきの日頃ゆききしているシンルイの分布とかなり対応しているが、それよりもっと地域的なバラツキが目につく。地域的に隔絶した小さなむらでありながら、いまではこんなに広い範囲のひとびとと、大なり小なりの私的な情報交換をしてきていることがわかる。

隣のむらとの結婚が「国際結婚」のようにいわれたころもあった。そんなむらびとにとって、こんなに広い範囲にわたってシンルイができ、年賀状などのやりとりをするようになったのは、たいへんな変わりように思えることだろう。

かつて、むらびとは、つねにむらの社会的なバランスを考えながら、シンルイ関係を持続してきた。ところが、シンルイが地理的にこのようにちらばってしまうと、むらの社会にいつのまにか大きな変化がおこった。社会的にむらからはみだされても、外部のシンルイに協力を求めることができるようになった。これまでむら本位に考えてきたむらびとの眼は、いまや外部の社会に気軽にむけられるようになった。

また、シンルイの質も、かわってきた。かつてのシンルイの多くは、地理的に限定されたむらで、焼畑というお互いに同じ生産様式に従事してきた。なにかあれば、すぐに手伝いあうことができた。このことは、シンルイ関係のきずなを強める大きな要因となっていた。

ところが、むらびとの中には、遠い都市にでてしまい、昔では思いもおよばなかった地域のひとと結婚するようになってきた。シンルイの生業は、まちまちである。だから、仕事を手伝いあうこともできない。そこでは、従来のようなイイはみられなくなった。もともと一時的で、はかなかったシンルイ関係は、ますますもろくなってきた。

7 過疎対策とむらびと

「生徒の数がこんなに少なくなりゃ、好きなソフトボールもさせてやれん」。中内常忠さんは、さびしそうにこう語った。このむらでは、広場があっても生徒の数が少なすぎるのだ。常忠さんは、小学校の近くに住んでいるので、校庭で遊ぶ子供たちの姿が毎日のように目にはいる。その情景は、常忠さんの胸を痛めつづけてきた。

去年は一〇人で、まだしもよかった。今年の春には、六人に減ってしまった。この子供たちを三人の先生が教えている。ここでは、卒業式と入学式が同時に、三月下旬におこなわれる。その年（昭和四五年）は、卒業生四人にたいして、新入生はたったのひとりだった。もうひとりの生徒は、両親とともにこの春高知市にでてしまった。入学する生徒は、これから二年間だれひとりいない。分校ならともかく、独立した小学校でここほど人数の少なくなった学校は全国でもそんなにないだろう。

担任の先生は、椿山小学校の悩みをこう訴える。「発表能力、社会性が劣る。競争意識が少ない。規律を守らない。これらが生徒個人の問題です。つぎに学校全体としてもずいぶん問題があります。まず行事ができない。体育や音楽がそうです。掃除も十分できない。よい点は、この小学校は、生徒数にたいして教材が豊富だということですね」。要するに、どうにも欠点ばかりだ、と先生はいいたそうだった。

この椿山小学校にも、かつては四〇〜五〇人の生徒がいたことがあり、そのころは活発で楽しかったと、いまのむらのおとなたちは、自分たちの小学校のころをなつかしそうに思いだす。二〇〜三〇代の若いひとは、むらにほとんど残っていない。このむらで生まれる子供の数もかぎられてきた。

小学校を統合しよう。自分の子供を、ほかの大きな小学校にいれてやりたい。こういう動きがむらのひとびとからでてきても、不思議ではない。政府は、過疎地域の小学校の統合を打ち出した。池川町も、昭和四六年ごろには、椿山とほかの二つのむらの小学校を統合したいという案をだしてきた。椿山では、この春から統合問題を話しあうために、しばしば会合を開いてきた。しかし、こういう問題は十人十色で、意見をあわせるのがむずかしい、という。

「いまの日本の実情を考えると、子どもはどうしてもりっぱな教育を身につけていかなければならん。全校生徒がたった六人では、教育効果があがるはずはないし、第一なにをするにも迫力がない。全校生徒がひとりになってから騒いでも遅すぎる」。中内常忠さんは、強力な統合賛成者のひとりである。

しかし、反対意見もある。統合すれば、金銭面で負担がかかる。小さい子を八㎞も離れたところまで通わせるのは、かわいそうだ。スクールバスで通っても、通学道路が、せまい林道ではたいへん危険である。むらがさびしくなり、過疎に拍車をかけることになる。

そこで、すでに統合したほかのむらを調査して、統合問題を研究しようということになった。調査の対象は、椿山と似たような条件をもつ、やはり隔絶された樫山というむらだった。PTA会長の半場慶吾さんも、なかなか頭がいたい。「経験したことがないことをやるには、十分調査・研究していかなければならない。あなたがたもこうして焼畑を調査するのは、たいへんなことじゃのう」。へんなところで、わたしたちの調査のむずかしさを認めてもらった。

まず、むらの統合問題研究調査資料というのをつくった。

①統合前と統合後の生徒の学力は向上したと思うか。

②統合前と統合後における父兄の負担は、どのようにかわったか。

③統合の範囲および統合校の位置はどうか。

④統合前と統合後の社会教育は、どうかわったか。

そのほか、通学路・通学バス・学校林の所有権と管理の問題などむらびとは計七つの調査項目をつくり、樫山にいくことにした。区長と父兄の八人が、山仕事がおわって日も暮れかかるころ、二台の自家用車に便乗して出発した。約一時間。樫山についたときはもうまっ暗だった。戸数二五戸。下のむらと統合してから五年になる。

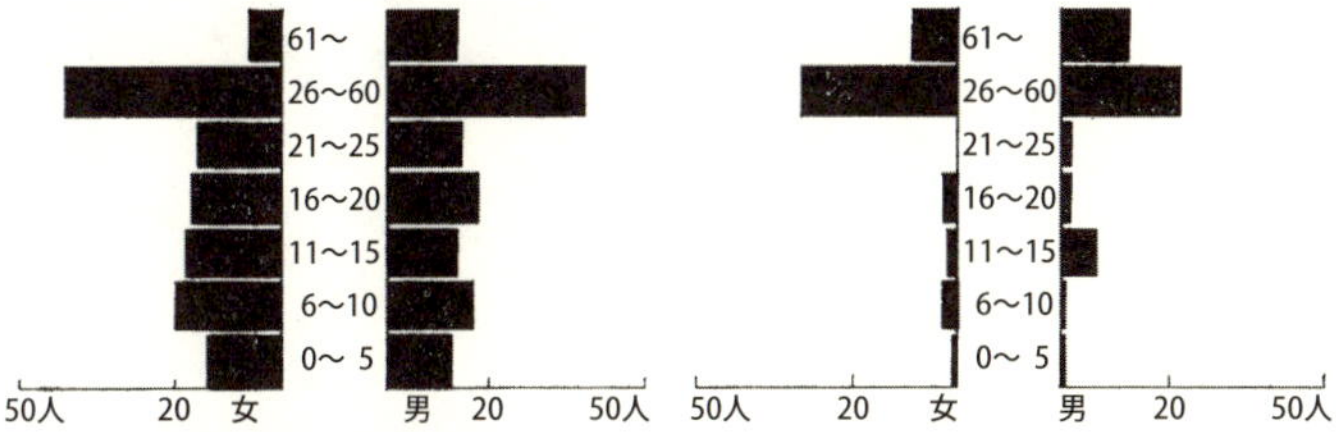

図 79　椿山の人口構成の変化

小学校はただいま6人。

樫山からは統合の際の功労者と区長のほかに二名の父兄が参加した。お互いにはじめての顔が多い。まず、PTA会長の慶吾さんが趣旨を説明し、挨拶をする。やがて、酒がだされる。雰囲気が急になごんでくる。あらかじめ用意しておいた調査項目を、ひとつひとつたずねていく。全員熱心に討論する。

統合の際の功労者伊藤さんは、経過をこう説明する。

「統合して五年目になる。下の安居小学校の改築がきっかけだった。この際、時期が問題だから、早く統合してしまった。どうせ時代の波だから、早くやった方がよいじゃないか。統合後は、現在まで成績の低下がつづいている。樫山にいるときは5だったが、統合したら4になった。先生の質にも関係してくると思うのじゃが」

樫山のPTAがさらにつけくわえる。

「統合した場合、カネがかかる。たとえば、このむらではカッパなどいらなかった。服装や買い食いが問題になる」

統合に積極的な椿山の常忠さんは、反論する。

「スクールバスになったら、買い食いなどの心配はいらんのじゃないか」

教育委員の文次さんが、間に入る。

「買い食いなんか、そんな大きな問題とちがう」

樫山「複式にしないという約束だったが、現在は複式になり、問題となっている」

教育委員の文次さん「その当時は児童数もあり、複式ということは考えられなかった」

樫山の区長「小学校を統合したら、小学校のなくなったむらは、さびれてしまうように思う。過疎の波にのってしまう」

教育委員の文次さん「学校がなくなって、さびしくなったか」

樫山「そうじゃ。統合した後、むらとしてはたしかにさびしくなった。また、負担も大きくなった。けど、これは家庭の問題。それより児童のこれからが問題だ。現在まで学力の向上はみられないが、数の中にいれば、だんだんみがかれてくる、と思う」

樫山「統合して悪い面がでてくれば、反対しておった家は、それみろ、統合しない方がよかったのではないか、という。反対したひとたちは、教育委員会との感情問題もあった。教育について考え方がふつうのひととちがっちょった。カマやナタで草木をきったりする教育をうければよいので、それ以上の教育はいらん。統合して学校の先生になったらどうかなどと教育委員会がいったが、反対しておった」

椿山の光繁さんが冗談をいう。

「統合したら、さきざき文部大臣になれるが、といったらよかったね」

樫山「樫山の場合、すすんでやったのではなく、かなり町からの強制だった」

樫山「統合するまえに、各地の小学校をみてまわった。統合で一番たいへんだったのは、父兄の意見を一致させることだった。だが、統合していくのがよいのではないか、というひとが多かった。よくケンカもした。ひとりずつ説得してもあとですっきりしない。自然の雰囲気をまつより仕方がなかった。常会で異議なしとみて、統合することにきめた。統合したがために、あとあとまで問題がからんだ、というようなことはない」

椿山の常忠さんは積極的な意見をのべる。

「わしは、自分の信念をやり通す。もしむらからでていけといわれれば、でていく」

樫山の区長「昭和四六年までに統合させるといっているそうだが、そういう町長の一方的政策は気にくわない。住民の気持ちをはかることが第一だ」

話は、三時間も熱心につづいた。椿山にもどったときは、すでに一二時も近かった。山にかこまれたむらの冬空いっぱいに、星がかがやいていた。

今回の統合は、三つのむらの小学校が一緒になることだった。さきの樫山へいったように、それぞれのむらが似たような条件をもったむらに経験をききにいき、それをもちよって研究していこうということになっていた。これまでにも下の大野むらの小学校に三校のＰＴＡが集まって、よく相談した。何度か、小学校の視察、研究もおこなってきた。椿山の中でも何回か、統合問題を話しあってきた。

「統合に反対なものたちは、こういう話し合いにはあまり参加せん。児童ものものが中心に考えていかなければならん」。区長の山中俊作さんも、なかなか頭が痛い。

わたしもなん度か統合問題の話しあいにたちあうことになった。昭和四五年九月四日には、統合問題に関して、三つのむらの合同の話しあいが下の大野小学校で開かれた。町役場からは、町長・助役・教育長・教育委員長・議長・統合推進委員長、その他役場の教育課のひと数名が出席した。参加した住民は、四〇名を上まわっていた。椿山からも五人ほど出席した。二時間、統合問題について熱心に討論が続いた。住民側は、ひとつひとつ町長から確認をとりつけた。それは、一七項目もあった。

たとえば、四番目には新校舎について、という項目があった。

住民側の要望「校舎建築、同敷地整備等に関してはいっさいの負担をかけないこと」

町長「地元には負担をかけない」

住民側「新校舎については、先進校視察などに地元民も同行させ、十分意見をとりいれること」

町長「各地区に建築委員を委嘱する予定であり、その委員を通じてなるべく地元民の意見をとりあげたい」

これらの住民と町長との間で確認されたことは「統合に関する条件書」としてのちにむらびとに配布された。

一週間後、町役場と椿山だけとの話しあいがもたれた。町長・助役・教育長・教育委員長が出席した。椿山からは、一三人が参加した。

椿山のひとびとからは、こんな要望があった。

「大野―椿山間には、危険個所が二〇個所もある。ガードレールを設置してほしい」

「町と営林署の併用林道が破損したときには町が負担する。地元民に迷惑をかけない」

「登校の際、中学生を小学生とともにスクールバスで大野までのせる。そこからは自転車で通わせる」

「併用林道には、道路工夫をつける」

ここまでは町長もひとつひとつうなずいた。ところが、つぎの要望にたいしては、頭を横にふった。

「スクールバスの安全のために道路を拡張して欲しい」

昭和四五年七月のはじめ、バレー部の運動をおえた山中勝彦君は、他の椿山の中学生と一緒に自転車に乗ったり、押したりしながら、椿山の林道を帰っていた。道もいくらか平らになったから、自転車に乗ろうとした。そのとき前輪がつきでている石にぶつかった。速度がおちた。自転車は谷側へ倒れた。たまたま、ガードレールのないところだった。勝彦君は、そのまま三〇mほど下の谷底に転落してしまった。同行していた二人は、すぐにむらびとをよびに椿山へいそいだ。その時にはすでに勝彦君は息をひきとっていた。あとでもしここにガードレールがあったら、とむらびとは悔み、悲しんだ。

むらびとの統合に対する要望は、きわめて単純なものだった。椿山から新しい統合校まで安全に通学できればよいのだ。危険な個所にガードレールがあれば……、そして道幅のせまい個所をもう少し広くしてくれたら……、と願っているだけである。かれらは、しばしば椿山林道を車でいききしながら、この道路の恐ろしさをよくしっている。勝彦君が転落死する前に、たいした事故のなかったことの方が不思議なくらいである。わたしがはじめて椿山を訪れたとき、町の車で送ってもらったことがある。ところが、この椿山林道は危険ということで、あと六㎞の林道を歩いていくようにいわれたほどである。

この会合の後、しばらくしてガードレールの材料が町役場からとどいた。材料だけが、むらびとに渡された。むらびとは、忙しいなか、そのガードレールをとりつけるために、二日間の出役にでた。このときのむらびとが働いている姿ほど、あわれに思えたことはなかった。

統合問題は、翌四六年の町長選挙で中断された。統合政策も、町長の試金石となった。が、むらびとの中には、町長のやり方に疑問をもつものが少なくなかった。「町長の一方的な押しつけが気にくわん」。むらびとは、よくこういった。むらびとは、過疎対策に決して無頓着ではなかった。過疎対策は、政府の政策かもしれない。が、むらびとはそれをうのみにするほど自分たちの生活に無関心ではない。ひとつひとつ、自分のむらや、家の状況にてらしあわせて、判断していくのである。

椿山をはじめて訪れたのは、昭和四四年だった。その年、わたしは椿山に二ヵ月はいた。昼は焼畑をまわって、むらを傍観した。むらはおちつき、ひとびとはなごやかに働いていた。その頃は、なんとまとまったむらなのだろう、という印象を受けたものである。しかし、あとになってわかったことだが、この頃むらはもめていたのである。もめた原因は、むらの上まで農道をつけるかどうかということにあった。むらは賛否両論にわかれて、常会をかさねていった。「わしの区長のときでたいへんだった、もう二度と区長はすまいと思っちょる。なんどもなんども常会をやった」。当時を思いだして中内安平さんは語る。

むらびとは、とことんまで話しあう。たとえ経済的に下位にいようとも、むらのなかで独立した一戸をなしている。そんなひとの意見を無視することはない。なんども議論をかさねていく。そして「自然の雰囲気」のなかで、意見のまとまるのを辛抱づよくまつのである。

8　もし一、〇〇〇万円を手にしたら

むらびとは、これからさきのことをどのように考えているのだろう。しかし、直接そのことをたずねてみても、具体的な答えをえるのはなかなかむずかしい。そこでわたしは、日頃の家計費の内訳を尋ねたあと、つぎのような質問をだしてみた。

「もし一、〇〇〇万円がはいったら、なにに使われますか」

最初にいくらか現実ばなれをした問いをだしてみた。が、いまむらでは、一、〇〇〇万円以上の植林をもっている家も何軒かはある。もう何年かたち植林が大きくなれば、財産が一、〇〇〇万円を上まわる家が多くなってくる。そう考えると、一、〇〇〇万円という金額は、大半のむらびとの手のとどく範囲にあるといえる。

「その半分の五〇〇万円の場合だったら……」

「もっと少なくなって、一〇〇万円の場合だったら……」

このような調子で金額をさげ、それに対応したむらびとの願望をきいたら、むらの将来を考える素材になるのではないか。

実際、さまざまな反応があった。投資型もしくは野心型ともいえる積極的な意見もでた。

山中俊作さん（四七）の場合。家族は、両親、妻、高校三年生の男の子。俊作さんは働き盛りであり、他の家族はこれからのことを俊作さんにまかせきっている。「一、〇〇〇万円はいったら、柑橘類・茶・桑のような永久作物をやってみたい。場所は椿山でなくてもよい。年とってもカネになるし、収入が安定しちょる。五〇〇万円でも同じじゃね。一〇〇万円なら車を買う。一〇万円かね、一年間の晩酌代だね。あとは生活の支え程度だよ」。

中内常忠さん（四四）も俊作さんと同じような考えをもっている。常忠さん夫婦と高校三年生の娘、小学校五年生の男の子。「一、〇〇〇万円はいったら、下の平野にいって将来性のある酪農をやろうと思っちょる。五〇〇万円じゃったら、子供の将来のために高知市に家を建てる。一〇〇万円じゃったら、若林（まだ小さい植林のこと）を買うね」。常忠さんの奥さんは、一〇〇万円くらいだったら貯金をしておく、という。これが常忠さん夫婦の抱負である。

農業以外の面に投資をしようと思っている家もある。

滝本庄作さん、中西新助さんは、すでに高知市に家をもっている。二人とも植林した山をかなりもっている。庄作さん（五〇）はこういう。「一〇〇万円以上なら、そのぶんで高知市の近辺に買えるだけの土地を買う。まあ一〇万円だったら、貯金だね」。

若い新助さん（二七）も、ほぼ同じ意見だ。「五〇〇万円以上なら、高知市か松山市に宅地を買っておくね。一〇〇万円ぐらいだったら遊ぶね」と規模が大きい。

中内清則さん（五三）は、もう少し具体的に考えている。息子と娘は高知市で働いている。すでに、高知市にりっぱな家をもっている。「一、〇〇〇万円はいれば、高知市に土地を買って、アパートをはじめるね。五〇〇万円だったら敷地ぐらいだね」。日頃は意見のくいちがう夫婦だが、この時だけは一致した。「一〇〇万円だったら山林じゃ。一〇万円なら新しいオートバイに買いかえるね。あとは使い道なしじゃ」というのが主人。「一〇〇万円なら貯金しとくね。一〇万円なら東京見物してみたいね」と奥さんはいう。

これまでのべてきたほど積極的な投資型ではないが、市街地になんとか宅地を買って家を建てたい、と願っている家が八軒もある。

半場慶吾さん（四二）も、そのひとりだ。高校にいっている息子と小学校五年生の女の子がいる。「一、〇〇〇万円入ったら、高知市に家を買うね」。慶吾さんはすぐ返事をした。五〇〇万円でも家を買いたいという。「一〇〇万円じゃったら車を買うね」。今はオートバイしかもっていない慶吾さんは、こう答えるのだった。

平野光繁さん（四一）は、もっとこまかく考えている。かれもかなりの山持ちである。中学校、小学校にそれぞれ娘がいる。「五〇〇万円以上だったら家を建てるね。場所は、池川か高知あたりだ。一〇〇万円なら若林じゃね。一〇万円ならやはり若林か、山の道具だね。一万円なら貯金、あとはジャコ代だ」。これは奥さんもひとつひとつ賛同した。かれらは、子供のために、また、老後のことを考えて、市街地になんとか土地をもとめ、家を建てようとしている。貯金もそのためであり、若林もつぎのステップの足がかりである。

子供に苦労をかけたので、子供に分けてやり、あとは土地を買ったり、老後のために貯蓄をしておきたいという、子供分配型の家がある。

平野良吉さん（四五）は、あまり山をもっていない。生活の糧を毎日の土方工事に頼っている。「一、〇〇〇万円入ったら一〇分の一は寄付しますね。あとは、子供・兄弟で分配します。五〇〇万円でも一〇〇万円でも一〇分の一は不自由なひとに寄付します。わたしは以前ものすごく貧乏していたから。一万円なら定期貯金、あとの小さなカネは消えてしまうね」と、良吉さんは答える。奥さんも子供分配型である。「子供と兄弟に一〇万円ずつ分けて、あとの半分は植林を買って、残りの半分で高知市に家を買うね。五〇〇万円でも子供・兄弟にわけてやり、あとのあまったカネで植林を買う。一〇〇万円でも半分を植林に使い、残りの半分は貯金にします」。

このような分配型は、小谷伝弥さん（五六）の家にもみられる。小谷さんの家もほとんど山がない。主人は大工さんで、奥さんは土方などの日雇いで生活を支えている。子供はすでに大きくなってむらの外にでて働いている。「一、〇〇〇万円でも一〇〇万円でも半分は三人の子供に分けてやり、あとの半分は老後のために貯金しておきます。一〇万や一万だったら貯金だね。一、〇〇〇円なら子供の誕生日になにか贈ってやる。五〇〇円？　モンペを買いたい」。奥さんは、こまかく語った。が、主人は、あまり考えてない、の一点張りだった。

なにがなんでも若林を買いたいという家がある。中内幾雄さん（六七）もそのひとりだ。「一、〇〇〇万円でも一〇万円でも若林を買う。わしは、若い時からひとに使われるのが一番きらいじゃった。植林だったら、自然を相手にのんびりできる。木材業を二〇年間やったが、人間相手だからイヤ気がさした。それより山を相手に、木をしぜんに育てていくのが一番よい」。

こういう若林指向型は、中内幾雄さんのほかに二軒あった。いずれも、山をわずかしかもっていないひとたちだった。そして、年をすでにとっており、働けるあいだ働いて、椿山に骨をうずめるというひとたちである。

貯金一点張りの家が何軒かあった。女ひとり椿山に残っている家は、すべてこの貯金型である。また、山をもっていたとしても、事業をするほどの気力がないひとたちである。かれらは、このむらでほそぼそと暮らしている。

どんな大金が入っても、あまり欲望をもたないひとがいる。放棄型といったらよいだろうか。平野英弥さん（四八）も、そのひとりだ。「なんとも使わん。若い時分には希望があったけど、いまはなくなってしもうた。徴兵で同じだったひとが神戸で働いている。若い時分、かれがでてこい、でてこいといった。けど、結局やめてしまった。ちょっとぐらいの土地に縛られて椿山にいるより、でた方がましだ。でも、もう年をとったから、どうしようもない」。

平野利弥さん（四九）は、「男の子もいないし、どこに家を建てようという目的がない」と元気がない。

また、質問を適当にあしらってこたえてくれない家もあった。デマカセ型としかいいようがない。創価学会にはいっている平野泰政さん（五〇）のところがどうもそのようである。はじめはなにかいおうとしながら、家族で顔をみあわせ、口をにごしてしまった。結局、泰政さんのところは、カネがはいったら、すべて学会のために使うということになった。

「もしも一、〇〇〇万円が手にはいったら」という仮定は、むらびとのあいだでもよく話題になるらしい。道路工事で女のひとがあつまってなにに使うか、という話になった。そしたら、高知か松山市に家を建てるというひとが半分ぐらいいた。あとの半分は、若林を買いたい、ということらしい。むらびとの願望はかなり共通していた。そして、その多くの眼はもはや椿山の外にむけられていた。

9　あらたな展開は

「むらは、どうなっていくのじゃろう」。わたしは逆にこんな質問をよく受けた。いまのむらびとがそのまま残れば、このままむらは存続するはずである。ところがそうではない。だれだれは、でていくんじゃないか、こんなことがしばしば話題になる。むらの将来は、それぞれの家がどう対処していくかに依存している。

むら全体が個々の家を規制するというより、個々の家がこれからのむらを規制しているのである。

もしも一、〇〇〇万円のカネがはいったら、若林を買って山を相手に生きたい、といっていた中内幾雄さんは、こう語る。「結局、このむらにとどまることになるじゃろう。若い時の理想もあるけど、もうだめだ。わしの理想？　実業家から政治家になることじゃった。そういってるうちに日がくれてしまった。一五、六歳のころ、身体を思うように動かしたかった。けど父が病弱じゃった。母が子供五、六人も養っていかなきゃならだった。それをすてて、わが目的にすすむことはできなかった。結局うやむやにおわってしまった。わが身体さえ自由になれば、なんじゃいうことがなかったに。一昨年胃かいようになってから、もういかんようになった」。

平野英弥さんも、半場徳弥さんも、むらに残るという。幾雄さんのようなアキラメ型だった。「いまさらでたって、どうしようもない」というのが、かれらの共通した思いである。

「一生ここでやっていこうと思っちょる」。少なくとも自分の人生だけは、このむらで山を相手にしながら生きていこう、というひとたちである。中内安平さんも、峯本力吾さんもそうだった。かれらは、まだ若いにもかかわらず、残りの人生をやはりこのむらにかけている。かれらは、カネが入れば、若林を買うか、宅地を買う考えであった。かれらに共通していることは、子供がいずれもまだ小学生ぐらいの女の子ばかりである。どうせ娘たちはでていってしまう。

野地道子さんは、もう少し積極的なむらの残存者である。まだ若い息子のことを考え、そして自分の老後を考えている。長男は、長い間夫婦で伐採の出稼ぎにいっていた。最近帰ってきて、山の仕事をするようになった。あえていうなら積極的な居残り型は、中内安平さん、峯本力吾さん、野地道子さん三軒しかない。逆に、積極的にむらをでていこうという離村型が多い。

カネは子供・兄弟に分配して、残りで若林と宅地を買いたいという平野良吉さん夫婦は、具体的な抱負を語る。「高知の方がええと思っちょる。まだ三町歩も山が残っちょるのでその植林をしてからでていく。けど、こっちを全部売ってはいかん。墓掃除もしなくてはならんから、遠くてはいかん。自動車の修理や電気溶接など、昔みがいた技術をいかしたい」。良吉さんがこういうと、奥さんは「わたしは、病院の炊事婦になりたい」と笑った。

同じく小谷伝弥さん一家も、離村型である。「このむらには親類がないからおれん。子供も都会にでていることだし」と、奥さんはなかなか強行である。「大工のできるあいだは、こちらにいるつもりだ。でるんだったら乗り物の都合のよいところ」。主人の伝弥さんは、まだゆっくりかまえている。

宅地を買いたいと願っていた中内辰男さんの奥さんは、将来をこう語る。「スギが台風にやられて、あんなものにばかり頼っていてはだめだ、と思った。高知で働いている子供はでてはだめだというが、教員をしちょる弟はでてこい、という。主人はビニールハウスのような農業をやって、わたしは製紙会社のようなところで働きたい」。宅地をもとめるのも、高知近郊の製紙会社がある伊野というところであった。

山中俊作さん、中内常忠さん、中西新助さんは、もっと積極的な投資離村型である。「一、〇〇〇万円はいったら」と俊作さんはいう。いまの植林が大きくなれば、一、〇〇〇万円どころではない。「このむらにいるつもりはない。柑橘類か製茶の農業をやってみたい。池川でも、高知でも、松山でもかまわん」。「どこへいくかは、まだ具体的に考えていない。将来性のある酪農をやってみたい」と、常忠さんは、同じく農業に野望をいだく。二七歳になる新助さんは、たいへんな山持ちである。かれは、夢を事業にかける。これまで、何回か高知にでかけては、見習いをし、事業をおこそうとこころみた。が、いずれも見習いのうちに、その仕事にあきてやめてしまった。本の販売業や不動産業などやってみた。何をやったらよいか、わたしのところにもよく相談にきた。

カネが入ったら、宅地を買いたいといった半場慶吾さんや押岡隆吉さんは、子供に依存している。「子供の状態によってどうなるかわからん。ここでおわるかもしれん」と、慶吾さんはいう。「わしは、松山に行って建築をやろうと思っちょる。息子が松山でやっちょるから」と、隆吉さんはいう。中西亀七さんも、典型的な子供依存型である。「仕事のできるあいだは、ここでやる。けどできなくなったら、高知の長男のところへいく」。西平達馬さんも、またそうである。「長男が松山にいるから、働けなくなったら、松山へいく」。つまり、働けるあいだは、椿山でがんばって植林をし、老後は子供を頼ってでていこうとするひとたちである。こうしてむらをでていこうと考えているひとたちが八軒もあった。

「わからん、希望は希望にすぎんから」というのが、峯本善蔵さんだ。なんとか機会を待ちながら、まだどうにもならんというひとが、この方向不明型となる。「わからん、もし土地を買うとしたら高知か池川だ」。小学・中学の二人の娘をかかえている平野光繁さんは、でていくことをほのめかしながらも、具体的にきめていないようである。

「わからん。状態によってきめる。いまの予定ではとどまろうかと思っちょる」。昭和四六年の一月、中西文次さんはこう語った。ところがわたしたちと最後に別れて一ヵ月すぎたその年の九月に、胃癌のため他界してしまった。奥さんは、長男がその翌年の春、小学校を卒業するのをまって高知にでることになった。三年も前に胃の手術をして癌だということをひそかにしらされていた奥さんは、もし主人が亡くなったら高知へでていかねばなるまい、と考えていたという。椿山には、文次さんの父親だけが残った。

むらびとの将来は、このような不慮のできごとによっても大きくかわる。かれらは、それに備えるかのように、毎日山仕事をし、植林をしていく。方向不明型はもちろん、むらに居残るという家も、不慮の事故にあえば、むらをでていくようになることは大いにありうる。それほど、いまのむらはもろくなってしまっている。むらに固執しなくても、外にでれば、なんとか食べていける、という見通しができたともいえる。長い間焼畑に支えられてきたむらびとは、この産業社会という巨大な現代文明の中でどのように適応し、あらたな展開をみいだしていくのだろうか。

あとがき

前後八回にわたって、わたしは椿山を訪れた。のべ半年をこえる。昭和四四年にはじめて四国山中に椿山をしってから、まる四年がすぎてしまった。

当初の目的は、できるだけ自然に依存したむらをさがしだして、自然と人間社会とのかかわりあいをさぐっていくことだった。椿山は、そういう意味でじつにすばらしいむらだった。日本ではすでに消滅したと思われていた焼畑が、むらびとの生活の中に生きていたのである。多くの農山村で失われてしまった自然と人間のふれあいは、椿山においていまも脈々と生きつづけている。

椿山を訪れるたびに、わたしはむらの深い人生にひきこまれていくような気がした。奥深い山の小さなむらで、きびしい自然に適応し、生きてゆこうとするひとびと。それは、焼畑に生きるむらびとの相克のドラマの連続であった。

焼畑は、かつて日本のじつに広い地域にわたっておこなわれていた、重要な生業であった。したがって、これらのむらの性格は、焼畑を基盤に形成されたものであり、焼畑特有の文化や社会構造を抜きにしては理解することができない。つまり、日本文化の基盤には、焼畑につちかわれた文化が秘められているということができる。

椿山は、じつにその焼畑に支えられている、おそらくは日本最後のむらであろう。

ここでは、こうしたひとつの焼畑のむらをさまざまな視点からさぐっていき、自然と人間とのかかわりあい、焼畑という不安定な生産様式に規制される社会の特徴、さらにはひとつの日本のむらとして展開していく姿を、如実に描きだそうとしたものである。

椿山のひとびとには、ずいぶんお世話になった。調査の趣旨をよく理解してくれ、快く協力してくれた。むらびとは、こうも話してくれた。

「わしら、あんた方にきてもらって一番うれしかったのは、むらが気分的になごやかになったことよね。あんた方は研究材料ということでプラスになったろうが、わしらのプラスはね、うんとむらの環境がやわらかくなったことだと思うよ。こんな地域社会では昔から伝わっていることで、ごたごたしたことがあるけんどよね、あんた方はなんにもないから気持ちがパッといくわけよ。みんな、にっこりするんじゃけんね。ほんとよかった」

むらをいよいよ去る前日（昭和四六年八月一五日）の夜、むらの小学校でこれまでとってきたスライドを上映しながら、報告会をおこなった。むらびとの関心は高く、多勢参加して最後まで熱心にきいてくれた。ここでは、むらびとに迷惑がかからないよう、仮名にせざるをえないところもあったことを断っておく。また、本文中のむらというのは、ごく一般に使われている部落であり、自然村をさしている。

ここにお世話になったむらびとに、厚く御礼申しあげます。そして、このようなささやかな本が、椿山のみならず、日本の〝むら〟のあらたな展開に少しでも役にたつようなことがあれば、それこそ望外の幸せである。

この焼畑に従事していたころは、いわゆる大学闘争のさなかであった。メンバーの中には、闘争に積極的に参加するものもいた。

当時京都大学農学部農林生物学科に籍をおく身でありながら、境界領域にある焼畑調査にこうして従事してこれたのは、なによりも周囲の先生および先輩諸兄のあたたかい励ましのおかげである。ここに心から感謝の意を表します。

なかでも、京大農学部の浜田稔・四手井綱英の両先生、および東京外大アジア・アフリカ言語文化研究所の富川盛道先生は、この焼畑調査をたえずあたたかく見まもってくださった。焼畑研究の大先達である佐々木高明先生からは、つねに励まされ多くの有益なご助言をいただいた。また、スタンフォード大学の別府春海先生には、現地にもきていただき、社会人類学的な方法に関し、貴重なご教示とご忠告をいただいた。

梅棹忠夫先生には、終始あたたかい励ましをいただいた。当時臨時に結成した京大焼畑研究会の会長になってくださったのも、またこの出版の口火をきってくださったのも、梅棹先生であった。

そのほか、小原弘之、京大農学部応用植物学教室、京大人文科学研究所の社会人類学研究班、京大理学部自然人類学教室、阪本寧男、相良直彦、篠田統、田中正武、提利夫、堀田満、吉村文成の方々にお世話になった。

椿山の焼畑調査に参加したメンバーは、おもに農学部兼探検部の学生であった。伊東祐道、今井長兵衛、河原太八、中村浩二、光田重幸、渡辺信君、嘉田由紀子（旧姓渡辺）さんたちだった。とくに伊東君は植生、渡辺信君は土壌の調査に従事し、貴重な資料を収集した。文学部からは、人文地理学専攻の赤阪賢君が参加し、たえず有益な批判と助言をしてくれた。また、スタンフォード大学大学院で人類学を専攻しているRay McDermott君も二週間ほど参加し、有益な忠告者と討論者になってくれた。

本文中に用いた資料のおおかたは、わたし自身が収集したものである。しかし、一部調査に参加したメンバーの資料を借用した。調査資金の多くは、アルバイトをしてかせいだものである。また、池川町および高知県からいくらかご援助いただいた。資料の整理にあたっては、文部省科学研究（昭和四七年）の奨励研究費をもらうことができた。

この本はもっと早くできる予定であった。筆の遅いわたしの悪戦苦闘を長いあいだ見まもり、励ましてくださったのは、朝日新聞社の出版局大阪編集部の方々である。ほんとうにありがとうございました。また、京大人文科学研究所の松原正毅さんには、出版にいたるまでのいろいろなお世話をいただいた。ここに厚く御礼申し上げます。

昭和四八年七月

ナイロビにて　福井勝義

Ⅱ

焼畑農耕の普遍性と進化
——民俗生態学的視点から

1　焼畑とはどんな農耕様式なのか

もっともありふれた農耕

焼畑《やきはた》は、この地球上でもっとも普遍的な農耕様式であった。[1]スカンジナビアをふくむヨーロッパにおいても、焼畑は広範におこなわれていた、じつに重要な生産様式であったのである。ところが、周知のようにヨーロッパにおいては、森林破壊と周辺地域における産業の発達などにより、焼畑をみいだすことは今や不可能になったが、豊富な森林をもつ熱帯地域では今日でもじつに多くの人々が焼畑を営んでいる。

一九五七年のＦＡＯ（国連食糧農業機構）統計によれば、二億もの人口が三六〇〇万平方キロメートルにわたって焼畑に依存していた。[2]そして、インド・東南アジア・南シナを含むアジアでは、一九六〇年代半ばに少なくとも五〇〇〇万の人口が焼畑に従事し、一〇〇〇万～一八〇〇〇万ヘクタールの焼畑を毎年耕している。[3]これは、東南アジアの農耕地の三分の一にもなっており、今日では人口増加により、さらに二倍の人口が焼畑に依存しているのではないか、と推測されている。[4]このようにアジアの焼畑は、今もってさかんである。

さて、日本において、昔から広範囲に焼畑がおこなわれてきたということは、多くの学者の一致するところである。ちなみに資料のたどれる昭和一一年（一九三六）には、約七万七〇〇〇ヘクタールもの焼畑が存在していた。[5]戦後の高度経済成長期になって、この焼畑は急速に消滅していくことになるが、それでも昭和四五年から四六年（一九七〇～七一）にかけては、四国の山岳地域だけ

（1）Grigg, D. B., *The Agricultural Systems of the world: An Evolutionary Approach*, Cambridge University Press, 1974, p. 73.
（2）FAO, "Shifting Cultivation", *Tropical Agriculture*, Vol. 34, No. 3, 1957, pp. 159-164.
（3）Spencer, J. E., *Shifting Cultivation in Southeastern Asia*, University of California Press, 1966, pp. 16-17.
（4）Cox, G. W., *Agricultural Ecology*, W. H. Freeman & Company, 1979.
（5）農林省山林局編『焼畑及切替畑ニ関スル調査』、治水関係資料第九輯、農林省山林局、一九三六年。

でまだ五〇〇戸の農家が、三五〇ヘクタールの焼畑を営んでいたのである。[6] 大阪万国博の頃、少なくともこれだけの面積の焼畑がたしかに日本に存在していた。そして

椿山《つばやま》の焼畑景観
世界でもっとも広くおこなわれている農耕様式である焼畑は、日本においても各地で営まれていたきわめて重要な生産様式であった。かつては平野、台地においても盛んにおこなわれていたと思われるが、近年まで日本に残存していた焼畑集落は奥深い山岳地域であった。それは近世になっての税金のがれからともいわれているが、平地の稲作農耕文化との長い時間の過程でおきた棲み分けであったかもしれない。写真は四国の石鎚《いしづち》山麓にある椿山である。(1970年撮影)

焼畑に依存していた村は、私たちが山村に対していだいているような暗いイメージとは異なり、テレビをみ、ステレオを聞き、乗用車をもつといった豊かな物質文化に恵まれつつ、焼畑にいそしんでいたのである。[7]

人類が農耕をはじめた頃から現代まで、しかも熱帯地域のみならず高度に発達した日本の産業社会においても、焼畑は生きつづけてきた。そうした焼畑とは、いったいどういう特徴をもっているのだろうか。民俗生態学的視点から、さぐっていきたい。

焼畑の定義

焼畑というとすぐ「焼く」というイメージを思い浮かべてしまうが、それは全行程のほんの一過程のことにすぎず、焼畑農耕の全体としての特徴をとらえるものではない。むしろ、この「焼く」ということにウェイトをおきすぎては、焼畑理解のさまたげになるといえよう。森林や草原を開墾《かいこん》するために焼いて畑をつくるというだけでは、けっして焼畑とはいえないのである。このことは、しばしば錯覚されていることなので、十分留意しておか

エチオピア西南部ボディ族の焼畑集落
熱帯地域ではいまも盛んに焼畑農耕が営まれている。空からみると森林の中にパッチ状に開かれているところが焼畑である。収穫した跡にモロコシやトウモロコシの茎が散在している。このあたりでは2年間栽培したあと放棄し、別の休閑林に移り住んで、そこをまた新しく伐り開くのである。(1974年撮影)

ねばならない。それでは、どんな農耕が焼畑といえるのか。

日本の焼畑研究を体系化した佐々木高明は、焼畑をつぎのように定義している(8)。

「焼畑農業とは熱帯および温帯の森林・原野において、樹林あるいは叢林を伐採・焼却して耕地を造成し、一定の期間作物の栽培をおこなったのち、その耕地を放棄し、耕地を他に移動せしめる粗放な農業である」

この定義は、これまでの焼畑に関する定義を検討したうえでおこなわれたはずであり、的をえているように思われる。しかしそれにもかかわらず、さきのような誤解をうみやすいし、また焼畑のもっとも重要な特徴をみのがしている。それは、なにか。

まず、佐々木の定義の中で「熱帯および温帯」という

(6) 福井勝義『焼畑のむら』、朝日新聞社、一九七四年、一一ページ。
(7) 同右、一六七—二二〇ページ。
(8) 佐々木高明『熱帯の焼畑——その文化地理学的比較研究』、古今書院、一九七〇年、一ページ。
佐々木高明『日本の焼畑——その地域的比較研究』、古今書院、一九七二年、一ページ。

ことは、焼畑の定義においてかならずしも不可欠な項目ではない。それは佐々木もすでに指摘しているように(9)、焼畑農耕はかつて西欧のみならず北欧や北米においても営まれていたからである。つぎに、「森林・原野」というのは、誤解をうみやすい。つまり、森林を原野とならべると、いかにも処女林、つまり原生林ということを想像してしまう。これも、すでに佐々木は焼畑研究を体系づけたアメリカの文化人類学者コンクリン Conklin, H. C. の論文(10)を引用して十分承知しているはずであるが(11)、この表現ではさきのような誤解をうけやすい。コンクリンは、これまで集中的に調査された焼畑研究から、焼畑に用いられる森林は処女林よりむしろ二次林が選ばれる、と結んでいるのである。その後の多くの調査事例からみても、焼畑の対象となる土地はほとんど二次的植生《しょくせい》である。

さらに「一定の期間」という部分、これは、むしろ「短期間」とした方がよい。世界の事例からみれば、焼畑の耕作期間が一〇年をこえるものは、まずないといってよい。そのほとんどが、五年以内であり、二〜三年というのがもっとも一般的な焼畑の耕作期間である。もちろんこうした耕作期間に関しても佐々木はこれまでの事例を綿密に検討しており、かれの著書をこまかくみれば、焼畑の耕作期間は短期間であることがあきらかになる(12)。

かれが焼畑の定義においてみのがしている重要な点は、「休閑」ということにまったくふれていないことである。「耕地を他に移動せしめる」ということは、かならずしも「休閑」を意味することにならない。焼畑でもっとも重要な点は、栽培期間よりも少なくとも長い休閑期間をもつことである。

焼畑は、英語で Shifting Cultivation とか、古いスカンジナビア語に語源をもつイギリスの北部方言 Swidden ということばでしばしば表現される。これらの定義をみると、「焼く」ということはなくても、かならず「休閑」(fallow)という概念は含まれているのである。イギリスの地理学者グリッグ Grigg, D. B. も、これまでの諸説をふまえて、つぎのようにのべている(13)。焼畑において欠かすことのできない特徴は、まず作物というより畑自体の循環であり、長期間の自然の休閑と短期間の作物の耕作期間のくりかえしである。そして二番目の特徴がその土地のもとの植生を伐《き》りはらい焼くことによって整地することなのである。コンクリンは、「一時的なクリアリング（整地）をほどこし、休閑期間より短い期間、農作をおこなう継続的農業システム」と簡潔に定義している。(14) 世界の焼畑にはさまざまな変異はあるが、これで十分特徴をとらえている、といってよいだろう。

もう一度佐々木の定義にもどる。そこには、「焼畑農業とは……粗放な農業である」とある。この「粗放」ということばも、誤解をうけやすい。これでは、「一定の土地面積に対し、自然物、自然力の作用に頼り、労力や資本投下の少ない農業」を粗放農業だとしても、いかにもおおざっぱな農業で、農耕の前段階であるような印象を受けやすい。だが、焼畑のプロセスをつぶさにみていくと、そのひとつひとつがいかに丁寧にとりおこなわれていくのかが理解される。地域によってはもっともその地に適応した生産様式とみることもできるのである。「粗放」というのは誤解をうけやすい。

さて、日本における焼畑研究の先達である佐々木高明の定義を再考してきた。ここで、これまでの過程からえられる焼畑に関するより普遍的な定義をこころみると、つぎのようになる。

「焼畑とは、ある土地の現存植生を伐採・焼却等の方法を用いることによって整地し、作物栽培を短期間おこなった後放棄し、自然の遷移によりその土地を回復させる休閑期間をへて再度利用する、循環的な農耕である」

(9) 佐々木高明『熱帯の焼畑』、一一一—一一四ページ。
(10) Conklin, H. C., "An Ethnoecological Approach to Shifting Agriculture", *Transactions of the New York Academy of Sciences*, Series II, Vol. 17, No. 2, New York, 1954, pp. 133-42.
(11) 佐々木高明『熱帯の焼畑』、一二三ページ。
(12) 同右、一〇五—一〇八ページ。
佐々木高明『日本の焼畑』、一二五ページ。
(13) Grigg, D. B., op. cit., p. 57.
(14) Conklin, H. C., "The Study of Shifting Cultivation", *Current Anthropology*, Vol. 2, No. 1, 1961, p. 27.

2 焼畑の五つの特徴

地球上にはさまざまな変異の焼畑がみいだされるが、ほとんどの焼畑につぎの五つの共通の特徴が含まれている。まず第一に、毎年のように畑にする土地の選択をおこなう。第二に多くの場合二次植生であるが、その地の現存植生を伐採する。第三にその伐った木や草をしばらく乾燥させ焼却して整地する。第四に作物を栽培する。第五に短期間の栽培を経た後その畑を放棄して休閑させる、という五つの要素があげられる。ここでは、この五つの焼畑の特徴を中心にのべ、焼畑の循環システムがどのように形成されているのかをみていきたい。

(1) 土地の選択

焼畑の土地の選択には、さまざまな配慮がなされているが、大きくわけると二つある。一つは土地の生態的条件、今一つは社会的条件である。

土地の生態的条件には、その土地の気候・地形・土壌・植生などがあげられる。同じ地域でも、日照時間の長短によって、栽培する作物も異なってくる。したがって、つくる作物によって、土地の選定を考えなければならない。たとえば、四国の焼畑地域では、日照時間の長短によって、「ヒノジ」と「カゲジ」といった概念で土地を分類している。「ヒノジ」とは、日のあたる土地のことであり、一方「カゲジ」とは、日陰の地を意味し、そのカゲジに相当する土地では、秋はやくから霜がおり、春おそくまで雪が残っているといった現象がみいだされる。こうした微細気象が栽培する作物の種類に大きくかかわってくる。私が調査した四国の椿山《つばやま》（高知県吾川《あがわ》郡池川町椿山）では、ヒノジにはムギ、カゲジにはソバをつくるという方法をとってきている。[15] さらにこまかくいえば、風がいつの時期にどちらから、どの程度ふいてくるかも、焼畑の土地の選定のひとつの条件になるのである。

地形が土地の選定に大きくかかわっていることは、容易に想像することができる。山の尾根筋と谷筋では明確に土質が異なり、栽培する作物によって焼畑にする土地を選ばなければならない。標高の高いところは低い地にくらべて、木の成長が悪く森林の回復が遅れ、休閑期間が長くなる、といった現象もおきてくる。山のくぼみのところ、急傾斜のところ、それぞれこまかい地形が、土地の選定の条件になってくる。焼畑に依存している日本の村の地名を調べてみると、地形をあらわす語彙《ごい》がいかに多いかがわかる。たとえば、四国の椿山周辺の山山は、じつに三五三のよび名でよばれ、分類されている。その基本語のうちの半分は地形を示す語彙でしめられており、ついで方向・高低をあらわす語彙が合わせて一七パーセントにのぼっている。(16) 焼畑に従事する人びとが、いかに

高知県長岡郡本山町のソバの焼畑
地域によって、あるいは同一地域の生態的条件によって、伐採、火入れの時期が異なってくる。一つは秋に伐採して春に焼き、ヒエ、アワなどを栽培する。二つめは初夏に伐採して真夏に焼き、ソバを栽培する。他の一つは夏に伐採しておいて秋に焼いてムギを栽培するという方法である。今日ではソバは換金作物としても栽培されている。(1972 年撮影)

(15) 福井勝義、前掲書、四六―七〇ページ。
(16) 福井勝義、前掲書、三四―四六ページ。

地形や気候条件を左右する方向・高低に関心をいだいているかがわかる。

土壌になると、肥沃《ひよく》かそうでないかによって、焼畑に適しているかどうか、あるいはどんな種類の作物をつくるかが、きまってくる。さらに、火山灰のようなアルカリ性土壌かあるいは酸性土壌か、砂質か有機層が多いか、なども当然のことながら土地の選定の条件に加わってくる。

気候・地形・土壌条件を反映しているのが植生である。多くの焼畑農耕民は、はえている草や木の種類によって、その土地の総合的判断をすることができる。たとえば、日本においてクズ・ウツギ・フサザクラなどがよく繁っているところは土壌がよいし、またフサザクラやエゴノキがまっすぐのびているところは、冬に風があたらない所だから、そういう所でなおかつ日がよくあたる場所なら、ムギをつくるのに適している、ということになる。また、植生はその土地が十分回復して、焼畑にするのに適当かどうか、もっとも重要な目安となる。たとえば、クズやススキの群落をきりひらいて焼畑にしたところで、土地は肥《こ》えていないし、たちまち雑草にやられてしまう。どの焼畑農耕民でもどの程度の植生になったら焼畑に適当なのか、十分こころえている。

そしてすでにのべたが、ほとんどの焼畑民はその地のクライマックス(極相林)、つまり処女林のような森林を利用するよりも、すでにかつて使用されたことのある二次林を選ぶ。土地の肥沃度に多少の差はあっても、二次林にくらべ、処女林を伐りひらくための労働量は比較にならないほど多いからである。いくら焼畑を営んでいる地域の人口が希薄そうにみえても、農耕に適した地域に処女林はほとんど残っていない。熱帯に行くと、うっそうとした森林があり、まるで処女林のような森を焼畑民が伐採しているような印象をもちやすい。しかし、それは森林の回復が早く、少し長期間放っておくとすぐに処女林のような状態にもどってしまうからだ。よく調べてみると、じつはかつて焼畑に使われたことのある二次林だった、ということがよくある。古代の西南日本において、潜在植生である照葉樹林が焼畑の対象になっていたかどうか、私はきわめて疑わしいと思っている。彼らが焼畑に利用したのは多くの場合、その二次植生である温帯落葉広葉樹林ではなかったろうか。

つぎに、土地の選択に関する社会的条件を考えてみよう。焼畑の土地の選択は、さきにあげた生態的条件だけではきまらない。そこには土地所有と社会関係という二つの条件が大きくかかわってくる。その地域が共同で所有し、利用している土地なのか、たとえばある限られた血縁集団によって共有されているのか、まったく家族単位なのか、などによって焼畑にする土地の選択の決め方が異なってくるのは当然である。日本のように近年土地所有制度が明確化された地域をのぞけば、焼畑を営んでいる地域では、焼畑の土地の所有というのは、牧畜社会における私的土地所有の欠如と同じようにはっきりしていない場合が多い。すでに前回焼畑に使ったことのある人の了承を求めればよいといった、軽い占有権程度である。昭和三〇年（一九五五）頃まで日本の焼畑地域では、部落単位で山を所有し、毎年部落会議でその年伐りひらく場所を決定していたところが少なくない。この場合、山焼きは部落単位でおこなうが、伐採から収穫まで他の作業は家族単位のケースが一般的である。

かりに家族単位で自由に焼畑にする土地を選択することができたとしても、その家族におけるこれまでの焼畑の耕作地の位置やつきあい関係によって、新しい土地が選択されるようになる。たとえば、ある家族の営んでいる焼畑があまりに分散していては、その家族の労働量はふえるばかりである。他の条件がそろえば、焼畑はできるだけ集中していた方がよい。こうした家族における土地の空間配分も土地の選択条件に欠かせない。

焼畑では、しばしば相互扶助の労働交換がみられる。たとえば、火入れ、除草、獣害からの防禦《ぼうぎょ》といった時にはできるだけ助けあう。まったく疎遠な家族と近くで一緒に焼畑をつくるより、できるだけ親しい（とくに女性間の場合が多い）家族同士の畑が隣接していることが望ましい。そうすれば、もっとも危険な火入れはともにできるし、退屈で根気のいる除草をお互いのおしゃべりでまぎらわすことができる。また動物からの防禦柵を共同で設けることもできるし、その番を交替にすることもできる。土地の選択のうえで、こうしたつきあい関係の網、つまりソシアル・ネットワークはきわめて重要な条件になる。

⑵ 伐採

焼畑の最初の具体的な作業は、伐採である。木を伐らないで、立木をそのまま焼くというのはきわめて例外的である。クック Cook, O. F. によると、中米の焼畑では、林をそのまま焼いてすぐトウモロコシを栽培し、林が回復する前に収穫してしまうというやり方をおこなっている。[17] 一方、西ドイツの農業経済学者ルーテンベルク Ruthenberg, H. は、世界の焼畑の整地と栽培の順序と方法についてふれている。[18] それによると、サバンナの一部の地域では、まず林を焼いてから残っている木や低木を伐りはらい、整地するという方法がとられている。下生《したばえ》が多く、極度に乾燥する時期をもつサバンナでこの方法は有効にはたらく。また、タンザニアの南部では木を直接伐らないで、樹皮をはぐだけで木を枯らして、その葉を土中にうめてうねをつくり、焼く作業を経ないで作物を栽培する方法がみられる。枯れた木はのちに薪《たきぎ》として利用されるのである。この方法は、大きな木がまばらに乱立する地域で効果的である。というのは、伐採という大きな労働がはぶかれ、大きな木を乾燥させる時間の必要がなくなるからである。また、コンゴ盆地のいくつかの部族も、焼くという作業をとらないで、焼畑を営んでいる。まず部分的に森を伐りはらい、バナナをうえつける。そして一年かかって徐々に他の部分を整地し、大きくなったバナナの間に他の作物をうえていく、というや

エチオピア西南部における焼畑農耕
林に回復しない比較的乾燥した地域では、草原を伐り開く場合もある。掘り棒を使用して草の根を掘りおこす女性〈次頁上〉。こうした共同作業のあとは酒がふるまわれる。火入れをおこなったあとの焼畑は、家族単位に木を挟んで境界が定められる。女性が種をまき、作物が育成するまでに2回の除草をおこなう。種まきから収穫までの間いくつかの儀礼もおこなわれる。〈中〉はモロコシ畑である。焼畑の作業のなかで、除草と獣害の防除にもっとも多くの時間がさかれる。〈下〉は焼畑の見張り台の上で鳥獣を追いはらう少女で、収穫が近くなると四六時中獣害にそなえて見張りをしなければならない。小石を綱に挟んで振りまわし、一方の先端を離すと、小石はものすごい速度で目標物に向かって飛んでいく。（1976年撮影）

(17) Cook, O. F., “Milpa Agriculture, A Primitive Tropical System”, Smithonian, Institution Annua1 Report, 1919, pp. 307-326. Washington: Government Printing Office, 1921.
(18) Ruthenberg, H., *Farming Systems in the Tropics*, Oxford: Clarendon Press, 1980.

椿山における焼畑の伐採・整地作業
共有地はくじびきで各家族に細かく分割され、伐採も家族単位でおこなわれる。いちめんに繁った藪《やぶ》は、下生《したばえ》の草木、かずら、小灌木、高木の順序で手際よく切り開かれていく（124）。火入れは必ず土地の上方からはじめる。炎が外にひろがらず、またあまり大きくならないように絶えず注意が払われる。火の粉が飛び散ると見張り人がすぐ消さなければならない。延焼のおそれがあるところは、火の粉が見えるよう夜焼きをする（下右）。焼かれた直後の畑は殺伐とした感じを受ける。石や燃え残った木をかたづけなければ畑としては使用できない。たいていは木くずを集めてもう一度焼くことになる。その後、土砂の流出を防ぐための石垣を作ったり、木を横倒しに置いて止め木とする（下左：撮影　伊東祐道）。（1969、1970年撮影）

り方である。湿潤な熱帯降雨林では伐採した木々を焼却することはそうとう困難である。この方法は、そうした湿潤な地域に適している、といえるのだろう。その他の熱帯地域では、木々を部分的に伐採し、バナナやキャッサバをうえつけた後さらに少しずつ伐採して整地し、乾いた枝木を焼却するといった方法もとられている。

しかし、もっともありふれた方法は、まず木や草を伐りはらい乾燥させた後に焼き、作物を栽培するというものである。日本でもこの方法がとられてきた。伐採の時期は、できるだけ葉が木に繁っている初夏から中秋までというのが一般である。葉がついていると、伐りはらった木々を焼却しやすいからである。草原やブッシュ（低木林）の焼畑では、焼く一～二週間前頃伐採するが、林の場合は、少なくとも焼く二～三か月前に伐採しておく。

こまかくいえば、木の伐り方は大きく二種類にわけられる。一つは、根元もしくはそれに近いところから木全体を伐り倒す、というやり方である。他の一つは、木にのぼって枝だけを伐りおとす、というものである。熊本県球磨《くま》郡の五木《いつき》村では、前者を「ヤボキリ」、後者を「キオロシ」とよんでいる。(19) また四国の椿山では後者を「オロシギ」ととくによんで他の伐り方と区別している。(20) このように枝だけを伐りおとすのは、根元から伐るのに労力を要する大きな木の場合が多い。その他、根元から伐るとすぐ芽をだしてやっかいなタラのようなトゲのでている木などもオロシギにする。オロシギにすると、その木はほとんどのちに枯死してしまう。熱帯ではオロシギにしてもまた新しい芽をだし、森林の回復を早めるのに役だつことが多い。

(3) 火入れ

すでにみてきたように、火入れ、すなわち草木を焼却するという作業は、かならずしも世界中のすべての焼畑社会でおこなわれているとはかぎらない。がしかし、ほとんどの焼畑社会は、伐採と同様火入れという作業をお

(19) 佐々木高明『日本の焼畑』、三三七ページ。
(20) 福井勝義、前掲書、九四―九六ページ。

こなっている。それらは、既存の植生を除去して整地するにもっとも簡便な方法だからである。

その火入れの仕方は、すでに「伐採」のところでみてきたようにいくらかの変異はあるが、もっとも共通にみいだされるやり方は伐採後、草木を乾燥させてから火入れをおこなうというものである。

かつては焼畑の火入れが延焼し予想面積の数十倍の広大な植生を破壊するといわれてきたが、焼畑の集中的な調査がすすむにつれて、焼畑の火入れはひじょうにコントロールされているということがわかった[21]。

火入れは入念な準備とこまかい配慮のもとにおこなわれるのであり、けっして無鉄砲におこなわれるものではない。どの時期に火入れをおこなうかによって、伐採の時期もきまってくる。サバンナ地域では乾季の終りに火入れをおこなうが、日本では土地の条件や栽培する作物によって、「春焼き」、「夏焼き」、「秋焼き」がおこなわれてきた。「春焼き」の場合には、ヒエ・アワ・大小豆などを、「夏焼き」の場合はソバを、「秋焼き」の場合にはムギを栽培する。

火入れのことを十分念頭に入れて、伐採はおこなわれているのである。つまり、火が移りやすく、燃えやすいように、伐採した草木が配置される。四国の椿山では、こうして燃えやすいように配置された草木を「モエバ」とよんでいる。こうした作業は日本で広くおこなわれているようで、熊本県五木村では「ツカミカエシ」、山形県西村山郡西川町では「カツタテ」とよんでいる[22]。

さて、いよいよ火入れをする日をきめるのが、たいへんむずかしい。伐採した草木が適度に乾燥していることはむろん重要である。乾燥しすぎると延焼して山火事になる恐れがあるし、逆に湿《しめ》っていると十分に焼けない。焼け残るとあとの木くずの始末がたいへんである。そして、風のないこと。さらに火入れをする前に、かならず延焼防止のための防火線が周囲につくられる。これを椿山では「ヒミチ」とよんでいるが、日本の焼畑では広くこうした処置がとられていた。私が観察した東アフリカのサバンナの焼畑でも、延焼防止の方法はとられていた。あんなに広大なサバンナでも、火はちゃんとコントロールされているのである。

火入れは、かならず上端からおこなわれる。そして少しずつ燃やしながら下方に降りていく。つねに火勢を調節し、まんべんなく草木を焼くことが、火入れのもっとも重要な点である。この作業がもっとも短時間に神経を集中するときであり、他の作業は家族単位でおこなう地域でも、この火入れだけは相互扶助の共同作業でおこなわれることが多い。

この一度の火入れで、伐採した草木がすべてきれいに焼けるということはめったにない。たいてい多少の木くずが残る。この燃えのこりの木くずをあつめてもう一度焼却するという作業が広くおこなわれている。佐々木高明も日本の焼畑の火入れの方法に地域ごとの技術的な差異はほとんどみられないと指摘しているが[23]、世界の焼畑の火入れの事例を比較してみても、伐採と同様技術的な面ではそう大差はみられない。

(4) 栽培

農具 焼畑の特徴のひとつに、道具の貧弱なことがあげられる。犂《すき》が焼畑に使用されている例は、世界でもたいへんまれである。そのわずかな犂の例をのぞけば、農具は鍬《くわ》型と掘り棒型の二つに分類される。鍬といっても、水田に使うような深い刃をもったものではなく、播種《はしゅ》前後と除草の際に軽く撹拌《かくはん》する程度の浅い、幅の小さい鍬で、柄《え》も長くはない。除草のときには、この浅鍬を使うが、播種のときは掘り棒だけといった地域もある。極端な場合には、木を伐るオノまたはナタと、播種または植付け用の掘り棒とで十分である。中米の焼畑の例では、伐採をせずに立木を焼いてしまうから、掘り棒だけが最少限の農具ということになる。東南アジアの焼畑をこまかく比較研究したアメリカの地理学者スペンサー Spencer, J. E. によれば[24]、種子を撒播《さんぱ》して土をかぶせないでそのま

(21) Conklin, H. C., "An Ethnoecological Approach to Shifting Agriculture", p. 140.
(22) 佐々木高明『日本の焼畑』、二八二ページ。
(23) 同右。
(24) Spencer, J. E., op. cit., p. 182.

ま放置しておく事例もあるから、そうなると、掘り棒すらいらなくなる。したがって、焼畑農耕は特定の農具がなくとも存在しうる、という極論も成立するのである。

日本の北上《きたかみ》山地の焼畑や西アフリカのヤム焼畑などでは、耕起のみならず畝立《うねだて》までおこなうが、そうした少数例をのぞけば、播種、植付け前後に軽く土を動かす程度で焼畑における栽培の第一作業は終ってしまう。

栽培方法　栽培方法に関しては、焼畑のみに結びつくものではないが、つぎの三つの特徴がしばしばみいだされる。第一は、混作である。異なった種類の物を同時に栽培するやり方である。地域によって、混栽される種類はさまざまである。第二は、通時混作とでもよんだらいいのであろうか、最初の作物の播種、植付けが終って、しばらく期間をおいてから、他の種の作物を栽培する方法である。火入れ前にイモ型栽培植物を植付けておいて、焼いた後に穀類を栽培する例などがそれに相当する。

第三は、輪作である。これは、火入れ直後の第一年目、それにつづく第二、第三……年目と、作物を放棄するまで連続して栽培する。栽培期間が二年程度なら、同一の作物を二年間栽培することもあるが、年ごとに異なった作物を栽培する例が多い。日本の焼畑の輪作形態は、佐々木高明によってこまかく分類されている。[25]基本的には第一年目は肥沃な土地を要求し、かつその地域の基本的な作物を、最終年度には、サツマイモやサトイモのようなイモ型栽培植物を継続的に栽培していた。そして、日本の輪作で共通にみられることは、その間にダイズ・アズキを栽培していることである。もちろん同じ地域でもこまかい生態的条件によって、初年度の作物が異なることもしばしばある。[26]

除草と獣害防禦　焼畑の栽培期間でもっとも労力を要するものは除草である。コンクリン[27]や佐々木[28]も指摘しているように、これまでの焼畑にたいして、「除草もしない粗放的な原始農耕」という偏見がはびこっていた。しかし、それは夏播《ま》きのソバや秋播きのムギなどほんの一部の作物をのぞけば、ほとんどの作物にたいして入念な除草作業がおこなわれているのである。多くの作物は、春、もしくは雨季のはじめに播種・植付けがなされる。そして、その成長は同時に雑草の繁茂と競合関係になる。

椿山におけるミツマタの焼畑栽培
紙の原料であるコウゾはヤマチャとともに古くから焼畑で栽培されていたが、明治以後ミツマタがコウゾに変わって普及していった。貴重な換金作物をとり入れることによって、焼畑は現代社会にも適応していくことになる。道路の発達により自給作物の比重が減り、ミツマタは焼畑の初年度から、スギやヒノキとともに移植されることになる。(1970年撮影)

これを放っておいては、せっかく整地し播種・植付けをおこなっても、ほとんど収量を期待することはできない。したがって、どの焼畑農耕民もこの雑草対策に大きな努力をはらっている。除草にかかわる労働力はぼう大なもので、焼畑の面積の決定因子のひとつはこの除草に対してどれだけの労働力が投下できるかである、といってよい。また、あとでくわしくのべるが、焼畑を放棄する重要な決定因子も雑草量なのである。除草は根気のいる退屈な作業で、多くの場合親しい女性同士の相互扶助がおこなわれている。この関係は、焼畑における社会組織をとらえていくうえのひとつのメルクマールになるほどである。

　栽培期間中、除草におとらず重要な問題は、獣害に対する防禦である。佐々木も同様にその重要性を指摘しているが[29]、その防禦に関しては存外無視している研究者が

(25) 佐々木高明『日本の焼畑』、一二四—一五五ページ。
(26) 福井勝義、前掲書、五一—五六ページ。
(27) Conklin, H. C., "An Ethnoecological Approach to Shifting Agriculture", p. 134.
(28) 佐々木高明『日本の焼畑』、二九二ページ。
(29) 同右、二九四—二九六ページ。

少なくない(30)。

佐々木は、対馬《つしま》における元禄《げんろく》年間(一六八八―一七〇四)の『土穀談《どこくだん》』を引用しつつ、当時の焼畑経営規模が「猪《いのしし》追い」に参加する家族労働力によって決定されたこと、また他の地域においても獣害防除に関する共同作業がその社会の社会組織を大きく規制していたことを指摘している(31)。

今日の日本のように、大型哺乳類が少なくなっている現在ではなかなか理解しがたいが、世界の多くの焼畑地域は収穫直前にこうした獣害の危機にしばしばさらされるのである。私はかつてエチオピア西南部において現地の焼畑を一部借りてモロコシ・トウモロコシを栽培したことがあるが、獣害に対する警戒を怠ったため収穫直前の作物がほとんど壊滅状態になったことがある。その防除のために、少なくとも一〇日間くらいはだれかを一日じゅう見張りにたてなければならない。面積が大きくなれば、一人や二人ではとても防ぎきれるものではない。

コンクリンはフィリピンのハヌノー族の焼畑の初年度に投下される労働量をくわしく計算している(32)(表1)。それによると、獣害防除に関する垣つくりや畑地の監視等の労働量は、極相林(ある環境における遷移の最終段階の植物群落)を伐採した耕地では全体の二一パーセント、通常の二次林で一四パーセントにのぼっている。一方、除草に関しては、極相林をひらいた焼畑の場合は、全体の九・四パーセント、二次林では二〇パーセントにのぼっており、とくに二次林ではもっとも大きな投下労働量となっている。雑草と獣害に対する防除が播種・植付けと収穫同様、焼畑の作物栽培においてもっとも重要な要素ということができる。

収穫と収量　野生植物では採集というが、栽培植物の実りを収集するのが収穫である。しかし元来、その方法はそう異なるものではないはずである。野生・栽培植物によって、「穂刈り」、「根刈り」、「根抜き」、「根掘り」、さらにはかんじんな実・種子だけつみとる「実とり」や「落穂《おちぼ》ひろい」などが採集・収穫の方法としてあげられる。どの方法をとるかは、野生・栽培植物の区別ではなく、植物の種類や地域的な文化によって異なってくる。たとえば日本ではヒエ・アワはほとんど「穂刈り」がおこな

表1　ハヌノー族における初年度の焼畑耕地に投下される労働量*

*　Conklin (1957、文献32) を一部修正

**　投下労働量のもっとも大きい作業

労働の種類	労働量（ヘクタールあたりの延時間）		
	極相林	二次林	
		木林	竹林
用地の選定	6	3	3
下伐	60	100	150
伐採	350	150	40
火入れ（火入れから燃え残った木クズを焼き終るまで）	189	142	92
植付（陸稲、トウモロコシ）	160	140	140
間作植付（再植を含む）	305	305	305
垣つくり	150	150	150
畑地の監視	** 550	275	275
除草	300	** 600	** 600
収穫（陸稲、トウモロコシ）	380	380	380
貯蔵・精白	230	230	230
穀物以外の耕作・収穫	500	500	500
総計	3,180	2,975	2,865

われ、ソバやダイズの収穫は「根抜き」もしくは「根刈り」といった方法がとられている。しかし、ムギについては、「穂刈り」をするところもあれば「根刈り」をするところもある。しかし、佐々木がのべているような[33]どちらが古いかというレベルの問題ではなく、ムギワラをどう利用するかという文化的レベルや、同一時期に熟すかどうかといった植物的なレベルなどにかかわってくるものであろう。複数の品種や種を同一の畑で栽培している地域では、熟《う》れる時期が異なり、「穂刈り」の方法が採用されることになる。脱穀は基本的に棒さえあれば道具として十分機能するから、地域的にみてそう変異はない。

焼畑の収穫の際の最大の関心事は、どれほどの収穫量があるか、ということである。投下労働力にたいしてどれほどの生産性があるか、それは他の農耕とくらべてど

（30）たとえば、Watters, R. F., "The Nature of Shifting Cultivation: A Review of Recent Research", *Pacific Viewpoint*, Vol. 1, No. 1, Wellington: Victoria University of Wellington, 1960, pp. 59-99 など。

（31）佐々木高明『日本の焼畑』、二九四—二九五ページ。

（32）Conklin, H. C., *Hanunóo Agriculture, a Report on an Integral System of Shifting Cultivation in Philippines*, FAO Forestry Development Paper, No. 12, Rome: FAO. 1957, p. 150.

（33）佐々木高明『日本の焼畑』、二九六ページ。

表2　焼畑と常畑の生産性とその比較

（佐々木、1972、文献8）

		ヒエ	アワ	ソバ	大豆	小豆
焼畑栽培の場合	(A) 反当たり収穫量	10.77斗 *10.96*	8.95 *8.32*	13 *12.75* 〔10〕	7.50 *6.64*	5.6
	(B) 反当たり労働投下量	15.6人 *12.96*	16.8 *12.0*	10.26 *9.63* 〔9〕	10.0 *10.4*	10.3
	(C) A／B	0.69斗 *0.85*	0.53 *0.695*	1.0 *1.33* 〔0.9〕	0.47 *0.64*	0.54
	(D) 反当たり播種量	1.75升 *1.72*	1.23 *1.20*	5.91 *5.04* 〔5〕	3.60 *3.59*	3.6
	(E) A／D	45.3 *63.95*	71.9 *69.5*	22.0 *25.3* 〔20〕	20.8 *21.2*	15.3
常畑栽培の場合	(F) 反当たり収量	19.3斗	16.2	11.1	10.5	7.8
	(G) 反当たり労働投下量	14.8人	16.0	9.3	10.6	11.0
	(H) F／G	1.30斗	1.00	1.19	1.00	0.71
焼畑と常畑の比較	(I) A/F ×100	55.8 *52.6*	55.3 *51.5*	117.1 *114.9* 〔81.8〕	71.4 *63.2*	71.7
	(J) C/H ×100	53.1 *65.4*	53.0 *69.5*	84.0 *111.8* 〔75.6〕	47.0 *64.0*	76.0

うなるのか、また単位面積あたりの人口支持力はどれくらいなのか。佐々木は、すでにこれまでの焼畑の調査資料を検討してそれらを算定している(34)（たとえば、表2）。そして佐々木は、「（焼畑の）土地生産性（単位面積当りの収量）の低さとともに、単位労働量当りの収量、すなわち労働生産性が常畑のそれにくらべ著しく低いことである。……こうした労働生産性の低さは、焼畑のもつ経営上のもっとも重要な特色であり、焼畑農業経営の特徴を、このような面からとらえれば、それを『粗放的農業』と称することも誤りではないであろう」と結んでいる(35)。

ところがニューギニアのツェンバガ族の焼畑を綿密に調査したアメリカの生態人類学者ラパポート Rappaport, R. A. は、その社会の焼畑の生産性についてこまかく算定している(36)（図1）。彼によると、ヘクタールあたりの焼畑にたいする投下労働エネルギー（インプット）は約一三八・七万キロカロリーで、その結果もたらされる食物熱量としてのアウトプット（出力）のエネルギーは二二七七万キロカロリーにも達する、というのである。したがって、そのアウトプット／インプットの比率は一六・四倍になる。それはアメリカ合衆国の現代的なトウモロコシ農場からえられる生産性よりいくらかうわまわってさえいる、という(37)。さらに、タイで焼畑の生態学的研究をおこなった中野和敬は「焼畑の労働生産性

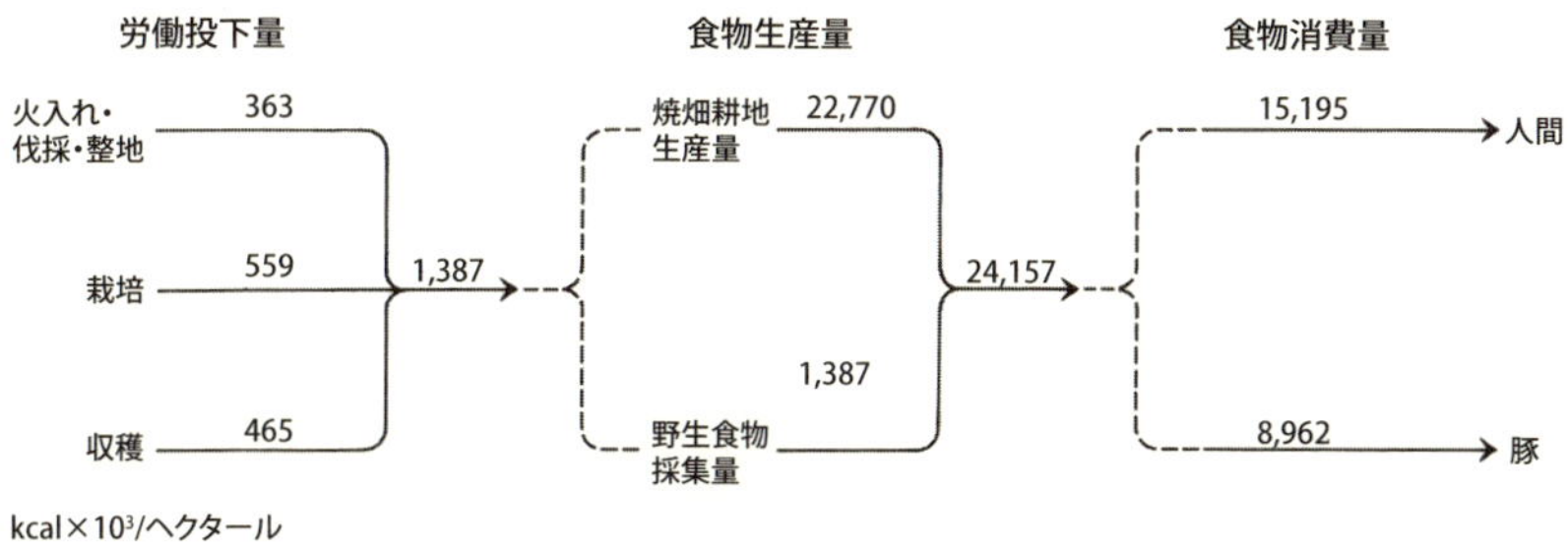

図１　ツェンバガ族における焼畑農耕のエネルギー・インプットとアウトプット
（Cox, 1979, 文献4. ＞Rappaport, 1971, 文献36）

は、常畑の階段耕作に比べるとずっといい」とのべている。(38) 彼によると、焼畑の労働投下量に対する収穫は約一四倍ということである。もしこのラパポートの算定や中野などの見解が妥当なものだとすれば、焼畑の生産性が常畑にくらべて著しく低い、とするさきの佐々木の見解は適切ではない。しかし、常畑にも気候・土壌条件等によって差異があるように、焼畑の生産性は地域によって、また栽培年度によって著しく異なってくる。このことは佐々木(39)や福井(40)によってすでに指摘されている。肥料を自然に依存するためその地の現存植生の状態、休閑期間の長さ、除草の度合、獣害の程度、微細な気候などの諸条

（34）佐々木高明『熱帯の焼畑』、一一二—一一三ページ。佐々木高明『日本の焼畑』、二九七—三〇六ページ。
（35）同右、三〇六ページ。
（36）Rappaport, R. A., "The Flow of Energy in an Agricultural Society", *Scientific American*, Vol. 225, No. 3, 1971, pp. 116-132.
（37）Cox, G. W., op. cit. 図1は、Rappaport（36）の調査より、Coxが作製。
（38）中野和敬「北タイにおける焼畑＝事例研究」海外学術調査に関する総合調査研究班編『焼畑——生態学的アプローチ』、東京農業大学総合研究所、一九七一年、一〇一ページ。
（39）佐々木高明『熱帯の焼畑』、一一三ページ。
（40）福井勝義、前掲書、六九—一七〇ページ。

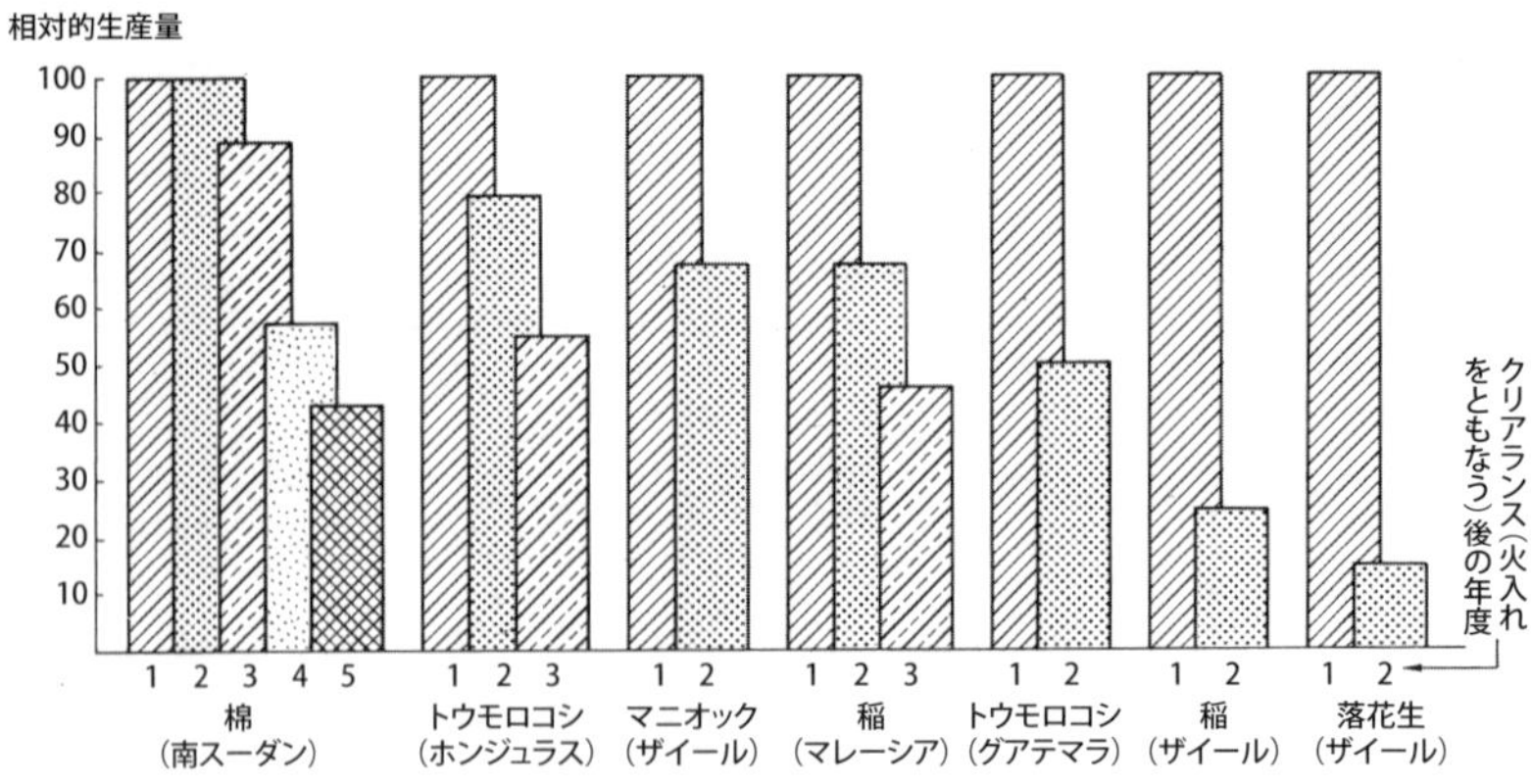

図2　湿潤熱帯地域における焼畑農耕の作物の年次別生産量
（Ruthenberg、1980、文献*18）

件によって、焼畑の収量は容易にかつ大きく変動していくのである。他の農耕とくらべて生産性の大小を論ずるより、この生産性の不安定にこそ、焼畑の生業経済的な特徴をもとめることができる。それは、焼畑農耕のもっとも基本的な性格のひとつということができる。

経営規模　焼畑の経営規模は、家族の自給面積というより除草や獣害防除などにたいする家族の労働力によって大きく規制されている。佐々木が東南アジアにおける一家族（成員五人平均）当りの平均的焼畑経営規模を算定したところによると、一・四〜一・八ヘクタールである。[41] そして休閑期間を平均一、二年で計算すると、一家族当りの必要土地面積は計一五〜二〇ヘクタールになる。[42] これは、私が四国の焼畑の村において算出した一戸当りの平均必要土地面積（一五ヘクタール）および、明治初期における土地所有面積からわりだした一戸当りの平均必要面積（一五ヘクタール）とぴたりと一致してくる。[43] この数値は、他の資料からかんがみて、たんに日本や東南アジアだけでなく、アフリカや南米にも適用されるかなり普遍的なものと考えてもそうまちがいはない。

(5) 生態的特徴——栽培・休閑のサイクル

せっかく伐りひらいた焼畑を、どうしてたいてい二～五年というような短期間栽培しただけで放棄してしまうのか。世界のどの焼畑をみても、短期間作物を栽培した後かならず放棄される。それには、どういう要因がみいだされるのか。

よくいわれる要因の一つは、焼いた初年度の畑にくらべて次年度から収量が大きく下まわることである。焼畑に依存する村人は、長年の経験からこのことをひじょうによく理解している。それを村人は、「コナにまいたキビは、アラジのハンサク（半作）だ」というように表現する。[44] つまり、二年目の焼畑の収量は、初年度の焼畑のそれの半分しかとれない、というのである。図3をみても、どの地域の焼畑であろうと、どんな種類の作物であろうと、焼畑の年数がたつにつれ、あきらかに収量が減少していくのがわかる。その土壌学的研究は、ナイ Nye, P. H. とグリーンランド[45] Greenland, D. J. によってはじめて体系的に、また日本では中野和敬[46]によってタイのカレン族の焼畑サイクルにともなう土壌肥沃度などが綿密に調査されてきた。それによると、焼畑の年数がたつにつれ、あきらかに炭素や窒素などの土壌養分の減少がみられるのである。とくにカリウムが耕作期間中もっとも失われると中野は指摘している。作物がこうした土壌養分を吸収する一方、浸食や洗脱《せんだつ》によっても多くの土壌養分が失われていく。ここで興味深いのは、土壌養分

(41) 佐々木高明『熱帯の焼畑』、一一六ページ。
(42) 佐々木高明『稲作以前』、日本放送出版協会、一九七一年、一八七―一八八ページ。
(43) 福井勝義、前掲書、一六九―一七〇ページ。
(44) 同右、八五ページ。
(45) Nye, P. H. & Greenland, D. J., The Soil under Shifting Cultivation, Commonwealth Bureau of Soils, Technical Communication, No. 51. Harpenden England: p. 156.
(46) 中野和敬、前掲論文、九六ページ。焼畑における土壌問題を含めた生態学的研究は、現在、京都大学農学部の久馬一剛らによって体系的にすすめられているところである。

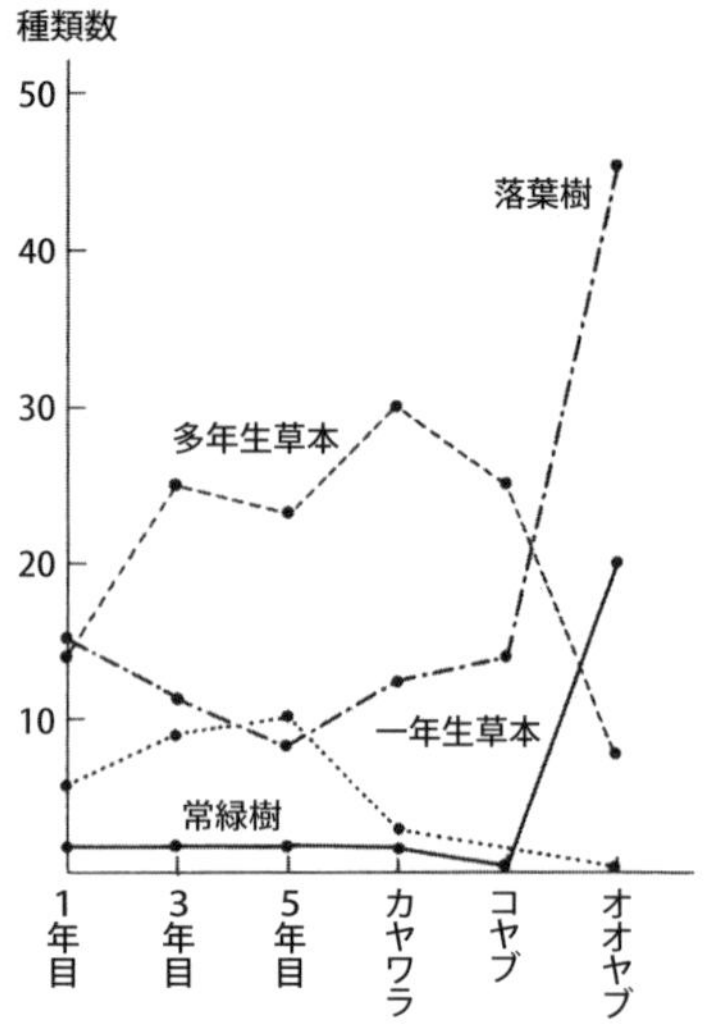

図3　椿山の焼畑サイクルにみられる植物の種類数の変化
（福井, 1974, 文献6）

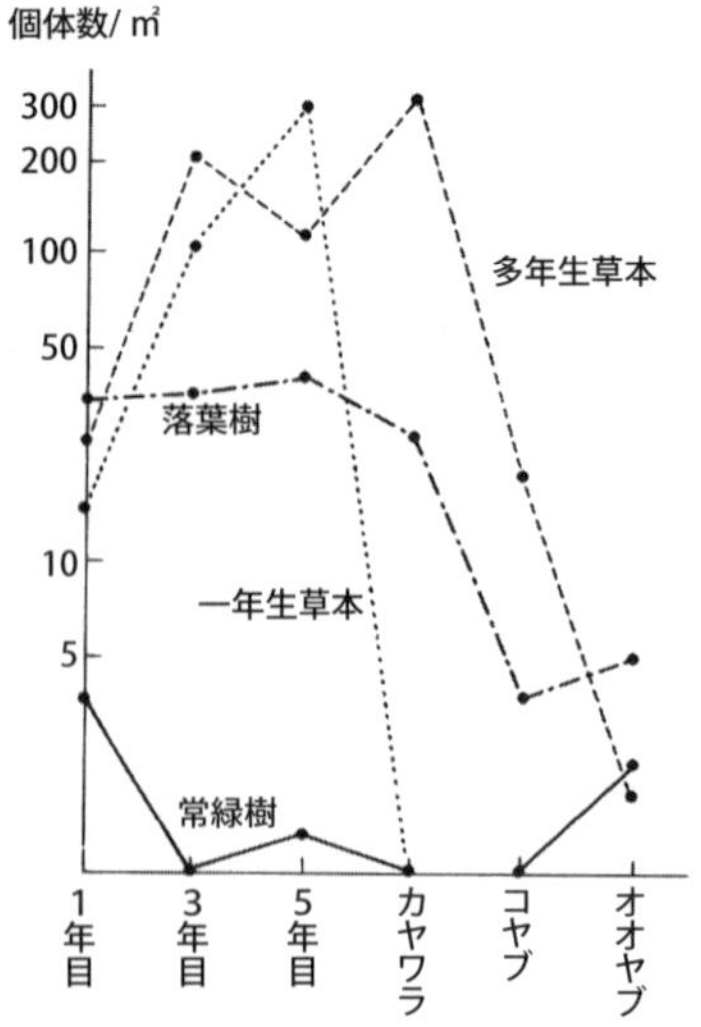

図4　椿山の焼畑サイクルにみられる単位面積当りの植物個体数の変化
（福井 , 1974, 文献6）

の顕著な減少は二年目までであって、その後はわずかずつにすぎないということである。だが、それならば、三年も五年も同じように耕作できるかというと、そうではない。別な要因が強く働いてくる。それは、雑草である。雑草は焼畑が古くなるにつれて繁茂してくる。四国の椿山の事例をとってみてみよう。雑草の種類は、三年目の畑では一年目の約二倍になっているにすぎないが、単位面積当りの個体数は七〜八倍にまでふえている。そして、五年目の畑になると一年生草本《そうほん》がとりわけ急増し、一年目のなんと二一倍にもなっているのである[47]（図3、図4）。

　こうなると、除草にたいする労働はぼう大なものになってしまう。ちなみに、コンクリンがフィリピンのハヌノー族で調べた二次林における初年度の焼畑の除草の労働量は年間ヘクタール当り六〇〇時間で、全労働量の二〇パーセントであった。三年目の焼畑での雑草が椿山のように一年目の七〜八倍にふえたとすれば、それにたいする除草労働量はとてつもなくぼう大なものになることはあきらかである（表1）。

　けっきょく、数年にもみたないうちに焼畑は放棄せざるをえない。そして放棄する時期は、この土壌肥沃度と雑草の繁茂度によってきまってくるのである（図5）。もちろん土壌の肥沃度も雑草の繁茂度も地域によってのみならず、休閑年数によっても大きく異なってくる。もともと土地がやせているところでは土壌の肥沃度のレベルはもっと下になるし、休閑年数が少なければ土壌の肥沃度は減少するのみならず雑草の繁茂度は大幅にふえることになる。

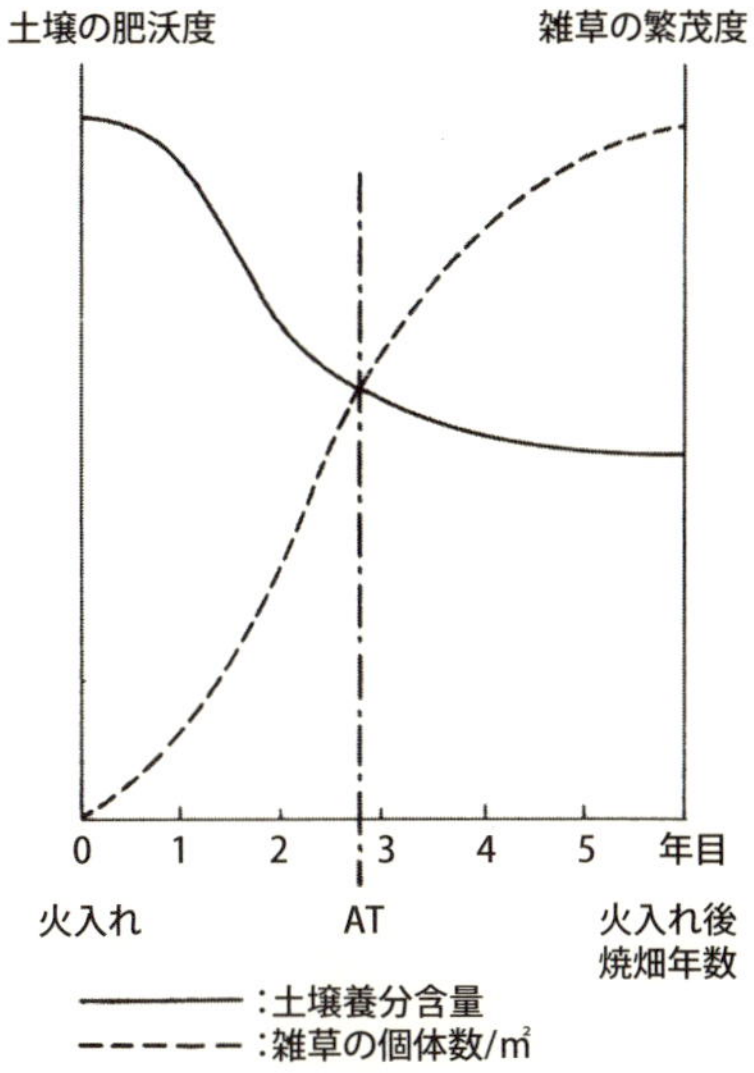

図5　焼畑放棄の適正時期（AT）
（模式図）

　それでは、放棄した土地はどうして作物の栽培期間以上の長い期間放っておかれるのだろうか。しかも、この休閑こそ焼畑を成立させるもっとも大きな要素であり、世界のどの焼畑をとっても共通しているのである。私はかつて四国の椿山の事例をもとに焼畑の休閑について生態学的に論及したことがある。(48) その指摘は、その後発表された諸論文にてらしても、基本的にまちがいないと思われるので、その重要点を簡単にのべておく。

　長く放っておけばおくほど、植生はできるだけもとの潜在植生にもどっていこうとする。その過程が植物の遷移である。この自然における遷移によって、ふたたび焼畑に使用できる植生に回復していくのである。かつてはこうした生態的知識などもたずに、森林をやみくもに伐採し、生産性の低い農耕に従事しているのが焼畑民である、といわれてきた。しかし、コンクリンのフィリピン

(47)　福井勝義、前掲書、八五ページ。
(48)　福井勝義、前掲書、七六－八〇ページ。

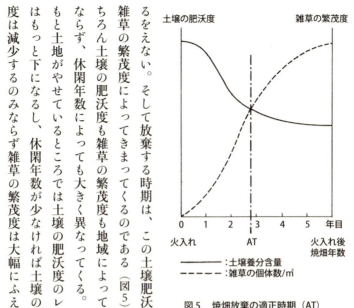

における調査[49]やアラン Allan, W. の中央アフリカにおける観察[50]、福井の四国の調査[51]などによって、焼畑に従事する人々がいかに正確なこまかい生態的知識をもっているかがわかってきた。こうした背景をもとに、焼畑は営まれているのである。

まず、休閑期間を長くすればするほど、雑草は消滅していく。私たちが、原生林に入っていくと、意外に下生《したばえ》がほとんどないことに気がつく。図3、図4からも、植生の回復とともに、一年生や多年生の草本が減少してほとんどなくなっていくのがわかる。伐採直前の植生にこうした草本が少ないほど、焼畑にきりひらいたとき雑草に悩まされないですむことになる。つまり、焼畑の休閑とは、自然のリズムである植生の遷移にまかせて、雑草をできるだけ排除することを意味しているのである。

休閑のもう一つの大きな意味は、土地の回復にかかっている。こうした植生の回復を早めるために、ニューギニアのツェンバガ族は除草の際、草本と木本《もくほん》とを区別し、木本を傷つけないようにする[52]。また、日本および東南アジアの一部では植生の回復を早めるためハンノキを繁殖させるのである[53]。植生が回復していけば、葉や根が腐食し、確実に土壌中の有機物は増加していく、つまり土壌の肥沃度はましていくのである。そして、植生が最終段階の極相林に近づくと、森林が供給する有機物の量と分解して吸収する量とのバランスがとれてくるようになり、土壌の肥沃度はある一定以上ふえなくなる。ところがかりに極相林になるまで放っておいても、こんどはそれらの太った木木を伐採するのに相当の労力を費やさなければならない。しかも、極相林になるまで放っておけば、かなりの年月がすぎてしまう。限られた土地の中では許されないことである。つまり、休閑期間とは、土壌中の有機成分の最大限の蓄積量（これは雑草の最少限の現存量と対応）および伐採に関する最少限の労力、そして焼畑の一連のサイクルにともなう土地の循環の最大限の効率、という三つの要素によって決定されるのである。ところが、人口増加などの要因により、土地が不足し、休閑期間が短くなってくるような事態になると、土壌の回復はみられなくなるし、雑草ははびこり、労働生産性はがた落ちになってくる（図6参照）。こうした状態がかさなれば、土地は荒廃し、作物がまったくできなくなってしまう。そしてその地から移動していかざるをえなくなる。フィリピンなど東南アジアの一部では焼畑によるこうした不

焼畑後の植物の遷移
数年作物を栽培したのち焼畑を放棄すると、たちまち雑草がはびこり、土質のよい場所はクズの群落ができる。そのうちススキの新しい群落となる。そのなかから小さな灌木がはえ、ススキの群落はやがて灌木林に変わり、つぎに落葉広葉樹林から極相林に移行する。焼畑として伐り開くのは、一般に極相林の手前の落葉広葉樹林のときである。

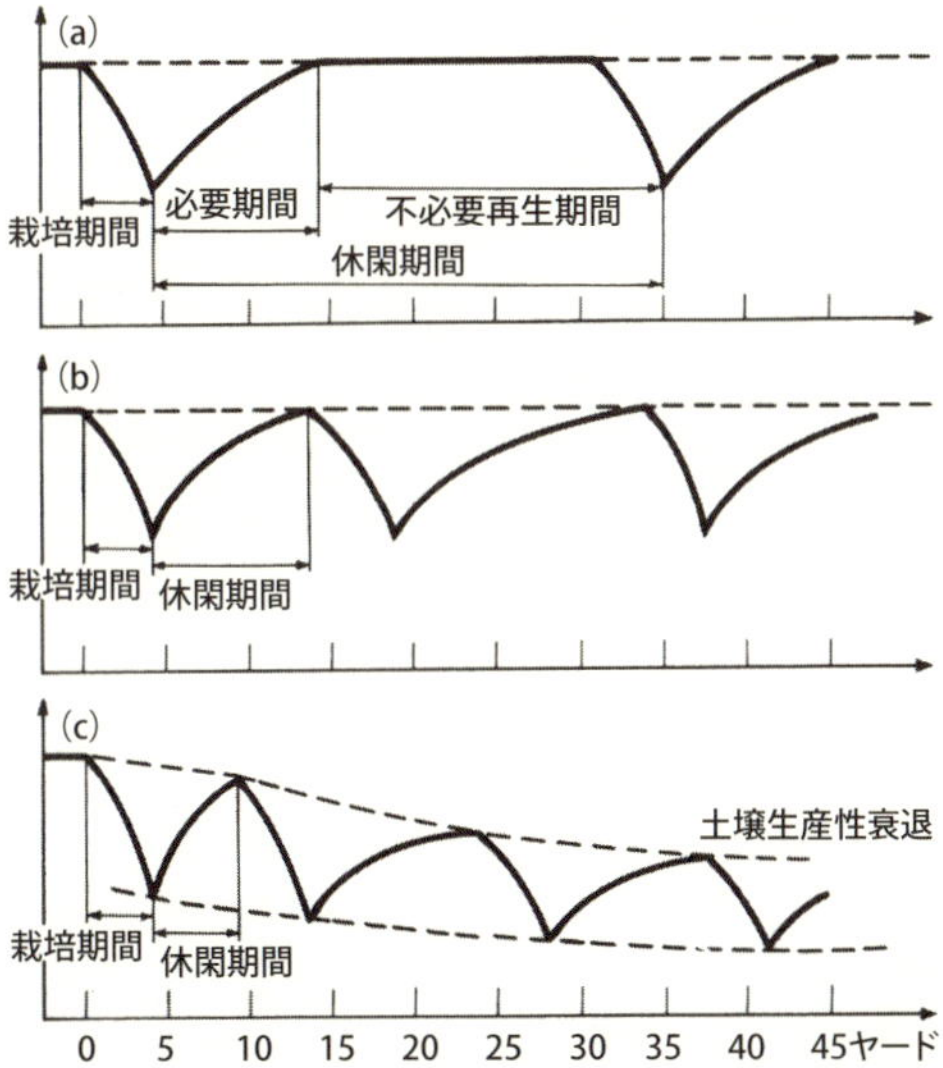

図6　焼畑農耕における休閑期間と土壌生産性の相関関係
(Ruthenberg, 1980, 文献18)

(a) 長い休閑期間。休閑期間が長すぎても土壌の養分はある一定以上には増加しないので、土地の循環率は落ちる。(b) 適当な休閑期間。環境条件により多少の変位はあるが、土壌が回復した時点でクリアするのが望ましい。(c) 短い休閑期間。短い休閑を繰り返すと土壌の生産性はしだいに低くなり、土地の荒廃をまねく。

（49）Conklin, H. C., *Hanunóo Agriculture, a Report on an Integral System of Shifting Cultivation in Philippines*. p. 209.
（50）Allan, W., *The African Husbandman*, London: Oliver & Boyd, 1967.
（51）福井勝義、前掲書。
（52）Rappaport, R. A., op. cit., pp. 122-127.
（53）福井勝義、前掲書、七六ページ。
佐々木高明『熱帯の焼畑』、一〇九ページ。

毛化草原が報告されている。(54)

しかし、こうした現象は焼畑地域においてはきわめて例外的なことである。もし焼畑農耕民が過去数千年間、生態的知識を無視して焼畑を営んでいたら、地球上のほとんどの森林は不毛な草原と化しているはずである。

以上、世界における焼畑農耕の技術的・生態的特徴の変異と普遍性を考察してきた。次節では、こうした焼畑の特徴をふまえ、それを通時的にとらえなおし、日本における焼畑農耕の進化を想定してみたい。

3　焼畑農耕の進化

これまでの節において、世界にみいだされる焼畑の諸形態の中から、焼畑の基本的特徴をさぐりだし、その生態的論理について言及してきた。

ここでは、それを背景に、焼畑が古くはどんな形態をとり、それがどのように進化して、今日の焼畑にいたったのかを考えてみたい。日本における焼畑というと、ここ数十年日本の各地で観察された事例などからも、固定したイメージがつきまとっている。焼畑とはすなわち、「雑穀を主としたもの」(55)と考えるのが、当然のようになっているのである。しかし、日本の焼畑のもともとの形はどんなものであったろうか。はたして、そのように雑穀がくみこまれた焼畑を基点に論じることは妥当といえるだろうか。最近まで日本の山岳地域において主な生業であった焼畑は、たしかに雑穀中心であった。だが、それは、じつは焼畑のなかでも高度に洗練された生産様式のひとつの帰結点とみなせるのではなかろうか。もしそうなら、縄文時代の焼畑は、もっと幅広く考えていくことが可能かもしれない。ここでは焼畑の基本的特徴をふまえながら、焼畑が今日まで進化してきたとするなら、どのような形態をたどったのか、日本を中心に考えていきたい。

半栽培型焼畑農耕――「遷移畑」の存在

かつて中尾佐助は、西日本の農耕文化を、中・南シナからヒマラヤにかけて分布する照葉樹林（常緑広葉樹林）という共通な生態系のもとでとらえ、それを五つの段階に分類した[56]。それによると、第一は、野生植物を採集する野生採集段階、第二は半栽培段階、第三は根栽植物栽培段階、第四はミレット（雑穀）栽培段階、第五は水稲栽培段階、となっている。その後、第一、第二の段階をまとめた、つまり野生植物と半栽培の混合体系を「照葉樹林文化前期複合」とし、焼畑農耕による雑穀栽培を軸とする体系を本来の「照葉樹林文化後期複合」としてとらえなおすなど、いくらかの分類修正をおこなっている[57]。

その中で、中尾は、野生植物の採集から農耕にいたる推移の状態として半栽培の段階を提唱した。ところがこの重要な指摘にもかかわらず、ではいったい半栽培とは何なのか、ということになると、中尾の記述からは、はっきりした概念をつかむことができないのである。半栽培という状態をどのように考えたらよいのか。基本的には、なんらかの形で人為的な保護がくわえられている状態、ということができようが、私はつぎの四つの過程を想定した。

(1) その対象が意図的に除去されない。採集社会における多くの有用植物はこの状態にある、といえよう。

(2) その成長が意図的に保護される。他の野生植物との競合を少なくするため、不必要な種の植物を除いたり、間引きをして、人為的にその成長を助ける。これは、人為的淘汰《とうた》であり、品種改良につながりうる。

(3) その対象を、人為的に獣害から守る。人間が他の動物、つまり鳥やけものとの競合をなくすため、と

(54) Peltzer, K. J., *Pioneer Settlement in the Asiatic Tropics, Studies in Land Utilization and Agricultural Colonization in Southeastern Asia*, American Geographical Society Social Publication, No. 29, New York, 1945, pp. 29-34.

(55) 上山春平編『照葉樹林文化　日本文化の深層』、中公新書、一九六九年。
佐々木高明『稲作以前』。
上山春平・佐々木高明・中尾佐助『続・照葉樹林文化　東アジア文化の源流』、中公新書、一九七六年。

(56) 中尾佐助「農業起原論」森下正明・吉良竜夫編『自然　生態学的研究』（今西錦司博士還暦記念論文集）、中央公論社、一九六七年、三六九ページ。

(57) 上山春平、前掲書、九二―一二九ページ。
上山春平・佐々木高明・中尾佐助、前掲書。

くに収穫期にあたる頃防禦策をこうじる状態である。
(4) 植生を人為的に変えることによって、対象となる植物の繁殖を促進する。これは、直接その植物の器官を植えつけたり、種をまく、といったことはしないが、植生の遷移を利用して、特定の植物の繁殖をくわだてるやり方である。

焼畑の基本的要素が、この半栽培の第四の段階にみいだされる。つまり、自然植生を人為的にクリアすること（伐採・火入れ・整地）によって、人間が利用しやすい状態にするということである。

ここで縄文時代に食料としてよく利用された植物を思いうかべてみよう。西田正規は、福井県の鳥浜《とりはま》貝塚から出土した縄文前期の動植物遺存体について量的分析をおこない、二一種の可食植物のうち、クルミ・ヒシ・クリ・シイを主としたドングリ類を主要食料《メジャーフード》として位置づけている。[58] このうち、アク抜き処理の不要な二種、クルミとクリは、西田も指摘しているように、[59] 一次植生にはまれで、二次植生にひんぱんにでてくるものである（表3）。そして、中尾らがさきの野生採集段階と半栽培段階であげているワラビ・ゼンマイ・ヒガンバナ・クズもまた、いずれも二次植生の最初の段階において頻出するものである。

ところが、これらの植物を一次植生である照葉樹林の中で採集しようとしても、量的にかぎられているし、それを大量に集めようとすれば、そうとうの労力を要することになる。むしろこのとき、人々はすでに人為的に二次植生を利用する半栽培の状況下にあったのではなかろうか。すなわち、一次植生を伐採や火入れなどの方法によってクリアする。伐採によらずとも、樹皮をはいでおけば、木はやがて枯れてしまい、一次植生を破壊するこ

表3　日本産主要堅果類の分布（西田〈未発表〉）

	照葉樹林帯（暖帯）	落葉広葉樹帯（温帯）
一次林構成種	シイ、イチイガシ、マテバシイ、シリブカガシ、カヤ、ヒシ	ブナ、イヌブナ、ヒシ、カヤ
	アラカシ、アカガシ、シラカシ、ウラジロガシ、ウバメガシ、トチ	ミズナラ、カシワ、トチ
二次林構成種	クルミ、クリ	クルミ、クリ
	クヌギ、コナラ、カシワ、ナラガシワ	コナラ

注：枠内はアク抜き処理の不要なナッツ

とも可能である。そうすれば、その直後には、ワラビ・ゼンマイ・ヒガンバナなどの裸地を好む植物が自然に繁茂してくる。肥沃な土地では、やがてクズがそれにとってかわる。それらは、ところによってはあたかも栽培しているかのように群生することもある。これを利用すれば、かなり高い生産性をあげることができる。それほどの高い生産性を示したとは思えないが、ヤブになっても採集できるヤマノイモ（ジネンジョ）もまた貴重な植物である。やがてクリや、谷筋ではクルミがはえてくる。その他、アカメガシワ・エゴノキ・クマシデ属・トネリコ属など食用にならない樹木がはえてくるかもしれないが、西田も指摘しているように(60)、それを薪などのために伐採して省いてしまえば、二次林中のクリやクルミの密度はしだいに高くなっていく。これら有用樹も、密度があまりにも高くなれば、成育の悪いものや実の小さいものを間引く。こうした人為淘汰が長年つづけられるうち、品種改良もおこってくる。そして、やがては、生産性の高いクリやクルミなどの有用樹の純林ができあがっていく（図7）。

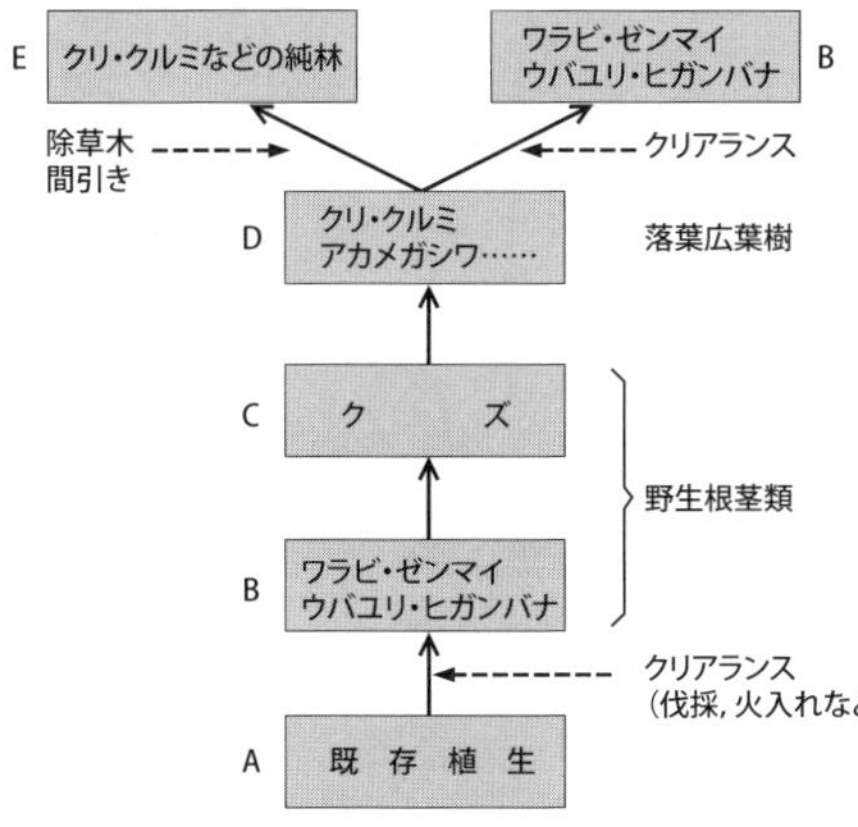

図7　半栽培型焼畑農耕（遷移畑）のサイクル

青森県の亀ヶ岡遺跡では、天然の状態では群生する可

(58) 西田正規「縄文時代の食料資源と生業活動——鳥浜貝塚の自然遺物を中心として——」『季刊人類学』第一一巻第三号、一九八〇年、三一—四一ページ。
(59) 西田正規「縄文時代の人間—植物関係——食料生産の出現過程——」『国立民族学博物館研究報告』第六巻第二号、一九八一年、二四二ページ。
(60) 同右、二四三—二四四ページ。

能性の少ないトチノキの花粉の高い出現率がみられる[61]、という。それは、おそらくこうした人間の手がくわわっていたとみた方が妥当であろう。

狩猟・採集民は、長い自然との接触の中で、植物の自然の遷移やそれと食用植物との相関関係、それぞれの植物の種の性質などをよく把握していたにちがいない。それは、現存している狩猟・採集民の民族誌からも容易にうなずけることである。そして、人々はやがて、すでにのべてきたように人為的に有用植物を利用しやすい状態にする。この時点で、既存植生をクリアし、その後の植生の遷移を利用する、という焼畑の基本的特徴がすでにとり入れられていたと思われる。焼畑の原初形態とは、じつは植生の遷移を利用して対象とする有用植物の生産性を高める生産様式でなかったのではなかろうか。以後私は、そうした生産様式を焼畑の上位概念として遷移畑(succession field) とよぶことにする。

根栽型焼畑農耕 —— 半栽培から栽培へ

すでにみてきたように、野生植物であろうとも、自然の遷移を利用し、除草や間引き、さらには獣害からの保護をおこなってやれば、かなりの生産性を高めることができる。西田正規の「縄文中期中部山地の集落における人間—植物関係は、（中略）農耕と呼ぶのに十分な規模を備えていたと考えなければならない」という指摘[62]もけっして不自然とはいえないのである。

ところで、一般的な定義によれば、植物の生殖器官・種子等を、人為的に管理して、その繁殖をくわだてることを、「栽培」とよんでいる。とすれば、ワラビやクズ・クリなどは「栽培」されてはいなかったかもしれない。しかし人為的に自然植生を変えることによって、有用植物の繁殖を促進する、という段階は、すでに栽培化と五十歩百歩の状態だとみなせるのではなかろうか。

現在の焼畑農耕民が休閑地に、ハンノキを移植していることは、前にのべた。しかしハンノキが栽培されている、というわけではない。それは、土地の回復をはやめるとともに、染色や、その材質が緻密《ちみつ》でやわらかいため種々の木細工に用いられている。やはり、これも半栽培とよぶべきであろう。しかしもし、特定の繁殖器官を移植することになれば、それはまさしく「栽培化」につながってくる。

　この移植の技術にもっともむすびつきやすいのが、サトイモやナガイモのようなイモ型栽培植物である。この場合、図7におけるBの野生根茎類のところに、サトイモやナガイモをもってくれば、そのまま従来の遷移畑にうまく組みこめることになる。もちろんクリ・クルミの純林はそれなりに継承されていく（図8）。この段階では、クリやクルミなどの堅果類の生産性を高めるため野生の実生《みしょう》の移植がおこなわれても不思議ではない。

　すなわち、サトイモやナガイモなどのイモ型植物は、裏庭の一隅でほそぼそと栽培された、というようなものではなく、こうした既製のシステムに導入されることによって、はじめからある程度の規模をもって、栽培されていったと考えたほうがより現実的であろう。

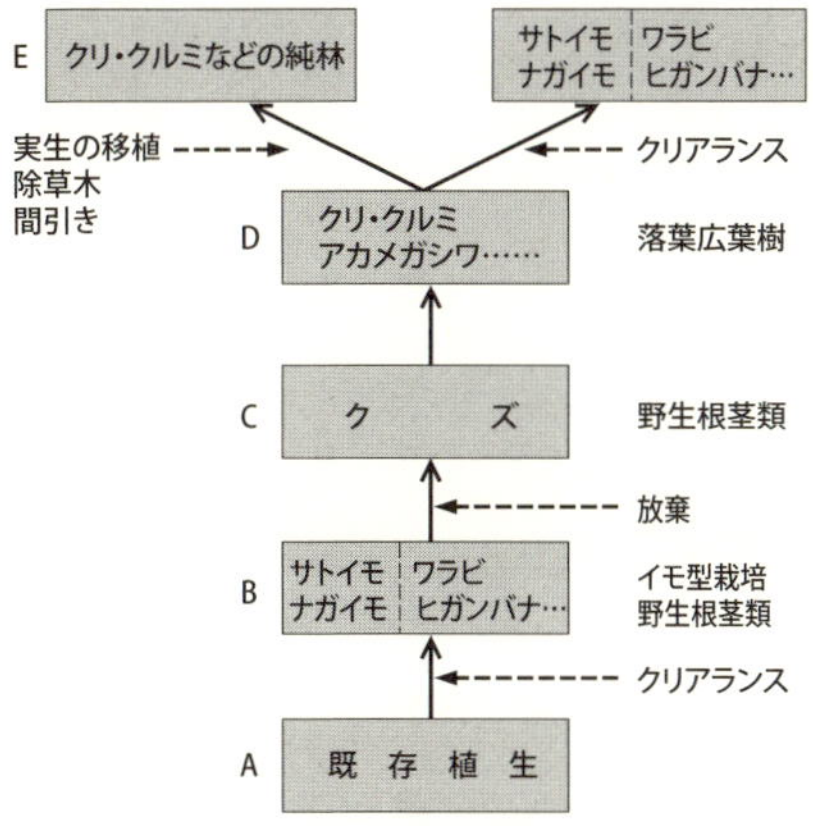

図8　根栽型焼畑農耕のサイクル

移動と定着

　スペンサーなどは、焼畑の古い形態の特徴として、任意的移動（random shift）とか季節的居住（seasonally resident）をあげている。[63] じっさい、焼畑というと、現在でも「移動」という概念がうかんでくる。そして、焼畑

（61）安田喜憲『環境考古学事始』、日本放送出版協会、一九八〇年、一七三ページ。
（62）西田正規「縄文時代の人間—植物関係」、二五一ページ。
（63）Spencer, J. E., op. cit., p. 204.

として伐りひらく土地の選定はいかにも気ままにおこなわれているような印象をもちがちである。しかし、よく調べてみると、彼らの土地は、かなり規則的に利用されており、けっしてむやみに移動しているわけでないことがわかる。またよそ者にとって、焼畑農耕民の住んでいる地域は、人口希薄でいかにも多くの土地がありあまっているようにみえる。しかし、たいていそれらの土地にはそれぞれ地名があり、それぞれ微妙に異なった歴史をもっているものである。

アフリカのような広大な地域でも、こまかい地名で分類され、無人地帯といえども、付近の人々にとっては歴史的な意味をもっている場合が多い。これを、そのまま日本の縄文時代にあてはめるのは性急すぎるかもしれない。だが、当時すでに焼畑の原初形態のような土地の特定利用がみられたのなら、そこにはかなり明確な領域意識と土地の分類が進行していたにちがいない。そうした状況で、利用地はけっしてランダムに移動されたはずはない。ましてや、クリやクルミなど特定の植物に関心が向けられると、その効率のよい地域はおのずとせばめられていったはずである。図7で示したような密度の高い堅果類の林が存在したようなところでは、さらに定着性が高まり、ことに居住地の移動性は低下してくる。また、限られた資源を空間的におぎなうのではなく、多様な資源が季節を通じて変化して得られるような日本では、逆に、広い地域をひんぱんに移動するような生活は、効率が悪いといえよう。こうした移動性の低さは、サトイモやナガイモの根栽型焼畑農耕がおこなわれるようになると、ますます助長されていったものと考えられる。

雑穀輪作型焼畑農耕

クリ・クルミそれにイモ型栽培植物は、実生や根茎の移植というレベルで集約的に生産の増加をはかることができるが、イネ科の雑穀、アワ・ヒエ・ソバ・ムギ・キビ・シコクビエなどは、まったく別の技術が必要になってくる。これまで食用としてきたものにくらべ、まず利用の部位がきわめて小さい。サトイモのように一つ一つ対象個体を扱うものではなく、集合体として認識される。焼畑の形態もこれまでとはそうとうのへだたりがでてくるはずである。

アワ・ヒエ・ソバ・ムギ・キビ・シコクビエなどの雑穀は、いつの時代かに、明らかに日本に導入されたものである。これまでのサトイモやナガイモがかりに海洋民を通じて単独に導入されたものだとしても、野生のイモ型植物を利用していた日本ではすでに十分それをとり入れる素地ができあがっていた、と考えられる。だが、雑穀については、それが単に渡来してきたというだけでは、すぐさま根づいていくというような単純な過程ではなさそうである。それに付随した技術、たとえば播種や収穫さらには調理の方法などがセットとしてひとまとめに導入されることが必要になってくる。この導入は、大きな文化の到来であった。そしてそれが、従来の焼畑のシステムに徐々に浸透していくことになる。

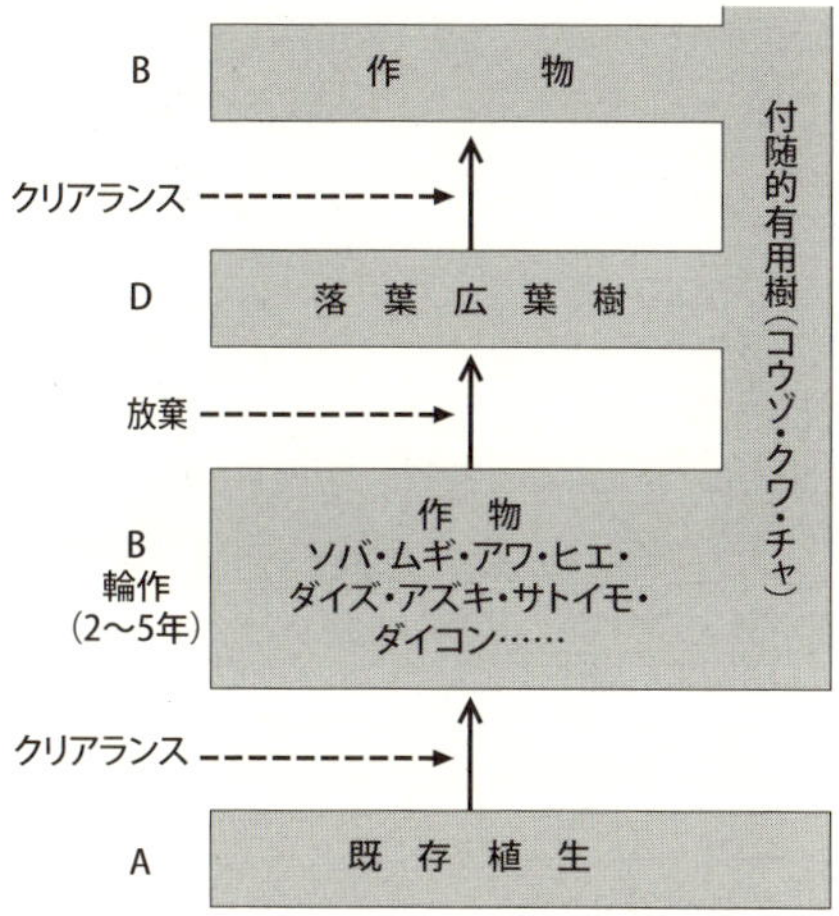

図9　雑穀輪作型焼畑農耕

ここではじめてとりいれられたのが、輪作の形態である。初年度に雑穀、二年度にダイズ・アズキ、三年度に雑穀もしくはイモ類を栽培する、といった輪作形態をとり、その後は放棄する（図9）。もちろんこの輪作の順序は、地域や時代によって変化していた。現代の基本的な輪作形態が誕生したのも、この雑穀の導入によるものであろう。

この段階で、あらたな有用樹を焼畑耕地に栽植する工夫がなされた。つまり、焼畑にコウゾ、とくに東北日本ではヤマグワ、西南日本ではヤマチャが栽植されるようになった。これらの根は、いずれも火に対して強い性質をもち、十数年から三〇年ごとにおこなわれる火入れに

耐えて、焼畑として利用するたびに収穫することができた。とくにヤマグワやコウゾは一年生・越年生作物の輪

出作り小屋
焼畑集落では本来の住居をそのままにして、遠い焼畑地では出作り小屋を作ることが多かった。小屋といっても長期間の生活に耐えるりっぱな家屋である。最近では、自家用車を使って主家と出作り小屋を往き来するようになった。写真の熊本県球磨郡五木村では、出作り小屋のことをサクゴヤとよんでいる。（1972 年撮影）

作が終る頃から大きくなっていくから、それらと競合することなくくりかえし生産していくことができた。四国地方の焼畑では、いつ栽植されたものかわからないが、いまでもそうしたコウゾやヤマチャを観察することができる。

雑穀栽培にウェイトがおかれるようになると、従来のワラビやクズなどの効率の悪い植物はみはなされていく。そして除草のみならず、獣害からの防禦にかなりの労力をさくようになり、狩猟・採集ははじめて二次的位置におかれる段階にいたった。本格的農耕の開始である。

集約型焼畑農耕

労働投下量にたいする生産量の割合の増加が、農耕の進化のひとつの重要なメルクマールであるとしよう。だが、焼畑においては、常畑のように単年ごとの計算でその生産量がはかれる、というものではない。すでにのべてきたように、焼畑は土地の選定からはじまり、既存の植生のクリアランス（伐採・火入れ・整地）、栽培そして休閑までを、一つのセットとして考えなくてはならない。

休閑期間が短かったりすると、たちまち次回の生産性がおちるから、厳密に吟味するなら、ただ一度のサイクルだけで焼畑の生産性を論ずることはできない、ともいえる。しかし、ここではいちおう土地の選定から休閑期の終り、つまりつぎの土地の選定にいたるまでの間に投下された労働量にたいする総生産量の割合を、焼畑の生産性とする。「集約型」というのは、この一連の焼畑サイクルを最大限に利用して高い生産性をあげることである。

さて、これまで植生の遷移を利用した遷移畑のシステムがすでに存在しているところに、新しい栽培植物が導入されても、社会は必要に応じて、それを容易に従来のシステムに組みこんでいくことができた。サトイモやナガイモを焼畑で栽培していくことなど、じつにたやすいことであったろうし、雑穀にしろ、播種と収穫の技術がともなって導入されたのなら、その栽培化はそれほど困難なことではなかったはずである。

ところが、灌漑《かんがい》をともなった稲作のばあいはちがう。焼畑とまったく異なったシステムにのっとって成立している。同じ農耕であるといっても、焼畑と稲作という二つの生産様式の間には、きわめて大きなへだたりがある。それを生態的にみるなら、焼畑は植生の遷移を利用した土地の循環農耕だが、稲作は流水を利用した土地の定着農耕である。こうした稲作の導入は、一種の革命的なことがらだったにちがいない。したがって、焼畑農耕と稲作農耕を同一線上において、その進化を論じたりすることは無理ではなかろうか。そういった視点からみると、佐々木高明のいうように(64)、焼畑を「稲作以前」とし、まるで焼畑が進化史的に稲作の前段階であるかのように表現することは、誤解をまねくものであろう。このことは、ちょうど「牧畜」と「畜産」の関係に似ている。同じ家畜を飼っていても、その二つのシステムは異なっており、「牧畜」を「畜産以前」とみなすことはかならずしもできないのである。ちなみに、日本には歴史的に「牧畜」は存在しなくても「畜産」は存在している。焼畑農

(64) 佐々木高明『稲作以前』。

耕の進化を考える場合、その終極として常畑や稲作農耕にもっていくのはどうも短絡的にすぎるように思われる。焼畑は、くりかえしのべてきたように植生の遷移を利用するというシステムにのっとって、生産性を増加させる方向に進化していった可能性を無視してはならない。

それは、さまざまな栽培植物を、その焼畑の生態的特徴にあわせて、共時的にも通時的にも集約的に栽培し、焼畑のサイクルを最大限に生かすことである。たとえば、フィリピンのハヌノー族は、八七種類もの栽培植物を焼畑でつくっている(65)。その内訳は、タロイモやヤムイモはもちろん、陸稲・アワ・モロコシ・マメ類・ゴマ・ショウガ・タマネギ・トマト・ココナツ・タバコ・サトウキビ・バナナ・パイナップル・タマリンド・ワタなど、じつに多様である。

日本でも、昭和一〇年(一九三五)の農林省山林局の調査によれば、三七種類の栽培植物が焼畑でつくられていた。それによると、「焼畑及切替畑ニ於テ農作セラル、種類ハ多様デアルガ、特ニ多ク耕作サル、ハ蕎麦《そば》、デ、焼畑ト最モ密接ナ関係ガアル。次ニ作付ノ多キハ粟《あわ》、大豆《だいず》、小豆《あずき》等デ、稗《ひえ》、大根、里芋《さといも》、甘藷《かんしょ》、陸稲、三椏《みつまた》ハ之ニ次ギ、其ノ他小麦、大麦、蕪《かぶ》、桑《くわ》、蒟蒻《こんにゃく》、西瓜《すいか》、楮《こうぞ》、茶、玉蜀黍《とうもろこし》、馬鈴薯《ばれいしょ》、薄荷《はっか》、牛蒡《ごぼう》、菜油、荏《えごま》、芥子《からし》、胡麻《ごま》等ノ順位デ頗《すこぶ》ル多種デアル」。ソバ・アワ・ダイズ・アズキなどは全国的に、ヒエは主として北日本に、ミツマタは中国・四国地方に栽培されていた(66)。その後佐々木の調べによれば、戦後牧草・果樹があらたにくわわっている(67)。

こうしたさまざまな栽培植物が、それぞれいつ頃焼畑に導入されたのか、その時期をしることは現在の資料からはほとんど不可能である。ただ、こうした時代考察をおこなわずとも、従来の焼畑システムの中に、新しい栽培植物がどのように組みこまれ、あらたなシステムに転じていったのか、そのモデル図を描いてみることはできるであろう。佐々木は、日本における焼畑の作物の種類や輪作形態を地域ごとに調べ、検討している(68)。それをふまえると、図10のように日本における集約型焼畑農耕を模式化することができる。

最近までいたるところに残っていた四国地方の焼畑を例にとってみよう。そこでは、土地の生態的特徴によって、春・夏・秋の三回のクリアランスがなされ、それに応じて初年度はヒエ・アワ・トウモロコシ（江戸期に導入）・ソバ・ムギが栽培されていた。そして、二年目にはダイズ・アズキなど、また三年目にはアワやサトイモなどの作物が栽培されていた[69]。

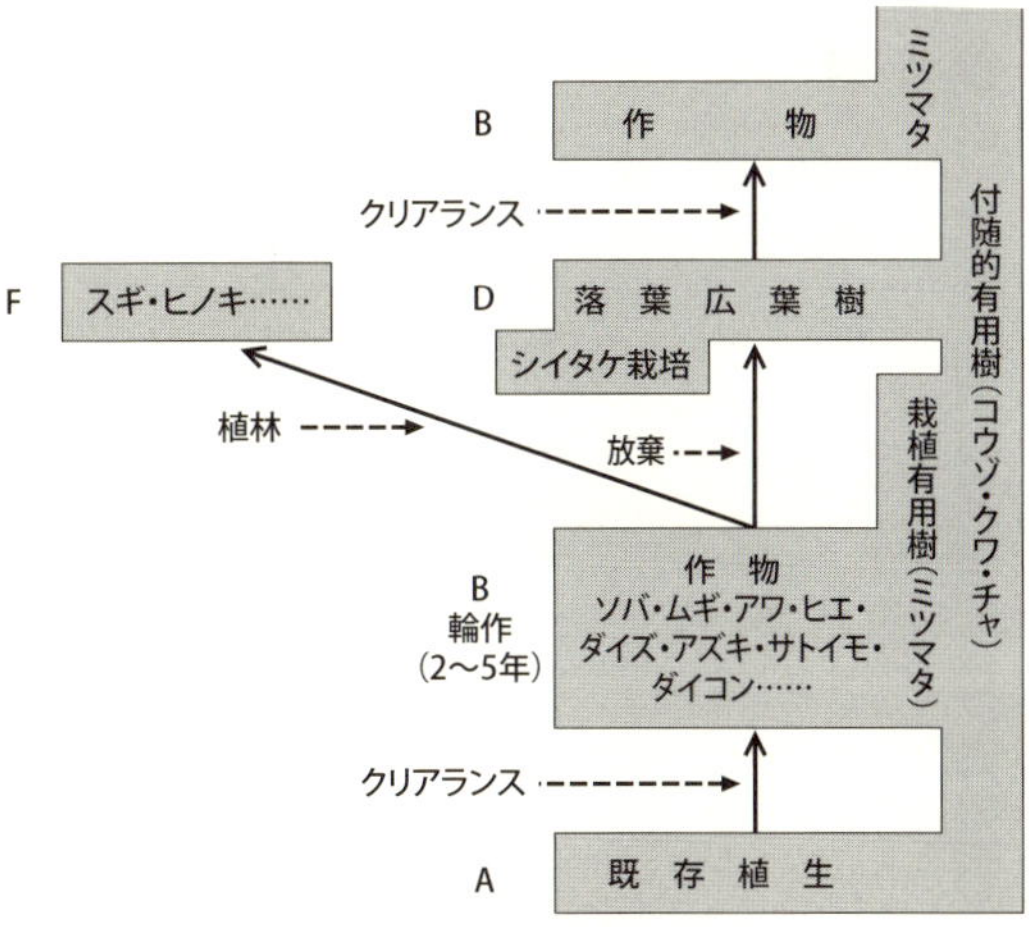

図10　集約型焼畑農耕

明治の中期以降、四国や中国山地ではコウゾにかわり、同じく和紙の原料となるミツマタが集約的に栽培されるようになった。これは貴重な現金収入となり、四国では最近まで残っていた多くの焼畑村落は、おもにこのミツマタ栽培に依存していた。ここでは、焼畑は自給作物をつくる場としてのウェイトは小さく、ミツマタを焼畑の初年度から土地のよいところでは九年間も栽培し、三年ごとに三回の収穫をおこなったのである。

一方、焼畑を利用して、スギやヒノキなどの植林がおこなわれるようになった。佐々木の集計調査によれば、戦前はスギやヒノキのほかにクリやクルミなどの食用樹も栽植されていたが、戦後はおもにスギ・ヒノキ・マツ

(65) Conklin, H. C., Hanunóo Agriculture, op. cit., pp. 78-84.
(66) 農林省山林局編、前掲書、四〇ページ。
(67) 佐々木高明『日本の焼畑』、九六―九七ページ。
(68) 同右、九二―一五五ページ。
(69) 福井勝義、前掲書、五五ページ。

などの建築用材がそのほとんどを占めるようになった(70)。それでも、かつては自給作物を栽培したのち、植林していたが、ついには自給作物の価値が下り、焼畑初年度からスギ・ヒノキを植林するようになったのである。こうして、スギやヒノキを焼畑に毎年植えていけば、従来は焼畑の休閑地であった落葉広葉樹がつぎつぎに減少し、事実上焼畑を営むことはできなくなっていく。

休閑林が永年的な人工林にかわってしまった現在、えいえいと続いてきた日本の焼畑はほとんど姿を消してしまった。だが、これも植生の遷移を利用した焼畑のシステムからすれば、きわめて自然な進化のなりゆきということができよう。現代の産業社会に適応していった焼畑の宿命でもあった。

焼畑農耕の宿命

以上、民俗生態的立場から焼畑の普遍的特質を抽出し、それをふまえて日本における焼畑の進化を考察してきた。

これまで焼畑といえば、すぐ「森をきりひらいて焼く」といったイメージが強く、焼畑の本質は見失われがちであった。本文でくりかえしのべたように、焼畑というのは、植生の遷移をこまかく把握し、それをふまえてはじめて成立しうるものである。世界には、火入れをおこなわない焼畑（シフティング・カルティベーション）も、また伐採をしない焼畑もみいだされる。しかし、休閑という植物の遷移による土地の回復過程をもたない焼畑は存在しないのである。必要な休閑期間をとることを無視すれば、作物はできなくなり、やがて自然は荒廃していく。もし焼畑民が数千年、いや数百年でもこうした生態的知識をもたないで焼畑をいとなんでいたら、地球上の自然はずっと以前に不毛化していたであろう。フィリピンなど東南アジアの一部では、焼畑が自然の荒廃をまねいたとして、問題になっている。だが、それはむしろ、植生の遷移を十分生かした伝統的な焼畑のリズムが、近年になってくわわった外的な力やそれにもとづく人口増加によってくずされてしまった結果ではなかろうか。

焼畑はヨーロッパの農耕や稲作農耕にくらべ、ひどく原始的な、自然のリズムにあらがう農耕だという偏見が、古い研究者の間にすらあった。また短期間の調査では、長年にわたる焼畑サイクル、生態のリズムというものを理解することができない。日本における焼畑農耕を、稲作農耕の前段階とするなら、稲作が普及した今日まで、どうして焼畑は存続しえたのか。近隣の地域でおこなわれている稲作を十分知っていながら、稲作をとり入れることなく、焼畑に従事してきた村が、日本にはいくつもある。それは、焼畑がそこでは稲作より適した環境だったという単純な理由もあげられようが、焼畑が稲作とは根本的に異なる原理でなりたっており、互いに異なった文化が両者の間ではぐくまれてきたからであろう。

焼畑はそれなりにたえまなく進化してきた。「雑穀を主とした焼畑」は、その進化の一つの段階であるにすぎない。少なくともこのようにみなしたほうが、焼畑をもっと広くとらえることができる。ここでは、植生の遷移の人為的循環に焼畑の本質をみいだしてきた。それをふまえれば、いわゆる栽培植物の栽培ということに限定しなくても、植生の遷移を利用するだけで、食用植物の生産性を飛躍的に高めることができるのである。たとえば、クズ・ワラビ・ヒガンバナなど、火入れ後の二次植生で大量に手に入れることができる。この半栽培ともよべる状態は、たんなる採集と異なり、すでにひとつの生産様式を呈しているとみなすことができるのである。そして、植生の遷移の亜極相である落葉広葉樹林の有用樹、とくにクリやクルミなどに注目すれば、他の木々を除木することによって、年ごとに有用樹の密度を高くすることもできる。縄文時代の人々は、そうした有用樹の林を、かなりの規模で確保していたにちがいない。それは、毎年秋になると収穫できる畑のようなものであったかもしれない。ここではそうした生産様式を焼畑の上位概念として遷移畑ということにした。それはすなわち焼畑の原初形態でもある。そのシステムに栽培植物が導入されることにより、焼畑農耕はあらたな進化の道をあゆんでいくのである。

やがて、そうした遷移畑のサイクルに、サトイモやナ

(70) 佐々木高明『日本の焼畑』、一五三ページ。

ガイモなどのイモ型栽培植物が組みこまれていった。その導入は、いままで利用してきたワラビ・クズ・ヤマノイモなどの生活型に関する知識を応用することによって、たやすくなされたであろう。このサトイモやナガイモは、農耕民ではなく、漁撈民や海洋民が、携帯食のように旅の先々にもたらしたものであったかもしれない。かりにそうして、ものだけが単独にとりいれられたとしても、既存の遷移畑のシステムに十分組みこまれていくことができたのである。

ともあれ、つぎの雑穀栽培の導入期になってはじめて、技術的な飛躍が生じた。播種と収穫の方法、それに調理法を学ぶことになる。これは、イモ型栽培植物と異なり、日本在来の植物では考えられなかったやり方である。すなわち、この雑穀栽培の段階になってはじめて、外部の農耕民との接触が本格的になり、いわゆる雑穀焼畑農耕が開始されたのではなかろうか、と思われるのである。

ひとたび種子農耕がとりいれられると、新しい種類の雑穀がもたらされても、必要に応じて従来のシステムにとりこんでいくことができる。雑穀の焼畑農耕に、数年の栽培をおこなう輪作が採用される。輪作とは、とりもなおさず自然植生の遷移に対応した作物の、人為的な遷移ということがいえるかもしれない。それによって、一つの焼畑サイクルにおける生産性は、おどろくほど増大する。従来の半栽培植物や狩猟・採集にたいする依存度が低くなり、多くのエネルギーが、焼畑でつくられる作物の関心にむけられることになる。

そうした長い自給自足的な雑穀型焼畑農耕は、コウゾ、ヤマグワ・ヤマチャなどの有用樹をとりいれた。そして明治になってミツマタをとりいれることによって、外部の社会とも関係をもつようになる。また、かつてクリやクルミが占めていた位置に、スギやヒノキなどが入りこむようになった。自給作物のウェイトが小さくなるとともに、スギ・ヒノキ植林指向の焼畑段階はいよいよすすむ。その結果、休閑林を失った焼畑は消えていくことになった。これが、日本における焼畑の進化のいきつくところであり、宿命であったといえる。

それは、焼畑の原始性でもなければ、粗放性によるものでもない。これまでの焼畑の主要作物が存在価値を失い、それにかわって、スギ・ヒノキなどが、焼畑の基盤である休閑林を奪ってしまったからである。

本論の大要は、昭和五七年（一九八二）六月一九日、国立民族学博物館の共同研究「日本における焼畑農耕文化の総合的研究（代表・佐々木高明）」において、「焼畑農耕再考」と題して発表した。その際貴重なコメントをいただいた班員の方々、および本稿執筆当時未発表の表[71]（表3）の掲載をこころよくお許し下さった筑波大学の西田正規氏に深謝の意を表したい。

（一九八二年五月執筆）

（71）西田正規「動物と植物——資源環境」加藤晋平・小林達雄・藤本強編『縄文文化の研究　Ⅰ　縄文人とその環境』、雄山閣、一九八二年、二一二一四ページ。

解説

【解説1】

焼畑をする最後のむら・椿山の貴重なエスノグラフィー

小松和彦
国際日本文化研究センター所長

わたしが福井勝義さんに初めてお会いしたのは、福井さんが東京外国語大学アジア・アフリカ言語文化研究所の助手をされていたときであった。そのころのわたしは、東京都立大学大学院の社会人類学コース博士課程に在籍する学生で、高知県香美郡物部村《ものべそん》（現香美市物部町）に伝わる民俗宗教「いざなぎ流」の調査を進めていた。

物部村は剣山の南麓に位置する山深い地域で、ここでは戦後のある時期まで焼畑が行われていた。聞き取り調査をしていると、焼畑にかかわるような話がいろいろと出てくるのだが、わたしには、焼畑とはどのような耕作の仕方なのか、そのような地域の社会構造がどうなっているのか、焼畑にかかわる信仰がどのようなものなのか、まとまった知識をもっていなかったので、その具体的なイメージをなかなか摑めないでいた。

そんなときに、わたしの目の前に現れたのが、福井さんの『焼畑のむら』（一九七四）であった。この本は、当時まだ焼畑を行っていた高知県吾川郡池川町椿山（現仁淀川町椿山）において、焼畑耕作を中心に椿山の社会生活を、社会人類学的手法によって調査した記録で、わたしにとってまさに天の恵みともいえる本であった。

一読して、すぐにお会いしていろいろと質問したくなった。だが、まったく面識がない福井さんを訪ねるのは、さすがに気が引けたので、在籍していた都立大の社会人類学研究会にお招きし、椿山の焼畑について話してもらうことにした。当時の都立大の研究会は、研究会が終わるとアルコールが入った懇親会となり、さらに駅前の居酒屋に場所を移して二次会、さらに余力のある者は三次会へと繰り出した。アルコールが大好きな福井さんは、二次会、三次会にも付き合ってくださり、とうとう電車もなくなってしまったので、結局、福井さんとわたしの二人は、朝まで人類学のあれこれについて、熱っぽく語り合りあったのであった。そのとき、福井さんがどのような発表をし、その後の懇親会でどのような具体的な会話を交わしたのかは、遠い昔のことなのでほとんど記憶に残っていないが、わたし自身が興味をもっていたこともあって、椿山にもあるという犬神信仰（憑きもの現象）をめぐってしつこいほど質問を繰り返したことだけは、そのときの光景とともに思い出すことができる。そんなこともあって、以来、福井さんが亡くなるまで公私にわたって親しく、といっても、たまに会って酒を酌み交わしながら放言し合うといったことが多かったのだが、つきあってきた。

◆

さて、福井さんとの私的なつきあいの話はこのくらいにして、福井さんの若いころの傑作『焼畑のむら』について少々吟味してみよう。

この本がわたしを魅了したのは、焼畑の詳細な記録というだけでなく、当時の若い社会人類学者たちが模範と仰いでいたイギリス風の社会人類学的手法・ホーリズム（全体論）的観点で、椿山というむらを調査し記述しようとしていたからであった。この手法・観点とは、人類学者一人で、地理的に比較的孤立しかつ人口の少ない自給自足的なむらに長期間住み込み、そのむらの生業・経済活動、家族や親族などの社会組織、むら内部の政治や法ともいえるしきたり、信仰などを相互に関連づけ、ひとつのまとまりとしてその社会の全体を、生き生きと描き出すことであった。

福井さんは、その思いを素直に、次のように記している。「いまなお、周囲の自然に依存して生活し、伝統的な諸文化を残しているむらは、もうみられないものだろうか。かつてのむらをつちかってきた文化や社会の構造をみるのに、わたしたちは、すでに『遅れてきた青年』となってしまったのだろうか。わたしは、ほのかな期待を地理的に隔絶されている四国の山岳地帯によせたのだった。」（本書四頁）「戸数が三〇戸ぐらい、そしてできるだけ自給作物で暮らしているむらを選びだした。戸数を問題にしたのは、実際に調査がしやすいという便宜上の理由である。たとえば、一〇〇戸も家があるむらだと、一軒一軒まわるだけでも、一〇〇日を費やすことになる。逆に一〇戸くらいのむらだと、ひとつの社会としてみるには、あまりに貧弱すぎる。」（本書五頁）

こうした観点から選び出されたのが、四国山脈特有のきりたった山々がつらなり、深く切れこんだ谷の奥の山の、比較的なだらかな斜面を切り拓いて作られた「椿山」というむらであった。椿山は、標高およそ六〇〇〜七〇〇メートル、戸数約三〇戸、人口約一〇〇人。上述の、福井さんが思い描いていた「むら」にぴったりであった。

このむらの規模や光景は、わたしが調査していた物部村のむらむらとほとんど変わらないと思われた。さらにいえば、そこは、少し前まで、焼畑を行っていた物部村の谷奥のむらむらの光景でもあった。

福井さんは、椿山の焼畑を、日本でここがおそらく最後の焼畑をしていたむらとなるだろうと予想し、まもなく消滅する焼畑とそれを支えるむらの貴重な記録を残すのだとの熱い思いで調査していた。それればかりではなく、アジアの焼畑研究の先駆者である佐々木高明の『稲作以前』（一九七一）を意識して、椿山の焼畑耕作の基本も、稲作以前、おそらく縄文時代からの耕作方法を継承しているのだろうとも推測していた。

しかしながら、誤解してはならない。この椿山のむらが縄文時代から連綿と焼畑を続けてきたわけではないのである。椿山の開発がいつのころだったはわからない。信用できるもっとも古い記録である、天正一八年（一五九〇）に作成された『長宗我部地検帖』には、椿山は「池川名《いけがわみよう》」に属する、戸数はわずか七戸のまことに小さなむらにすぎなった。池川名全体では、本田（水田）がおよそ三〇町歩、伐畑（焼畑）がそのおよそ三倍の一〇二町歩あったが、椿山のような奥山では、水田耕作は地形の関係で行うことができず、自給用の野菜類を栽培したと思われるわずかな常畑を除けば、すべて焼畑であった。おそらく、早くても平安時代、遅ければ中世になって、このような山間での生活をせざるをえなかった、あるいは山間での生活を求めてやってきた者が、稲作ができるような地形の土地では稲作を、それがかなわないような土地では常畑や焼畑をしたのだろう。すなわち、福井さんも指摘するように、椿山のような山間地域、自然環境では、水田耕作に適した土地はきわめて少なく、焼畑耕作をせざるをえない、別の言い方をすれば焼畑耕作に適した自然環境だったのである。

◆

本書を読めばわかるように、『焼畑のむら』では、焼畑の仕方や作物だけではなく、それを行ってきたむらびとの生活の内部まで、できるだけ明らかにしようと、日記や家計簿などさまざまな切り口から調査・分析がなされている。とくに力点が置かれているのは、当時の社会人類学で主流となっていた社会関係・社会構造の解明であった。福井さんにとって、むらを研究するということは、自然とむらびとの関係を明らかにすることであるとともに、むらびとたちの社会関係を明らかにすることでもあった。

こうした、むらの内部からの、すなわち住人からの視点に立とうとする記述は、たしかに成功しているといえるだろう。わたしたちは、本書を読み進むうちに、椿山というむらに入り込んでいるような気持ちになってくるからである。これは、むらびとたちの生の声をふんだんに引用していることによっているとも言えそうである。

しかしながら、本書が記述されてから四〇年あまり経って改めて読むと、そうした視点から浮き上がってくる特徴とともに、その特徴がまた難点ともなっていることに気づく。すなわち、福井さんは、かれ自身が「参与観察」することによってえた情報・体験を通じて、椿山のひとびとの社会生活の「現在」(昭和四〇年代中ごろ)を描き出そうとしていたが、このことは、いいかえれば、椿山のひとびとの「歴史」や「外部世界」への関心が相対的に低くなり、また、「参与観察」しなかったような諸文化事象にかんする記述の欠落をもたらす、ということでもあった。

わたしのような民間信仰の盛衰にも関心をもつ者にとって、都市化・近代化の波を受けて変化し続けている、衣食住や価値観や、誕生や婚礼、葬式などの人生儀礼(通過儀礼)、正月行事や盆行事、祭礼などの年中行事の変化・今昔などについての詳細な記述が欲しいところであるが、そうした民俗学の調査報告によくみられるような記述を、本書に見出すことができないのである。

もっとも、「参与観察」に基づく社会人類学的な手法による「エスノグラフィー（民俗誌）」の記述を目指していた福井さんは、意図的に民俗学的調査方法を避けようとしていたらしい。そのことを物語るエピソードが記されている。福井さんの同僚が、夏休みを利用して椿山に住み込んで調査をしていたとき、東京から民俗学専門の先生方が、実習のために学生を連れてやってきた。ちょうどむらの神祭（むら祭り）の日にあっていたので、それを見学したあと、先生方は、先祖祭りなどで行う、神祭では行うことがない「たいこ踊り」（池川町の文化財）の実演を所望し、それを写真に撮り、いくらかの謝金を払って去った、という。この話を聞いた福井さんは、そんな調査は「どだいむらびとの生活のリズムを無視したやり方だ」と激怒した。どうしても見たいなら、それが行われるときに来ればいいではないか、と。「むらを研究するものは、いまのむらの生きている生活のリズムを的確にとらえることが、なによりも重要だと思われる。」（本書二八頁）

この激しい発言には、参与観察によって、いまそこにあるむらを生きている状態で研究しようとする社会人類学者の強烈な思いと方法へのこだわりが込められている。同時代に社会人類学を学んだわたしには納得がいく批判であると思う。わたしもまた、物部村で調査をしていたとき、盆行事とか葬式を調べているという若い民俗学者がむらの古老数人から昔や今のやりかたをそそくさと聞いて、すぐに別のむらに去っていったという話をむらびとから幾度か聞いたことがある。しかしながら、くだんの民俗学者たちは、福井さんのように、「いまのむら」を研究するために、むらにやってきたのだろうか。

人類学者としての福井さんの怒りもわからないではないが、民俗学的研究にも関心があるわたしからいえば、むしろ民俗学者たちの関心は、「むら」それ自体ではなく、むらが伝え持っている「残存文化」つまり「前代」の「生活習慣」であり、さらにいえば「神祭」や「たいこ踊り」の内容や分布、変遷などであったのではなかろうか。植物学者や動物学者が、特定の植物や動物を追い求めて山野を歩き回るように、民俗学は葬式や芸能などの特定の「民俗」を探し求めて農山村を歩き回っていたのではなかろうか。社会人類学と民俗学とでは、むらに入って調査しても、その調査方法も調査目的も異なっていたように思われる。そして、そのどちらが好ましいとはいえないのである。つまり、福井さんの社会人類学的方法・参与観察による「椿山の社会生活の現在」の記述にも、じつはいろいろな問題点が隠されていたともいえるわけである。

◆

福井さんは、本書の最後を「長い間焼畑に支えられてきたむらびとは、この産業社会という巨大な現代文明の中でどのように適応し、あらたな展開をみいだしていくのだろうか」（本書三五一頁）と問いかけることで締めくくった。残念ながら、福井さんはその後、関心をアフリカに移し、椿山の行く末を見つめ続けることをしていない。いっぽうのわたしは、相変わらず物部村に通い続けている。そのことを福井さんはどのように思っていたのだろう。今ではもう、そのことを直接うかがうことができないのが、とても残念でならない。

当時の社会人類学界では、福井さんの「焼畑のむら・椿山民俗誌」は、とても斬新かつ衝撃的であった。その衝撃は学界に留まらず、世間をも及んだ。とくに、それを知った民族文化映像研究所の映像民俗学者・姫田忠義が、すぐさま椿山の焼畑の映像記録に取り組み、『椿山〜焼畑に生きる』（一九七七）を制作したことは、特記しておかねばならない。椿山のような焼畑をするむらが日本から消滅した現在、この二つの作品はセットになって、焼畑のむらの生活の貴重な記録として、おそらく今後ますますその価値を高めていくことだろう。

【解説2】

焼畑の核心を突いた記念碑的研究

佐藤廉也
大阪大学大学院文学研究科教授

焼畑とは、その土地の持つ植生遷移のプロセスを利用して、短期間の耕作とそれよりも長い休閑とを交互に繰り返す、自然環境に高度に適応した生業の一形態である。休閑のおもな目的は、植生遷移の一過程で侵入・繁茂する強害雑草を排除・死滅させることによって、再び耕作をおこなうことができる状態に戻すことにある。

つまり、焼畑において最も重要な要素は、休閑と、それによって生じる植生遷移のプロセスである。本書第Ⅱ部収載の論文「焼畑農耕の普遍性と進化――民俗生態学的視点から」（以下「普遍性と進化」と略記する）で福井さんも指摘するように、火入れをしない焼畑はあっても、休閑と遷移のない焼畑は存在しない。また、休閑林は単に次の耕作のために放置されているだけではなく、しばしば遷移のプロセスで現れる様々な有用植物が資源として採取・利用され、さらには狩猟の場ともなる。つまり、休閑林は一種の里山なのである。

以上は、今日世界の焼畑研究者がおおむね共有する、焼畑についての概念的なエッセンスである。『焼畑のむら』が世に現れて以降、英語によるものだけでも焼畑に関連する数百編の論文が生み出され、それらの研究の蓄積の結果、かつて蔓延していた焼畑に関する多くの誤解が解かれ、ようやくこのような理解に達することができた。

ところが、一読すればわかるように、これらの「焼畑のエッセンス」は既に「普遍性と進化」のなかでことごとく指摘され、とくに休閑と遷移の重要性はそこで最も重要な要素として強調されている。焼畑の上位概念としての「遷移畑」の提唱も、福井さんが焼畑の本質を見事に突いていたことの表れである。今日の焼畑研究の到達点がきわめて簡潔に示されているという意味で、本書に収録された二編は、焼畑研究の中で記念碑的な著作であるということができる。事実、その後日本語で書かれた焼畑に関する論文のほとんどで、「普遍性と進化」が引用されている。「焼畑とは何か」を論じるうえで、福井さんの提唱した焼畑の定義に言及しないわけにはいかないのである。

◆

『焼畑のむら』が出版されてから「普遍性と進化」が発表されるまでの時期は、ちょうど地球環境問題が注目を集め、それから間もなく焼畑が熱帯林減少の元凶として謂われのない批難に晒されるようになった時期である。福井さんの提示した焼畑の核心が、研究者の間にだけでなくもっと一般の人びとによく知られ、理解されていれば、焼畑をめぐる誤解がこれほど世界に広まることもなかったはずである。

むろん、「普遍性と進化」における福井さんの洞察は、椿山での調査がなければ生まれなかったであろう。なかでも『焼畑のむら』の前半部分、とくに第二章のなかの「生態のリズム」に登場する、一年生および多年生草本類を中心とする植生遷移に関する定量的なデータは、現在の焼畑研究の水準でもきわめて貴重なデータである。耕作期間と休閑期間にまたがって、一年生草本からチガヤやススキなどの多年生草本へと優占種が遷移し、さらに時間の経過とともに落葉広葉樹が優占していくプロセスを具体的に見ることによって、初めて焼畑休閑の真の意味を説得的に理解することができる。この点で、椿山での調査において植生調査を担当した伊東祐道氏の貢献が非常に大きいものであったことは想像に難くない。いずれにせよ、単独ではなく、探検部員を組織してチームで研究をおこなった福井さんの構想が功を奏している。

このような詳細な調査データによって理解される焼畑の合理性は、椿山の人びとの言葉の端々に表れる、自然に対する深く正確な認識と非常に良く整合している。例えば「ヤブが若いと、木の根が地を縛って硬くなっちょる」（本書六六頁）のような一言からは、休閑が多年生雑草の排除にあることを村びとが明確に認識していることがわかる。椿山の人びとが自然をどのように分類し認識しているのかを丁寧に掘り下げ、そこから人びとの自然に対する知識を浮き彫りにしていく手法は、福井さんのアフリカでの研究にも共通するエスノサイエンスの視点であり、福井さんらしさがよく表れている部分である。

◆

椿山の焼畑では二〇年から三〇年の休閑期間をもうけている。これは熱帯の諸地域で現在もおこなわれている焼畑のサイクルから言えば、長い方である。『普遍性と進化』のなかでコンクリンを引用しつつ、福井さんも指摘するように、（しばしば強調されるイメージとは違って）焼畑を営む人びとは一般に短期休閑林の伐採を好む。これはひとことで言えば、短期休閑林では、伐採労働が少なくて済むからである。熱帯の焼畑のなかには、一年耕作して数年休閑させるような、サイクルの短い焼畑も多く見られる。これらの地域では、多くの場合、耕作をやめた後に素早く林冠を形成して雑草の侵入を許さないパイオニア種の存在があり、またそれらの樹木には実生ではなく、切り株からの萌芽再生によって成長する種が多いからである。おそらく椿山の場合、耕作期間が相対的に長いため（ミツマタ栽培も含めれば一〇年近くにもなる）、チガヤやススキなどの多年生強害雑草が遷移過程で優占するので、休閑期間を長くとる必要があるのだと思われる。詳細な植生データがあるからこそ、このような理解も可能になる。

休閑の目的が雑草の排除にあるということを見出す一方で、福井さんは椿山での調査を通じて、焼畑にまつわる多くの俗説にも疑問を投げかけている。その一つが、一般に強調される火入れの結果生じる灰による養分補給効果である。『焼畑のむら』で土壌調査のデータとともに示されるように、灰に含まれるミネラルが土壌に及ぼす影響は意外に微々たるものである。さらに言えば、『普遍性と進化』の図5（本書三八三頁）に示されているように、土壌養分量の減少は焼畑の耕作年数と必ずしも相関しておらず、つまり焼畑を耕作から休閑に移行させる理由は土壌養分の回復のためではないことが多い。

これに関しては、二〇〇〇年以降におこなわれた焼畑研究のなかで、土壌中の養分量と作物の収穫量との間にほとんど相関がないという定量的な調査結果も得られている。現代の集約的農業で栽培される化学肥料に敏感に反応する改良品種とは異なり、焼畑作物の多くはそれほど養分要求性の高いものではないようだ。俗説として言われる「休閑期間短縮化による土地の不毛化」についても、実際にどれだけそのようなことが起こっているのかは疑わしい。もしそのようなことがあるとしても、養分の枯渇によって植物の生育が不可能になるのではなく、チガヤのような強害雑草が優占してなかなか遷移が進まない状況をイメージした方が良いだろうと私は思っている。

焼畑における福井さんの着眼点は（私も含め）その後の多くの焼畑研究者を刺激し、そして現在までに蓄積された焼畑研究の成果は、福井さんの当時の洞察の正しさを証明している。にもかかわらず、焼畑と環境破壊を結びつける言説はいまだに根強く、とりわけ日本では「焼畑式」と言えば、持続性に関する展望もなく場当たり的に資源を浪費することの例えにさえなっている。

現在でもなおくすぶる焼畑環境破壊説は、一九八〇年代から九〇年代にかけてピークを迎えたが、その大もとをたどると、根拠もないままに「熱帯林破壊の四五％は焼畑に因るものである」と記したＦＡＯによる一九八〇年版の森林資源評価報告書に行き当たる。この報告書の誤った記述は、その後蓄積された多くの事例研究によって集中的に批判され、熱帯林減少における焼畑悪玉説は学問的にほぼ否定されるに至ったが、地球環境問題をめぐる話題はセンセーショナルな言説ほど拡散しやすいため、いまだに完全にはなくならないのである。

地理学の専門家が執筆しているはずの高校地理教科書にすら、焼畑が原始的・粗放的農耕であるといった記述や、人口増加や休閑の短期化によって土地の不毛化が起こっているといった根拠に乏しい俗説が消えていない。これらを何とかしないといけないというのは、私たちに残された課題である。

◆

こうした焼畑悪玉説が蔓延しだした頃に書かれた「普遍性と進化」の冒頭で福井さんは、焼畑研究の先達である佐々木高明氏による焼畑の定義を一語一語吟味しつつ、焼畑の再定義をおこなっている。森林・原野・粗放的といった表現を除外し、あらたに最も重要な「休閑」「循環性」の概念を盛り込んだのである。福井さんの焼畑研究は、実際には佐々木氏の研究を十分に尊重しながらおこなわれているが、それにもかかわらずここで佐々木氏の定義を丁寧に検討し批判しているのは、蔓延しつつある焼畑悪玉説をどうにかしたいという意識がどこかにあったのではないだろうか。

福井さんは、植林や過疎化によって日本の焼畑が消滅に向かう未来を感じ取り、それを「焼畑の運命」（『焼畑のむら』）「焼畑農耕の宿命」（「普遍性と進化」）という言葉で表現している。福井さんの予想通り日本の焼畑は、今もブランドの赤カブを焼畑で作っている温海《あつみ》地方などのごく一部の例外を除いて、消滅してしまったが、熱帯林の分布するアフリカ・東南アジア・ニューギニア・中南米などの地域では今でも盛んにおこなわれ、人びとの最も重要な生活の糧の一つであり続けている。焼畑をおこなう人びとの社会がグローバル化や商品経済の浸透によって大きく変容した今日でも、焼畑そのものがなくならないのは、焼畑がこれらの地域の自然環境に対するいわば「適応の到達点」であるからに他ならない。

しかし、これらの地域にも焼畑の存続を脅かす様々な圧力がのしかかりつつある。その最たるものはアフリカや東南アジアで進む「ランドグラブ（土地収奪）」の動きである。農園開発などのために、政府が使用料を見返りとして、企業に土地の使用許可を与えるものだが、牧畜民の放牧地や焼畑民の休閑林など、従来コミュニティの共有地であったり、国家の法的手続きにより登記されることなく慣習的なルールによって人びとに使用されてきた土地が、二〇〇〇年代以降になって顕著になったランドグラブの格好のターゲットになっている。椿山で福井さんが見たような、スギの植林によって消えてゆく焼畑は「宿命」であったとしても、現在のこのような動きは放置して良いものではない。

◆

『焼畑のむら』が出版された頃には、福井さんは既にライフワークとなるエチオピアの牧畜民ボディの研究に着手していたが、「普遍性と進化」を著した後には、エチオピアを舞台とする牧畜民の自然認識と世界観の研究や、戦いと民族間関係の研究にますます時間を投入していくようになった。ボディは牧畜だけでなく焼畑を生業とする人びとであり、また福井さんはボディの研究と並行して東南アジア大陸部での焼畑調査もおこなってはいたものの、費やす時間や著作数からいえば焼畑研究はサイドワーク的になっていた。しかし福井さんの関心が焼畑から次第に離れていったのかというと、そうではないと私は思う。一九九六年には京都で「焼畑再考」と題するシンポジウムを開催し、焼畑の農法的特徴や植生・土壌との関わり、さらに環境問題をめぐる問題を含めて幅広いトピックを集めた討論をおこなった。この成果は出版される予定だったが、三校までいったにもかかわらず実現しなかった。出版社の言い分によれば福井さんの序論が最後まで出なかったということだったが、それが本当だとすると、この本の内容が納得のいくものになるまでにはまだ大きな距離があったのだろう。焼畑再考、というからには、椿山の研究をも再考するものでなければならない。焼畑に対して強い思い入れがあったからこそなのだと思う。

『焼畑再考』シンポジウムの数年後だったと記憶しているが、四国の数百の集落から回答を得られたアンケート調査結果をベースにした研究を一緒にやらないか、と声をかけていただいたことがあった。このアンケート調査は、『焼畑のむら』冒頭にも書かれているが、一九七〇年から七二年にかけて福井さんが実施したもので、本書二五三頁の注記にも「別の機会にあらためて論ずるつもりである」と記されている。椿山の調査が一段落ついた後も、いつかまた焼畑研究に取り組もうとの考えを福井さんはずっと温めていたのだろう。この時は事情によりすぐに取りかかることができずに、結局また延び延びになってしまった。

福井さんが京都大学を退職した後に腰を据えてやろうと思っていたのは、エチオピアよりもむしろ焼畑研究の続きだったのではないかと思う。それほど福井さんは焼畑にこだわり続けていた。福井さんが長い休閑を経て焼畑研究に戻り、再びこの分野を伐り開いていたら、そこでどんな成果が生まれることになっただろうか。福井さんなら焼畑研究の現状をどうとらえ、どのような方向に進めただろうか。福井さんの伐り開いてきた道ははるか先にあり、なかなか追いつけないが、それでも福井さんの遺したものは、私の研究の指針であり続けている。

初出一覧

口絵

福井勝義「にっぽん百景31　椿山（高知県）」『アサヒグラフ』２４５４号　朝日新聞社　一九七一年

Ⅰ　焼畑のむら

福井勝義『焼畑のむら』朝日新聞社　一九七四年

Ⅱ　焼畑農耕の普遍性と進化

福井勝義「焼畑農耕の普遍性と進化――民俗生態学的視点から――」大林太良ほか著『日本民俗文化大系5　山民と海人』小学館　一九八三年

後記

本書の著者、福井勝義先生は二〇〇八年四月二六日に急逝されました。享年六四歳でした。死後、自宅の書斎には各種文献のほか、フィールドノートやスライド写真、録音テープなど膨大な資料が残されました。それらの資料を整理し、調査地の人びとや後進の研究者の利用を図るため、福井勝義記念資料室がご遺族によって開設されました。先生は本書の元になった椿山での昭和四〇年代半ばの調査資料を散逸させることなくすべて手元に置いていましたので、この資料室へ龍野真知子さんとわたしが通い、コツコツとパソコンを用いた整理が進められました。膨大な量ゆえに思わぬ時間を要しましたが、この整理された情報とともに椿山調査の原資料のすべてが高知県立歴史民俗資料館に納められることになったことを喜びたいと思います。同館の岡本桂典氏、梅野光興氏のご尽力のたまものといえます。

福井先生は『焼畑のむら』執筆のねらいを、二〇〇〇年に出版された『近所づきあいの風景』のなかで「私は、村落社会を「家・同族論」の視点から「客観的」資料をふまえて論じた有賀喜左衛門と、村の人情を巧みに描写したきだみのるの二つの作品を何とか融合して、むらびとの「つきあい」を四国の山村を事例に分析をこころみようとした」と述べています。人間が生きていくための基本的な属性として「つきあい」をとらえ、むらを記述しようとしたのです。人間と人間のつながりへの関心は、その後のアフリカ研究においても継続していきました。

先生は『焼畑のむら』をいつか再刊したいという思いをずっと抱いていました。しかし、仮名を用いているとはいえ、若書きゆえの飾り気のないストレートな描写に不快な思いをされたかたもおられたようで、この点で逡巡していたのではないかと思われます。本書は、すでに著者が故人であり、当時の著者の記述を正しく伝えるためにも、そのまま刊行することにしました。関係者のみなさまに、ご海容とご理解をお願いしたいと思います。

本書の出版は、柊風舎の伊藤甫律さんのご理解のおかげです。また日本民俗学の泰斗である小松和彦先生と、エチオピア研究の俊英、佐藤廉也先生から心のこもった解説をいただきました。福井先生の長年の親友である赤阪賢先生には資料室に何度も足を運んでいただき、調査当時の椿山のようすや、資料についての貴重な情報をうかがうことができました。あらためて、みなさまに深く感謝いたします。

平成三〇年二月

ブックポケット　小山茂樹

著者　**福井勝義**（ふくい・かつよし）

1943年、島根県生まれ。京都大学大学院農学研究科中退。東京外国語大学アジア・アフリカ言語文化研究所助手、国立民族学博物館助教授、同教授、京都大学総合人間学部教授、同大学院人間環境学研究科教授を歴任。農学博士。2008年4月26日逝去。

専門は文化人類学、社会生態学。

日本および東アフリカにおける焼畑、半農半牧、牧畜社会での綿密なフィールド調査をもとに、人間と自然との関係を生涯をかけて追究した。とくにエチオピア西南部の牧畜民ボディの研究は、認識人類学のひとつの金字塔とも評される。共同研究や国際シンポジウムを数多く主宰し、日本ナイル・エチオピア学会の設立に尽力した。

主要著作:『焼畑のむら』(朝日新聞社、1974年)。『認識と文化——色と模様の民族誌』(東京大学出版会、1991年)。『アフリカの民族と社会』(赤阪賢・大塚和夫との共著　中央公論社、1999年)。*Warfare among East African Herders*, Senri Ethnological Studies No. 3 (co-edited with DavidTurton, Osaka: National Museum of Ethnology, 1979). *Ethnicity & Conflict in the Horn of Africa* (co-edited with John Markakis, Athens [Ohio] : Ohio University Press, 1994). *Redefining Nature: Ecology, Culture and Domestication* (co-edited with Ellen, R., Oxford, UK; Washington, D.C. : Berg, 1996).

福井勝義記念資料室
住所：〒606-8313 京都府京都市左京区吉田中大路町 34-80
E-mail：fukuiworks@gmail.com

編集・制作：有限会社ブックポケット
　小山茂樹
　龍野真知子

装丁：古村奈々

焼畑のむら
昭和45年、四国山村の記録

2018年4月26日　第1刷

著　者　福井勝義
発　行　福井勝義記念資料室
発　売　株式会社柊風舎
〒161-0034　東京都新宿区上落合1-29-7 ムサシヤビル5F
TEL. 03 (5337) 3299　FAX. 03 (5337) 3290

印　刷　株式会社報光社
製　本　小高製本工業株式会社
ISBN978-4-86498-053-1 C0039　©2018, Printed in Japan

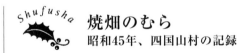